普通高等教育"九五"国家级重点教材

控制仪表与计算机控制装置

周泽魁 主编

化学工业出版社
教材出版中心
·北 京·

图书在版编目（CIP）数据

控制仪表与计算机控制装置/周泽魁主编 .
北京:化学工业出版社，2002.9 （**2020.1 重印**）
普通高等教育"九五"国家级重点教材
ISBN 978-7-5025-3914-6

Ⅰ. 控… Ⅱ. 周… Ⅲ. ①过程控制-仪
表-高等学校-教材②计算机控制系统-高等学
校-教材 Ⅳ. TP273

中国版本图书馆 CIP 数据核字（2002）第 063959 号

责任编辑:唐旭华 装帧设计:潘　峰
责任校对:陈　静

出版发行:化学工业出版社 （北京市东城区青年湖南街 13 号 邮政编码 100011）
印　　装:三河市延风印装有限公司
787mm×1092mm 1/16 印张 24½ 字数 613 千字 2020 年 1 月北京第 1 版第 15 次印刷

购书咨询:010-64518888 售后服务:010-64518899
网　　址:http://www.cip.com.cn
凡购买本书，如有缺损质量问题，本社销售中心负责调换。

定　　价:55.00 元

前　言

随着工业技术的更新，特别是半导体技术、微电子技术、计算机技术和网络技术的发展，自动化仪表已经进入了计算机控制装置为主的时代。面对这样的现实，如何组织自动化仪表课程的教学内容，是亟待解决的问题。考虑到计算机控制装置是在控制仪表基础上发展起来的，许多基本概念和基本自动原理在控制仪表中更容易讲透彻、更容易学习掌握；变送器和执行器也是计算机控制装置在构成自动控制系统时不可缺少的环节；同时，在中国控制仪表仍然并将继续大量使用。总之，计算机控制装置是控制仪表的发展，控制仪表是计算机控制装置的基础。因此本书包括控制仪表和计算机控制装置两方面的内容，并力求反映国内外在自动化仪表方面的新成就。

自动化仪表是实现生产过程自动化必不可少的工具，自动控制系统要达到预期的控制效果，性能优良、质量可靠的自动化仪表是基础。本书从控制系统的要求出发，精选内容，突出重点，力求系统性、完整性和实用性。

本书具有如下特点。

① 从控制理论角度，将电动控制仪表、数字式控制仪表、气动控制仪表有机地结合在一起；将控制仪表和计算机控制装置有机地结合在一起。

② 根据控制系统的要求，以仪表功能为基础，突出仪表构成原理，抓住控制仪表与计算机控制装置的共性技术，注意理论与实践相结合以及注重仪表分析能力的培养和提高。

③ 体现了自动化仪表发展的新水平和发展趋势。本书介绍了各种工业领域广泛使用的可编程序控制器 PLC、集散型计算机控制系统 DCS，在内容上包含了当今计算机技术、过程控制技术和网络通信技术以及相关领域的一些新进展、新方法；介绍了新一代现场总线控制系统、工业以太网；介绍了现场总线温度变送器；介绍了 HART 协议通信的压力变送器等。

④ 本书提供 PowerPoint 计算机辅助教学软件，作为一种新的授课方式的尝试，并将免费提供采用本书作为教材的大专院校使用。如有需要，请发电子邮件至txh@cip.com.cn。

本书由浙江大学周泽魁教授主编，全书共 10 章，其中第 1，3，5 章由浙江大学周泽魁编写；第 2 章由浙江大学周泽魁、沈阳化工学院魏立峰编写；第 4 章由大连理工大学孙旭东编写；第 6，7，9 章由浙江大学张光新编写；第 8 章由沈阳化工学院魏立峰、浙大中控技术有限公司编写；第 10 章由浙江大学张光新、冯冬芹编写。

全书由吴钦炜先生、何国森教授审阅，在此深表感谢。

另外，由浙江大学、清华大学和天津大学联合编写的《检测控制仪表学习指导》已经出版，该书收集了大量的例题与习题，给出了例题分析、题解与习题答案，欢迎广大师生及读者选用，相信会对学习检测及控制仪表等相关课程有很大的帮助。

由于时间仓促，编者水平有限，书中难免存在缺点和错误，恳请读者批评指正。

编　者

2002 年 6 月于浙江大学求是园

目　　录

1. 概　　论

1.1. 控制仪表与装置总体概述

1.1.1. 自动控制系统和控制仪表

控制仪表与装置是实现生产过程自动化必不可少的工具，其重要性可通过图 1-1 所示例子来说明。

图 1-1 为一加热炉温度控制系统。原料通过加热炉内炉管加热，要求其出口温度保持一定，以满足生产需要；加热炉以燃料油作为燃料。图中温度变送器、控制器和执行器构成了一个单回路控制系统。炉出口温度经测温元件和温度变送器转换成相应的标准统一信号送到控制器，与给定值 SP 相比较，控制器按照比较后得到的偏差，以一定的控制规律发出控制信号，控制执行器的动作，改变燃料油的流量，从而使出口温度 T 保持在与给定值基本相等的数值上。

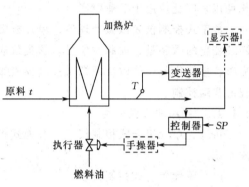

图 1-1　加热炉温度控制系统

为了提高控制系统的功能，还可增加一些仪表，如显示器、手操器等。而为了改善控制质量，还可以采用串级控制等其他更复杂的控制方案，显然，这将需要用到更多的仪表。

实际所采用的仪表，可以是电动仪表，气动仪表等各种系列的仪表，也可以是各种控制装置，所有这些仪表或装置都属于控制仪表与装置范畴。显而易见，如果没有这些仪表或装置，就不可能实现自动控制。

1.1.2. 控制仪表与装置的分类及特点

通常，控制仪表与装置可按能源形式、信号类型和结构形式来分类。

1.1.2.1. 按能源形式分类

可分为电动、气动、液动和机械式等几类。工业上普遍使用电动控制仪表和气动控制仪表，两者之间的比较如表 1-1 所示。

表 1-1　电动控制仪表和气动控制仪表的比较

	电动控制仪表	气动控制仪表
能源	电源（220V AC）（24V DC）	气源（140kPa）
传输信号	电信号（电流、电压或数字）	气压信号
构成	电子元器件（电阻、电容、电子放大器、集成电路、微处理器等）	气动元件（气阻、气容、气动放大器等）
接线	导线，印刷电路板	导管，管路板

电动控制仪表具有能源获取方便，信号传输和处理容易，便于实现集中显示和操作等特

点。因此，尽管它的出现仅有几十年历史，但是发展异常迅速，短短的几十年间已几次升级换代，新产品也层出不穷，特别是计算机技术、微电子技术和网络通信技术的发展和广泛应用，更使电动控制仪表产生了飞跃的发展。目前在工业上电动控制仪表得到了最为广泛的应用。鉴于此，本教材将重点介绍这一类仪表。

气动控制仪表在20世纪40年代起就已广泛应用于工业生产。它具有结构简单、性能稳定、可靠性高、易于维护、安全防爆等特点。特别适用于石油、化工等有爆炸危险的场所。

1.1.2.2. 按信号类型分类

可分为模拟式和数字式两大类。

模拟式控制仪表由模拟元器件构成，其传输信号通常为连续变化的模拟量，如电流信号，电压信号，气压信号等。这类仪表大多线路较简单，操作方便，使用灵活，价格较低，长期以来广泛应用于工业生产。

数字式控制仪表以微处理器，单片机等大规模集成电路芯片为核心。其传输信号通常为断续变化的数字量，如脉冲信号。这类仪表由于可以进行各种数字运算和逻辑判断，其功能完善，性能优越，能解决模拟式控制仪表难以解决的问题，因此越来越广泛地应用于生产过程的自动控制。

1.1.2.3. 按结构形式分类

可分为单元组合式控制仪表、基地式控制仪表、集散型计算机控制系统以及现场总线控制系统。

(1) 单元组合式控制仪表

是根据控制系统各组成环节的不同功能和使用要求，将仪表做成能实现一定功能的独立仪表(称为单元)，各个仪表之间用统一的标准信号进行联系。将各种单元进行不同的组合，可以构成多种多样、适用于各种不同场合需要的自动检测或控制系统。这类仪表有电动单元组合仪表(DDZ)和气动单元组合仪表(QDZ)两大类。它们都经历了Ⅰ型、Ⅱ型和Ⅲ型的三个发展阶段，经过不断改进，性能已日臻完善。电动单元组合仪表中还有模拟技术和数字技术相结合的DDZ-S型系列仪表。

单元组合仪表可分为变送单元、执行单元、控制单元、转换单元、运算单元、显示单元、给定单元和辅助单元等八类。各单元的作用和品种如下。

① 变送单元　它能将各种被测参数，如温度、压力、流量、液位等物理量变换成相应的标准统一信号(4～20mA,0～10mA 或20～100kPa)传送到接收仪表或装置，以供指示、记录或控制。

变送单元的品种有：温度变送器、压力变送器、差压变送器、流量变送器、液位变送器等。

② 转换单元　转换单元将电压、频率等电信号转换为标准统一信号，或者进行标准统一信号之间的转换，以使不同信号可以在同一控制系统中使用。

转换单元的品种有：直流毫伏转换器、频率转换器、电-气转换器、气-电转换器等。

③ 控制单元　它将来自变送单元的测量信号与给定信号进行比较，按照偏差给出控制信号，去控制执行器的动作。

控制单元的品种有：比例积分微分控制器、比例积分控制器、微分控制器以及具有特种功能的控制器等。

④ 运算单元　它将几个标准统一信号进行加、减、乘、除、开方、平方等运算，适用

于多种参数综合控制、比值控制、流量信号的温度压力补偿计算等。

运算单元的品种有：加减器、乘除器和开方器等。

⑤ 显示单元　它对各种被测参数进行指示、记录、报警和积算，供操作人员监视控制系统和生产过程工况之用。

显示单元的品种有：指示仪、指示记录仪、报警器、比例积算器和开方积算器等。

⑥ 给定单元　它输出标准统一信号，作为被控变量的给定值送到控制单元，实现定值控制。给定单元的输出也可以供给其他仪表作为参考基准值。

给定单元的品种有：恒流给定器、定值器、比值给定器和时间程序给定器等。

⑦ 执行单元　它按照控制器输出的控制信号或手动操作信号，去改变控制变量的大小。

执行单元的品种有：角行程电动执行器、直行程电动执行器和气动薄膜调节阀等。

⑧ 辅助单元　辅助单元是为了满足自动控制系统某些要求而增设的仪表，如操作器、阻尼器、限幅器、安全栅等等。操作器用于手动操作，同时又起手动/自动的双向切换作用；阻尼器用于压力或流量等信号的平滑、阻尼；限幅器用以限制信号的上、下限值；安全栅用来将危险场所与非危险场所隔开，起安全防爆作用。

值得强调指出的是，由于单元组合仪表是根据控制系统各组成环节的不同功能和使用要求进行划分的，同时学习这类仪表不仅有利于了解仪表的必备功能，也有利于仪表基本概念的学习和掌握，而且还有利于掌握如何选择仪表构成所需要的控制系统或测量系统，基于这些原因，本书前几章将以单元组合仪表为线索进行编排。

（2）基地式控制仪表

基地式控制仪表相当于把单元组合仪表的几个单元组合在一起，构成一个仪表。它通常以指示，记录仪表为主体，附加控制，测量，给定等部件而构成，其控制信号输出一般为开关量，也可以是标准统一信号。近年来也有在智能变送器、智能式执行机构或智能式阀门定位器中带有控制器功能。一个基地式仪表具有多种功能，与执行器联用或与变送器联用，便可构成一个简单的控制系统。通常该类仪表性能价格比高，适合用于单参数的控制系统。

（3）集散控制系统（DCS 系统）

DCS 系统是一种以微型计算机为核心的计算机控制装置。其基本特点是分散控制、集中管理。

DCS 系统通常由控制站（下位机）、操作站（上位机）和过程通信网络三部分组成。控制站完成数据采集、处理及控制等作用，它可以由 DCS 系统的基本控制器（包括控制卡、信号输入/输出卡、电源等）构成，也可以由可编程序控制器 PLC（包括 CPU、I/O、电源等模块）或带有微处理器的数字式控制仪表构成；操作站完成生产过程信息的集中显示、操作和管理等作用，它由工业控制计算机、监视器、打印机、鼠标、键盘、通信网卡等构成；过程通信网络用于实现操作站与控制站的连接，完成信息、控制命令等传输，通常过程通信网络还提供与企业管理网络的连接，以实现全厂综合管理。DCS 系统可以实现单元组合仪表中除变送和执行单元之外所有的功能，并且由于计算机运算功能强大，其所能实现的功能也是单元组合仪表无法比拟的。

（4）现场总线控制系统（FCS 系统）

FCS 系统是基于现场总线技术的一种新型计算机控制装置。其特点是现场控制和双向数字通信，即将传统上集中于控制室的控制功能分散到现场设备中，实现现场控制，而现场设备与控制室内的仪表或装置之间为双向数字通信。

现场总线是连接智能现场设备和自动化系统的数字式、双向传输、多分支结构的通信网络。其中现场设备是指系统最底层的监测、执行和计算设备，如智能化的变送器、执行器或控制器等。

FCS 系统具有全数字化、全分散式、可互操作、开放式以及现场设备状态可控等优点，它是控制仪表与装置的发展趋势。FCS 系统中还可能出现以以太网技术和以无线通信技术为基础的计算机控制系统。

1.1.3. 信号制

信号制即信号标准，是指仪表之间采用的传输信号的类型和数值。

控制仪表与装置在设计时，应力求做到通用性和相互兼容性，以便不同系列或不同厂家生产的仪表能够共同使用在同一控制系统中，彼此相互配合，共同实现系统的功能。要做到通用性和相互兼容性，首先必须统一仪表的信号制式。现场总线控制系统中，现场仪表与控制室仪表或装置之间采用双向数字通信方式，其标准将在第 9 章中介绍，这里介绍模拟信号标准。

1.1.3.1. 信号标准

（1）气动仪表的信号标准

中国国家标准 GB 777《化工自动化仪表用模拟气动信号》规定了气动仪表信号的下限值和上限值，如表 1-2 所示，该标准与国际标准 IEC 382 是一致的。

表 1-2　模拟信号的下限值和上限值

下　限	上　限
20kPa（0.2kgf/cm^2）	100kPa（1kgf/cm^2）

（2）电动仪表的信号标准

中国国家标准 GB 339《化工自动化仪表用模拟直流电流信号》规定了电动仪表的信号，如表 1-3 所示，表中序号 1 的规定与国际标准 IEC 381A 是一致的。序号 2 是考虑到 DDZ-Ⅱ系列单元组合仪表当时仍在广泛使用的现状而设置的。

表 1-3　模拟直流电流信号及其负载电阻

序号	电流信号	负载电阻
1	4～20mADC	250～750Ω
2	0～10mADC	0～1000Ω
		0～3000Ω

1.1.3.2. 电动仪表信号标准的使用

（1）现场与控制室仪表之间采用直流电流信号

采用直流电流信号具有以下优点。

① 直流信号比交流信号干扰少　交流信号容易产生交变电磁场的干扰，对附近仪表和电路有影响，并且如果外界交流干扰信号混入后和有用信号形式相同，难以滤除，直流信号就没有这个缺点。

② 直流信号对负载的要求简单　交流信号有频率和相位问题，对负载的感抗或容抗敏感，使得影响因素增多，计算复杂，而直流信号只需考虑负载电阻。

③ 电流比电压更利于远传信息　如果采用电压形式传送信息，当负载电阻较小，距离

较远时，导线上的电压会引起误差，采用电流传送就不会出现这个问题，只要沿途没有漏泄电流，电流的数值始终一样。而低电压的电路中，即使只采用一般的绝缘措施，漏泄电流也可以忽略不计，所以接收信号的一端能保证和发送端有同样的电流。由于信号发送仪表输出具有恒流特性，所以导线电阻在规定的范围内变化对信号电流不会有明显的影响。

当然，采用电流传送信息，接收端的仪表必须是低阻抗的。如果有多个仪表接收同一电流信息，它们必须是串联的。串联连接的缺点是任何一个仪表在拆离信号回路之前首先要把该仪表的两端短接，否则其他仪表将会因电流中断而失去信号。此外，各个接收仪表一般皆应浮空工作，否则会引起信号混乱。若要使各台仪表有自己的接地点，则应在仪表的输入、输出之间采取直流隔离措施，这对仪表的设计和应用在技术上提出了更高的要求。

(2) 控制室内部仪表之间采用直流电压信号

由于采用串联连接方式使同一电流信号供给多个仪表的方法，存在上述缺点。对比起来，用电压信号传送信息的方式在这方面就有优越性了，因为它可以采用并联连接方式，使同一个电压信号为多个仪表所接收。而且任何一个仪表拆离信号回路都不会影响其他仪表的运行。此外，各个仪表既然并联在同一信号线上，当信号源负极接地时，各仪表内部电路对地有同样的电位，这不仅解决了接地问题，而且各仪表可以共用一个直流电源。在控制室内，各仪表之间的距离不远,适合采用直流电压(1～5VDC)作为仪表之间的互相联络信号。

必须指出，用电压传送信息的并联连接方式要求各个接收仪表的输入阻抗要足够高，否则将会引起误差，其误差大小与接收仪表输入电阻高低及接收仪表的个数有关。

(3) 控制系统仪表之间典型连接方式

综上所述，电流传送适合于远距离对单个仪表传送信息，电压传送适合于把同一信息传送到并联的多个仪表，两者结合，取长补短，因此，虽然在 GB 3369 中只规定了直流电流信号范围($4～20mADC$)，但在具体应用中，电流信号主要在现场仪表与控制室仪表之间相连时应用；在控制室内，各仪表的互相联络采用电压信号($1～5VDC$)。控制系统仪表之间典型连接方式如图 1-2 所示。图中 I_o，R_o 分别为发送仪表的输出电流和输出电阻；R_i 为接收仪表的输入电阻；R 为电流/电压转换电阻，通常 $I_o=4～20mA$ 时 R 取 250Ω。

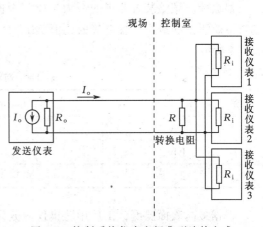

图 1-2　控制系统仪表之间典型连接方式

1.2. 仪表防爆的基本知识

在某些生产现场存在着各种易燃、易爆气体、蒸汽或粉尘，它们与空气混合即成为具有爆炸危险的混合物，而其周围空间成为具有不同程度爆炸危险的场所。安装在这种危险场所的仪表如果产生火花，就容易引起爆炸。因此，用于这种危险场所的仪表和控制系统，必须具有防爆性能。

气动仪表从本质上来说具有防爆性能。电动仪表必须采取必要的防爆措施才具有防爆性能，其防爆措施不同，防爆性能也将不同，因此，适合应用的危险场所也不同。下面着重讨论电动仪表的防爆问题。

1.2.1. 防爆仪表的标准

防爆仪表必须符合国家标准 GB 3836.1《爆炸性环境用防爆电气设备通用要求》的规定。

1.2.1.1. 防爆仪表的分类

按照国标 GB 3836.1 规定，防爆电气设备分为两大类。

Ⅰ类：煤矿井下用电气设备。

Ⅱ类：工厂用电气设备。

Ⅱ类(工厂用)电气设备又分为 8 种类型。这 8 种类型及其标志如下

隔爆型	d	增安型	e
本质安全型	i	正压型	p
充油型	o	充沙型	q
无火花型	n	特殊型	s

电动仪表主要有隔爆型(d)和本质安全型(i)两种。本质安全型又分为两个等级：ia 和 ib。

1.2.1.2. 防爆仪表的分级和分组

在爆炸性气体或蒸汽中使用的仪表，引起爆炸主要有两方面原因：①仪表产生能量过高的电火花或仪表内部因故障产生的火焰通过表壳的缝隙引燃仪表外的气体或蒸汽；②仪表过高的表面温度。因此，根据上述两个方面对Ⅱ类(工厂用)防爆仪表进行了分级和分组，规定其适用范围。

根据标准试验装置测得的最大试验安全间隙 δ_{max} 或按 IEC 79-3 方法测得的最小点燃电流与甲烷测得的最小点燃电流的比值 $MICR$，工厂用防爆仪表分为 A，B，C 三级，其规定如表 1-4 所示。

表 1-4 防爆仪表的分级

级　别	δ_{max}/mm	$MICR$
ⅡA	$\delta_{max} \geqslant 0.9$	$MICR > 0.8$
ⅡB	$0.9 > \delta_{max} > 0.5$	$0.8 \geqslant MICR \geqslant 0.45$
ⅡC	$0.5 \geqslant \delta_{max}$	$0.45 > MICR$

根据最高表面温度，工厂用防爆仪表分为 $T_1 \sim T_6$ 六组，其规定如表 1-5 所示。

表 1-5 防爆仪表的分组

温度组别	T_1	T_2	T_3	T_4	T_5	T_6
最高表面温度/℃	450	300	200	135	100	85

仪表的最高表面温度可用下述方法间接得到

仪表的最高表面温度 = 实测最高表面温度 − 实测时环境温度 + 规定最高环境温度

防爆仪表的分级与分组，与易燃易爆气体或蒸汽的分级和分组是相对应的。易燃易爆气体或蒸汽的分级和分组如表 1-6 所示。仪表的防爆级别和组别，就是指它所能适应的某种爆炸性气体混合物的级别和组别，即对于表 1-6 中相应级、组之上方和左方的气体或蒸汽的混合物均可以防爆。

表 1-6　易爆性气体或蒸汽级别和组别一览表

组别＼级别	T_1 >450℃	T_2 300~400℃	T_3 200~300℃	T_4 135~200℃	T_5 100~135℃	T_6 85~100℃
ⅡA	甲烷、氨、乙烷、丙烷、丙酮、苯、甲苯、一氧化碳、丙烯酸、甲酯、苯乙烯、醋酸乙酯、醋酸、氯苯、醋酸甲酯	乙醇、丁醇、丁烷、醋酸丁酯、醋酸戊酯、环戊烷、丙烯、乙苯、甲醇、丙醇	环己烷、戊烷、己烷、庚烷、辛烷、汽油、煤油、柴油、戊醇、己醇、环己醇	乙醛、三甲胺		亚硝酸乙酯
ⅡB	丙烯酯、二甲醚、环丙烷、市用煤气	环氧丙烷、丁二烯、乙烯	二甲醚、丙烯醛、碳化氢、	乙醚、二乙醚		
ⅡC	氢、水煤气	乙炔		二硫化碳	硝酸乙酯	

1.2.1.3. 防爆仪表的标志

防爆仪表的防爆标志为"Ex"；仪表的防爆等级标志的顺序为：防爆型式、类别、级别、温度组别。

控制仪表常见的防爆等级有 iaⅡCT₅ 和 dⅡBT₃ 两种。前者表示Ⅱ类本质安全型 ia 等级 C 级 T₅ 组，由表 1-6 可见，它适用于 T₅ 温度组别及其左边的所有爆炸性气体或蒸汽的场合；后者表示Ⅱ类隔爆型 B 级 T₃ 组，由表 1-6 可见，它适用于级别和组别为ⅡAT₁，ⅡAT₂，ⅡAT₃，ⅡBT₁，ⅡBT₂ 和ⅡBT₃ 的爆炸性气体或蒸汽的场合。

1.2.2. 控制仪表的防爆措施

控制仪表主要采用隔爆型防爆措施和本质安全型防爆措施。

1.2.2.1. 隔爆型防爆仪表

采用隔爆型防爆措施的仪表称隔爆型防爆仪表，其特点是仪表的电路和接线端子全部置于防爆壳体内，其表壳强度足够大，接合面间隙足够深，最大的间隙宽度又足够窄。这样，即使仪表因事故在表壳内部产生燃烧或爆炸时，火焰穿过缝隙过程中，受缝隙壁吸热及阻滞作用，将大大降低其外传能量和温度，从而不会引起仪表外部规定的易爆性气体混合物的爆炸。

隔爆型防爆结构的具体防爆措施是采用耐压 80~100N/cm² 以上的表壳；表壳外部的温升不得超过由易爆性气体或蒸汽的引燃温度所规定的数值；表壳接合面的缝隙宽度及深度，应根据它的容积和易爆性气体的级别采用规定的数值等。

隔爆型防爆仪表安装及维护正常时，它能达到规定的防爆要求，但是揭开仪表表壳后，它就失去了防爆性能，因此不能在通电运行的情况下打开表壳进行检修或调整。此外，这种防爆结构长期使用后，由于表壳接合面的磨损，缝隙宽度将会增大，因而长期使用会逐渐降低防爆性能。

1.2.2.2. 本质安全型防爆仪表

采用本质安全型防爆措施的仪表称本质安全型防爆仪表，也称安全火花型防爆仪表。这种防爆结构的仪表，在正常状态下或规定的故障状态下产生的电火花和热效应均不会引起规定的易爆性气体混合物爆炸。正常状态指在设计规定条件下的工作状态，故障状态指电路中非保护性元件损坏或产生短路、断路、接地及电源故障等情况。

本质安全型 ia 和 ib 两个等级分别表示：

① ia 等级　在正常工作、一个故障和两个故障时均不能点燃爆炸性气体混合物的电气设备。

② ib 等级　在正常工作和一个故障时不能点燃爆炸性气体的电气设备。

安全火花型防爆仪表所采取的措施主要有以下两方面。

① 仪表采用低的工作电压和小的工作电流。通常，正常工作电压不大于 24VDC，电流不大于 20mADC；故障时电压不大于 35VDC，电流不大于 35mADC。

② 在线路设计上，对处于危险场所的电路，适当选择电阻、电容和电感的参数值，借以限制火花能量，使其只产生安全火花；同时在较大的电容、电感回路中并联双重化二极管，以消除不安全火花。

显然，安全火花型仪表防爆性能是仪表电路本身固有的防爆性能。它在本质上就是安全的，即使产生电火花现象，由于能量很小，也是安全火花，不致引起爆炸。因此，安全火花型防爆仪表，从原理上讲它能适用于各种爆炸性气体或蒸汽的场合，其防爆性能不随时间而变化，而且可在运行状态下进行维修和调整。

但是，必须指出，将本质安全型防爆仪表在其所适用的危险场合中使用，还必须考虑与其配合的仪表及信号导线可能对危险场所产生的影响，即应使整个测量或控制系统具有安全火花防爆性能。

1.2.3. 控制系统的防爆措施

要使整个测量或控制系统的防爆性能符合安全火花防爆要求，必须满足两个条件。

① 在危险场所使用安全火花型防爆仪表；

② 在控制室仪表与危险场所仪表之间设置安全栅，如图 1-3 所示。安全栅的作用是限制由控制室至现场的能量，将在第 4 章中具体介绍。

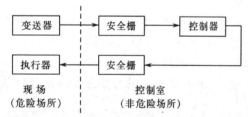

图 1-3　安全火花型防爆系统

根据上述两个条件构成的控制系统在设计上达到了安全火花防爆系统的要求。但是，要真正实现安全火花防爆，还必须注意系统的安装和使用，主要有以下两方面。

（1）必须正确地安装安全栅和布线

① 安全栅必须有良好的接地。

② 安全栅的输入、输出端的接线，应该分别布设，不能走同一条线槽，且输出端至现场仪表的连接导线应采用蓝色导线或外套蓝色套管，以防止可能产生的混触，使安全栅失去作用。控制柜内安全栅输出如经过端子连接，此端子也应采用蓝色的，并且与其他端子要有分隔板。

③ 由安全栅通向现场仪表的信号线，具有一定的分布电容和分布电感，因而储存了一定的能量。为了限制它们的储能，确保整个回路的安全火花性能，对信号线的分布电容和分布电感有一定的限制，其限制值可参看安全栅使用说明书的具体规定。

连接仪表用的低压电缆(或电线)，其分布电感、分布电容的大小与电缆的线芯粗细、结构形式和绝缘介质有关。具体数值可按以下公式计算

$$L_a = l \cdot \ln\left(\frac{s}{r_0}\right) \tag{1-1}$$

$$C_a = \frac{\pi l \varepsilon}{\ln\left(\frac{s}{r_0}\right)} \tag{1-2}$$

式中　L_a——分布电感，H；

　　　C_a——分布电容，F；

　　　l——导线长度，m；

　　　s——导线间距离，cm；

　　　r_0——导线半径，cm；

　　　ε——绝缘材料介电常数，F/m。

④ 由安全栅通往现场仪表的信号电缆，如果穿管安装，穿线管的直径应足够大，因为信号线与穿线管管壁之间存在的分布电容也具有储能作用。

（2）安全火花型现场仪表在危险场所时，虽然允许打开表壳进行检查，但携带到现场的维修用的仪器仪表，如万用表等，也必须是安全火花型的仪表。

1.3. 仪表的分析方法

面对系列各异、品种繁多的控制仪表，如何在典型仪表学习之后，能自行对其他仪表进行分析，其关键在于掌握一种行之有效的分析方法。

从仪表整体结构上看，模拟式控制仪表有两种构成形式。

① 仪表整机采用单个放大器，其放大器可由若干级放大电路或不同的放大器串联而成。属于这一类的仪表有 DDZ-Ⅱ 型仪表、大部分的变送器以及气动仪表等。

② 整机由数目不等的运算放大器电路以不同形式（主要是串联形式）组装而成。采用运算放大器的仪表都属于这一类构成形式，如 DDZ-Ⅲ 型系列、Ⅰ 系列和 EK 系列仪表等。

1.3.1. 采用单个放大器的仪表分析方法

1.3.1.1. 采用单个放大器的仪表特点

这一类仪表一般具有如图 1-4 所示的典型结构，即整个仪表可以划分为三部分：输入部分、放大器和反馈部分。

输入部分把输入信号 x 转化为某一中间变量 z_i，z_i 可以是电压、电流、位移、力和力矩等物理量。反馈部分把仪表的输出信号 y 转换为反馈信号 z_f，z_f 和 z_i 是同一类型的物理量。放大器把 z_i 和 z_f 的差值 ε（$\varepsilon = z_i - z_f$）放大，并转换成标准输出信号 y。

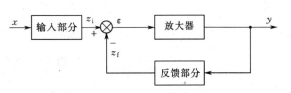

图 1-4　单个放大器的仪表结构

由图 1-4 可以求得整个仪表的输出与输入关系为

$$\frac{y}{x} = \frac{K_i K}{1 + K K_f} \tag{1-3}$$

式中　K_i——输入部分的转换系数；

　　　K——放大器的放大系数；

　　　K_f——反馈部分的反馈系数。

当满足 $K K_f \gg 1$ 的条件时

$$\frac{y}{x} = \frac{K_i}{K_f} \tag{1-4}$$

由于　　　　　　　　　　$z_i = K_i x, \qquad z_f = K_f y$

因此 $z_i = z_f$,   即 $\varepsilon = z_i - z_f = 0$ $\qquad$ (1-5)

上述分析表明，采用单个放大器的仪表具有如下特点。

① 在满足 $KK_f \gg 1$ 的条件时，仪表的输出与输入关系仅取决于输入部分的特性和反馈部分的特性。即影响仪表性能的主要因素是输入部分和反馈部分，而放大器影响不大，因为在实际仪表中，$KK_f \gg 1$ 的条件一般均能满足。

② 在满足 $KK_f \gg 1$ 的条件时，仪表的输入部分的输出信号 z_i 与整机输出信号 y 经反馈部分反馈到放大器输入端的反馈信号 z_f 基本相等，即放大器的净输入 ε 趋向于零（$\varepsilon \rightarrow 0$）。

1.3.1.2. 分析方法

式(1-3)～式(1-5)是对采用单个放大器的仪表进行分析的主要依据。对于这一类仪表的分析，首先是将仪表划分为三个部分：输入部分、放大器和反馈部分。然后对各个部分进行分析，重点是输入部分和反馈部分。进而根据式(1-4)或式(1-5)求出整机输出与输入之间的关系，即可得到整机特性。

要将整个仪表划分为三个部分，关键是如何确定图 1-4 中的比较环节和引出负反馈的取样环节：比较环节的确定可以从放大器的输入端即 ε 所加位置着手；取样环节的确定可以从仪表的输出信号回路着手。

电动仪表的比较方式有两种：串联比较和并联比较。串联比较是输入部分的输出电压 U_i 和反馈部分的输出电压 U_f 相串联，其差值为放大器的净输入 ε，如图 1-5 所示；并联比较则是 U_i 和 U_f 分别通过一个电阻并联加到放大器的输入端，如图 1-6 所示。

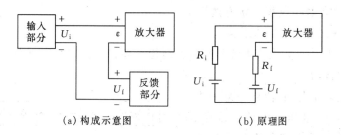

(a) 构成示意图 $\qquad$ (b) 原理图

图 1-5　串联比较

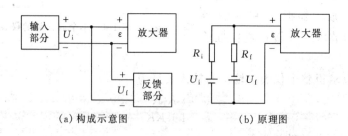

(a) 构成示意图 $\qquad$ (b) 原理图

图 1-6　并联比较

电动仪表的取样方式有两种：电流取样和电压取样，如图 1-7 所示。电流取样方式的取样元件(如电阻 R)串联在输出信号回路中，大多数电动仪表采用电流取样方式，以便使仪表输出具有良好的恒流性能；电压取样方式则是将输出电压的一部分或全部送到反馈部分。

气动仪表的比较环节主要有力比较和力矩比较两种方式，不同系列气动仪表的具体比较环节结构形式有所不同，但其方式基本相同。力比较是输入力和反馈力作用在比较元件上，其差值使比较元件产生微小的位移；力矩比较是输入力矩和反馈力矩作用在作为比较元件的杠杆上，其差值使杠杆产生微小的偏转，一种力矩比较的结构形式可参看第 2 章图 2-39 力矩平衡式 PI 调节器原理图。气动仪表的取样方式是将仪表输出气压信号直接引入反馈部分。

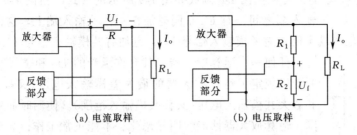

图 1-7　电动仪表的取样方式

1.3.2. 采用运算放大器的仪表分析方法

这一类仪表的线路是由若干个运算放大器电路组装而成，主要是运算放大器电路以串联形式相连。由于每一个运算放大器电路的输出电阻很小，而输入电阻又都足够大，这样，前、后级运算放大器电路之间相互影响很小，因此，在分析采用运算放大器构成的仪表时，可以把整个仪表线路分成一个个运算放大器电路单独地进行分析，最后再综合得到整机的特性。为了更好地掌握这类仪表的分析方法，有必要从应用角度先简单介绍一下有关运算放大器的基本知识。

1.3.2.1. 运算放大器的基本知识

（1）运算放大器的基本性能

在仪表电路图中，运算放大器一般用图 1-8 所示的长方形符号表示。从应用的角度来看，运算放大器的内部结构一般无关紧要，主要需了解其引出端（管脚）的作用、使用条件和性能。

① 引出端　如图 1-8 所示，每一个运算放大器有五个基本的引出端。

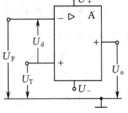

图 1-8　运算放大器的
引出端

a. 输入端（＋，－）　＋端为同相输入端，－端为反相输入端。同相端与反相端之间电压差 U_d 的正方向是从同相端到反相端。U_T 为同相端对地（正、负电源的公共端）的电压，U_F 为反相端对地的电压。

b. 输出端　U_o 为输出端对地的电压，即输出电压。

c. 电源端（U_+，U_-）　它们通常分别接到运算放大器所需的正、负电源上。在运算放大器电路分析时，为了简化电路，电源端也往往省略。

除了上述主要引出端之外，运算放大器还有用于输出调零、相位补偿的引出端。但对分析仪表电路来讲，直接有关的只是两个输入端和一个输出端，因此，分析线路时往往把运算放大器看成是双端输入、单端输出的三端器件。

② 使用条件　图 1-8 中的同相端输入电压 U_T 和反相端输入电压 U_F 可以分别表示为

$$U_T = \frac{U_T + U_F}{2} + \frac{U_T - U_F}{2} = U_c + \frac{U_d}{2} \tag{1-6}$$

$$U_F = \frac{U_T + U_F}{2} - \frac{U_T - U_F}{2} = U_c - \frac{U_d}{2} \tag{1-7}$$

式中　　U_d——差模输入电压，$U_d = U_T - U_F$；

　　　　U_c——共模输入电压，$U_c = \dfrac{1}{2}(U_T + U_F)$。

根据式(1-6)和式(1-7)可以把图1-8画成如图1-9所示的形式。由图1-9可见，U_d 是加在运算放大器的 +，- 输入端之间，而 U_c 是同时加在 +，- 输入端上。这说明，运算放大器在工作时，其输入端上既加有差模输入信号 U_d，也加有共模输入信号 U_c。

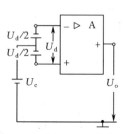

图1-9　输入等效电路图

任何一个运算放大器，其允许承受的 U_d 和 U_c 都有一定的限制，制造厂规定了运算放大器的最大差模输入电压(又称差模输入范围)和最大共模输入电压(又称共模输入范围)。使用时如果超出规定的范围，运算放大器性能将明显恶化，不能正常工作，甚至造成永久性损坏。因此，在仪表电路中往往采用各种不同的方法，以保证 U_d 和 U_c 在规定的差模输入范围和共模输入范围之内。

运算放大器的输出电压和电流也都有一定的限制，最大输出电压一般比电源电压低 $1\sim2\text{V}$，最大输出电流一般为 5mA 或 10mA，在仪表电路中需要输出大电流时，往往采用三极管进行电流放大。

③ 运算放大器基本特征　在对仪表中的某一级运算放大器电路进行分析时，运算放大器本身可以用图1-10所示的模型来表示。对前一级运算放大器电路输出来讲，它相当于一个等效电阻 R_i，称为输入电阻；对后一级运算放大器电路输入来讲，它可以看做为一个由电压源(其大小受输入电压控制)和内阻 R_o 串联起来的等效电源，其中 R_o 称为输出电阻。

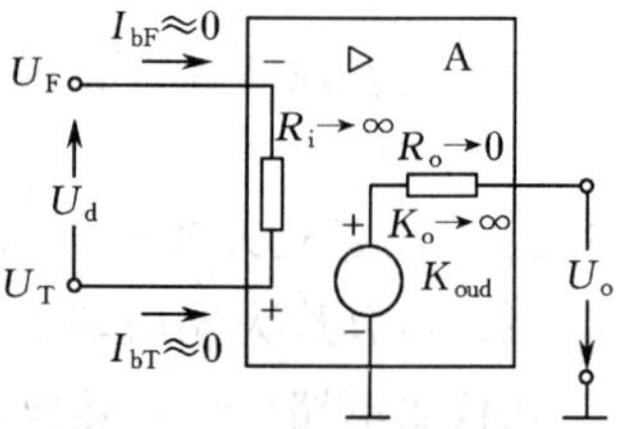

图1-10　运算放大器的简化模型

在分析仪表线路时，往往把运算放大器理想化。理想运算放大器具有如下特点：

　　a. 输入电阻 $R_i = \infty$；　　　　　　　　　　　　　　　　　　　　(1-8)

　　b. 输出电阻 $R_o = 0$；　　　　　　　　　　　　　　　　　　　　(1-9)

　　c. 开环电压增益 $K_o = \infty$；　　　　　　　　　　　　　　　　　(1-10)

　　d. 失调及其漂移为零。

由上述特点，可以得出如下两条重要的结论：

　　a. 差模输入电压为零，即 $U_d = 0$ 或 $U_T = U_F$；　　　　　　　　(1-11)

　　b. 输入端输入电流为零，即 $I_{bT} = 0$，$I_{bF} = 0$。　　　　　　　(1-12)

实际的运算放大器当然不可能如此，但与此结论非常接近。

(2) 运算放大器电路

通常，运算放大器电路都是带有负反馈的闭环电路。即信号从输入端加入，经放大后输出，输出电压又通过反馈电路引回到输入端。这时，整个运算放大器电路的特性(闭环特性)主要取决于反馈电路的形式和参数。仪表中常用的四种电路形式及其特性如下。

① 反相端输入　反相端输入运算放大器电路如图1-11所示。

因为　　　　　　　　　　　　$I_{bT} = 0$，　　　　$I_{bF} = 0$

所以　　　　　$U_F = \dfrac{R_2}{R_1 + R_2} U_i + \dfrac{R_1}{R_1 + R_2} U_o$，　　　$U_T = 0$

又因为 $U_F = U_T$

所以 $U_F = \dfrac{R_2}{R_1 + R_2} U_i + \dfrac{R_1}{R_1 + R_2} U_o = 0$

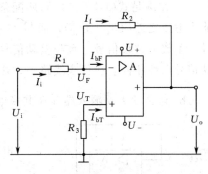

图1-11   反相输入运算放大电路

整理可得 $\dfrac{U_o}{U_i} = -\dfrac{R_2}{R_1}$ (1-13)

由以上分析可见,反相端输入运算放大器电路具有以下特点:

a.输出电压与输入电压成正比,其比例系数为 R_2/R_1;

b.输出与输入极性相反,即式(1-13)中带负号;

c.反相端不接地,但 $U_F = 0$,故称反相端为"虚地";

d.输入电阻约等于输入回路电阻 R_1;

e.输入回路电流 I_i,全部流经反馈回路,即 $I_f = I_i$。

② 同相端输入   同相端输入运算放大器电路如图1-12所示。

因为 $I_{bF} = 0$, $I_{bT} = 0$

所以 $U_F = \dfrac{R_1}{R_1 + R_2} U_o$, $U_T = U_i$

又因为 $U_T = U_F$

所以 $U_i = \dfrac{R_1}{R_1 + R_2} U_o$

即 $\dfrac{U_o}{U_i} = 1 + \dfrac{R_2}{R_1}$ (1-14)

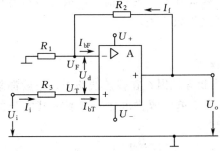

图1-12   同相输入运算放大电路

由以上分析可见,同相输入运算放大器电路具有以下特点:

a.输出电压与输入电压成正比,其比例系数为 $\left(1 + \dfrac{R_2}{R_1}\right)$;

b.输出与输入极性相同;

c.$U_T = U_F = U_i$,说明同相端和反相端存在共模电压 $U_c = U_i$;

d.输入电阻等于运算放大器本身的共模输入电阻,其值很大,通常为 $1 \sim 500 M\Omega$。

③ 差动输入   差动输入运算放大器电路如图1-13所示。

因为 $I_{bF} = 0$, $I_{bT} = 0$

所以 $U_F = \dfrac{R_2}{R_1 + R_2} U_{iF} + \dfrac{R_1}{R_1 + R_2} U_o$, $U_T = \dfrac{R_4}{R_3 + R_4} U_{iT}$

又因为 $U_T = U_F$

所以 $U_o = \left(\dfrac{R_1 + R_2}{R_1} \cdot \dfrac{R_4}{R_3 + R_4}\right) U_{iT} - \dfrac{R_2}{R_1} U_{iF}$ (1-15)

如果 $\dfrac{R_1}{R_2} = \dfrac{R_3}{R_4}$ (1-16)

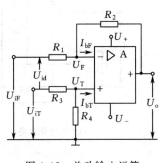

图1-13   差动输入运算放大器电路

则 $U_o = \dfrac{R_2}{R_1} (U_{iT} - U_{iF}) = \dfrac{R_2}{R_1} U_{id}$ (1-17)

式中,$U_{id} = U_{iT} - U_{iF}$。

由以上分析可见,差动输入运算放大器电路具有以下特点。

a. 在满足式(1-16)的电阻匹配条件时，差动输入放大器电路的输出电压仅仅取决于两个输入电压之差($U_{iT} - U_{iF}$)，而与 U_{iT} 和 U_{iF} 本身的大小无关，这说明这种电路只放大差动信号，不放大共模信号，且与差动信号 U_{id} 成正比，比例系数为 R_2/R_1。此外，输出电压与差动信号极性相同。在仪表线路中，往往取 $R_1 = R_3$，$R_2 = R_4$，形成所谓对称差动运放电路。

b. 运算放大器输入端存在共模电压，$U_c = \dfrac{R_4}{R_3 + R_4} U_{iT}$。

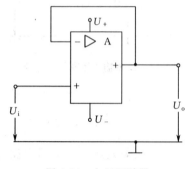

图 1-14 电压跟随器

④ 电压跟随器 电压跟随器的电路如图 1-14 所示。由图 1-14 很容易看出，其输出电压与输入电压相等，即

$$U_o = U_i \qquad (1-18)$$

电压跟随器实际上是同相输入运算放大器电路的一个特例。其主要的优点是输入电阻高、输出电阻低。因此，在仪表电路应用中，将它置于需要隔离的两个电路之间，从前级电路索取的电流很小，对后级电路相当一个电压源，从而起着良好的隔离作用，使得前、后级电路不会相互影响，而信号传送又不致损失。

1.3.2.2. 单电源供电的运算放大器电路

运算放大器通常都是由正、负电源供电。但出于仪表总体设计的需要、便于仪表的安装以及变送器采用二线制等原因，在仪表线路中，一般都采用单电源供电，即由一组 24V 电源供电。运算放大器采用单电源供电后，只影响其本身的使用条件，并不影响运算放大器电路的运算关系和特性。

(1) 单电源供电时运算放大器的使用条件

双电源供电和单电源供电的实质是电位基准问题，双电源供电，是以正、负电源公共端 C 点为基准；而单电源供电是以电源负极为基准。这一点可用图 1-15 说明，对于图 1-15(a) 所示的正、负电源供电的运算放大器，电位参考点(0V)是正、负电源的公共端 C 点。如果把 U_- 作为电位参考点，并使 C 点浮空，则成为图 1-15(b)，将两个电源合并，便成为图 1-15(c)，这时的供电形式就转变为单电源供电。

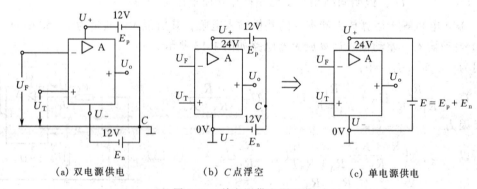

(a) 双电源供电　　　　(b) C 点浮空　　　　(c) 单电源供电

图 1-15 单电源供电原理图

由于电位基准发生了改变，因此运算放大器的允许工作条件将跟着改变。工作条件的变化情况，可用图 1-16 说明。为了说明方便，以某实际运算放大器的参数为例假设：正、负 12V 双电源供电时运算放大器的共模输入范围为 $-10 \sim +7V$、输出电压范围为 $-11 \sim +11V$，并且用图 1-16 中区域①和②来表示。其含义是：为了保证运算放大器正常工作，

电压 U_T，U_F 必须在 $-10\sim+7$V 以内，输出 U_o 必须在 $-11\sim+11$V 以内。当然，这些数值都是以双电源公共端 C 点为基准的。

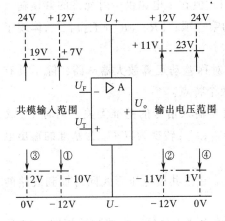

图 1-16 运算放大器使用条件

从图 1-15 可以看出，共模输入电压范围相对于 C 点(原正、负电源公共端)是 $-10\sim+7$V，而相对于地(0V)则成为 $(-10+12)\sim(7+12)$ V，即 $2\sim19$V；输出电压范围相对于 C 点是 ±11V，而相对于地(0V)则成为 $1\sim23$V。相对于地的共模输入范围和输出电压范围就是 24V 单电源供电时该运算放大器的允许使用条件，在图 1-16 中分别用区域③，④表示。

DDZ-Ⅲ型等系列仪表的信号范围为 $1\sim5$V，在24V 单电源供电时，显然不能满足共模输入范围的要求。为此，在仪表的电路中，采用电平移动的方法，即另加电平移动电源 U_B，以便使 U_T 和 U_F 进入共模输入范围以内。

(2) 单电源供电时运算放大电路的运算关系

另加电平移动电源 U_B 之后，运算放大器电路在单电源供电时以 U_B 为基准的运算关系，同双电源供电时以地(0V)为基准的运算关系，在形式上完全相同。这一点可以通过一个例子加以说明。

图 1-17 是 24V 单电源供电的对称差动运算放大器电路，图中 $R_1=R_3$，$R_2=R_4$。电平移动电压 U_B 用以保证正、负端电平在共模输入范围以内。

如果取 U_B 作为输入、输出信号的基准，这时的电路形式和双电源供电的电路形式(见图1-13)完全相同。根据式(1-17)，可以得到图 1-17 所示电路输出与输入之间的关系为

$$U_o = \frac{R_2}{R_1} U_{id} \qquad (1-19)$$

式中 U_{id}——运算放大器两输入端的电位差；

U_o——以 U_B 为基准的输出电压。

由图 1-17 所示电路可见，由于 $U_{id}=U_{iT}-U_{iF}=U'_{iT}-U'_{iF}$，因此式(1-19)也就是图 1-17 所示电路的运算关系。

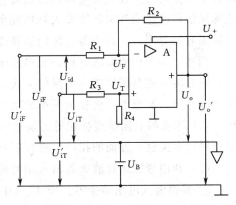

图 1-17 单电源供电的对称差动
运算放大器电路

必须注意的是，加有 U_B 的单电源供电运算关系和双电源供电时的运算关系相同，指的是输入、输出信号均以 U_B 为基准。如果以地为基准，则输出电压为

$$U'_o = U_o + U_B = \frac{R_2}{R_1} U_{id} + U_B \qquad (1-20)$$

式中 U_o——以地为基准的输出电压。

图 1-17 中，运算放大器输入端承受的共模电压 U_c 改变了，U_c(共模电压应相对于 0V 而言)为

$$U_c \approx U_T = \frac{R_3}{R_3 + R_4} U_B + \frac{R_4}{R_3 + R_4} U'_{iT} \tag{1-21}$$

因此，适当选择 U_B 和 R_3,R_4 的大小，可以使得 U_c 值在单电源供电时允许的共模输入范围以内，以保证运算放大器正常工作。式(1-21)中的第一项：$[R_3/(R_3 + R_4)]U_B$，体现了电源 U_B 移动同相端电平的作用。

以上分析表明，图 1-17 所示的 24V 单电源供电的对称差动运算放大器电路，除了具有一般的差动运算放大器电路的特点之外，还具有如下两个特点。

① 能实现信号电平的移动。U_o 只取决于 U_{id}，而与输入信号的基准无关，同时 U_o 又是以 U_B 为基准，因此能把以 0V 为基准的输入电压 U'_{iT}，U'_{iF} 转换为以 U_B 为基准的输出电压 U_o。

② U_o 大小与 U_B 无关。事实上，电平移动电压 U_B 是以共模电压形式同时加到线路的两个输入端上。

因此，在 DDZ-Ⅲ 型仪表及其他系列仪表中，所有接收仪表的输入电路均采用图 1-17 所示形式的电路。

1.3.2.3. 分析方法

如前所述，采用运算放大器的仪表分析方法是把整个仪表线路分成一个个运算放大器电路单独地进行分析，最后再综合得到整机的特性。由此可见，采用运算放大器的仪表线路分析的基础是单个运算放大器电路的分析。单个运算放大器电路的分析方法通常有如下两种。

(1) 利用基本运算放大器电路的关系式

这种方法的特点是基本概念明确，物理意义清楚。在以后几章的仪表分析中可以看到，仪表中大量的运算放大器电路是由前面介绍的 4 种基本运算放大器电路构成的。因此，如果熟练灵活掌握这些基本运算放大器电路的关系式，即式(1-13)至式(1-18)所表示的关系式，就能很容易看出运算放大器电路的运算关系，并能很快地了解整个仪表的特性。

当然，仪表中的实际电路，很多时候并不像基本运算放大器电路那样简单，那样一目了然，它有时可能是两种基本电路的合成，或者输入回路电阻和反馈回路电阻包含有电容等非纯阻性元件，甚至由一些较为简单的无源电阻网络构成。这时可以采用叠加法、等效电源定理、△⇔Y 变换、阻抗变换法等方法进行处理，将这些比较复杂的运算放大器电路转化为基本电路。有关这一方面的技巧，将在后面的章节中结合仪表线路的分析进行介绍。

(2) 利用理想运算放大器输入端的两个特征

① 差模输入电压等于零，即 $U_d = 0$ 或 $U_T = U_F$；

② 输入端输入电流等于零，即 $I_{bT} = 0$，$I_{bF} = 0$。

这两个特征是分析运算器放大电路输出与输入关系的出发点。实际上，前面所述的 4 个基本运算放大器电路的关系式也是依据这两个特征求得的。因此，对于比较复杂的运放电路，如果不易转化为基本电路时，可以依据这两个特征进行分析。分析时的关键是要抓住运算放大器两个输入端的电位 U_T 和 U_F。根据电路具体结构，找出输入、输出信号与 U_T，U_F 之间的关系，然后依据 $U_T = U_F$，求出输出与输入之间的关系。

利用上述两个特征进行分析时，采用"断开反馈又保证等效"的办法，把原电路转化为一个没有反馈的开环等效电路，往往可以使问题变得简单明了，有利于分析。这一技巧将在有关的仪表线路分析中说明。

1.3.3. 仪表的分析步骤

对于一只仪表，可以采用由整体到局部的方法分析，即首先对仪表作总体概貌性了解，然后将仪表划分成几个部分，再对各划分部分逐一进行分析，最后综合出整机的特性。其具体步骤如下。

① 了解仪表作用和结构框图。

② 按照结构框图将整机线路划分成相应的部分。

③ 根据信号的传递方向，对各部分逐一进行分析。分析的目的是要了解各部分的结构、作用、特点、输出与输入的关系，直至每一个元部件的作用。在分析中注意应用以下几种方法。

a. 对复杂的部分可画出其构成框图，作进一步划分，直到划分为最基本的构成部件为止。

b. 画等效电路。有些比较复杂的电路不容易看出其结构形式，这时可画出其等效电路，这对分析将是十分有效的。在画等效电路时，可以忽略一些次要元件，以便突出主要部分，也可以把电路画成习惯的形式。

c. 应用电路理论中的一些基本定律，如欧姆定律、分流公式、分压公式、等效电源定理、叠加定理、△⇔丫变换、阻抗变换等，以便把复杂的电路转化为简单的形式。

④ 综合仪表的整机特性。

在以后几章的仪表分析中，将按照上述步骤进行。

思考题与习题

1-1 控制仪表和自动控制系统有什么关系？

1-2 何谓单元组合式控制仪表？它有哪些特点？

1-3 单元组合式控制仪表有哪些单元？各有哪些功能？

1-4 何谓集散控制系统？它是如何构成的？

1-5 何谓现场总线和现场总线控制系统？它们具有哪些优点？

1-6 什么是信号制？控制系统仪表之间采用何种连接方式最佳？为什么？

1-7 防爆仪表与易燃易爆气体或蒸汽之间有何对应关系？ia Ⅱ CT$_6$ 和 d Ⅱ BT$_3$ 含义是什么？

1-8 怎样才能构成一个安全火花型防爆控制系统？

1-9 对于采用单个放大器的仪表，一般如何着手进行分析？

1-10 仪表中常用到哪四种运算放大器电路？各有哪些特点？

1-11 单电源供电的运算放大器电路有什么特点？

1-12 为什么仪表的输入电路一般都采用图 1-17 所示形式的电路？其中采用 U_B 的主要原因是什么？

1-13 对于采用运算放大器构成的仪表，一般如何着手进行分析？

1-14 仪表的一般分析步骤是什么？

1-15 试用本章所介绍的方法，直接"看"出图 1-18 所示电路的输入输出关系。

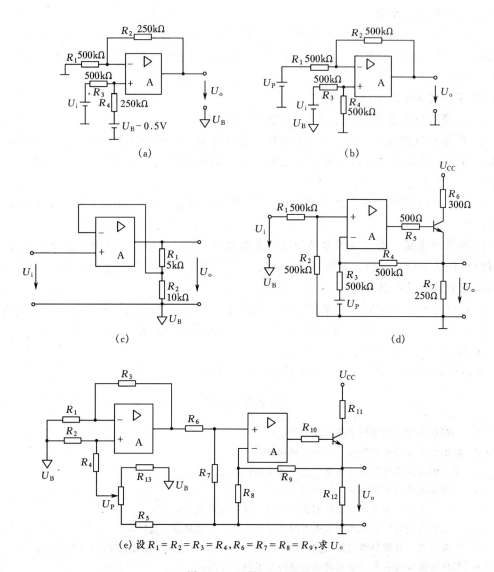

(e) 设 $R_1 = R_2 = R_3 = R_4, R_6 = R_7 = R_8 = R_9$，求 U_o

图 1-18 习题 1-15 题图

2. 控　制　器

控制器在自动控制系统中起控制作用。它将来自变送器的测量信号与给定值相减以得到偏差信号，然后对偏差信号按一定的控制规律进行运算，运算结果为控制信号，输出至执行器。

习惯上，单元组合仪表和单个仪表形式的控制器常称为调节器，如 DDZ-Ⅱ 型电动调节器、DDZ-Ⅲ 型电动调节器和可编程调节器等。

本章首先介绍控制规律的基本概念，这是控制器的共性问题；然后介绍模拟式控制器和数字式控制器。有关可编程序控制器等内容将在以后的章节中介绍。

2.1. 控制规律

2.1.1. 控制规律的表示方法

2.1.1.1. 何为控制器的控制规律

图 2-1 是单回路控制系统方框图。在该控制系统中，被控变量由于受扰动 d（如生产负荷的改变，上下工段间出现的生产不平衡现象等）的影响，常常偏离给定值，即被控变量产生了偏差

$$\Delta x = x_{\mathrm{m}} - x_{\mathrm{s}} \tag{2-1}$$

式中，Δx 为偏差；x_{m} 为测量值；x_{s} 为给定值。

控制器接受了偏差信号 Δx 后，按一定的控制规律使其输出信号 Δy 发生变化，通过执行器改变操纵变量 q，以抵消干扰对被控变量 θ 的影响，从而使被控变量回到给定值上来。

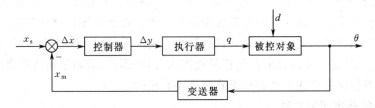

图 2-1　单回路控制系统方框图

被控变量能否回到给定值上，或者以什么样的途径、经过多长时间回到给定值上来，这不仅与被控对象特性有关，而且还与控制器的特性有关。只有熟悉了控制器的特性，才能达到自动控制的目的。

控制器的控制规律就是控制器的输出信号随输入信号（偏差）变化的规律。这个规律常常称为控制器的特性。

必须强调指出，在研究控制器特性时，控制器的输入是被控变量（测量值）与给定值之差即偏差 Δx，而控制器的输出是控制器接受偏差后，相应的输出信号的变化量 Δy。

对控制器而言，习惯上，$\Delta x > 0$ 称正偏差；$\Delta x < 0$ 称负偏差；$\Delta x > 0$，相应的 $\Delta y > 0$，则该控制器称正作用控制器；$\Delta x > 0$，相应的 $\Delta y < 0$，则该控制器称反作用控制器。

基本控制规律有比例（P）、积分（I）、微分（D）三种。由这些控制规律组成 P、PI、PD 和 PID 等几种工业上常用的控制规律。

2.1.1.2. 控制规律的表示方法

不少控制仪表输入和输出的物理量是不同的，特别是基地式控制器，它们的输入信号可能是温度、压力等，而输出信号为 $20\sim100kPa$ 或 $0\sim10mADC$、$4\sim20mADC$ 等。为了用一个统一的式子表示控制器的特性，可用相对变化量来表示控制器的输入和输出，即控制器的输入是偏差相对输入信号范围的比值，输出信号是输出变化量相对于输出信号范围的比值。显然，它们都是无因次的。即

$$X = \frac{\Delta x}{x_{\max} - x_{\min}}, \quad Y = \frac{\Delta y}{y_{\max} - y_{\min}} \tag{2-2}$$

式中　$x_{\max} - x_{\min}$——输入信号范围；

　　　　$y_{\max} - y_{\min}$——输出信号范围；

　　　　　　X——用相对变化量表示的控制器输入；

　　　　　　Y——用相对变化量表示的控制器输出；

　　　　　　Δx——控制器的输入偏差，为方便起见，后面用 x 表示；

　　　　　　Δy——控制器的输出变化量，后面用 y 表示。

控制器的特性用相对变化量 X 和 Y 的关系式表示，一般有如下 5 种表示方法。

① 微分方程表示法　用微积分的形式表示控制器特性，它常用于测定控制器参数。

② 传递函数表示法　用拉普拉斯变换式表示控制器特性，通常称为控制器的传递函数。它常用于控制器的特性分析以及控制系统的分析计算。

③ 频率特性表示法　用幅频特性和相频特性形式表示控制器的特性，它用于控制系统的分析。

④ 图示法　用控制器的输出随时间变化曲线表示控制器特性，通常输入采用阶跃信号，这时称为阶跃响应特性。图示法比较直观，用它可进行控制器参数的测定和控制器控制规律的定性分析。

⑤ 离散化表示法　用离散化的形式表示控制器特性，它用于数字控制器以及各种计算机控制装置。在数字控制器和各种计算机控制装置中，控制规律是由计算机实现的。由于计算机只能进行四则算术运算，同时计算机只能在一定的采样时刻从生产过程中取得数据，并按一定的采样时刻，将计算出来的控制信号送到执行器，因此，必须采用离散化的表示形式。

常用控制器控制规律的各种表示形式如表 2-1 所示。

2.1.2. 控制器的基本控制规律

2.1.2.1. 比例控制规律

只具有比例控制规律的控制器为比例控制器，其输出与输入成比例关系，即

$$Y_P = K_P X \tag{2-3}$$

式中　K_P——比例放大倍数，或称比例增益。

阶跃响应特性如图 2-2 所示。

（1）比例增益和比例度

比例增益 K_P 反映比例作用的强弱，K_P 越大，比例作用越强，即在一定的输入量 X 下，控制器输出的变化量越大，控制作用越强。反之亦然。在模拟控制器中，比例作用的强弱是用 K_P 的倒数——比例度 δ 进行刻度的，δ 与 K_P 的关系表示如下

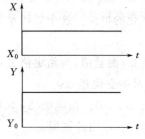

图 2-2　比例控制器的阶跃响应特性

$$\delta = \frac{1}{K_P} \times 100\% \tag{2-4}$$

表 2-1 常用控制器的控制规律一览表

控制规律 / 表示法	比例 (P)	比例积分 (PI)	比例微分 (PD)	比例积分微分 (PID)
微分方程	$Y = K_P X$	$Y = K_P\left(X + \dfrac{1}{T_I}\int X dt\right)$	$Y = K_P\left(X + T_D\dfrac{dX}{dt}\right)$	$Y = K_P\left(X + \dfrac{1}{T_I}\int X dt + T_D\dfrac{dX}{dt}\right)$
传递函数	$G(s) = \dfrac{Y(s)}{X(s)} = K_P$	$G(s) = K_P\left(1 + \dfrac{1}{T_I s}\right)$	$G(s) = K_P(1 + T_D s)$	$G(s) = K_P\left(1 + \dfrac{1}{T_I s} + T_D s\right)$
频率特性	$G(j\omega) = K_P$ $A(\omega) = K_P$ $\phi(\omega) = 0$	$G(j\omega) = K_P\left(1 + \dfrac{1}{j\omega T_I}\right)$ $A(\omega) = K_P\sqrt{1 + \left(\dfrac{1}{T_I\omega}\right)^2}$ $\phi(\omega) = \arctan\left(-\dfrac{1}{T_I\omega}\right)$	$G(j\omega) = K_P(1 + j\omega T_D)$ $A(\omega) = K_P\sqrt{1 + (T_D\omega)^2}$ $\phi(\omega) = \arctan(T_D\omega)$	$G(j\omega) = K_P\left(1 + \dfrac{1}{j\omega T_I} + j\omega T_D\right)$ $A(\omega) = K_P\sqrt{1 + \left(T_D\omega - \dfrac{1}{T_I\omega}\right)^2}$ $\phi(\omega) = \arctan\left(T_D\omega - \dfrac{1}{T_I\omega}\right)$
图示法 X→Y 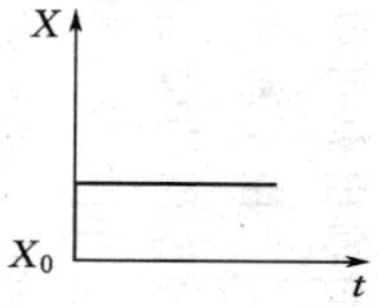	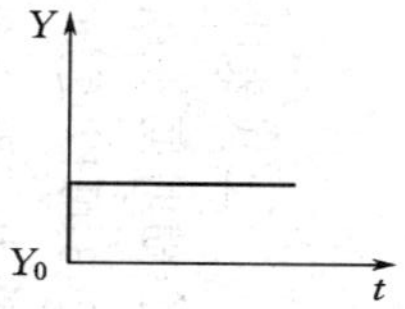	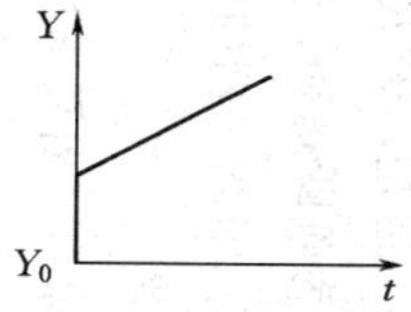	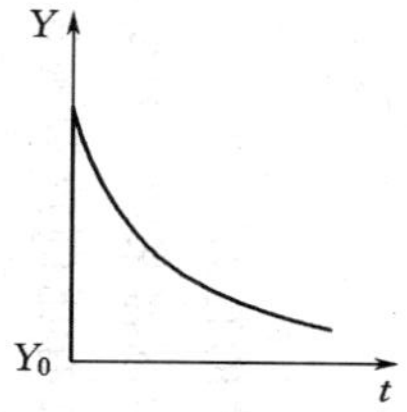	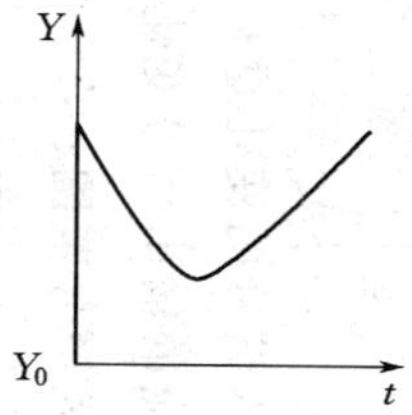
离散化	$Y(n) = K_P X(n)$	$Y(n) = K_P\left[X(n) + \sum_{i=0}^{n}\dfrac{T_s}{T_I}X(i)\right]$	$Y(n) = K_P\{X(n) + \dfrac{T_D}{T_s}[X(n) - X(n-1)]\}$	$Y(n) = K_P\{X(n) + \sum_{i=0}^{n}\dfrac{T_s}{T_I}X(i) + \dfrac{T_D}{T_s}[X(n) - X(n-1)]\}$

注：K_P—比例放大系数；T_I—积分时间；T_D—微分时间；$Y(s)$—Y 的拉氏变换式；$X(s)$—X 的拉氏变换式；$G(s)$—用拉氏变换式表示的控制器特性，即控制器的传递函数；s—拉氏变换的算子；$A(\omega)$—幅频特性；$\phi(\omega)$—相频特性；n—采样序号；$X(n),X(n-1)$—控制器第 n 次和第 $(n-1)$ 次输入偏差值；$Y(n)$—控制器第 n 次的输出量；T_s—采样周期。

但上式中的"%"一般不在比例度盘上刻出来。

由式(2-2)、式(2-3)和式(2-4),可得比例度的一般表达式

$$\delta = \left[\left(\frac{x_2 - x_1}{x_{\max} - x_{\min}} \right) \Big/ \left(\frac{y_2 - y_1}{y_{\max} - y_{\min}} \right) \right] \times 100\% \tag{2-5}$$

式中　$x_2 - x_1$——输入信号的变化量;

$y_2 - y_1$——相应的输出信号变化量;

$x_{\max} - x_{\min}$——输入信号范围;

$y_{\max} - y_{\min}$——输出信号范围。

由式(2-5)可定义比例度为:控制器的输入变化量相对于输入信号范围,占相应的输出变化量相对于输出信号范围的百分数。

对于输入信号范围与输出信号范围相同的控制仪表或装置,式(2-5)可改写为

$$\delta = \left(\frac{x_2 - x_1}{y_2 - y_1} \right) \times 100\%$$

(2) 比例控制规律的特点

对于比例作用的控制器来说,只要有偏差输入,其输出立即按比例变化,因此比例控制作用及时迅速;但只具有比例控制规律的控制系统,当被控变量受扰动影响而偏离给定值后,控制器的输出必定要发生变化。而在系统达到新的稳态以后,为了克服扰动的影响,控制器的输出不是原来的数值。由于控制器的输出与偏差成比例关系,被控变量也就不可能回到原来数值上,即存在残余偏差——余差。

余差是比例控制器应用方面的一个缺点,在控制器的输出变化量相同情况下,K_P 越大,即比例度 δ 越小,余差也越小。但是,若 K_P 过分大,系统容易振荡,甚至发散。此外,余差的大小还与扰动的幅值有关,若为阶跃扰动,其幅值越大,在相同 K_P 下,余差也越大。由于负荷的变化通常是系统的一种扰动,因此比例控制器一般适用于负荷变化不大、允许有余差的系统。

2.1.2.2. 比例积分控制规律

比例控制器的缺点是有余差。若要求控制系统无余差,就得增加积分控制规律(即积分作用)。

(1) 积分作用

积分作用的输出与偏差对时间的积分成比例关系,即

$$Y = \frac{1}{T_I} \int X \mathrm{d}t \tag{2-6}$$

式中　T_I——积分时间。

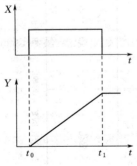

图 2-3　方波信号下积分作用的响应

上式表明,只要控制器输入(偏差)存在,积分作用的输出就会随时间不断变化,只有当偏差等于零时,输出才稳定不变,图2-3可以更加清楚说明这一点。这表明积分作用具有消除余差的能力,对一个很小的偏差,虽然在很短的时间内,积分作用的输出变化很小,还不足以消除偏差,然而经过一定时间,积分作用的输出总可以增大到足以消除偏差的程度。

由于积分作用的输出与时间的长短有关。在一定偏差作用下,积分作用的输出随时间的延长而增加,因此积分作用具有"慢慢来"的特点。由于这一特点,即使有一个较大的偏差存在,但一开始积分作用的输出总是比较小的,即一开始控制作用太弱,从而造成控制不及时,因

而积分作用一般不单独使用,而是与比例作用一起组成具有比例积分控制规律的控制器。

（2）比例积分控制规律

具有比例积分控制规律的控制器称为比例积分控制器,其特性为

$$Y = K_P\left(X + \frac{1}{T_I}\int X dt\right) \tag{2-7}$$

比例积分控制器的输出可以表示成比例与积分两种作用的输出之和。即上式可以表示为

$$Y = Y_P + Y_I$$

式中　　Y_P——比例作用输出,$Y_P = K_P \cdot X$;

　　　　Y_I——积分作用输出,$Y_I = \dfrac{K_P}{T_I}\int X dt$。

在阶跃信号输入时,比例积分控制器的输出变化如图2-4所示。在加入阶跃信号瞬间,输出跳跃上去(AB段所示),这是比例作用,以后呈线性增加(BD段所示),这是积分作用。

（3）积分时间 T_I

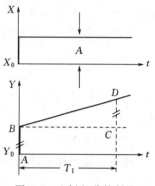

积分时间 T_I 反映积分作用的强弱,T_I 越小,积分作用越强,即在一定的输入量 X 及相等的时间条件下,控制器输出的变化量越大,控制作用越强。反之亦然。

在阶跃信号输入辐值为 A 时,积分作用输出为

$$Y_I = \frac{K_P}{T_I}\int_{t_2}^{t_1} A dt = \frac{K_P}{T_I}A(t_2 - t_1) = \frac{K_P}{T_I}A\Delta t$$

若取积分作用的输出 Y_I 等于比例作用的输出 Y_P,即

$$\frac{K_P}{T_I}A\Delta t = K_P A$$

图 2-4　比例积分控制器
的阶跃响应曲线

则 $T_I = \Delta t$。

因此积分时间的定义为:在阶跃信号输入下,积分作用的输出变化到等于比例作用的输出所经历的时间就是积分时间 T_I。

积分时间的基本测定方法是:从给 PI 控制器(若是 PID 控制器,预先去除微分作用)加入一适当幅度的阶跃输入信号开始,到积分作用的输出(图2-4中的 CD)变化到等于比例作用的输出(图2-4中的 AB)为止,这段时间 t 就是实际积分时间 T_I。

（4）控制点、控制点偏差与控制精度

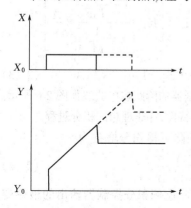

对于具有积分作用的控制器,当测量值等于给定值时,其输出可以稳定在任一值上,控制器的这种性能,称为控制点。这一概念可用图2-5来说明。

比例积分控制器,当输入为两个幅值相等宽度不同的方波信号时,其输出响应如图2-5所示。由图可见,当方波信号结束后,控制器的输出将稳定在不同值上,宽度大的方波信号(图中虚线所示)结束后的输出稳定值大。

由于控制器的开环增益为有限值等原因,当具有积分作用的控制器的输出稳定不变时,测量值与给定值之间不可能完全相等,将存在着微小偏差,这种偏差称控制点偏差。

图 2-5　积分作用控制器控制点示意图

23

最大控制点偏差占输入信号范围的百分数称为控制精度，或称调节精度，即

$$A_c = \frac{(x_m - x_s)_{max}}{x_{max} - x_{min}} \times 100\%$$ (2-8)

控制精度是具有积分作用控制器的一项重要技术指标，它表征控制器减小余差的能力。显然，控制精度越高，该控制器减小余差的能力越强。稳态时，测定值与给定值之间的偏差越小。

(5) 积分增益与开环放大倍数

由于开环增益不可能为无穷大，因此具有积分作用的控制器有偏差输入时，其积分作用也不可能无限地继续下去。在控制器开环增益为有限值时，实际 PI 控制器的传递函数为

$$G(s) = \frac{Y(s)}{X(s)} = \frac{K_P \left(1 + \dfrac{1}{T_I s}\right)}{1 + \dfrac{1}{K_I T_I s}}$$ (2-9)

式中 K_I——积分增益。

在阶跃输入 A 的作用下，即

$$X(s) = \frac{A}{s}$$

则

$$Y(s) = \frac{K_P \left(1 + \dfrac{1}{T_I s}\right)}{1 + \dfrac{1}{K_I T_I s}} \times \frac{A}{s}$$ (2-10)

利用始值定理可以求得控制器在接受阶跃输入瞬间的输出变化量 $Y(0)$ 为

$$Y(0) = \lim_{t \to 0} Y(t) = \lim_{s \to \infty} s[Y(s)]$$

将式(2-10)代入上式，可得

$$Y(0) = K_P A$$ (2-11)

利用终值定理可以求得稳态时控制器输出的变化量 $Y(\infty)$ 为

$$Y(\infty) = \lim_{t \to \infty} Y(t) = \lim_{s \to 0} s[Y(s)]$$

将式(2-10)代入上式，可得

$$Y(\infty) = K_P K_I A$$ (2-12)

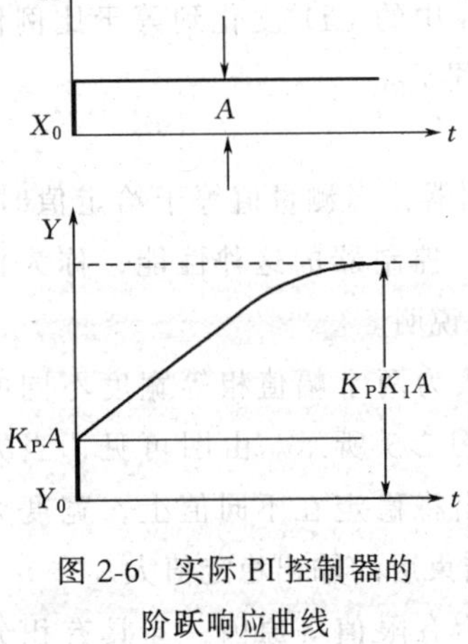

同时将式(2-10)拉氏反变换后，可得在阶跃信号输入下，控制器输出随时间变化的表达式为

$$Y(t) = L^{-1}[Y(s)] = L^{-1}\left[K_P \frac{1 + \dfrac{1}{T_I s}}{1 + \dfrac{1}{K_I T_I s}} \times \frac{A}{s}\right]$$

即

$$Y(t) = K_P[K_I - (K_I - 1)e^{-\frac{1}{T_I K_I}t}]A$$ (2-13)

由上式可得到实际 PI 控制器的阶跃响应曲线如图 2-6 所示。由图可见阶跃响应曲线呈饱和特性，并非理想的积分过程。

将式(2-12)与式(2-11)相除可得积分增益为

图 2-6 实际 PI 控制器的
阶跃响应曲线

$$K_I = \frac{Y(\infty)}{Y(0)}$$ (2-14)

由上式积分增益定义为：在适当幅度的阶跃输入下，实际比例积分控制器输出的最终变化量与初始变化量的比值，就是积分增益。

24

由式(2-12)可得

$$A = \frac{Y(\infty)}{K_P K_I} \tag{2-15}$$

即当最终变化量 $Y(\infty)$ 和比例增益 K_P 一定时，积分增益 K_I 越大时，余差越小，控制精度越高。因此希望积分增益 K_I 大一些。

式(2-15)中，A 是控制器的输入偏差，$Y(\infty)$ 是控制器输出变化量，因此 $K_P K_I$ 是控制器的开环放大倍数 K_{OP}，即

$$K_{OP} = K_P K_I = \frac{Y(\infty)}{A} \tag{2-16}$$

当控制器的输出作全范围变化时，对应的输入偏差值为最大值，此时式(2-15)可改写成

$$\frac{(x_m - x_s)_{max}}{x_{max} - x_{min}} = \frac{\frac{y_{max} - y_{min}}{K_P K_I}}{y_{max} - y_{min}} = \frac{1}{K_P K_I} \tag{2-17}$$

对照式(2-8)可以看出，式(2-17)就是表明了控制器的控制精度。由上式可得到控制器的最大偏差为

$$(x - x_s)_{max} = \frac{1}{K_P K_I}(x_{max} - x_{min}) \tag{2-18}$$

式中 $x_{max} - x_{min}$ ——控制器输入信号范围。

必须指出，影响实际 PI 控制器控制精度的因素除积分增益 K_I 与比例增益 K_P 以外，还有给定值的精度和稳定性、放大器的零点漂移、电源电压或气源压力的波动等；对气动 PI 控制器而言，则还与比较元件参数的对称程度等因素有关。

(6) 积分饱和

具有积分作用的控制器在单方向偏差信号的长时间作用下，其输出达到输出范围上限值或下限值以后，积分作用将继续进行，从而使控制器脱离正常工作状态，这种现象称为积分饱和。

积分饱和现象在控制系统中是十分有害的，其影响可用图 2-7 来说明。图中设输出信号上限幅值为 20mA。由图可见，如果控制器处于积分饱和状态，当偏差反向时，控制器输出不能及时改变，需要经过一段时间，即要到积分作用部分回复到正常工作状态以后才能对偏差做出正确的反应。这段等待时间使控制器暂时丧失了控制功能，从而造成了控制不及时，使控制品质变坏，甚至危及安全。

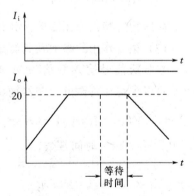

图 2-7　积分饱和的影响

防止积分饱和的方法通常有两种：

① 在控制器输出达到输出范围上限值或下限值时，暂时去掉积分作用，如由比例积分作用变为纯比例作用；

② 在控制器输出达到输出范围上限值或下限值时，使积分作用输出不继续增加，如在比例积分电路的输入端另加一个与偏差相反的信号。

2.1.2.3. 比例微分控制规律

比例作用根据偏差的大小进行自动控制，积分作用可以消除被控变量的余差。对于一般控制系统来说，使用比例积分作用已经能满足生产过程自动控制的要求了。但是对一些要求

比较高的自动控制系统，常希望根据被控变量变化的趋势，而采取控制措施，防止被控变量产生过大的偏差。为此可使用具有微分控制规律的控制器。

（1）微分控制规律

所谓被控变量的变化趋势，就是偏差变化的速度。控制器微分作用的输出与偏差变化的速度成正比，可用下式表示

$$Y = T_D \frac{dX}{dt} \tag{2-19}$$

式中 $\frac{dX}{dt}$ 为偏差变化的速度；T_D 为微分时间。

上式表明，对这种微分控制规律来说，输入偏差变化的速度越大，则微分作用的输出越大，然而对于一个固定不变的偏差，不管这个偏差有多大，微分作用的输出总是零。这种微分控制规律通常称为理想微分作用。理想微分控制器的阶跃响应曲线如图2-8所示，由图可以更直观看出理想微分作用的这一特点。

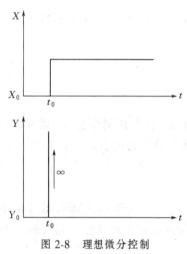

图 2-8 理想微分控制器的阶跃响应曲线

由于微分作用的这一特点，因此这种理想的微分作用不能单独作为控制规律使用。在控制器中，通常采用微分作用和比例作用以及一阶惯性环节组合的实际比例微分控制规律。

（2）实际比例微分控制规律

具有实际比例微分控制规律的控制器称为比例微分控制器，其特性为

$$\frac{T_D}{K_D}\frac{dY}{dt} + Y = K_P\left(T_D\frac{dX}{dt} + X\right) \tag{2-20}$$

式中 K_D 为微分增益，或称微分放大倍数；T_D 为微分时间。

比例微分控制器传递函数为

$$G(s) = \frac{Y(s)}{X(s)} = K_P \frac{1 + T_D s}{1 + \frac{T_D}{K_D}s} \tag{2-21}$$

阶跃响应特性如图2-9所示。

（3）微分作用的参数及其测定

在阶跃信号输入幅值为 A 时，经拉氏反变换，可以求得比例微分控制器输出为

$$Y(t) = K_P A\left[1 + (K_D - 1)e^{-\frac{t}{\tau_D}}\right] \tag{2-22}$$

式中 τ_D 为微分时间常数，

$$\tau_D = \frac{T_D}{K_D} \tag{2-23}$$

式(2-22)即为图2-9所示的比例微分控制器阶跃响应曲线的表达式。它表明，在阶跃信号输入下，比例微分控制器由比例作用输出 Y_P 和微分作用输出 Y_D 两部分组成。Y_P 和 Y_D 分别为

$$Y_P = K_P A \tag{2-24}$$

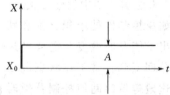

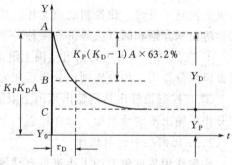

图 2-9 比例微分控制器的阶跃响应曲线

$$Y_D(t) = K_P(K_D - 1)A e^{-\frac{t}{\tau_D}} \tag{2-25}$$

当 $t \to 0$ 时，由式(2-22)可得输出的初始值为

$$Y(0) = K_P K_D A \tag{2-26}$$

当 $t \to \infty$ 时，可得输出的稳态值为

$$Y(\infty) = K_P A \tag{2-27}$$

式(2-22)、式(2-26)和式(2-27)表明，在阶跃输入下，比例微分控制器的输出，一开始将输入信号放大 $K_P K_D$ 倍，以后按时间常数为 τ_D 的指数曲线下降，最终只剩下比例作用的输出 $K_P A$（如图 2-9 所示）。

下面讨论微分时间常数 τ_D、微分增益 K_D 和微分时间 T_D。

假定 $t = \tau_D$，由式(2-25)可得

$$Y_D(\tau_D) = K_P(K_D - 1)A e^{-1} = K_P(K_D - 1)A \times 36.8\%$$

上式为从阶跃输入开始，到达时间为 τ_D 时的微分部分的输出值，即图 2-9 中的 BC 部分，图中 AB 部分则为 $K_P(K_D - 1)A \times 63.2\%$。

因此，微分时间常数 τ_D 可以这样定义和测定：在阶跃信号输入下，比例微分控制器的输出，从一开始的跳变值(图 2-9 的 A 点)，下降了微分作用输出部分 $[AC = K_P(K_D - 1)A]$ 的 63.2% 所经过的时间，就是微分时间常数 τ_D。显然 τ_D 就是在阶跃信号输入下，微分部分指数曲线的时间常数。

将式(2-26)与式(2-27)相除，可得微分增益

$$K_D = \frac{Y(0)}{Y(\infty)} \tag{2-28}$$

由上式可知，在阶跃输入下，实际比例微分控制器的输出一开始 $(t = 0)$ 的变化量与最终 $(t \to \infty)$ 的变化量的比值，称为微分增益 K_D。

由式(2-23)可知微分时间

$$T_D = K_D \tau_D \tag{2-29}$$

即微分时间 T_D 等于微分增益与微分时间常数的乘积。因此，实际测定微分时间时，需要测出微分增益和微分时间常数。

微分时间 T_D 反映了微分作用的强弱，T_D 越大，微分作用越强，即控制作用越强，但微分时间过长时，容易引起系统的不良振荡；T_D 越小，微分作用越弱；当 $T_D = 0$ 时，微分作用取消了。对于实际的比例微分控制器而言，微分增益 K_D 往往是固定的，K_D 越大，微分作用越强，但 K_D 过大，系统容易受到高频干扰的影响，因此 K_D 一般限制在一定的范围之内。

（4）微分控制规律的特点

由于微分作用的输出与偏差变化的速度成正比，这种根据偏差变化的趋势提前采取控制措施称为"超前"。因此，微分作用也称为超前作用，这是微分作用的一个特点。

图 2-10 形象地说明了微分作用具有超前的特点。图中，

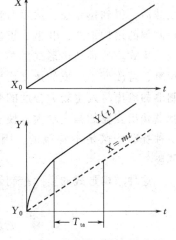

图 2-10　微分作用的超前作用

输入信号为等速上升的斜坡信号 $X = mt$，比例微分作用的输出经一段时间延时后，也是一等速上升的斜坡信号。由图可以看出稳定之后同一时刻的比例微分作用的输出，总是超前于输入一段恒定的时间 T_{ta}。超前时间 T_{ta} 可以求得为

$$T_{ta} = \frac{K_D - 1}{K_D} T_D \tag{2-30}$$

当微分增益 $K_D \gg 1$ 时，上式为 $T_{ta} = T_D$。由于微分作用具有超前的特点，因此微分作用如果使用得恰当，可以使被控变量的超调量减小，操作周期和回复时间缩短，系统的质量得到全面提高。特别对容量滞后较大的对象，其效果更加显著。

2.1.2.4. 比例积分微分控制规律

PID 控制规律是由基本的 P、I(或 PI)与 D(或 PD)控制规律组合而成。理想的 PID 作用的微分方程为

$$Y = K_P \left(X + \frac{1}{T_I} \int X dt + T_D \frac{dX}{dt} \right) \tag{2-31}$$

传递函数为

$$G(s) = K_P \left(1 + \frac{1}{T_I s} + T_D s \right) \tag{2-32}$$

（1）模拟控制器的 PID 运算式

具有 PID 控制规律的实际模拟控制器可以是由单只放大器和微分电（气）路、积分电（气）路组成的 PID 结构形式，也可是由两个或两个以上的 P、PI 和 PD 运算部件通过串联、并联或串联并联混合方式组成的 PID 结构形式。但是，不论仪表的具体结构形式如何，在对测量值和给定值的比较处理方面，可以分为如图 2-11 所示的两种形式，因此有两种形式的 PID 运算形式。

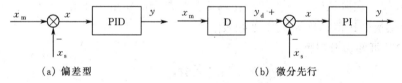

（a）偏差型　　　　　　　　　　　　（b）微分先行

图 2-11　PID 控制器的偏差构成形式

① 偏差型 PID 运算式　这种 PID 运算形式如图 2-11(a)所示，测量值 x_m 与给定值 x_s 相减后，得到偏差 x，然后对偏差 x 进行比例、积分和微分的运算。这是用得较多的 PID 控制器的结构形式，Ⅱ型、Ⅲ型电动和气动单元组合仪表以及Ⅰ系列等其他仪表都采用这种结构形式。这种结构形式的控制器，在人工改变给定值时，也将对给定值的变化进行 PID 运算，若改变给定值的速度比较快，由于微分作用的输出与输入变化的速度成正比，因此控制器的输出将发生较大幅度的变化，从而引起被控变量的波动；改变给定值的速度越快，控制器输出变化的幅度越大，使被控变量波动的时间越长。显然，这对控制系统的稳定运行是一种扰动，这是不希望的。因此这种结构形式的控制器，在需要改变给定值时，应缓慢调整。

这种结构形式的实际控制器的传递函数为

$$G(s) = \frac{Y(s)}{X(s)} = \frac{K_P \left(1 + \frac{1}{T_I s} + T_D s \right)}{1 + \frac{1}{T_I K_I s} + \frac{T_D}{K_D} s} \tag{2-33}$$

阶跃响应特性如图 2-12 所示。

② 微分先行 PID 运算式　这种 PID 运算形式如图 2-11(b)所示，先对测量值 x_m 进行微分运算(通常是 PD 运算，其 $K_P = 1$)，其结果与给定值 x_s 相减，然后再进行比例积分运算。某些气动控制器和 EK 系列控制器以及其他一些控制器采用这种结构形式。微分先行的 PID 控制器可以避免改变给定值时对控制系统所产生的扰动。由图 2-11(b)可见，这种结构形式的控制器只对测量值 x_m 进行微分运算，微分运算以后的信号 x_d 与给定值 x_s 比较后得到的差值进行 PI 运算，稳态时，$x_d = x_m$。而当给定值 x_s 较快地改变时，控制器只对这个改变值进行 PI 运算，而不

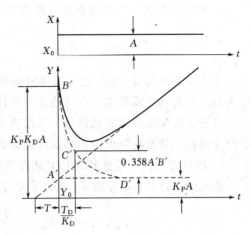

图 2-12　PID 控制器阶跃响应曲线

进行微分运算。在这种情况下，控制器的输出就不会因微分作用而出现大幅度的变化。当然，在给定值改变瞬间，比例作用仍然会使控制器的输出发生变化，但变化的幅度较比例、微分作用同时起作用时要小得多，而且与改变给定值的速度无关。

微分先行结构形式的实际控制器的传递函数为

$$Y(s) = K_P \frac{1 + \dfrac{1}{T_I s} + T_D s}{1 + \dfrac{1}{K_I T_I s} + \dfrac{T_D}{K_D} s} X_m(s) - K_P \left(\frac{1 + \dfrac{1}{T_I s}}{1 + \dfrac{1}{K_I T_I s}} \right) X_s(s) \tag{2-34}$$

上式第一项的系数与式(2-33)是相同的，这说明微分先行的 PID 控制器对测量值的变化仍然进行 PID 运算。在给定值不变、测量值 X_m 阶跃变化时，控制器的响应特性和图 2-12 所示曲线相同。上式也表明，微分先行的 PID 控制器对给定值的变化只进行 PI 运算。

(2) 数字式 PID 运算式

在数字控制器和 DCS 等计算机控制系统中，控制规律是由计算机实现的。由于计算机只能进行四则算术运算，同时计算机只能在一定的采样时刻从生产过程中取得数据，并在一定的采样时刻，将计算出来的控制信号送到执行器，因此，必须采用数字式 PID 运算式，即对式(2-31)PID 运算式中的连续积分项和微分项进行如下离散化处理。

对于积分项用下式近似

$$\int X dt \approx \sum_{i=0}^{n} X_i \cdot \Delta t = T_s \sum_{i=0}^{n} X_i \tag{2-35}$$

对于微分项用下式近似

$$\frac{dx}{dt} \approx \frac{X_n - X_{n-1}}{\Delta t} = \frac{X_n - X_{n-1}}{T_s} \tag{2-36}$$

式中，Δt 是两次采样的间隔时间，即采样周期 T_s；n，$n-1$ 为采样序号。

于是可得离散化后的理想 PID 控制规律算式为

$$Y_n = K_P \left[X_n + \frac{T_s}{T_I} \sum_{i=0}^{n} X_i + \frac{T_D}{T_s} (X_n - X_{n-1}) \right] \tag{2-37}$$

式中，Y_n 为第 n 次采样后的控制器输出。

① 基本数字式 PID 运算式　常用的数字式 PID 运算式有位置型算式、增量型算式、速

度型算式和偏差系数型算式等几种。

a. 位置型算式　位置型算式计算所得的 Y_n 与实际调节阀的阀位相对应，其算式如下

$$Y_n = K_P \left[X_n + \frac{T_s}{T_I} \sum_{i=0}^{n} X_i + \frac{T_D}{T_s} (X_n - X_{n-1}) \right] \qquad (2\text{-}38)$$

位置型算式的 Y_n 是由逐次采样所得的偏差 X_i 求和及求增量而得，它便于计算机运算的实现，但是其计算繁琐，占用的计算机内存很大，并且由于在每个周期都要重新计算并输出计算值，即实际使用的阀位值，因而当出现故障导致计算错误或输出错误时，会造成调节阀开度错误，致使控制出错，严重时还会造成整个控制系统的重大事故。

b. 增量型算式　增量型 PID 算式计算两个采样周期 PID 输出值之差。

由式(2-38)中可求得第 $n-1$ 次采样时的控制器输出

$$Y_{n-1} = K_P \left[X_{n-1} + \frac{T_s}{T_I} \sum_{i=0}^{n-1} X_i + \frac{T_D}{T_s} (X_{n-1} - X_{n-2}) \right] \qquad (2\text{-}39)$$

将式(2-38)与式(2-39)相减，即可得增量型 PID 的算式为

$$\Delta Y_n = Y_n - Y_{n-1} = K_P \left[(X_n - X_{n-1}) + \frac{T_s}{T_I} X_n + \frac{T_D}{T_s} (X_n - 2X_{n-1} + X_{n-2}) \right] \qquad (2\text{-}40)$$

由式(2-40)可知，增量型算式的计算只取决于最后的几次偏差，因而计算机运算所需的内存较小，计算也相对简单，并且由于每次只是输出增量，一旦控制器或系统出现故障而停止输出时，调节阀开度可以很容易地保持在故障前的状态，因而不会造成大的影响，此外，若对每次输出的增量给予适当的限制，还可防止大的扰动出现。这种算式还易于实现系统手动和自动间的无扰动切换，由于上次输出值总是保存在输出电路或寄存器中，在手动/自动切换的瞬间，控制器相当于处在保持状态，从而切换不会产生扰动。因此在实际应用中，增量型 PID 算式用得最为广泛。

c. 速度型算式　速度型算式是增量型算式的输出值与采样间隔时间 T_s 之比，即

$$v_n = \frac{\Delta Y_n}{T_s} = \frac{K_P}{T_s} \left[(X_n - X_{n-1}) + \frac{T_s}{T_I} X_n + \frac{T_D}{T_s} (X_n - 2X_{n-1} + X_{n-2}) \right] \qquad (2\text{-}41)$$

由于采样间隔时间 T_s 是常数，因而速度型算式与增量型算式在本质上是相同的，这种算式一般仅用于采用积分式执行器的控制系统。

d. 偏差系数型算式　偏差系数型算式是将增量型算式展开后合并同类项而得到的，即由式(2-40)可得

$$\Delta Y_n = K_P \left[\left(1 + \frac{T_s}{T_I} + \frac{T_D}{T_s} \right) X_n - \left(1 + 2\frac{T_D}{T_s} \right) X_{n-1} + \frac{T_D}{T_s} X_{n-2} \right] \qquad (2\text{-}42)$$

设　　　　　$A = K_P \left(1 + \dfrac{T_s}{T_I} + \dfrac{T_D}{T_s} \right), \qquad B = -K_P \left(1 + 2\dfrac{T_D}{T_s} \right), \qquad C = K_P \dfrac{T_D}{T_s}$

则有　　　　　　　　　　$\Delta Y_n = AX_n + BX_{n-1} + CX_{n-2} \qquad (2\text{-}43)$

显然，式(2-43)比式(2-40)简单，但看不出比例、积分和微分作用，它只反映各次采样偏差对输出即控制作用的影响程度。偏差系数型算式只是换了一种表示形式，而本质内容并没有变化，因而偏差系数型的 PID 算式在本质上还是增量型的。

② 改进型数字式 PID 运算式。

a. 不完全微分算式　不难看出，前面讨论的几种 PID 算式，在阶跃信号输入时，微分控制作用只能在一个采样周期内起作用，因此与模拟控制器一样，数字式 PID 运算式中的微分作用也采用和一阶惯性环节组合一起使用的方法，其组合算式称为不完全微分算式，而前面讨论的几种 PID 算式，称为完全微分算式。

在积分增益 K_I 足够大时，式(2-33)可以写成如下形式

$$G(s) = \frac{Y(s)}{X(s)} = \frac{K_P \left(1 + \dfrac{1}{T_I s} + T_D s \right)}{1 + \dfrac{T_D}{K_D} s} \qquad (2\text{-}44)$$

上式实际上是式（2-32）所示的理想 PID 算式与一个一阶惯性环节的乘积，其方块图如图 2-13 所示。图中一阶惯性环节的传递函数 $G_F(s)$ 为

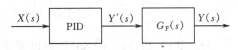

图 2-13　不完全微分算式方块图

$$G_F(s) = \frac{Y_n(s)}{Y'_n s} = \frac{1}{1 + T_F s}$$

式中

$$T_F = \frac{T_D}{K_D}$$

由于位置型理想 PID 算式离散化后的形式如式(2-38)所示，即 Y'_n 为

$$Y'_n = K_P \left[X_n + \frac{T_s}{T_I} \sum_{i=0}^{n} X_i + \frac{T_D}{T_s} (X_n - X_{n-1}) \right] \qquad (2\text{-}45)$$

一阶惯性环节的离散化后的形式为

$$Y_n = \alpha Y_{n-1} + (1 - \alpha) Y'_n \qquad (2\text{-}46)$$

式中　$\alpha = \dfrac{T_F}{T_s + T_F}$，称为不完全微分系数。

将式(2-45)代入式(2-46)，即可以得到位置型不完全微分 PID 算式。相应地，只要对其他完全微分型 PID 算式进行相类似的处理，即可获得不完全微分型 PID 控制规律的其他三种型式的算式。

b. 微分先行 PID 算式　微分先行 PID 运算结构形式如图 2-11(b)所示，由图可见，它由微分运算环节(通常是 $K_P = 1$ 的 PD 运算)和比例积分运算环节组成，前者用于对测量值 x_m 进行运算，后者用于对给定值 x_s 与微分运算环节输出 y_d 之差 x 进行运算。

微分运算环节的表达式为

$$y_d + \frac{T_d}{K_d} \frac{d y_d}{dt} = x_m + T_d \frac{d x_m}{dt}$$

对上式进行离散化为

$$Y_d(n) + \frac{T_d}{K_d T_s} [Y_d(n) - Y_d(n-1)] = X_m(n) + \frac{T_d}{T_s} [X_m(n) - X_m(n-1)]$$

整理后可得

$$Y_d(n) = \frac{T_d}{K_d T_s + T_d} Y_d(n-1) + \frac{(T_d + T_s) K_d}{K_d T_s + T_d} X_m(n) - \frac{T_d K_d}{K_d T_s + T_d} X_m(n-1) \qquad (2\text{-}47)$$

由图 2-11(b)可知

$$X(n) = Y_d(n) - X_s(n) \tag{2-48}$$

将式(2-47)代入式(2-48)可得

$$X(n) = \frac{T_d}{K_d T_s + T_d} Y_d(n-1) + \frac{(T_d + T_s)K_d}{K_d T_s + T_d} X_m(n) - \frac{T_d K_d}{K_d T_s + T_d} X_m(n-1) - X_s(n)$$

$$\tag{2-49}$$

比例积分运算环节表达式为

$$Y = K_P \left(X + \frac{1}{T_I} \int X dt \right)$$

对上式进行离散化为

$$Y(n) = K_P \left[X(n) + \frac{T_s}{T_I} \sum_{i=0}^{n} X(i) \right] \tag{2-50}$$

综合式(2-49)和式(2-50)即可以得到位置型微分先行 PID 算式。同样方法可以得到其他三种型式的微分先行 PID 算式。

c. 带不灵敏区的 PID 算式 计算机 PID 控制算式对偏差是比较灵敏的，为了避免执行器的动作频繁以及系统的振荡现象发生，在计算机控制中可采用带不灵敏区(或叫死区)的 PID 控制式，即

$$Y(n) = \begin{cases} Y(n), & \text{当} |X(n)| > B \\ 0, & \text{当} |X(n)| \leqslant B \end{cases}$$

或

$$\Delta Y(n) = \begin{cases} \Delta Y(n), & \text{当} |X(n)| > B \\ 0, & \text{当} |X(n)| \leqslant B \end{cases}$$

式中，B 称为不灵敏区宽度，此值根据控制系统性能的要求，由操作者确定。若 $B = 0$，就是原来的 PID 控制算式，若 B 太大，则该控制比较迟缓，甚至会使系统不稳定。因此，采用这种控制算式时，要对被控系统有较深入的了解，然后选择合适的 B 值。

d. 积分分离 PID 算式 在计算机 PID 控制系统中，当系统受到幅值很大扰动的情况下，例如生产负荷改变，就会使系统被控变量产生很大的偏差，引起积分作用十分强烈，使系统出现过大的超调和剧烈振荡。为此可根据系统的偏差大小来决定是否加上积分作用。也就是说，设定一个门限值(阈值)A，当偏差的绝对值大于这一预定的门限值 A 时，切除积分作用；而当偏差的绝对值小于 A 时，加上积分作用。实现这种积分分离算式的方法是在 PID 控制算式的积分项前面乘上一个变量 N。N 的取值为

$$N = \begin{cases} 0, & |X(n)| > A \\ 1, & |X(n)| \leqslant A \end{cases}$$

例如位置型 PID 控制算式为

$$Y(n) = K_P \left\{ X(n) + N \frac{T_s}{T_I} \sum_{i=0}^{k} X(i) + \frac{T_D}{T_s} [X(n) - X(n-1)] \right\} \tag{2-51}$$

2.2. 模拟控制器

2.2.1. 控制器的功能

控制器的作用是对来自变送器的测量信号与给定值相比较所产生的偏差进行 PID 运算，

并输出控制信号至执行器。除了对偏差信号进行 PID 运算外，一般控制器还需要具备如下功能，以适应自动控制的需要。

（1）偏差显示

控制器的输入电路接受测量信号和给定信号，两者相减，获得偏差信号，由偏差显示表显示偏差的大小和正负。

（2）输出显示

控制器输出信号的大小由输出显示表显示。由于控制器的输出信号是控制调节阀的开度，即开度与输出信号有一一对应的关系，所以习惯上将输出显示表称作阀位表。阀位表不仅显示调节阀的开度，而且通过它还可以观察到控制系统受扰动影响后控制器的控制过程。

（3）提供内给定信号及内、外给定的选择

当控制器用于单回路定值控制系统时，给定信号常由控制器内部提供，故称作内给定信号。它的范围与测量值的范围相同。在控制系统中，给定值的大小根据生产工艺参数的要求人为确定。

当控制器作为串级控制系统或者比值控制系统中的副控制器使用时，其给定信号来自控制器的外部，称作外给定信号，它往往不是一个恒定值。控制器接受外给定信号或者提供内给定信号，是通过内、外给定开关来选择的。

（4）正、反作用的选择

根据生产过程的特点，考虑在断电或断气情况下的安全性，在控制系统设计时，必须选择使用调节阀的正、反作用型式。不管使用哪种调节阀，为了构成一个负反馈控制系统，必须正确地确定控制器的正、反作用，否则整个控制系统就无法正常运行。控制器的正、反作用，是通过正、反作用开关来选择的。

（5）手动操作与手动/自动双向切换

控制器的手动操作功能是必不可少的。在自动控制系统投入运行时，往往先进行手动操作，来改变控制器的输出信号，待系统基本稳定后再切换为自动运行。当控制器的自动部分失灵后，也必须切换到手动操作。

通过控制器的手动/自动双向切换开关，可以方便地进行手动/自动切换，而在切换过程中，都希望切换操作不会给控制系统带来扰动，即必须要求无扰动切换。

在手动操作时，通常，控制器都具有自动输出信号自动地跟踪手动输出信号的功能，稳态时两者相等。这样，当控制器的偏差稳定在零时，由手动切换到自动，控制器的输出信号就不会突变，即可实现无扰动切换。

在自动运行时，则视控制器是否具有手动输出信号自动地跟踪自动输出信号的功能，若无此功能，则由自动切换到手动之前，必须进行预平衡操作，即调整手动输出信号使其等于自动输出信号，然后由自动切换到手动，方能达到无扰动切换；若有自动跟踪功能，则由自动切换到手动不必进行预平衡操作，便可实现无扰动切换。

除了上述基本功能外，有的控制器还增加一些附加功能，如抗积分饱和、输出限幅、输入报警、偏差报警、软手动抗漂移、停电对策和零启动等，以提高控制器的性能。

2.2.2. 基本构成环节的特性

模拟控制器都是由各种放大器和由电(气)阻、电(气)容构成的基本环节组合而成，为便于模拟控制器的分析，先讨论这些组成模拟控制器的基本环节的特性，其特性如表2-2所示。

表 2-2　基本环节的特性

类别 名称	电　动	气　动
基 本 元 件	电阻 R （a）固定电阻 （b）可调电阻 关系式　　　$R = U/I$ 传递函数　　$U(s)/I(s) = R(s)$ 式中　　U——电阻两端电压； 　　　　I——流过电阻的电流。	气阻 R （a）固定气阻 （b）可调气阻 关系式　　　$R = \Delta p/M$ 传递函数　　$R(s) = \Delta p(s)/M(s)$ 式中　　Δp——气阻两端压降； 　　　　M——气体的质量流量。
	电容 C （a）固定电容 （b）可变电容 关系式　　$C = \dfrac{q}{U_C} = \dfrac{1}{U_C}\int i_C dt$ $i_C = C\dfrac{dU_C}{dt}$ 传递函数 $\dfrac{U(s)}{I(s)} = \dfrac{1}{Cs}$ 式中　　q——电容中的电荷量； 　　　　i_C——流过电容的电流； 　　　　U_C——电容两端的电压。	气容 C （a）固定气容　　（b）可变气容 关系式　　$C = \dfrac{m}{p_C} = \dfrac{1}{p_C}\int M dt$ $M = C\dfrac{dp_C}{dt}$ 传递函数　$\dfrac{p(s)}{M(s)} = \dfrac{1}{Cs}$ 式中　　m——气容中的气体质量； 　　　　M——气体的质量流量； 　　　　p_C——气容中的压力。

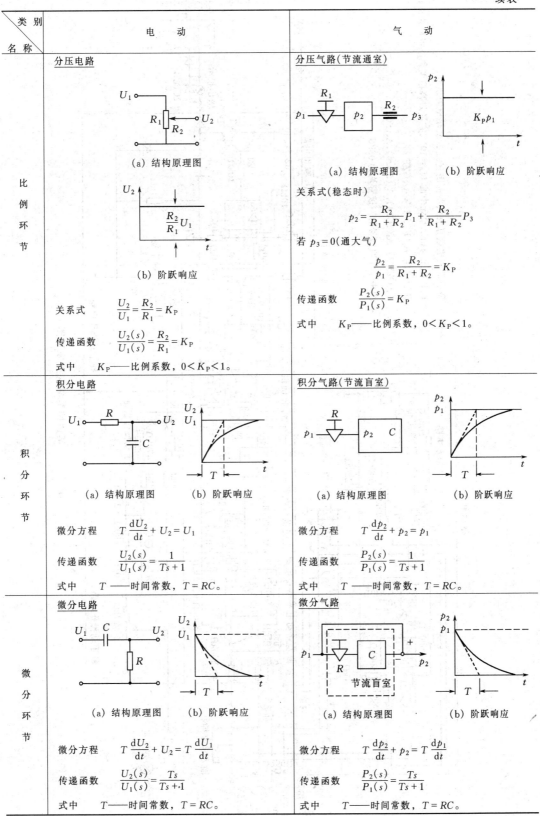

类别 名称	电 动	气 动
比例环节	分压电路 （a）结构原理图 （b）阶跃响应 关系式　$\dfrac{U_2}{U_1}=\dfrac{R_2}{R_1}=K_P$ 传递函数　$\dfrac{U_2(s)}{U_1(s)}=\dfrac{R_2}{R_1}=K_P$ 式中　　K_P——比例系数，$0<K_P<1$。	分压气路（节流通室） （a）结构原理图　（b）阶跃响应 关系式（稳态时） 　　$p_2=\dfrac{R_2}{R_1+R_2}P_1+\dfrac{R_2}{R_1+R_2}P_3$ 若 $p_3=0$（通大气） 　　$\dfrac{p_2}{p_1}=\dfrac{R_2}{R_1+R_2}=K_P$ 传递函数　$\dfrac{P_2(s)}{P_1(s)}=K_P$ 式中　　K_P——比例系数，$0<K_P<1$。
积分环节	积分电路 （a）结构原理图　（b）阶跃响应 微分方程　$T\dfrac{dU_2}{dt}+U_2=U_1$ 传递函数　$\dfrac{U_2(s)}{U_1(s)}=\dfrac{1}{Ts+1}$ 式中　　T——时间常数，$T=RC$。	积分气路（节流盲室） （a）结构原理图　（b）阶跃响应 微分方程　$T\dfrac{dp_2}{dt}+p_2=p_1$ 传递函数　$\dfrac{P_2(s)}{P_1(s)}=\dfrac{1}{Ts+1}$ 式中　　T——时间常数，$T=RC$。
微分环节	微分电路 （a）结构原理图　（b）阶跃响应 微分方程　$T\dfrac{dU_2}{dt}+U_2=T\dfrac{dU_1}{dt}$ 传递函数　$\dfrac{U_2(s)}{U_1(s)}=\dfrac{Ts}{Ts+1}$ 式中　　T——时间常数，$T=RC$。	微分气路 （a）结构原理图　（b）阶跃响应 微分方程　$T\dfrac{dp_2}{dt}+p_2=T\dfrac{dp_1}{dt}$ 传递函数　$\dfrac{P_2(s)}{P_1(s)}=\dfrac{Ts}{Ts+1}$ 式中　　T——时间常数，$T=RC$。

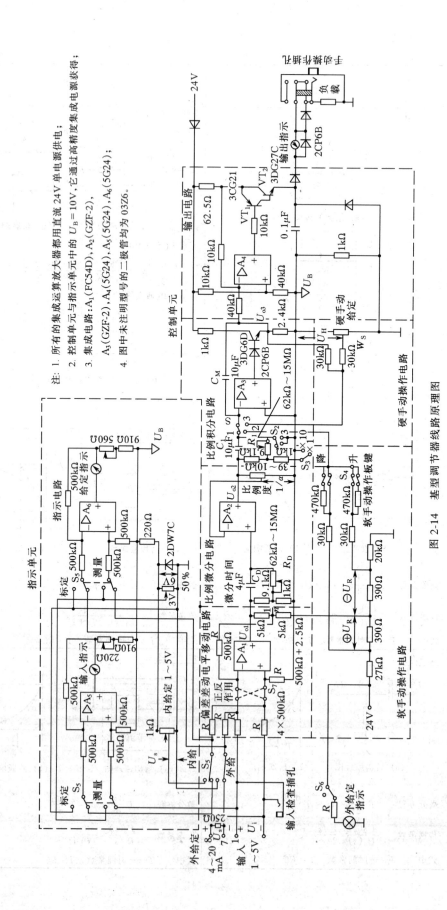

图 2-14 基型调节器线路原理图

36

2.2.3. DDZ-Ⅲ型电动调节器

2.2.3.1. 概述

DDZ-Ⅲ型电动调节器有两个基型品种：全刻度指示调节器和偏差指示调节器，它们的结构和线路相同，仅指示电路有些差异。这两种基型调节器均具有一般控制器应具有的对偏差进行 PID 运算、偏差指示、正反作用切换、内外给定切换、产生内给定信号、手动／自动双向切换和阀位显示等功能。

在基型调节器的基础上，可附加某些单元，如输入报警、偏差报警、输出限幅单元等，以增加调节器的功能；也可构成各种特种调节器，如抗积分饱和调节器、前馈调节器、输出跟踪调节器、非线性调节器等以及构成与工业调节计算机联用的调节器，如 SPC 系统用调节器和 DDC 备用调节器。

DDZ-Ⅲ型全刻度指示调节器的主要性能如下

测量信号	1～5VDC
内给定信号	1～5VDC
外给定信号	4～20mADC
测量信号与给定信号的指示精度	±1%
输入阻抗影响	≤满刻度的 0.1%
输出信号	4～20mADC
负载电阻	250～750Ω
输出保持特性	－0.1% 每小时
比例度	2%～500%
积分时间	0.01～22min（分两挡）
微分时间	0.04～10min
控制精度	±0.5%

2.2.3.2. 基型调节器的构成

基型调节器线路原理图如图 2-14 所示，它由控制单元和指示单元两部分组成。控制单元包括输入电路、PD 电路、PI 电路、输出电路以及软手操和硬手操电路等。指示单元包括测量信号指示电路和给定信号指示电路。基型调节器的构成方框图如图 2-15 所示。

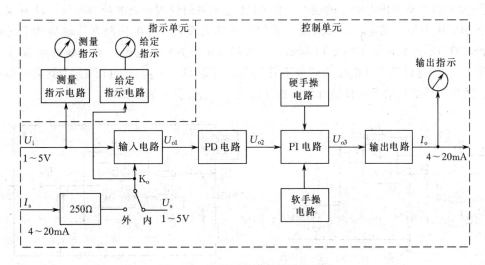

图 2-15　基型调节器的构成方框图

37

测量信号和内给定信号均为 1～5VDC，它们通过各自的指示电路，由双针指示表来显示。两指示值之差即为调节器的输入偏差。调节器的输出信号由输出指示表显示。

外给定信号为 4～20mA 的直流电流，通过 250Ω 的精密电阻转换成 1～5VDC 的电压信号。内、外给定信号由开关 S_6 来选择，在外给定时，仪表面板上的外给定指示灯点亮。

控制器的工作状态有"自动"、"软手操"、"硬手操"和"保持"四种，由开关 S_1, S_2（见图 2-14）进行"自动"、"软手操"、"硬手操"的切换。

当调节器处于自动状态时，测量信号和给定信号在输入电路进行比较后产生偏差，然后由 PD 电路和 PI 电路对此偏差进行 PID 运算，并通过输出电路将运算电路的输出电压信号转换成 4～20mA 的直流输出电流。

当调节器处于软手操状态时，可通过操作扳键 S_4（见图 2-14）使调节器处于保持状态、输出电流的快速增加（或减小）或者输出电流的慢速增加（或减小）。

当调节器处于硬手操状态时，移动硬手动操作杆，能使调节器的输出迅速地改变到需要的数值。

本调节器"自动↔软手操"、"硬手操→软手操"或"硬手操→自动"的切换均是无平衡无扰动的，只有自动或软手操切换到硬手操时，必须进行预平衡操作才能达到无扰动切换。但这种切换一般只在紧急情况下才可能进行，那时扰动已是次要问题。

开关 S_7（见图 2-14）可改变偏差的极性，借此选择控制器的正、反作用。

此外，在调节器的输入端与输出端分别附有输入检测插孔和手动输出插孔，当调节器出现故障需要维修时，可利用这些插孔，无扰动的切换接到便携式手动操作器，进行手动操作。

2.2.3.3. 基型调节器的电路分析

（1）输入电路

输入电路是由运算放大器 A_1 等组成的偏差差动电平移动电路，它的作用有两个：一是测量信号 U_i 和给定信号 U_s 相减，得到偏差信号，再将偏差放大两倍后输出；二是电平移动，将以 0V 为基准的 U_i 转换成以电平 U_B(10V) 为基准的输出信号 U_{o1}。

输入电路原理图如图 2-16 所示，由图可见，它相当于由两个差动输入运算放大电路叠加而成的：一个用于测量信号 U_i，一个用于给定信号 U_s。采用这种电路形式有如下两个目的。

① 为了消除集中供电引入的误差　由 DDZ-Ⅲ 型系列仪表构成的控制系统，所有仪表均由一个 24V 电源集中供电，如果采用普通的差动输入方式，电源回路在传输导线上的电压降将影响调节器的精度。如图 2-17 所示，两线制变送器的输出电流 I_i 在导线电阻 R_{CM1} 上产生压降 U_{CM1}，这时调节器的输入信号不只是 I_i，而是 $U_i + U_{CM1}$，电压 U_{CM1} 就会引起运算误差。同样，外给定信号在传输导线上的压降 U_{CM2} 也会引入附加误差。

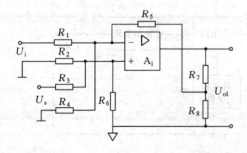

图 2-16　输入电路原理图

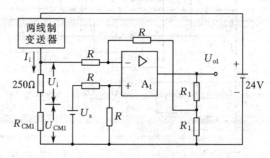

图 2-17　集中供电引入误差原理图

在考虑引入导线电阻压降时，图 2-16 所示的输入电路可以画成图 2-18 所示形式。由图 2-18 可见，测量信号 U_i 和给定信号 U_s 均独立地作为差动输入运算放大电路的输入信号，两者极性相反，这样导线电阻的压降 U_{CM1} 和 U_{CM2} 均成为共模电压信号。由于差动输入运算放大电路对共模信号有很强的抑制能力，因此这两个附加电压不会影响运算电路的精度。

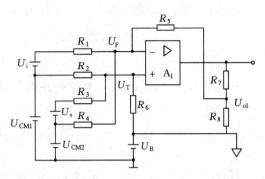

图 2-18　考虑导线电阻时的输入电路原理图

② 为了保证运算放大器的正常工作　图 2-18 中，电平移动电源 U_B 如第 1 章 1.3 中所述，用于使运算放大器 A_1 工作在容许的共模输入电压范围之内。

应用叠加定理和分压公式，可以求得运算放大器 A_1 的共模输入电压 U_c 即同相端的输入电压 U_T(以零伏为基准)为

$$U_c = U_T = (U_s + U_{CM2})\frac{R_2 /\!/ R_6}{R_3 + R_2 /\!/ R_6} + U_{CM1}\frac{R_3 /\!/ R_6}{R_2 + R_3 /\!/ R_6} + U_B\frac{R_2 /\!/ R_3}{R_6 + R_2 /\!/ R_3}$$

由于 $R_1 = R_2 = R_3 = R_4 = R_5 = R_6 = R = 500\text{k}\Omega$，因此可得

$$U_c = U_T = \frac{1}{3}(U_s + U_{CM1} + U_{CM2} + U_B) \qquad (2\text{-}52)$$

由上式可知，在输入信号 I_i 和 I_s 为 4～20mA、导线电阻 R_{CM} 为 0～100Ω、U_B 为 10V 的情况下，U_c 在运算放大器共模输入电压的容许范围(2～22V)之内，所以电路能正常工作。

下面推导图 2-18 所示电路的输出与输入的关系。

由于 $R_7 = R_8 = 5\text{k}\Omega$，且 $R_7 \ll R_5$，故按照与求 U_T 同样的方法，可求得反相端的输入电压 U_F(以零伏为基准)为

$$U_F = \frac{1}{3}\left(U_i + U_{CM1} + U_{CM2} + U_B + \frac{1}{2}U_{o1}\right) \qquad (2\text{-}53)$$

根据 $U_F = U_T$，由式(2-52)和式(2-53)可求得

$$U_{o1} = -2(U_i - U_s) \qquad (2\text{-}54)$$

上述关系式表明：

① 输出信号 U_{o1} 仅与测量信号 U_i 和给定信号 U_s 差值成正比，比例系数为 -2，而与导线电阻上的压降 U_{CM1} 和 U_{CM2} 无关；

② 把以 0V 为基准的、变化范围为 1～5V 的输入信号，转换成以 U_B(10V)为基准的、变化范围为 0～±8V 的偏差输出信号 U_{o1}。

最后还要说明一点，前面的分析和计算都假定 R_6 与 R_1～R_5 相等。事实上，为了保证偏差差动电平移动电路的对称性，R_6 不应与 R 相等，其阻值应略大于 R

$$R_6 = R + R_7 /\!/ R_8 = 502.5\ \text{k}\Omega$$

(2) 比例微分电路

比例微分电路的作用是对输入电路的输出信号 U_{o1} 进行比例微分运算，整机的比例度和微分时间通过本电路进行调整。其电路原理图示于图 2-19，由图可见，它由无源 RC 比例微分电路和同相端输入运算放大电路串联而成。

因 $R_D \gg R_{11}$，应用分压公式，由图可得

$$U_T(s) = \frac{R_{12}}{R_{11} + R_{12}} U_{o1}(s) + \frac{R_D}{R_D + \frac{1}{C_D s}} \times \frac{R_{11}}{R_{11} + R_{12}} U_{o1}(s)$$

整理可得无源比例微分电路的传递函数为

$$G_D(s) = \frac{U_T(s)}{U_{o1}(s)} = \frac{R_{12}}{R_{11} + R_{12}} \times \frac{\frac{R_{11} + R_{12}}{R_{12}} \times R_D C_D s + 1}{R_D C_D s + 1}$$

设

$$K_D = n = \frac{R_{11} + R_{12}}{R_{12}}, \quad T_D = n R_D C_D$$

则

$$G_D(s) = \frac{1}{n} \times \frac{T_D s + 1}{\frac{T_D}{K_D} s + 1} \tag{2-55}$$

同相端输入运算放大电路的传递函数为

$$G_P(s) = \frac{U_{o2}(s)}{U_T(s)} = \frac{R_P + R_{P0}}{R_{P2}} = \alpha$$

式中　α——比例系数。

因此，比例微分电路的传递函数为

$$G_P(s) = \frac{U_{o2}(s)}{U_{o1}(s)} = \frac{U_{o2}(s)}{U_T(s)} \times \frac{U_T(s)}{U_{o1}(s)} = \frac{\alpha}{n} \times \frac{T_D s + 1}{\frac{T_D}{K_D} s + 1} \tag{2-56}$$

电路中，$R_{11} = 9.1\text{k}\Omega$，$R_{12} = 1\text{k}\Omega$，$R_D = 62\text{k}\Omega \sim 15\text{M}\Omega$，$C_D = 10\mu\text{F}$，$R_P = 10\text{k}\Omega$，$R_{P0} = 39\Omega$（$R_{P0}$用以限制 α 的最大值，$\alpha = 1 \sim 250$），因此电路的微分增益 $K_D = 10$，微分时间 $T_D = 0.04 \sim 10\text{min}$，比例增益 $\alpha/n = 0.1 \sim 25$。调节 R_D 可以改变微分时间 T_D，调节 R_P 可以改变比例度。

由式(2-56)可求得，在阶跃输入信号下，比例微分电路输出的时间函数表达式为

$$U_{o2}(t) = \frac{\alpha}{K_D} [1 + (K_D - 1) e^{-\frac{K_D}{T_D} t}] \cdot U_{o1} \tag{2-57}$$

根据这一关系式，可得出 PD 电路的阶跃响应特性，如图 2-20 所示。

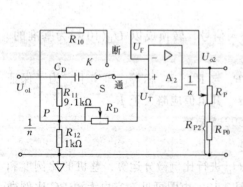

图 2-19　比例微分电路原理图

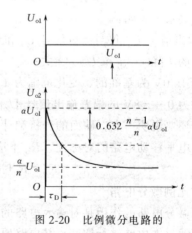

图 2-20　比例微分电路的
阶跃响应曲线

下面定性分析 PD 电路的工作原理。在电路输入端加入一阶跃信号 U_{o1} 时，在 $t = 0^+$，在加入阶跃信号瞬间，由于电容 C_D 上的电压不能突变。输入信号 U_{o1} 全部加到 A_2 同相端上，所以有 $U_t(0^+) = U_{o1}$。随着电容 C_D 充电过程的进行，C_D 两端的电压按指数规律不断上升，因 $U_T = U_{o1} - U_{CD}$，故 U_T 按指数规律不断下降。当充电过程结束时，电容 C_D 上的电压将等于电阻 R_{11} 上的电压，因此 $U_T(\infty) = U_{o1}/n$，并保持该值不变。

由于 $U_{o2} = \alpha U_T$，因此 U_{o2} 的变化规律与 U_T 相同，而且有

$$U_{o2}(0) = \alpha U_T(0) = \alpha U_{o1}$$

$$U_{o2}(\infty) = \alpha U_T(\infty) = \frac{\alpha}{n} U_{o1}$$

即在阶跃输入信号下，具有如 2-20 所示的变化曲线。

图 2-19 中的 S 为微分开关，当 S 置于"断"的位置，即去掉微分作用。这时 U_T 始终等于 $\frac{1}{n} U_{o1}$，U_{o2} 始终等于 $\frac{\alpha}{n} U_{o1}$，即只有比例作用。同时，R_{11}，R_{13} 和 C_D 组成了一个回路，在稳态时电容 C_D 两端的电压与 R_{11} 上的电压相等，即图中 P 点和 K 点的电位相等。由于 P 点和 T 点的电位相等，因此 K 点的电位与 A_2 同相端电位相等，在这种情况下，若接通微分作用，即将开关 S 切换到"通"的位置，不会引起 U_{o2} 的突变，即开关 S 切换时无扰动。这是电容 C_D 两端的电压自动跟随 R_{11} 上的电压变化的结果。

同样的，在稳态时开关 S 由"通"切换到"断"也为无扰动切换。

（3）比例积分电路

比例积分电路的主要作用是对来自比例微分电路的电压信号 U_{o2} 进行比例积分运算，输出以 U_B 为基准的 $1 \sim 5$ VDC 电压信号 U_{o3} 给输出电路，其电路原理图如图 2-21 所示。

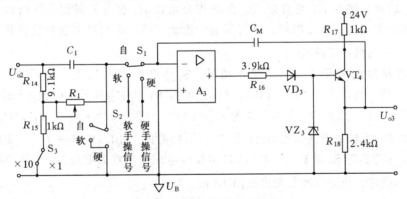

图 2-21　比例积分电路原理图

在图 2-21 中，电阻 R_{16}、二极管 VD_3 和晶体管 VT_4 等组成的射极输出器是为了加接输出限幅电路而设置的。稳压管 VZ_3 起正向限幅作用。在分析电路时可将他们看成是集成运算放大器 A_3 内部的一部分，即图 2-21 可简化为图 2-22 的形式。

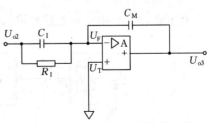

图 2-22　比例积分电路的简化电路

由图 2-22 可见，它是一个反相端输入运算放大电路，其传递函数为

$$W_{PI}(s) = -\frac{C_I}{C_M}\left(1 + \frac{1}{T_I s}\right) \qquad (2-58)$$

式(2-58)是理想的比例积分运算关系式。如果考虑 A_3 的开环增益 K_3 为有限值,则比例积分电路实际的输出输入关系可以推导如下。

为方便起见,设 A_3 的输入阻抗 $R_i = \infty$,则由图 2-22 可得

$$
\begin{cases}
U_F(s) = \dfrac{\dfrac{1}{C_M s}}{\dfrac{1}{C_I s} /\!/ (R_{14} + R_I) + \dfrac{1}{C_M s}} U_{o2}(s) + \dfrac{\dfrac{1}{C_I s} /\!/ (R_{14} + R_I)}{\dfrac{1}{C_I s} /\!/ (R_{14} + R_I) + \dfrac{1}{C_M s}} U_{o3}(s) \\
U_T(s) = 0 \\
U_{o3}(s) = (U_T(s) - U_F(s)) K_3
\end{cases}
$$

联立求解以上三式,化简后可求得

$$
W_{PI}(s) = -\frac{C_I}{C_M} \times \frac{1 + \dfrac{1}{T_I s}}{1 + \dfrac{1}{K_I T_I s}} \tag{2-59}
$$

式(2-59)为实际的比例积分运算关系式,式中 $K_I = K_3 C_M / C_I$ 为积分增益,K_3 为 A_3 的放大倍数。

在阶跃输入信号作用下,PI 电路输出的时间函数表达式为

$$
U_{o3}(t) = -\frac{C_I}{C_M} [K_I - (K_I - 1) e^{-\frac{1}{K_I T_I} t}] \cdot U_{o2} \tag{2-60}
$$

根据上述关系式可画出 PI 电路的阶跃响应曲线,如图 2-6 所示。

由于 A_3 的开环增益 K_3 是有限值,因此积分增益 K_I 也是有限值。所以即使输入信号 U_{o2} 存在,积分作用也不能无限制地进行下去。由此可见,应用具有这种比例积分电路的调节器的控制系统仍然存在静差。

以上讨论均为 S_3 置于"×1"位置的情况。S_3 是积分时间 T_I 的倍率开关,它有"×1"和"×10"二挡。当置于"×10"挡时,U_{o2} 经电阻 R_{14} 和 R_{15} 分压,由 R_{15} 上的电压经电阻 R_I 向电容 C_M 充电。因为 R_{15} 上的压降为 U_{o2} 的 $1/m$,其中 $m = (R_{14} + R_{15}) / R_{15} \approx 10$,所以这时经 R_I 向 C_M 充电的电流只有 S_3 置于"×1"挡时的 1/10,这样在 U_{o2} 一定情况下要将 C_M 两端的电压充到与 S_3 置于"×1"挡时相等的电压值,就需要经过 10 倍的时间。即 S_3 置于"×10"挡时,积分时间是刻度值的 10 倍。

S_3 置于"×10"挡时,积分增益 K_I 也改变为 $K_I = \dfrac{K_3 C_M}{m C_I}$

（4）整机传递函数

调节器的 PID 电路由上述的输入电路,PD 电路和 PI 电路三者串联构成,如图 2-23 所

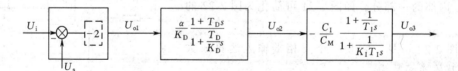

图 2-23　调节器 PID 电路传递函数方框图

示,其传递函数为这三个电路的传递函数的乘积。化简后可得

$$W(s) = K_P \frac{1 + \frac{T_D}{T_I} + \frac{1}{\cdot T_I s} + T_D s}{1 + \frac{1}{K_I T_I s} + \frac{T_D}{K_D} s} \tag{2-61}$$

式中各项参数及其取值范围如下

比例度 $\qquad \delta = \frac{1}{K_P} \times 100\% = \frac{nC_M}{2\alpha C_I} \times 100\% = 2\% \sim 500\%$

积分时间 $\qquad T_I = mR_I C_I$，当 $m=1$ 时，$T_I = 0.01 \sim 2.5\mathrm{min}$

$\qquad\qquad\qquad$ 当 $m=10$ 时，$T_I = 0.1 \sim 25\mathrm{min}$

微分时间 $\qquad T_D = nR_D C_D = 0.04 \sim 10\mathrm{min}$

微分增益 $\qquad K_D = n = 10$

积分增益 $\qquad K_I = K_3 C_M / mC_I$，当 $m=1$ 时，$K_I \geqslant 10^5$；当 $m=10$ 时，$K_I \geqslant 10^4$

式(2-61)不是标准形式的 PID 运算式，如果设

$$F = 1 + \frac{T_D}{T_I} \tag{2-62}$$

并设 $\qquad K_P' = FK_P, \ T_I' = FT_I, \ T_D' = \frac{T_D}{F}, \ K_I' = \frac{K_I}{F}, \ K_D' = \frac{K_D}{F} \tag{2-63}$

则式(2-61)可改写成如下与式（2-33）相类似的标准形式，即为

$$W(s) = K_P' \frac{1 + \frac{1}{T_I' s} + T_D' s}{1 + \frac{1}{K_I' T_I' s} + \frac{T_D'}{K_D' s}} \tag{2-64}$$

但式(2-64)与式(2-33)有所不同，这一不同是由 F 造成的。F 称为相互干扰系数，下面就相互干扰系数 F 进行一些分析。

相互干扰系数 F 是反映控制器参数（主要是 K_P，T_I，T_D）互相影响的一个参数。由前面分析可知，本调节器的 PID 运算电路是由 PD 电路和 PI 电路串联构成，因此当比例度、积分时间和微分时间三个参数同时使用时，改变其中的某个参数，就会影响另外两个参数，影响的程度用相互干扰系数 F 来衡量，F 越大，这种影响越严重，影响的结果使三个参数的实际值偏离调节器上的刻度值。

调节器 K_P，T_I，T_D 参数的刻度值与实际值的关系如式(2-63)所示，式(2-63)中 K_P'，T_I'，T_D' 为实际值，K_P，T_I，T_D 为 $F=1$ 时的刻度值。该式表明：

① K_P，T_I，T_D 三个参数相互干扰的结果，使实际比例增益增大（即实际比例度减小），实际积分时间增长、实际微分时间缩短；

② 相互干扰系数 F 是一个大于 1 的数，其大小与积分时间和微分时间的大小有关。

必须指出，相互干扰系数 F 的表达式取决于调节器的结构。从使用调节器的角度出发，希望调节器参数的实际值与刻度值尽量接近，即希望相互干扰系数接近于 1，因此相互干扰系数 F 也是 PID 调节器的一项技术指标。

由式(2-64)可以得出，在阶跃输入信号作用下，PID 电路的输出时间函数表达式为

$$U_{o3}(t) = K_P'[1 + (K_I' - 1)(1 - e^{-\frac{1}{K_I' T_I'}t}) + (K_D' - 1)e^{-\frac{K_P'}{T_D'}t}](U_i - U_s) \tag{2-65}$$

相应的阶跃响应特性见图 2-12。

当 $t = \infty$ 时，$U_{o3} = K'_P K'_I (U_i - U_s)$，因此调节器的静态误差为

$$\varepsilon = U_i - U_s = \frac{\Delta U_{o3}(\infty)}{K_P K_I} \tag{2-66}$$

调节器的控制精度（在不考虑放大器的漂移、积分电容的漏电等因素时）为

$$\Delta = \frac{1}{K_{Pmin} K_{Imin}} \times 100\% = 0.05\% \tag{2-67}$$

（5）输出电路

输出电路的作用是将比例积分电路输出的以 U_B 为基准的 $1 \sim 5VDC$ 电压信号 U_{o3} 转换为流过负载 R_L（一端接地）的 $4 \sim 20mADC$ 输出电流 I_o。实际上它是个电压/电流转换电路。

输出电路如图 2-24 所示。加接晶体管 VT_1 和 VT_2 是为了增大运算放大器 A_4 的输出电流，使整机输出电流 I_o 达到 $4 \sim 20mADC$。VT_1 和 VT_2 组成复合管的目的是为了提高放大倍数降低 VT_1 的基极电流，使得

$$I_o = I'_o - I_f \tag{2-68}$$

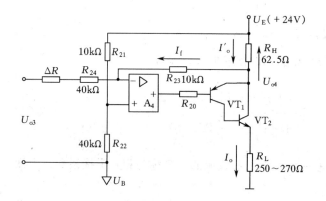 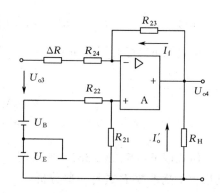

图 2-24　输出电路原理图　　　　　图 2-25　输出电路的等效电路

为了便于分析输出电路的工作原理，将电阻 R_{20}，晶体管 VT_1，VT_2 以及负载电阻 R_L 等和运算放大器 A_4 等效成一个运算放大器，并画成图 2-25 的形式。由图可见，它是一个差动输入运算放大电路，其输出与输入关系为

$$U_{o4} = -\frac{R_{23}}{\Delta R + R_{24}} U_{o3} \tag{2-69}$$

由图 2-25 可知

$$I'_o = -\frac{U_{o4}}{R_H} \tag{2-70}$$

$$I_f = \frac{U_{o4}}{R_{23}} \tag{2-71}$$

综合式(2-69)、式(2-70)、式(2-71)和式(2-68)，可求得

$$I_o = \frac{U_{o3}}{\Delta R + R_{24}} \left(\frac{R_H + R_{23}}{R_H} \right) \tag{2-72}$$

式中　$R_{23} = 10k\Omega$，$R_{24} = 40k\Omega$，$R_H = 62.5\Omega$。

取 $\Delta R = 4R_H = 250\Omega$，则有

$$U_{o3} = 1 \sim 5 \text{ VDC}$$

相应的输出电流 $I_o = 4 \sim 20 \text{mADC}$。

图 2-25 中，基准电压 U_B 和电源电压 U_E 是差动输入运算电路的共模输入信号，对电路的运算关系没有影响。但是对上述电路参数，在 $U_B = 10V$，$U_E = 24V$ 时，可求得 A_4 的 $U_T = 21.2V$，即 A_4 的共模输入电压很高。此外，可求得 A_4 的最大输出电压接近电源电压，因此 A_4 的选择应同时满足共模输入电压范围和最大输出电压范围的要求。

（6）手操电路

手操电路的作用是实现手动操作，它有软手操与硬手操两种操作方式。软手操又称速度式手操，是指调节器的输出电流随手动输入时间而逐渐改变。硬手操是指调节器输出电流随手动输入而立即改变。

手动操作电路是在比例积分电路的基础上附加软手操电路和硬手操电路来实现的，如图 2-26 所示。图中 S_1 和 S_2 为自动、软手操和硬手操切换的联动开关，$S_{41} \sim S_{44}$ 为软手操扳键，W_H 为硬手操电位器。

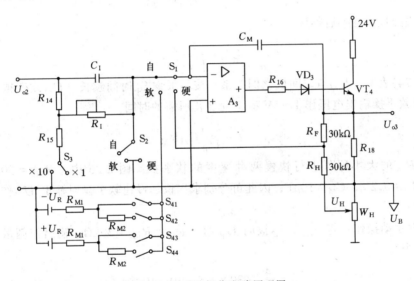

图 2-26　手动操作电路原理图

① 软手操电路　当开关 S_1 和 S_2 置于软手操（M）位置时，图 2-26 可简化成图 2-27。这时电路有两个作用：

a. 使电容 C_I 两端的电压恒等于 U_{o2}；

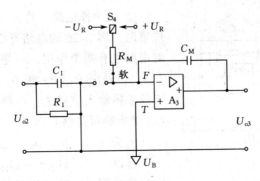

图 2-27　软手操等效电路

b. 使 A_3 处于保持工作状态，由于 A_3 反相输入端浮空，若 A_3 为理想运放，则电容 C_M 两端的电压因没有放电回路而能长时间保持不变，因而电压 U_{o3} 也长时间保持不变，这种状态即为保持工作状态。

由图 2-27 可见，当扳键 S_4 扳向软手操输入电压 $+U_R$ 一侧时，$+U_R$ 通过由 R_M，C_M 和 A_3 组成的积分电路使 U_{o3} 线性下降；反之，当扳键 S_4 扳向 $-U_R$ 一侧时，U_{o3} 线性上升。

积分电路的传递函数为

$$\frac{U_{o3}(s)}{U_R(s)} = \frac{-1}{C_M R_M s} \tag{2-73}$$

由于 U_R 为 0.2V 恒定不变，因此在软手操时，它作为阶跃信号作用于积分电路，则有

$$U_R(s) = \frac{\pm U_R}{s}$$

将上式代入式(2-73)得

$$U_{o3}(s) = \frac{\pm U_R}{C_M R_M} \frac{1}{s^2}$$

将上式经拉氏变换后得到

$$U_{o3} = \frac{\pm U_R}{C_M R_M} t \tag{2-74}$$

式(2-74)表明，U_{o3} 与时间成比例关系，按下扳键 S_4 时间越长，U_{o3} 改变越大。由式(2-74)可求得软手操输出电压作 1~5V 满量程变化所需的时间

$$t = \frac{U_{o3}}{U_R} C_M R_M$$

改变 R_M 的大小即可进行快慢两种速度的软手操。图 2-26 中，$R_{M1} = 30\text{k}\Omega$，$R_{M2} = 470\text{k}\Omega$，$U_R = 0.2\text{V}$，$C_M = 10\mu\text{F}$，因此可分别求出快、慢速软手操时输出 U_{o3} 作满量程变化所需的时间。

快速软手动操作：将 S_{41} 或 S_{43} 扳向 U_R 时，$R_M = R_{M1} = 30\text{k}\Omega$，输出作满量程变化所需的时间 t_F 为

$$t_F = \frac{4}{0.2} \times 30 \times 10^3 \times 10 \times 10^{-6} = 6\text{s}$$

慢速软手动操作：将 S_{42} 或 S_{44} 扳向 U_R 时，$R_M = R_{M1} + R_{M2} = 500\text{k}\Omega$，输出作满量程变化所需的时间 t_s 为

$$t_s = \frac{4}{0.2} \times 500 \times 10^3 \times 10 \times 10^{-6} = 100\text{s}$$

② 硬手操电路 将开关 S_1，S_2 置于硬手操(H)位置时，图 2-26 的电路可用图 2-28 的电路等效。这时电路也有两个作用，一是使 C_I 两端的电压恒等于 U_{o2}；二是由 R_H，R_F 和 A_3 组成了一个比例电路(由于硬手操输入信号 U_H 一般为变化缓慢的直流信号，C_M 的影响可忽略)。

因为　　　$R_F = R_H = 30\text{k}\Omega$

所以　　　$U_{o3} = -U_H$ $\tag{2-75}$

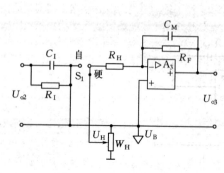

图 2-28　硬手操等效电路

这表明 U_{o3} 随硬手操输入电压 U_H 成比例地改

变，比例系数为 -1。

③ 自动与手动操作之间的切换　对控制系统来说，在进行自动与手动之间切换时，为了不对控制系统造成扰动(无扰动)，要求调节阀的阀位保持不变，即控制器的输出保持不变。而为了保持控制器输出的不变，在进行自动与手动之间切换时，最好不必对控制器进行任何预平衡操作(无平衡)，这样使用才方便快捷。各种控制器满足这一要求的程度不同，DDZ-Ⅲ型调节器情况如下。

自动(A)→软手动(M)、硬手动(H)→软手动(M)的切换，均为无平衡无扰动切换。这是由于从任何一种操作状态切换到软手操时，A_3 处于保持工作状态，U_{o3} 能保持切换前的值，而长时间不变。在需要改变调节器输出时，把扳键 S_1，S_2 扳至所需位置，使 U_{o3} 线形上升或下降。

软手动→自动、硬手动→自动的切换，也为无平衡状态无扰动切换。因为在软手动或硬手操时，电容 C_I 两端的电压恒等于 U_{o2}，因此在这两种切换后的瞬间，C_I 没有充放电现象，U_{o3} 不会跳变，调节器的输出信号也不会突变。如果调节器有偏差存在，即 U_{o2} 不等于零，切换到自动位置后，它会使 U_{o3} 在原来的值上呈积分式变化，这是调节器理所当然的控制作用，而不属于扰动(输出突变)。

自动→硬手动、软手动→硬手动的切换，必须在切换前拨动硬手操拨盘，使它的刻度与调节器的输出电流相对应(例如50%的刻度对应于12mADC的输出电流)，即必须进行预平衡操作，才能做到无扰动切换。

(7) 指示电路

在 DDZ·Ⅲ型调节器中，有全刻度指示调节器和偏差指示调节器之分，前者以0～100%的刻度分别指示1～5VDC的测量信号和给定信号，后者指示测量信号与给定信号之差；两者的指示电路完全一样。

下面以全刻度调节器中的测量信号指示电路为例，进行讨论。

图 2-29 为全刻度指示电路，输入信号 U_i 为以0V为基准的1～5VDC的测量信号，输出信号为1～5mADC电流，用0～100%的双针电流表指示。

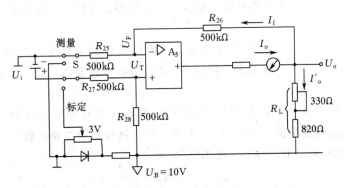

图 2-29　全刻度指示电路图

由图 2-29 可见，全刻度指示电路是一个具有电平移动电源 U_B 的差动输入运算放大电路，由于

$$R_{25} = R_{26} = R_{27} = R_{28} = 500 \text{ k}\Omega$$

当开关 S_5 处于"测量"位置时，可求得

$$U_o = U_i \tag{2-76}$$

电流表置于 A_5 的输出端与 U_o 之间而不与 R_L 串联在一起的原因，是为了提高测量精度，使测量结果免受电流表内阻随温度变化的影响。由图 2-27 可知，流过电流表的电流为

$$I_o = I'_o + I_f \tag{2-77}$$

并可求得

$$I'_o = \frac{U_o}{R_L} = \frac{U_i}{R_L} \tag{2-78}$$

$$I_f = \frac{U_F}{R_{25}} = \frac{U_i + U_B}{2R_{25}} \tag{2-79}$$

将式(2-78)和式(2-79)代入式(2-77)，经整理后得

$$I_o = \left(\frac{1}{R_L} + \frac{1}{2R_{25}}\right)U_i + \frac{1}{2R_{25}}U_B \tag{2-80}$$

由上式可见，I_o 与电流表内阻无关，因此当电流表内阻随温度而变化时，不会影响测量精度。等式右边第二项 $U_B/2R_{25}$ 为一恒定值，可通过调整电流表的机械零点来消除该项的影响。

为了检查指示电流表的指示值是否正确，设置了标定电路。当开关 S 切至"标定"时，A_5 接受 3V 的标准电压信号，这时电流表应指示在 50% 的刻度上，否则应调整 R_L 或电流表的机械零点。

2.2.3.4. 基型调节器的附加电路

为适应某些控制系统的特殊要求，调节器可增设各种附加单元电路，如偏差报警、输入报警、输出限幅等。在基型调节器上增设某些附加电路，可形成具有相应功能的特种调节器，如 PI/P 切换调节器、积分反馈型积分限幅调节器、前馈调节器等。

下面讨论其中几个常用的有代表性的电路。

(1) 偏差报警电路

偏差报警电路在控制系统的偏差超出规定范围时，发出报警信号。报警信号由继电器的接点输出，可以用来接通报警指示灯、报警电铃等回路，也可以间接地驱动执行机构，以采取必要的紧急措施。

偏差报警电路的原理图如图 2-30 所示，该电路接收调节器输入电路的输出信号 U_{o1}，当 $U_{o1} > U_{PS}$ 或 $U_{o1} < -U_{PS}$ 时发出报警信号。U_{PS} 为报警设定值，通过电位器 R_{PS} 可以调整其大小。

图 2-30 中，比较器 A_9，A_{10} 分别和 VT_1，VT_2 等构成具有滞环特性的上限($U_{o1} > U_{PS}$)、下限($U_{o1} < -U_{PS}$)报警电路，下面以 A_9 为例，讨论这种报警电路的特性。

由于 $R_1 \gg R_3 + R_4$，$R_1 \gg R_{PS}$，由图 2-30 可得

$$U_{T9} = \frac{R_1}{R_1 + R_1}U_{o1} + \frac{R_1}{R_1 + R_1}U_c = \frac{1}{2}U_{o1} + \frac{1}{2}U_c \tag{2-81}$$

$$U_{F9} = \frac{R_1}{R_1 + R_1}U_{PS} = \frac{1}{2}U_{PS} \tag{2-82}$$

在 $U_{T9} < U_{F9}$ 时，A_9 输出低电平，VT_1，VT_2 截止，继电器 J 不动作，这时 $U_c = 0$，即 $U_{o1} < U_{PS}$ 时，无报警信号输出。如果偏差超限，变为 $U_{o1} > U_{PS}$，则 $U_{T9} > U_{F9}$，A_9 输出高电平，VT_1 饱和导通，使 VT_2 也饱和导通，继电器 J 吸合，输出接点报警信号；这时 U_c 为

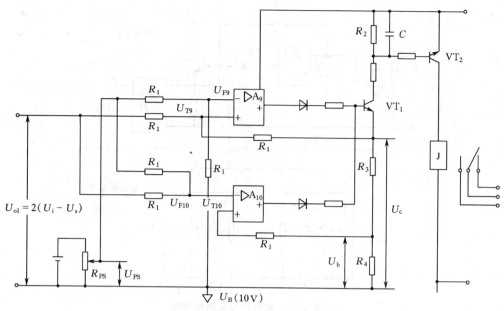

图 2-30　偏差报警电路原理图

R_5, R_6 上的压降, U_c 反馈到 A_9 的同相端, 使 U_{T9} 更大于 U_{F9}, 并使电路处于稳定状态, 相应工作特性为图 2-31(a)中的 $a \rightarrow b \rightarrow c \rightarrow d$, 门限电压为 U_{PS}。

在 VT_1, VT_2 饱和导通后, 若偏差回复到正常值, 则需 $U_{o1} < U_{PS} - U_c$ 才能使 $U_{T9} < U_{F9}$, 从而解除报警信号, 相应的工作特性为图 2-31(a)中的 $d \rightarrow e \rightarrow f \rightarrow a$, 门限电压为 $U_{PS} - U_c$。

下限报警电路的工作特性如图 2-31(b)所示, 报警和解除报警的门限电压分别为 $-U_{PS}$ 和 $-(U_{PS} - U_b)$。

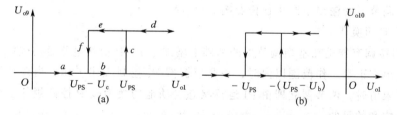

图 2-31　偏差报警电路的工作特性

上述分析表明, 偏差报警电路具有滞环特性, 运算放大器 A_9, A_{10} 输出高电平和低电平时, 具有不同的门限电压。这一点是由于通过 R_3, R_4 引入正反馈的结果。采用这种具有滞环特性的报警电路, 是为了避免 U_{o1} 在 U_{PS} 或 $-U_{PS}$ 附近波动而引起继电器 J 的频繁吸放。

（2）输出限幅电路

输出限幅电路的作用是将调节器的输出限制在一定范围之内, 以保证调节阀不处于危险开度, 其原理图如图 2-32 中虚线以下部分所示。由图可见, 它是通过限制 VT_3 的输入电压 U'_{o3}, 从而达到限制调节器输出的目的。U_H 和 U_L 分别为上、下限幅设定电压, 改变它们的大小, 可以改变调节器的输出上、下限幅值。

下面讨论限幅原理。

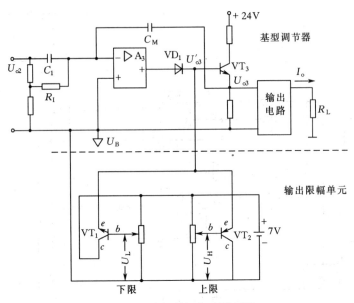

图 2-32　输出限幅电路原理图

① 上限幅　当 U'_{o3} 稍大于 U_H 时，VD_2 的发射结处于正偏而导通，这时 $U'_{o3} = U_H + U_{eb2}$，U_{eb2} 为 VT_2 发射结正向压降，由于 U_H 与 U_{eb2} 是恒定，因此 U'_{o3} 被限制在恒定的值上，即 U_{o3} 和 I_o 也被限制在恒定值。与此同时，由于 $U_H > U_L$，因此 $U'_{o3} > U_L$，VT_1 的发射结处于反偏而截止，下限幅电路对 U'_{o3} 没有影响。

② 下限幅　当 U'_{o3} 稍小于 U_L 时，VT_1 导通，$U'_{o3} = U_L - U_{eb1}$，U_{eb1} 为 VT_1 发射结正向压降，为恒定值，因此 U'_{o3} 被限制在恒定值上。与此同时，由于 $U'_{o3} < U_H$，VT_2 截止，对 U'_{o3} 没有影响。

同样的道理，当 $U_L < U'_{o3} < U_H$ 时，晶体管 VT_1 和 VT_2 均截止，在这种情况下，输出限幅电路对调节器的输出不产生任何影响。

（3）PI/P 切换调节器

PI/P 切换调节器是在基型调节器的基础上增加了 PI/P 切换电路后构成的。其功能是当调节器的输出在正常工作范围以内时，该调节器按 PI 控制规律工作，当调节器的输出达到上限值或下限值时，调节器立即由 PI 运行状态自动地切换为按 P 控制规律工作状态，从而达到抗积分饱和的目的。

其工作原理如图 2-33 虚线以下部分所示。PI/P 切换电路由电压跟随器 A_1 和 A_2、比较器 A_5 以及场效应管 VT_1 等组成，U_H（或 U_L）为上限幅（或下限幅）给定电压。

下面以调节器输出为上限值时（图 2-33 中 S 按实线位置连接）的 PI/P 切换为例说明其工作原理。

① 当调节器输出信号小于上限值时，相应的 U_{o3} 小于 U_H。因 A_6 的输出电压为 $-U_H$，这时 U_{o3} 和 $-U_H$ 分别通过电阻 R 作用于 A_5 的同相输入端，而使 A_5 同相输入端的电位 U_{T5} 低于反相输入端的电位 U_{F5}，A_5 输出低电位，场效应管 VT_1 截止。在这种情况下，PI/P 切换电路不影响基型调节器的运算规律，A_3 对 U_{o2} 进行 PI 运算，调节器实现 PI（或 PID）控制规律。

② 当调节器的输出信号超过上限值时，U_{o3} 大于 U_H，情况与上面相反。这时 A_5 反相

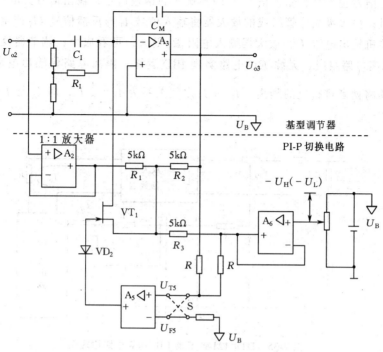

图 2-33　PI/P 切换调节器原理图

输入端的电位高于同相输入端的电位，A_5 输出高电位，场效应管 VT_1 导通。在这种情况下，图 2-33 可等效成图 2-34。由于 U_{o2} 和 U_H 是变化缓慢的直流信号，因此 R_I，C_M 和 C_I 的阻抗比并联的 5kΩ 电阻要大得多，前者可以忽略不计。这样，图 2-34 是一个 $K=1$ 的比例运算电路，即有

$$U_{o3} = U_H - U_{o2} \qquad (2-83)$$

由基型调节器的工作原理可知，在不考虑微分作用的情况下有

$$U_{o2} = -K_P (U_i - U_s) \qquad (2-84)$$

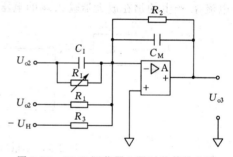

图 2-34　PI/P 调节器上限时的等效电路

式中　U_i，U_s——分别为调节器的测量值和给定值；

K_P——调节器的比例增益。

将式（2-84）代入式(2-83)，可得

$$U_{o3} = U_H + K_P (U_i - U_s) \qquad (2-85)$$

这时调节器的输出与输入偏差成比例关系，积分作用已被自动切除了。由式(2-85)可以看出，由 PI 切换到 P 时，U_{o3} 将有一个阶跃跳变，而使调节器的输出信号超出了工作范围的上限值，因此，这种 PI/P 切换调节器当输出超过上限值时，虽然自动地切除了积分作用，实现了抗积分饱和，但是不具备输出电流限幅功能。

若要实现调节器输出为下限时的 PI/P 切换，则图 2-33 中的 S 按虚线位置连接即可。工作原理与上限时 PI/P 切换相同，这里不再赘述。

2.2.4. DDZ-Ⅱ型电动调节器 PID 运算电路分析

DDZ-Ⅱ型电动调节器 PID 运算电路具有代表性，该电路原理电路图如图 2-35 所示。图

中调节器给定信号置为零，输入信号 I_i 即为输入的偏差信号；输出信号为电流 I_o，R_L 为调节器负载电阻；由多级晶体管组成的放大器将输入信号 I_i 与反馈信号 U_f 产生的偏差信号放大并转换为整机输出电流 I_o，放大器输入电阻 R_i 很大，可看成 ∞；调节器反馈部分由无源 RC 电路和隔离电路组成，无源 RC 电路实现 PID 运算，隔离电路将输出电流 I_o 转换为反馈电流 I_f，并将两者进行电的隔离，I_o 与 I_f 之间关系为 $I_f = \dfrac{1}{2} I_o$，即 I_o 与 I_f 之间的转换系数 $K_n = 1/2$。

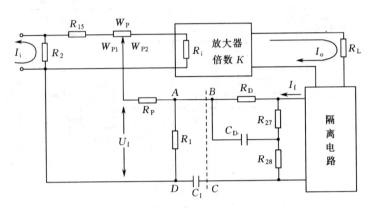

图 2-35　DTL-121 调节器 PID 运算电路原理图

由图 2-35 可以看出，它是一个单个放大器的 PID 运算电路，因此具有第 1 章图 1-4 所示的结构形式，即可画出其方块图如图 2-36 所示，图中 U_i 和 U_f 分别为输入信号 I_i 和反馈电流 I_f 产生的加在放大器输入端的电压，K 为放大器的放大系数。

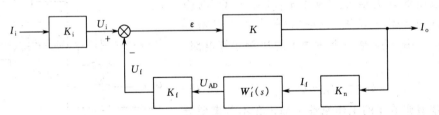

图 2-36　DTL-121 调节器 PID 运算电路方框图

下面求取 PID 运算电路的传递函数。

（1）求取反馈电路的传递函数 $W_f'(s)$

① 应用等效电源定理求得虚线 B,C 右边的等效电路，即虚线 B,C 右边的电路等效为一个等效电源 $E_n(s)$ 和一个等效阻抗 $Z_n(s)$。

应用分流公式可求得等效电源 $E_n(s)$ 为

$$
\begin{aligned}
E_n(s) &= I_f(s) \frac{R_{27} \dfrac{1}{C_D S}}{R_{27} + R_D + \dfrac{1}{C_D s}} + I_f(s) R_{28} \\
&= I_f(s) \frac{R_{27} + R_{28} + R_{28}(R_{27} + R_D) C_D s}{1 + (R_{27} + R_D) C_D s}
\end{aligned}
\tag{2-86}
$$

根据等效电源定理可求得 $Z_n(s)$ 为

$$
Z_n(s) = R_{28} + \left[\frac{1}{C_D s} /\!/ (R_D + R_{27}) \right]
$$

52

$$= \frac{R_{27} + R_{28} + R_D + R_{28}(R_{27} + R_D)C_D s}{1 + (R_{27} + R_D)C_D s} \qquad (2\text{-}87)$$

② 应用分压公式求得 $U_{AD}(s)$。设 $R = R_1 /\!/ (R_P + W_{P1} + R_{15} + R_2)$，则可求得

$$U_{AD}(s) = \frac{E_n(s)}{Z_n(s) + R + \dfrac{1}{C_I s}} R = \frac{E_n(s)}{1 + \dfrac{Z_n(s)}{R} + \dfrac{1}{RC_I s}} \qquad (2\text{-}88)$$

于是图 2-36 中的传递函数 $W'_f(s)$ 为

$$W'_f(s) = \frac{V_{AD}(s)}{I_f(s)} = \frac{E_n(s)\dfrac{1}{I_f(s)}}{1 + \dfrac{Z_n(s)}{R} + \dfrac{1}{RC_I s}}$$

将式(2-86)、式(2-87)代入上式，经整理可得

$$W'_f(s) = \frac{(R_{27} + R_{28})\left[1 + \dfrac{1}{K_D}(R_{27} + R_D)C_D s\right]}{F + \dfrac{1}{T_I s} + T_D s} \qquad (2\text{-}89)$$

式中　微分增益　$K_D = \dfrac{R_{27} + R_{28}}{R_{28}}$

　　　积分时间　$T_I = RC_I$

　　　微分时间　$T_D = (R_{27} + R_D)\left(1 + \dfrac{R_{28}}{R}\right)C_D$

当 $\dfrac{R_{28}}{R} \ll 1$，$R_D \gg R_{27}$ 时，$T_D = R_D C_D$。

　　相互干扰系数　$F = 1 + \dfrac{R_{27} + R_{28} + R_D}{R} + \dfrac{(R_{27} + R_D)C_D}{RC_I} \approx 1 + \left(+ \dfrac{C_I}{C_D}\right)\dfrac{T_D}{T_I}$

（2）求取 K_f, K_i

应用分压公式，由图 2-36 可求得传递函数 K_f 为

$$K_f = \frac{U_f(s)}{U_{AD}(s)} = \frac{W_{P1} + R_{15} + R_2}{R_P + W_{P1} + R_{15} + R_2} \qquad (2\text{-}90)$$

由于 $R_P = 5.1 M\Omega$，阻值很大，故微分、积分运算电路的内阻（即 A，D 两点间等效电阻）可以忽略。应用分流公式，由图 2-35 可求得传递函数 K_i 为

$$K_i = \frac{U_i(s)}{I_i(s)} = \frac{R_P R_2}{R_P + W_{P1} + R_{15} + R_2} \qquad (2\text{-}91)$$

根据第 1 章式(1-3)即可求得 DTL-121 调节器 PID 运算电路的总的传递函数为

$$G(s) = \frac{K_i K}{1 + KK_f W'_f(s)K_n}$$

将式(2-89)~式(2-91)及 $K_n = 1/2$ 代入上式，经整理并适当简化可得

$$G(s) = \frac{I_o(s)}{I_i(s)} = \frac{K_P\left(F + \dfrac{1}{T_I s} + T_D s\right)}{1 + \dfrac{1}{T_I K_i s} + \dfrac{T_D}{K_D} s} \qquad (2\text{-}92)$$

式中　比例增益　$K_P = \dfrac{2R_2 P_P}{(R_{27} + R_{28})(R_2 + R_{15} + W_{P1})}$

积分增益　　$K_I = \dfrac{K}{K_P}$

微分增益、积分时间、微分时间和相互干扰系数同式（2-89）。

式(2-92)也可改写成与式(2-64)完全一样的标准形式，但其中的相互干扰系数不同了，此处不再赘述。

2.2.5. 微分先行 PID 运算电路分析

本节的目的是举例介绍微分先行 PID 运算的实现。图 2-37 是某仪表中的微分先行 PID 控制组件的原理图。测量值 U_m 经过比例增益等于 1 的 PD 运算后与给定值比较。其差值进入比例运算电路，改变 R_P 的滑动触点位置可改变比例度，经比例运算后，再进行比例增益也等于 1 的 PI 运算电路，从而实现 PID 的控制规律。

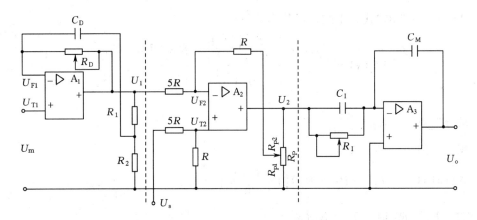

图 2-37　微分先行的 PID 运算电路原理图

下面推导各运算电路的传递函数。

（1）PD 运算电路

由图 2-37 可以看出

$$U_m(s) = U_{T1}(s) = U_{F1}(s) = U_{CD}(s) + U_{R2}(s) \qquad (2\text{-}93)$$

由于 $\left(R_D + \dfrac{1}{C_D s}\right) \gg R_1$，应用分压公式可求得

$$U_{CD}(s) = \frac{\dfrac{1}{C_D s}}{R_D + \dfrac{1}{C_D s}} \frac{R_1}{R_1 + R_2} U_{o1}(s)$$

$$U_{R2}(s) = \frac{R_2}{R_1 + R_2} U_{o1}(s)$$

将以上两式代入式(2-93)可得 PD 运算电路的传递函数为

$$G_{PD}(s) = \frac{U_{o1}(s)}{U_m(s)} = \frac{1 + T_D s}{1 + \dfrac{T_D}{K_D} s} \qquad (2\text{-}94)$$

式中　微分时间　$T_D = R_D C_D$

　　　　微分放大倍数　$K_D = \dfrac{R_1 + R_2}{R_2}$

（2）比例运算电路

54

由图2-37可以看出由运算放大器 A_2 构成的比例运算电路为一个差动输入运算放大电路，则有比例运算电路的传递函数为

$$G_P(s) = \frac{U_{o2}(s)}{U_{o1}(s) - U_s(s)} = -\frac{R}{5R} \times \frac{R_{P1} + R_{P2}}{R_{P2}} = -\frac{1}{5} \times \frac{R_{P1} + R_{P2}}{R_{P2}} = K_P \qquad (2-95)$$

式中 K_P 为比例增益。

（3）PI 运算电路

图2-37中由运算放大器 A_3 构成的 PI 运算电路与图2-22的电路相同，假定 A_3 为理想运算放大器，且 $C_M = C_I$，则传递函数为

$$G_{PI}(s) = \frac{U_o(s)}{U_{o2}(s)} = -\left(1 + \frac{1}{T_I s}\right) \qquad (2-96)$$

式中 积分时间 $T_I = R_I C_I$。

由式（2-94）、式（2-95）和式（2-96）可得整机传递函数为

$$U_o(s) = K_P \left[\frac{1 + T_D s}{1 + \frac{T_D}{K_D} s}\right]\left(1 + \frac{1}{T_I s}\right)U_m(s) - K_P\left(1 + \frac{1}{T_I s}\right)U_s(s) \qquad (2-97)$$

由上式可见，当测量值不变时，整机传递函数为

$$G(s) = \frac{U_o(s)}{U_s(s)} = -K_P\left(1 + \frac{1}{T_I s}\right) \qquad (2-98)$$

式（2-98）说明，PID 控制组件对给定值只有 PI 控制功能。

当给定值不变时，整机的传递函数为

$$G_m(s) = \frac{U_o(s)}{U_m(s)} = K_P \frac{F + \frac{1}{T_I s} + T_D s}{1 + \frac{T_D}{K_D} s} \qquad (2-99)$$

式中 相互干扰系数 $F = 1 + \frac{T_D}{T_I}$

式（2-99）表明，PID 控制组件对测量值具有 PID 运算功能。

2.2.6. 气动仪表 PID 运算分析

本节的目的是介绍气动仪表的分析方法，因此选用结构比较简单直观的力矩平衡式比例积分调节器为例进行介绍。

力矩平衡式比例积分调节器的原理图如图 2-38 所示。图中 F，G，H，E 四个波纹管大小相等，有效面积也相等，均为 A。测量信号 p_m 和给定信号 p_s 分别送到波纹管 F 和波纹管 G，经波纹管的有效面积 A 转换成作用于杠杆 5 上的力，并产生相应的力矩 M_m，M_s。当测量信号 p_m 大于给定信号 p_s 时，$M_m > M_s$，产生反时针方向的输入力矩 M_i。调节器输出信号 p_o 一方面直接进入波纹管 E，形成全负反馈的信号，另一方面 p_o 经 R_P 和 R_f 分压后进入波纹管 H

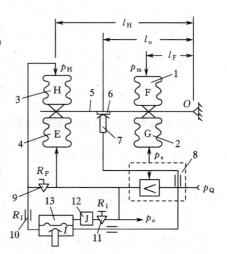

图 2-38 力矩平衡式 PI 调节器原理图
1—测量波纹管；2—给定波纹管；3—正反馈波纹管；4—负反馈波纹管；5—杠杆；6—挡板；7—喷嘴；8—气动放大器；9—比例针阀 R_P；10—恒气阻 R_f；11—积分针阀 R_I；12—积分气室 J；13—1:1跟踪器

（实现比例作用）；同时 p_o 经 R_I 向积分气室 J 充气，使 J 室中的压力逐渐升高，由于气室 I 中的压力和 J 室的压力是 1:1 的跟踪关系，因而气室 I 的压力也逐渐升高，它经过 R_f 使波纹管 H 中的压力也慢慢上升（实现积分作用），波纹管 H 的压力形成正反馈信号，但它与全负反馈信号综合的结果是负反馈。其结果产生一顺时针方向的反馈力矩 M_f。输入力矩 M_i 与反馈力矩 M_f 之差 ΔM 使杠杆产生一极小角度 φ 的偏转，使固定在杠杆上的挡板 6 也产生微小的位移 Δh，因此挡板 6 与喷嘴 7 之间的距离发生变化，其变化量经气动放大器 8 转换并放大为 20~100kPa 的输出信号 p_o。由于波纹管 H 中的压力逐渐升高，引起反馈力矩 M_f 逐渐减小，ΔM 逐渐增大，使得输出信号 p_o 也逐渐增大，只有当测量信号 p_m 等于给定信号 p_s 时输出信号 p_o 才保持不变。

根据上述气动调节器的动作过程可以得到如图 2-39 所示的方框图。

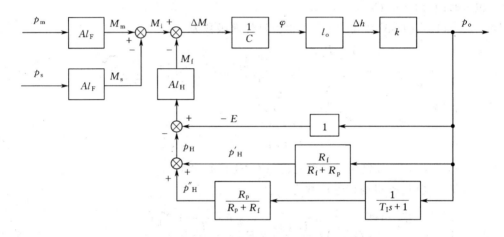

图 2-39　力矩平衡式 PI 调节器方框图

A—E，F，G，H 四只波纹管的有效面积；l_F，l_H—力臂长度，分别为波纹管 F 和 G，H 和 E 的中心线到杠杆支点 O 的距离；ΔM—输入力矩 M_i 与反馈力矩 M_f 之差；C—杠杆系统的刚度系数；

φ—杠杆偏转角度（rad），φ 与 C 的关系为 $\varphi = \dfrac{1}{C}\Delta M$；$l_o$—为喷嘴中心线到杠杆支点 O 的距离；

Δh—挡板的位移，实际上 Δh 是弧长，但由于它十分小，因此可将它近似为挡板与喷嘴之间的垂直变化，Δh 与 φ 的关系为 $\Delta h = l_o\varphi$；k—气动放大器的放大倍数；

T_I—积分气室 J 和积分阀 R_I 构成的节流盲室的时间常数，$T_I = R_I C$

下面根据图 2-39 来推导整机的传递函数。由图可得

$$\mathrm{M}_i(s) = Al_F(p_m(s) - p_s(s)) \tag{2-100}$$

$$\frac{p_o(s)}{M_i(s)} = \frac{\dfrac{l_o k}{C}}{1 + Al_H\left[1 - \left(\dfrac{R_f}{R_f + R_p} + \dfrac{R_p}{(R_f + R_p T_I s + 1)}\right)\right]\dfrac{1}{C}l_o k} \tag{2-101}$$

两式中，$M_i(s)$ 为输入力矩的拉氏变换式。

将式(2-100)代入式(2-101)得

$$\frac{p_o(s)}{p_m(s) - p_s(s)} = \frac{\dfrac{l_o k Al_F}{C}}{1 + Al_H \dfrac{1}{C}l_o k \dfrac{R_p}{R_f + R_p} \dfrac{T_I s}{T_I s + 1}}$$

将上式右边分子、分母同除以 $\dfrac{T_I s}{T_I s + 1}$，整理后可得

$$\frac{p_o(s)}{p_m(s) - p_s(s)} = K_p \frac{1 + \dfrac{1}{T_I s}}{1 + \dfrac{1}{K_I T_I s}} \tag{2-102}$$

式中　比例增益　$K_p = \dfrac{\dfrac{k}{C} l_o l_F A}{1 + \dfrac{k}{C} l_o l_H A \dfrac{R_p}{R_f + R_p}}$

若 $\dfrac{k}{C} l_o l_H A \dfrac{R_p}{R_f + R_p} \gg 1$，则　　$K_p = \dfrac{l_F}{l_H} \times \dfrac{R_f + R_p}{R_p}$

积分时间　$T_I = R_I C_I$

积分增益　$K_I = 1 + \dfrac{k}{C} l_o l_H A \dfrac{R_p}{R_f + R_p}$

若式(2-102)中 $\dfrac{1}{K_I T_I s} \ll 1$，则可得理想的 PI 控制规律的表达式

$$\frac{p_o(s)}{p_m(s) - p_s(s)} = K_p \left(1 + \frac{1}{T_I s} \right) \tag{2-103}$$

气动控制器有力矩平衡式、力平衡式和位移平衡式。近些年来气动仪表的结构设计、制造工艺、零部件性能等也有了很大发展，出现了各种新型的气动控制器，但它们的构成原理和分析方法都是一样的。

2.3. 数字式控制器

数字式控制器具有丰富的运算控制功能和数字通信功能、灵活而方便的操作手段、形象而直观的数字或图形显示、高度的安全可靠性，实现了仪表和计算机的一体化，比模拟控制器能更方便有效地控制和管理生产过程，因而在工业生产过程自动控制系统中得到了越来越广泛的应用。

根据用途和性能的差异，数字式控制器有以下几种类型。

（1）定程序控制器　制造厂把编好的程序固化在控制器内的 ROM 中，用户只需用开关选择相应的功能，不必编写程序。它适合于典型的对象和通用的生产流程。

（2）可编程调节器　用户可以从调节器内部提供的诸多种功能模块中选择所需要的功能模块，用编程方式把这些功能模块组合成用户程序，写入调节器内的 EPROM 中，使调节器按照要求工作。这种调节器使用灵活，编程方便，得到最广泛应用。

（3）混合控制器　这是一种专为控制混合物成分用的控制器，虽然前两种控制器也能够用在混合工艺中，但不如这种经济方便。

（4）批量控制器　这是一种常用于液体或粉粒体包装和定量装载用的控制器，特别为周期性工作设计。

数字式控制器的规格型号很多，它们在构成规模上、功能完善的程度上都有很大的差别，但它们的基本构成原理则大同小异，本节以应用最为广泛的可编程调节器为主进行介绍。

2.3.1. 数字式控制器构成原理

模拟控制器只是由硬件(模拟元器件)构成，它的功能也完全是由硬件构成形式所决定，

因此其控制功能比较单一；而数字式控制器由以微处理器(CPU)为核心构成的硬件电路和由系统程序、用户程序构成的软件两大部分组成，其功能主要是由软件所决定，因此可以实现各种不同的控制功能。

2.3.1.1. 数字式控制器的硬件电路

数字式控制器的硬件电路由主机电路、过程输入通道、过程输出通道、人机接口电路以及通信接口电路等部分组成，其构成框图如图 2-40 所示。

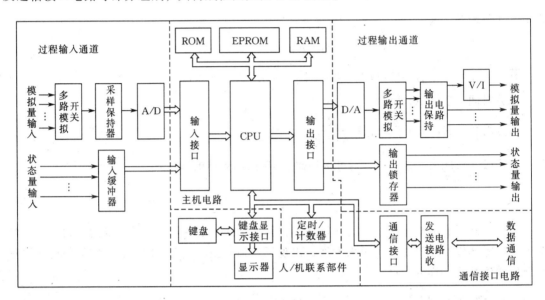

图 2-40　数字式控制器的硬件电路

（1）主机电路

主机电路是数字式控制器的核心，用于实现仪表数据运算处理，各组成部分之间的管理。主机电路由微处理器（CPU）、只读存储器（ROM，EPROM）、随机存储器（RAM）、定时/计数器（CTC）以及输入、输出接口（I/O 接口）等组成，见图 2-40。

CPU 通常采用的是 8 位微处理器，它完成数据传递、算术逻辑运算、转移控制等功能。

ROM 中存放系统程序。EPROM 中存放由使用者自行编制的用户程序。RAM 用来存放输入数据、显示数据、运算的中间值和结果值等。为了在断电时，保持 RAM 中的内容，通常选用低功耗的 CMOS-RAM，并以 Ni-Cr 电池作后备电源；也有采用电可改写的只读存储器 EEPROM，将重要参数置入其中，它具有同 RAM 一样的读写功能，且在断电时不会丢失数据。

CTC 的定时功能用来确定控制器的采样周期，并产生串行通信接口所需的时钟脉冲；计数功能主要用来对外部事件进行计数。

I/O 接口是 CPU 同过程输入、输出通道等进行数据交换的器件，它有并行接口和串行接口两种。并行接口具有数据输入、输出双向传送和位传送的功能，用来连接过程输入、输出通道，或直接输入、输出开关量信号。串行接口具有异步或同步传送串行数据的功能，用来连接可接收或发送串行数据的外部设备。

某些数字式控制器采用单片微机作为主要部件。单片微机内部包括了 CPU，ROM，RAM，CTC 和 I/O 接口等电路，与多芯片组成的主机电路相比，具有体积小、连接线少、可靠性高、价格便宜等优点。

（2）过程输入通道

过程输入通道包括模拟量输入通道和开关量输入通道，模拟量输入通道用于连接模拟量输入信号，开关量输入通道用于连接开关量输入信号。通常，数字式控制器都可以接收几个模拟量输入信号和几个开关量输入信号。

① 模拟量输入通道　模拟量输入通道将多个模拟量输入信号分别转换为 CPU 所接受的数字量。它包括多路模拟开关、采样/保持器和 A/D 转换器，如果控制器输入的是低电平信号，还需要信号放大电路，将信号放大到 A/D 转换器所需要的信号电平。

多路模拟开关将多个模拟量输入信号分别连接到采样/保持器。它一般采用固态模拟开关，其速度可达 10^5 点/s。

采样/保持器具有暂时存储模拟输入信号的作用。它在某一特定的时刻采入一个模拟信号值，并把该值保持一段时间，以供 A/D 转换器转换。如果输入信号变化缓慢，多路模拟开关的输出可直接送到 A/D 转换器，而不必使用采样/保持器。

A/D 转换器的作用是将模拟信号转换为相应的数字量。常用的 A/D 转换器有逐位比较型、双积分型和 V/F 转换型等几种。这几种 A/D 转换器的转换精度都比较高，基本误差约 $0.5\% \sim 0.01\%$。逐位比较型 A/D 转换器的转换速度最快，一般在 10^4 次/s 以上，缺点是抗干扰能力差；其余两种 A/D 转换器的转换速度较慢，通常在 100 次/s 以下，但它们的抗干扰能力较强。A/D 转换器的位数有 8 位、10 位、12 位（二进制代码）及 $3\frac{1}{2}$ 位、$4\frac{1}{2}$ 位（二/十进制代码）等几种。为了降低硬件的成本，在一些可编程调节器中，不使用专门的 A/D 转换器，而是利用 D/A 转换器与电压比较器，按逐位比较原理来实现模/数转换的。

② 开关量输入通道　开关量输入通道将多个开关输入信号转换成能被计算机识别的数字信号。

开关量指的是在控制系统中电接点的通与断，或者逻辑电平为"1"与"0"这类两种状态的信号。例如各种按钮开关、接近开关、液（料）位开关、继电器触点的接通与断开，以及逻辑部件输出的高电平与低电平等。这些开关量信号通过输入缓冲电路或者直接输入接口至主机电路。

为了抑制来自现场的干扰，开关量输入通道常采用光电耦合器件作为输入电路进行隔离传输，使通道的输入与输出在电气上互相隔离，彼此间无公共连接点，因而具有抗共模干扰的能力。

（3）过程输出通道

过程输出通道包括模拟量输出通道和开关量输出通道，模拟量输出通道用于输出模拟量信号，开关量输出通道用于输出开关量信号。通常，数字式控制器都可以具有几个模拟量输出信号和几个开关量输出信号。

① 模拟量输出通道　模拟量输出通道依次将多个运算处理后的数字信号进行数/模转换，并经多路模拟开关送入输出保持电路暂存，以便分别输出模拟电压（$1 \sim 5V$）或电流（$4 \sim 20mA$）信号。该通道包括 D/A 转换器、多路模拟开关、输出保持电路和 V/I 转换器（见图 2-40）。

D/A 转换器起数/模转换作用。常采用电流型 D/A 转换芯片，因其输出电流小，尚需加接运算放大器，以实现将二进制数字量转换成相应的模拟量信号。D/A 转换芯片有 8 位、10 位、12 位等品种可供选用。

V/I 转换器将 1～5V 的模拟电压信号转换成 4～20mA 的电流信号，其作用与 DDZ-Ⅲ 型调节器的输出电路类似。

多路模拟开关与模拟量输入通道中的相同。输出保持电路一般采用 S/H 集成电路，也可用电容和高输入阻抗的运算放大器构成。

② 开关量输出通道　开关量输出通道通过锁存器输出开关量（包括数字、脉冲量）信号，以便控制继电器触点和无触点开关的接通与释放，也可控制步进电机的运转。

同开关量输入通道一样，开关量输出通道也常用采用光电耦合器件作为输出电路进行隔离传输，以免受到现场干扰的影响。

（4）人/机联系部件

人/机联系部件一般置于控制器的正面和侧面。正面板的布置类似于模拟式控制器，有测量值和给定值显示器、输出电流显示器、运行状态（自动/串级/手动）切换按钮、给定值增/减按钮和手动操作按钮等，还有一些状态显示灯。侧面板有设置和指示各种参数的键盘、显示器。

显示器常使用固体器件显示器，如发光二极管、荧光管和液晶显示器等，液晶显示器既可显示图形，也可显示数字。早期也有采用动圈指示表，其价格便宜，但可靠性差；固体器件显示器的优点是无可动部件，可靠性高，但价格较贵。

在有些控制器中附带后备手操器。当控制器发生故障时，可用手操器来改变输出电流，进行遥控操作。

（5）通信接口电路

控制器的通信部件包括通信接口芯片和发送、接收电路等。通信接口将欲发送的数据转换成标准通信格式的数字信号，经发送电路送至通信线路（数据通道）上；同时通过接收电路接收来自通信线路的数字信号，将其转换成能被微处理器接受的数据。

通信接口有并行和串行两种，分别用来进行并行传送和串行传送数据。并行传送是以位并行、字节串行形式，即数据宽度为一个字节，一次传送一个字节，连续传送。其优点是数据传输速率高，适用于短距离传输；缺点是需要较多的电缆，成本较高。串行传送为串行形式，即一次传送一位，连续传送。其优点是所用电缆少，成本低，适用于较远距离传输；而缺点是其数据传输速率比并行传送的低。可编程调节器大多采用串行传送方式。

2.3.1.2. 数字式控制器的软件

数字式控制器的软件分为系统程序和用户程序两大部分。

（1）系统程序

系统程序是控制器软件的主体部分，通常由监控程序和功能模块两部分组成。

① 监控程序　监控程序使控制器各硬件电路能正常工作并实现所规定的功能，同时完成各组成部分之间的管理。其主要完成的任务有以下几点。

•系统初始化：对硬件电路的可编程器件（例如 I/O 接口、定时/计数器）进行初值设置等。

•键盘和显示管理：识别键码、确定键处理程序的走向和显示格式。

- 中断管理：识别不同的中断源，比较它们的优先级，以便做出相应的中断处理。
- 自诊断处理：实时检测控制器各硬件电路是否正常，如果发生异常，则显示故障代码、发出报警或进行相应的故障处理。
- 键处理：根据识别的键码，建立键服务标志，以便执行相应的键服务程序。
- 定时处理：实现控制器的定时（或计数）功能，确定采样周期，并产生时序控制所需的时基信号。
- 通信处理：按一定的通信规程完成与外界的数据交换。
- 掉电处理：用以处理"掉电事故"，当供电电压低于规定值时，CPU立即停止数据更新，并将各种状态、参数和有关信息存储起来，以备复电后控制器能照常运行。
- 运行状态控制：判断控制器操作按钮的状态和故障情况，以便进行手动、自动或其他控制。

② 功能模块　功能模块提供了各种功能，用户可以选择所需要的功能模块以构成用户程序，使控制器实现用户所规定的功能。控制器提供的功能模块主要有以下几种。

- 数据传送：模拟量和数字量的输入与输出。
- PID运算：通常都有两个PID运算模块，以实现复杂控制功能。
- 四则运算：加、减、乘、除运算。
- 逻辑运算：逻辑与、或、非、异或运算。
- 开平方运算。
- 取绝对值运算。
- 高值选择和低值选择。
- 上限幅和下限幅。
- 折线逼近法函数运算：实现函数曲线的线性化处理。
- 一阶惯性滞后处理：完成输入信号的滤波处理或用作补偿环节。
- 纯滞后处理。
- 移动平均值运算：从设定的时间到现在的平均值。
- 脉冲输入计数与积算脉冲输出。
- 控制方式切换：手动、自动、串级等方式切换。

以上为可编程调节器系统程序所包含的基本功能。不同的控制器，其具体用途和硬件结构不完全一样，因而它们所包含的功能在内容和数量上是有差异的。

（2）用户程序

用户程序是用户根据控制系统要求，在系统程序中选择所需要的功能模块，并将它们按一定的规则连接起来，其作用是使控制器完成预定的控制与运算功能。使用者编制程序实际上是完成功能模块的连接，也即组态工作。

用户程序的编程通常采用面向过程POL语言（Procedure-Oriented Language）。各种可编程调节器一般都有自己专用的POL编程语言，但不论何种POL语言，均具有容易掌握、程序设计简单、软件结构紧凑、便于调试和维修等特点。POL语言的这一特点将在SLPC可编程调节器的介绍中可以更清楚地看出。

控制器的编程工作是通过专用的编程器进行的，有"在线"和"离线"两种编程方法。第一种，编程器与控制器通过总线连接共用一个CPU，编程器上有一个EPROM插座。

供用户编程用。用户在程序输入并调试完毕后写入编程器插座中的 EPROM，然后将其取下，插在控制器的相应的插座上。

第二种，编程器自带一个 CPU 构成一台独立的仪表，编程的过程与控制器无关。用户使用编程器输入用户程序并调试完毕后写入 EPROM，然后把写好的 EPROM 移到控制器的相应插座上。

2.3:1.3. 数字式控制器的特点

（1）运算控制功能强

数字控制器具有比模拟控制器更丰富的运算控制功能，一台数字控制器既可以实现简单的 PID 控制，也可以实现串级控制、前馈控制、变增益控制和史密斯补偿控制；既可以进行连续控制，也可以进行采样控制、选择控制和批量控制。此外，数字控制器还可对输入信号进行处理，如线性化、数据滤波、标度变换等，还可以进行逻辑运算。

（2）通过软件实现所需功能

数字控制器的运算控制功能是通过软件实现的。在可编程调节器中，软件系统提供了各种功能模块，用户选择所需的功能模块，通过编程将它们连接在一起，构成用户程序，便可实现所需的运算与控制功能。可编程调节器编程采用简单易学的 POL 语言。

（3）带有自诊断功能

数字控制器的监控软件有多种故障的自诊断功能，包括主程序运行是否正常、输入输出信号是否正常、通讯功能是否正常等。在控制器运行或编程中遇到不正常现象会发出故障信号，并用特定的代码显示故障种类，还能自动地把控制器的工作状态改为软手动状态。这对保证生产安全和仪表的维护有十分重要意义。

（4）带有数字通讯功能

数字控制器除了用于代替模拟控制器构成独立的控制系统之外，还可以与上位计算机一起组成 DCS 控制系统。数字控制器与上位计算机之间实现串行双向的数字通讯，将控制器本身的手、自动工作状态、PID 参数值、当时的输入及输出值等一系列信息送到上位计算机，必要时上位计算机也可对控制器施加干预，如工作状态的变更、参数的修改等。

（5）具有和模拟控制器相同的外特性

尽管数字控制器内部信息均为数字量，但为了保证数字式控制器能够与传统的常规仪表相兼容，其输入输出信号制与 DDZ-Ⅲ型电动单元组合仪表相同，即输入信号为 1～5VDC 电压信号，输出信号为 4～20mADC 电流信号。但数字控制器通常都有几个模拟量的输入、输出信号，同时它还有开关量的输入、输出信号，以便增加其功能。数字控制器的外形尺寸与盘装模拟控制器相同，便于仪表的更新。

（6）保持常规模拟式控制器的操作方式

数字式控制器的正面板和常规控制器的正面几乎相同，其显示器和操作按键的布置也相差不大。只是侧面板上的键盘和数字显示器差别较大，而这些也只是在整定参数或维修检查时才使用。因而对已习惯于传统控制器的操作员来说，并不需要特殊的训练就能掌握使用技巧。

2.3.2. SLPC 可编程调节器

2.3.2.1. 概述

SLPC 可编程调节器是一种有代表性的、功能较为齐全的可编程调节器，它具有基本

PID、串级、选择、非线性、采样 PI、批量 PID 等控制功能，并具有自整定功能，可使 PID 参数实现最佳整定。用户只需使用简单的编程语言，即可编制各种控制与运算程序，使调节器具有规定的控制运算功能。

SLPC 还具有通信功能，可与上位计算机联系起来构成集散控制系统；具有可变型给定值平滑功能，能够改善给定值变更的响应特性；具有自诊断功能，在输入输出信号、运算控制回路、备用电池及通信出现异常情况时，进行故障处理并进行故障显示。

SLPC 可编程调节器的主要性能指标如下：

- 模拟量输入　1~5V（DC）5 点；
- 模拟量输出　1~5V（DC）2 点，负载电阻＞3kΩ；
  4~20mA（DC）1 点，负载电阻＝0~750Ω；
- 数字量输入　接点或电压电平，与数字量输出 6 点共用；
- 数字量输出　晶体管接点；
- 故障状态输出　晶体管接点 1 点；
- 运算周期　0.2 s 和 0.1 s；
- 比例度　6.3%~999.9%；
- 积分时间　1~9999 s；
- 微分时间　0~9999s；
- 控制功能　基本控制功能、串级控制功能、选择控制功能；
- 控制算法　标准 PID、采样值 PI、批量 PID；
- 供电电源　交直流两种（100V 规格和 200V 规格）。

2.3.2.2. SLPC 可编程调节器的硬件电路

SLPC 可编程调节器的硬件电路原理图如图 2-41 所示。

（1）主机电路

图 2-41 主机电路中 CPU 采用 8085AHC，时钟频率为 10MHz。ROM 分为系统 ROM 和用户 ROM：系统 ROM 采用两片 27256 型 EPROM，32KB，用于存放监控程序和各种功能模块；用户 ROM 采用一片 2716 型 EPROM，用于存放用户程序。RAM 采用两片 μPD4464C 低功耗 CMOS 存储器，8KB。

（2）过程输入通道

SLPC 可编程调节器共有 5 个模拟量输入通道，各个输入通道分别设置了 RC 滤波器，通道之间负端相连，即各通道之间不隔离。A/D 转换器是利用 μPC648D 型高速 12 位 D/A 转换器和比较器，通过 CPU 反馈编码，实现 12 位逐次比较型模数转换。D/A 转换器是过程输入通道和过程输出通道共用的。

模拟量输入通道中，X_1 输入通道具有备用方式。模拟输入信号 X_1 在经过 RC 滤波后分为两路，其中一路经过输入多路开关接到比较器，与从 D/A 转换器来的反馈信号比较，被 A/D 转换成为数字量以后进入 CPU，这是正常工作时的信息途径。另一路经电压跟随器送到故障/PV 开关，在 CPU 正常工作时，它不起作用。而当 CPU 发生故障时，CPU 的自检程序或 WDT 电路发出的故障输出信号 FALL 使故障/PV 开关切换到故障位置，面板上的指示器直接接受从 X_1 来的信号，进行测量值指示。而在 CPU 正常工作时，指示器接受的测量值信号是由 CPU 和 D/A 转换送来的信号。

需注意的是，5 个模拟量输入通道中只有 X_1 才有上述应付故障的措施。而且 CPU 出故

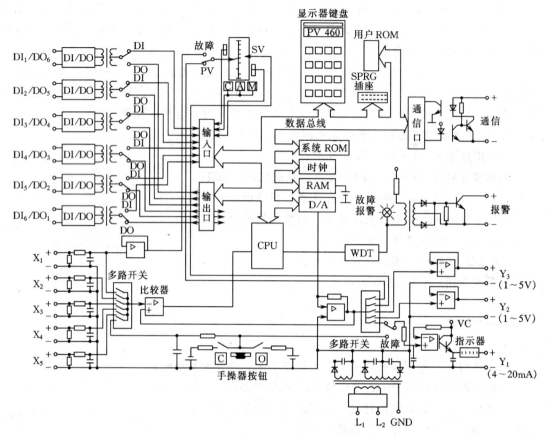

图 2-41 SLPC 可编程调节器的硬件电路原理图

障时，指示器所指示的是原始的输入信号，并不是经过 CPU 处理后的信号。在某些场合，这两个信号可能不一样，如原始输入信号是表示流量的差压信号，在经过 CPU 开方处理后显然不一样。

（3）过程输出通道

SLPC 可编程调节器共有 3 个模拟量输出通道，其中一路 Y_1 为 4～20mA DC 电流输出，两路 Y_2，Y_3 为 1～5V DC 电压输出，相互间也不隔离。内部还有供给面板上指示器的两路模拟量输出，用于驱动测量值 PV 指针和给定值 SV 指针。

模拟量输出通道中，电压输出的两路都是 D/A 转换器输出经多路开关和电压跟随器后直接输出 1～5VDC 电压信号。电流输出的一路是采用如图 2-42 所示电路将 D/A 转换器输出的 1～5V DC 电压转换为 4～20mA DC 电流输出。

图 2-42 中，将运算放大器 A_1 和 A_2 看成理想运算放大器，且设晶体管 VT_1 以及复合晶体管 VT_2，VT_3 的集电极和发射极电流相等，则有

$$U_1 = MV, \qquad I_1 = I_2, \qquad U_2 = U_3, \qquad I_o = I_3$$

式中 MV——A_1 的同相端输入值。

由图 2-42 可得出

$$I_1 = \frac{U_1}{R_1} = \frac{MV}{R_1}, \qquad I_2 = \frac{U_{cc} - U_2}{R_2}$$

由上两式可得
$$U_2 = U_{cc} - MV \frac{R_2}{R_1} \qquad (2\text{-}104)$$

由图 2-42 还可得出
$$I_3 = \frac{U_{cc} - U_3}{R_3} \qquad (2\text{-}105)$$

因 $U_2 = U_3$，把式(2-104)代入式(2-105)，由 $I_o = I_3$ 可得输出电流 I_o 为
$$I_o = \frac{U_{cc} - U_{cc} + MV \dfrac{R_2}{R_1}}{R_3} = MV \frac{R_2}{R_1 R_3} \qquad (2\text{-}106)$$

在实际电路中 $R_1 = 5\text{k}\Omega \pm 0.1\%$，$R_2 = 2\text{k}\Omega \pm 0.1\%$，$R_3 = 0.1\text{k}\Omega \pm 0.1\%$，故
$$I_o = MV \frac{2}{5 \times 0.1} = \frac{MV}{0.25} \text{ V/k}\Omega \qquad (2\text{-}107)$$

当 MV 在 1～5V 间变化时，I_o 为 4～20mA。

图 2-42 中电容 C 起输出保持作用，因为有多路模拟量输出，它们由多路开关依次进行切换，当多路开关接到某一路时，其他路的输出信号由电容保持。为了防止因电容漏电而使被保持的电压下降，调节器采用定期补充电荷的办法，每 10ms 把电容上的电压刷新一次，使其保持不变。

图 2-42 中 P 点输出电压用于判断是否有断线故障。外接负载的阻值正常时，P 点电压不超过 6V，如果使用中负载电路断线，则电容 C 被过多地充电，以致 P 点电压超过 6V，所以定期检测此点的电压便可判断是否有断线故障。

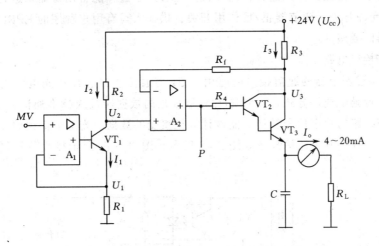

图 2-42　电流输出电路原理图

模拟量输出通道中，电流输出具有备用方式。在 CPU 正常工作时，电流输出电路的输入为 D/A 转换器输出的电压；而当 CPU 发生故障时，CPU 的自检程序或 WDT 电路发出的故障输出信号 FALL 使电流输出电路被切换成保持状态，通过正面板上的扳键或按钮就可以在原有输出基础上进行软手动操作，增加或减少输出值。X_1 输入通道和电流输出通道的备用方式，使调节器在 CPU 出现故障后不会处于完全瘫痪的状态，操作人员可以借助备用方式进行遥控操作，保证生产照常进行。因此在控制系统设计时，应考虑调节器这两个备用方式的合理使用。

（4）开关量输入和输出通道

SLPC 可编程调节器有六个开关量通道，它们既可以当作输入也可以当作输出，由使用者设定。另外还有一个开关量故障输出信号，它既受 CPU 控制也受 WDT 电路控制。

从图 2-41 可以看到，开关量输入输出通道都经过高频变压器隔离。常用的隔离办法是用光电隔离器，但互相隔离的两侧都要有独立的电源。用高频变压器隔离时，外电路可以不用电源。在开关量通道作为输入通道时，输入状态暂存在与数据总线相连的 74LS375 型 8D 触发器中，由 CPU 指令控制读入；在每一个控制周期，CPU 将开关量输出状态送到和数据总线相连的 74LS273 型 8D 触发器中，由触发器锁存并经高频隔离变压器输出。

（5）人/机联系部件

人/机联系部件包括调节器的正面板和侧面板。正面板的布置类似于模拟式调节器，其测量值和给定值显示器可显示主被控变量的测量值、给定值，显示器有动圈式和光柱式两种，光柱式兼带有 4 位数字显示器；输出电流显示器可显示调节器输出值；面板上还设置了给定值增减按键、串级/自动/软手动运行方式切换按键和软手动操作杆或操作按键；此外还有故障显示灯和报警灯，前者在调节器自诊断发现工作不正常时会点亮（至于所发生的故障类型，可由侧面板上的显示器以代码方式读出）；报警灯点亮时表示调节器的输入、输出异常或运算溢出等。SLPC 的改进型在面板上还设有可编程功能键（PF 键）和 PF 指示灯，用户可自行定义该键作为状态信号。

侧面板有触摸式键盘和数字显示器，用以显示或修改输入、输出数据、PID 参数和其他数据，显示的项目由键操作来选择；侧面板上还有用于选择能否用键盘来进行数据更新的键盘设定禁止/允许开关；调节器正/反作用开关；供插入写有用户程序的 EPROM 芯片的插座及连接编程器的插座。

（6）通信接口电路

SLPC 可编程调节器的通信接口电路由 8251 型通信接口芯片和光电隔离电路组成，采用半双工、串行异步通讯方式。8251 芯片将欲发送的数据转换成标准通信格式的数字信号，并将来自通信线路的数字信号转换成能被计算机接受的数据。光电隔离电路用于抑制通信线路可能引入的干扰，其电路原理图如图 2-43 所示，图中 VT_1 用于接收信号隔离；VT_2 用于发送信号隔离。

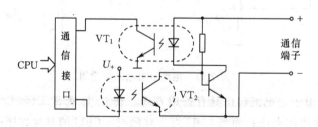

图 2-43 光电隔离电路原理图

2.3.2.3. SLPC 可编程调节器的软件部分

SLPC 可编程调节器的软件由系统程序和功能模块两部分构成，系统程序用于保证整个调节器正常运行，这部分用户是不能调用的，因此着重介绍功能模块。SLPC 可编程调节器的功能模块是以指令形式提供的，其汇总如表 2-3 所示。

由表 2-3 可见，SLPC 可编程调节器指令有以下 4 种类型：信号读取指令 LD、信号存储指令 ST、程序结束指令 END 和各种功能指令。

表 2-3 中还包括各种寄存器。这些寄存器实际上是对应于随机读写存储器 RAM 中各个不同的存储单元，只是为了使用和表示方便，才特地定义了不同的名称和符号（如模拟量输入寄存器 X_n、常数寄存器 K_n 等等）。用户程序通过不同的指令使用这些寄存器中的数据或将数据存放在相应的寄存器中，这些数据包括输入输出信号、各种常数、系数、输入数据、运算处理过程中的中间结果与最后结果以及软开关切换控制数据等等。

须注意的是所有指令都与五个运算寄存器 $S_1 \sim S_5$ 有关。这五个运算寄存器以堆栈方式构成，其工作原理如图 2-44 所示。图中为实现一个加法器的运算，$S_1 \sim S_5$ 的初始状态分别为 A,B,C,D,E。

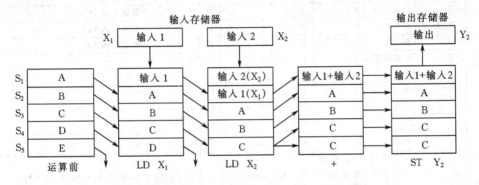

图 2-44　运算寄存器结构示意图及工作原理

表 2-3　SLPC 可编程调节器运算指令一览表

分 类	指令符号	功能	运算寄存器						说　明
			指令执行前			指令执行后			
			S_1	S_2	S_3	S_1	S_2	S_3	
读　取	LDX_n	读取 X_n	A	B	C	X_n	A	B	X_n 为模拟量输入寄存器 $n=1\sim5$
	LDY_n	读取 Y_n	A	B	C	Y_n	A	B	Y_n 为模拟量输出寄存器 $n=1\sim6$
	LDP_n	读取 P_n	A	B	C	P_n	A	B	P_n 为可变参数寄存器 $n=1\sim39$
	LDK_n	读取 K_n	A	B	C	K_n	A	B	K_n 为常数寄存器 $n=1\sim32$
	LDT_n	读取 T_n	A	B	C	T_n	A	B	T_n 为暂存寄存器 $n=1\sim16$
	LDA_n	读取 A_n	A	B	C	A_n	A	B	A_n 为模拟量功能扩展寄存器 $n=1\sim16$
	LDB_n	读取 B_n	A	B	C	B_n	A	B	B_n 为控制参数寄存器 $n=1\sim39$
	$LDFL_n$	读取 FL_n	A	B	C	FL_n	A	B	FL_n 为状态量功能扩展寄存器 $n=1\sim32$
	$LDDI_n$	读取 DI_n	A	B	C	DI_n	A	B	DI_n 为状态量输入寄存器 $n=1\sim6$
	$LDDO_n$	读取 DO_n	A	B	C	DO_n	A	B	DO_n 为状态量输出寄存器 $n=1\sim6$
	LDE_n	读取 E_n	A	B	C	E_n	A	B	E_n 为模拟量接收寄存器 $n=1\sim15$
	LDD_n	读取 D_n	A	B	C	D_n	A	B	D_n 为模拟量发送寄存器 $n=1\sim15$
	$LDCI_n$	读取 CI_n	A	B	C	CI_n	A	B	CI_n 为状态量接收寄存器 $n=1\sim15$
	$LDCO_n$	读取 CO_n	A	B	C	CO_n	A	B	CO_n 为状态量发送寄存器 $n=1\sim15$
	LDKY	读取 KY	A	B	C	KY	A	B	KY 为 PF 键输入寄存器
	LDLP	读取 LP	A	B	C	LP	A	B	LP 为 PF 指示灯输入寄存器

分类	指令符号	功能	运算寄存器						说明
			指令执行前			指令执行后			
			S_1	S_2	S_3	S_1	S_2	S_3	
存储	STY_n	存入 Y_n	A	B	C	A	B	C	将 S_1 中数据存入 Y_n
	STP_n	存入 P_n	A	B	C	A	B	C	将 S_1 中数据存入 P_n
	STT_n	存入 T_n	A	B	C	A	B	C	将 S_1 中数据存入 T_n
	STA_n	存入 A_n	A	B	C	A	B	C	将 S_1 中数据存入 A_n
	STB_n	存入 B_n	A	B	C	A	B	C	将 S_1 中数据存入 B_n
	$STFL_n$	存入 FL_n	A	B	C	A	B	C	将 S_1 中数据存入 FL_n
	$STDO_n$	存入 DO_n	A	B	C	A	B	C	将 S_1 中数据存入 DO_n
	STD_n	存入 D_n	A	B	C	A	B	C	将 S_1 中数据存入 D_n
	$STCO_n$	存入 CO_n	A	B	C	A	B	C	将 S_1 中数据存入 CO_n
	STLP	存入 LP	A	B	C	A	B	C	将 S_1 中数据存入 LP
结束	END	运算结束	A	B	C	A	B	C	
功能	基本运算	+	加法	A	B	C	B+A	C	D	$S_2 + S_1 \rightarrow S_1$
		$-$	减法	A	B	C	B$-$A	C	D	$S_2 - S_1 \rightarrow S_1$
		$\times$	乘法	A	B	C	B$\times$A	C	D	$S_2 \times S_1 \rightarrow S_1$
		$\div$	除法	A	B	C	B$\div$A	C	D	$S_2 \div S_1 \rightarrow S_1$
		$\sqrt{}$	开方	A	B	C	$\sqrt{A}$	B	C	$\sqrt{S_1} \rightarrow S_1$
		$\sqrt{E}$	带小信号切除的开方运算	小信号切除点设定值	A	B	$\sqrt{A}$ 或 A	C	D	$\sqrt{S_2} \rightarrow S_1$，但若 $S_2 < S_1$ 则 $S_2 \rightarrow S_1$
		ABS	绝对值	A	B	C	|A|	B	C	$\|S_1\| \rightarrow S_1$
		HSL	高值选择	A	B	C	A 或 B	C	D	比较 S_1 和 S_2 的内容，大值存入 S_1
		LSL	低值选择	A	B	C	A 或 B	C	D	比较 S_1 和 S_2 的内容，小值存入 S_1
		HLM	上限限幅	上限设定值	输入值		小于或等于上限值的输入值	A	B	输入值小于上限设定值时，将输入值存入 S_1；输入值大于或等于上限设定值时，将设定值存入 S_1
		LLM	下限限幅	下限设定值	输入值		大于或等于下限值的输入值	A	B	进行下限限幅
	带设备编号的运算	FX1,2	十段折线函数	输入值	A	B	变换后的输入值	A	B	输入为 10 等分的 10 段折线函数
		FX3,4	任意段折线函数	输入值	A	B	变换后的输入值	A	B	输入为任意段折线函数
		LAG1~8	一阶滞后运算	时间常数	输入值	A	一阶滞后运算后的输入值	A	B	$S_1 = \dfrac{1}{1+T_1 s} S_2$，输入值存 S_2，T_1 存 S_1
		LED1,2	微分运算	时间常数	输入值	A	微分运算后的输入值	A	B	$S_1 = \dfrac{T_D s}{1+T_D s} S_2$，输入值存入 S_2
		DED1~3	纯滞后运算	纯滞后时间设定常值	输入值	A	纯滞后运算后的输入值	A	B	$S_1 = e^{-Ls} S_2$，输入值存 S_2，L 存 S_1
		VEL1~3	变化率运算	纯滞后时间设定值	输入值	A	现在值减去过去值的结果	A	B	$S_1 = X_1(t) - X_1(t-\tau)$，输入 $X_1(t)$ 存 S_2，纯滞后时间设定值 τ 存 S_1
		VLM1~6	变化率限幅	V_d	V_u	输入值	变化速度限制后的输入值	A	B	将输入值的变化速度限制在设定值以下，上升方向变化率限幅值 V_u 存 S_2，下降方向变化率限幅值 V_d 存 S_1
		MAV1~3	移动平均运算	运算时间设定值	输入值	A	平均运算值	A	B	从被设定的过去的时间到现在的平均值

68

分类		指令符号	功能	运算寄存器						说明
				指令执行前			指令执行后			
				S_1	S_2	S_3	S_1	S_2	S_3	
功能	带设备编号的运算	TIM1～4	定时器	0或1	A	B	经过时间	A	B	S1为0时,复位;S1为1时,定时器启动或正在计时
		PGM1	程序设定	0或1	启动/保持	初始值	程序输出值	A	B	S_2为1,S_1为0时,程序启动;S_1为1时,复位
		PIC1～4	脉冲输入计数	0或1	输入值	A	计数器输出值	A	B	S_1为1时,计数器启动;S_1为0时,复位
		CPO1,2	计数脉冲输出	积算率	输入值	A	输入值	A	B	S_1=积算率×输入值×1000,输入值存S_2,积算率存S_1
		CCD1～8	状态变化检测	0/1	A'	B	0/1	A	B	S_1从0向1变化时,S_1=1
	条件判断	HAL1～4	上限报警	设定值的滞后宽度	报警设定值	输入	0/1	输入	A	因为是滞后宽度的报警,所以如果是正常状态,则为0,是异常状态时,则为1
		LAL1～4	下限报警	滞后宽度	B	C	0/1	输入	A	下限报警
		AND	逻辑与	A	B	C	A∩B	C	D	S_2∩S_1→S_1
		OR	逻辑或	A	B	C	A∪B	C	D	S_2∪S_1→S_1
		NOT	取反	A	B	C	$\overline{A}$	B	C	$\overline{S_1}$→S_1
		EOR	异或	A	B	C	AB	C	D	S_1←$S_2$$S_1$
		CMP	比较	A	B	C	0/1	B	C	将S_1,S_2比较,S_2<S_1时为0→S_1,S_2≥S_1时为1→S_1
		Gonn	无条件转移	A	B	C	A	B	C	无条件转向指定步,寄存器内容不变;nn=1～99可任意指定
		GIFnn	条件转移	0/1	A	B	A	B	C	S_1为0时,执行下一步;S_1为1时,转nn步
		GOSUBnn	向子程序nn跳转	A	B	C	A	B	C	向子程序nn无条件跳转,nn=1～30可任意指定
		GIF-SUBnn	向子程序nn的条件跳转	0/1	A	B	A	B	C	S_1为0时,执行下一步;S_1为1时,转向子程序nn
		SUBnn	子程序	A	B	C	A	B	C	nn=1～30子程序的开始
		RTN	返回	A	B	C	A	B	C	返回至主程序
		SW	信号切换	0/1	A	B	C或B	C	D	S_1为0时,S_3→S_1;S_1为1时,S_2→S_1
	寄存器移位	CHG	S寄存器交换	A	B	C	B	A	C	交换S_1和S_2寄存器的内容,其余寄存器内容不变
		ROT	S寄存器循环移位	A	B	C	B	C	D	S_2→S_1,S_3→S_2,S_4→S_3,S_5→S_4,S_1→S_5
	控制功能	BSC	基本控制	PV	A	B	控制输出	A	B	基本控制
		CSC	串级控制	PV_2	PV_1	A	控制输出	A	B	串级控制
		SSC	选择控制	PV_2	PV_1	A	控制输出	A	B	选择控制

下面着重讨论控制功能指令。

（1）控制功能指令的基本功能

SLPC 可编程调节器有三种控制功能指令，可以用来组成三种不同类型的控制回路。

① 基本控制指令 BSC：内含一个控制单元 CNT_1，相当于模拟仪表中的一台 PID 控制器。

② 串级控制指令 CSC：内含两个串联的控制单元 CNT_1，CNT_2，可组成串级控制系统。

③ 选择控制指令 SSC：内含两个并联的控制单元 CNT_1，CNT_2 和一个单刀三掷切换开关 CNT_3，可组成选择控制系统。

以上三种控制指令在使用时，每台 SLPC 可编程调节器只能选用其中的一种，且同一应用程序中只能使用一次。图 2-45 为这三种控制指令的示意图。图中 CNT_1，CNT_2，CNT_3 称为控制单元。每种控制单元有不同的控制算法。

控制功能指令是以指令的形式在用户程序中出现，而控制单元所采用的控制算法则是编程时以代码的形式由键盘确定的。CNT_1 有三种控制算法：$CNT_1 = 1$ 为标准 PID 算法；$CNT_1 = 2$ 为采样 PI 算法；$CNT_1 = 3$ 为批量 PID 算法（带间歇开关的 PID）。CNT_2 有两种控制算法：$CNT_2 = 1$ 为标准 PID 算法；$CNT_2 = 2$ 为采样 PI 算法。CNT_3 只有低选和高选之分，$CNT_3 = 0$ 为低值选择；$CNT_3 = 1$ 为高值选择。

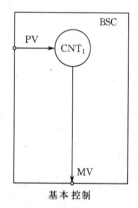 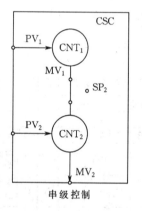 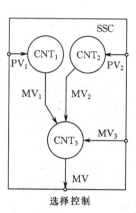

基本控制　　　　　　　串级控制　　　　　　　选择控制

图 2-45　三种控制指令的功能框图

实现基本控制的程序相当简单。以 BSC 指令为例，被控变量接到模拟量输入通道 X_1，实现单回路 PID 控制的程序如下：

LD　X1　　　　　　　读入测量值 X_1

BSC　　　　　　　　　基本控制

ST Y1　　　　　　　　控制输出 MV 送 Y_1

END

（2）控制功能指令的功能扩展

控制功能指令只完成基本的控制运算，为使调节器满足实际使用需要，其功能还必须进行扩展，如提供外给定信号、实现运行方式的无平衡无扰动切换、输入报警或偏差报警、输入和输出补偿等。控制功能指令的功能扩展，是通过 A 寄存器和 FL 寄存器来实现的。

A 寄存器主要用于给定值、输入输出补偿、可变增益等。$A_1 \sim A_{16}$ 分别对应 16 个不同的控制功能，根据需要把适当的信息输入 A_n（$n = 1 \sim 16$），便可实现相应的功能扩展。例如，在需要前馈控制时，可将补偿信号送入 A_4。

FL 寄存器主要用于报警、运行方式切换、运算溢出等。$FL_1 \sim FL_{32}$分别对应 32 个不同的控制功能，根据需要把适当的信息从FL_n（$n = 1 \sim 32$）读出或写入，便可实现相应的功能扩展。例如，对测量值进行上限报警时，将FL_1的信息送给DO_1。

① 基本控制指令 BSC 的功能扩展　BSC 指令中只有一个控制单元CNT_1，它的主要作用是把运算寄存器S_1里的数据与设定值相减，得到偏差，再经过由CNT_1所决定的控制算法运算后，把结果再存入S_1。这是 BSC 指令的基本作用，通过 A 寄存器和 FL 寄存器可以扩展它的功能，其中 A 寄存器可以提供六种功能，FL 寄存器可以提供七种功能。BSC 指令功能扩展后的功能结构图如图 2-46 所示，由图可见，BSC 指令得到以下六个方面的功能扩展。

a. FL_{10}，A_1，A_{12}可以提供外给定信号并实现内、外给定的无扰动切换：当$FL_{10} = 0$ 时，为内给定，由正面板上的 SET 按键改变给定值；$FL_{10} = 1$ 时，由A_1提供外给定信号。内外给定信号都可以存在A_{12}中，供程序调用。

b. FL_9，A_9提供输出跟踪：当$FL_9 = 0$ 时，输出CNT_1的运算结果；$FL_9 = 1$ 时，输出由A_9提供的跟踪信号。

c. FL_{11}决定自动/手动切换：当$FL_{11} = 0$ 时，为手动输出（即"M"工况）；$FL_{11} = 1$时，为自动输出（即"C"或"A"工况，其中"C"是外给定，"A"是内给定）。

d. $FL_1 \sim FL_4$提供输入报警或偏差报警。

e. A_2，A_4分别提供输入和输出补偿：A_2信号加在偏差上；A_4信号加在输出信号上。

f. A_3可以为CNT_1引入可变增益：A_3的数据与CNT_1的比例增益相乘。

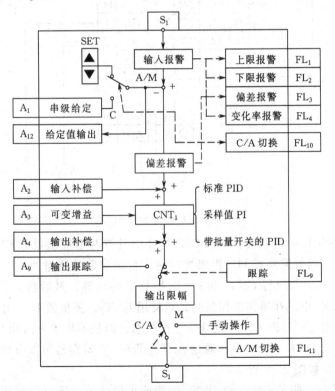

图 2-46　功能扩展后 BSC 指令的功能结构图

通过 BSC 指令的功能扩展，调节器可以具有更多的功能。例如将外给定值由X_2引入A_1，可由调节器外部信号决定其给定值；将补偿信号X_3引入A_4，可实现前馈补偿；将FL_1

和 FL$_2$ 的报警信号送入 DO$_1$ 和 DO$_2$，可进行被控变量的上、下限报警。相应的应用功能图如图 2-47 所示，应用程序如下

LD	X2	读取给定信号
ST	A1	将 X$_2$ 存入 A$_1$
LD	X3	读输出补偿信号
ST	A4	将 X$_3$ 存入 A$_4$
LD	X1	读取测量值 X$_1$
BSC		基本控制运算
ST	Y1	控制输出送 Y$_1$
LD	FL1	读上限报警状态
ST	DO1	上限报警送 DO$_1$
LD	FL2	读下限报警状态
ST	DO2	下限报警送 DO$_2$
END		结束

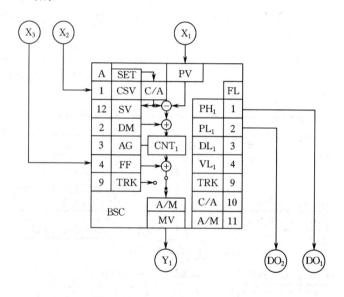

图 2-47　BSC 的功能扩展应用

② 串级控制指令 CSC 的功能扩展　　CSC 指令中具有两个控制单元 CNT$_1$ 和 CNT$_2$，可实现串级控制，也可以单回路控制。串级控制时，将副回路的测量值 PV$_1$ 送入 S$_2$，主回路的测量值 PV$_2$ 送入 S$_1$，并执行 CNT$_1$ 和 CNT$_2$ 所指定的运算，最后将运算结果（即将要输出的 MV 值）存入 S$_1$ 中。在单回路控制时，只使用 CNT$_2$，测量值 PV$_2$ 由 S$_1$ 提供，给定值由侧面板上的键盘给定；这时 CNT$_1$ 也处于工作状态，但是不将输出送到 CNT$_2$。

对两个控制单元 CNT$_1$ 和 CNT$_2$，通过 A 寄存器和 FL 寄存器可以分别提供与 BSC 指令相类似的扩展功能，如图 2-48 所示。

图 2-48 可以看出，除了 CNT$_1$ 和 CNT$_2$ 的功能扩展之外，还可以利用 FL$_{12}$ 实现串级和单回路控制的切换。编程时将 FL$_{12}$ 置于 0 为串级控制，置于 1 为单回路控制。

串级和单回路控制的切换，也可以通过侧面板上的 MODE$_3$ 键改变。MODE$_3$ = 0 为串级，MODE$_3$ = 1 为单回路控制。

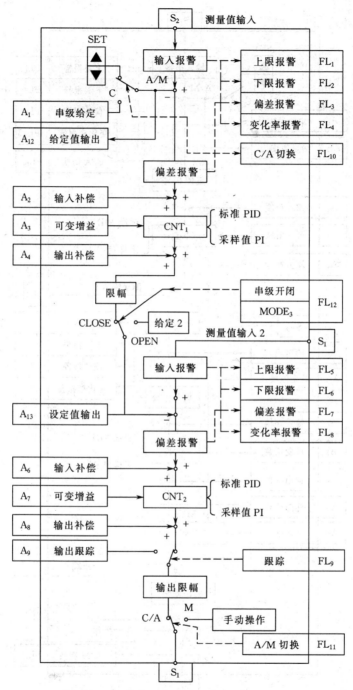

图 2-48　功能扩展后 CSC 指令的功能结构图

上述两种切换方法中，用 FL_{12} 切换的优先权高于 $MODE_3$ 键。也就是说，先用 $MODE_3$ 键确定好的工作方式，可以由 FL_{12} 来更改。但是当 FL_{12} 已经确定了工作方式之后，再用侧面板上的 $MODE_3$ 键切换就无效了。

③ 选择控制指令 SSC 的功能扩展　SSC 指令功能扩展后的功能结构图如图 2-49 所示。

由图 2-49 可以看出，除了与 BSC 指令相类似，由 A 寄存器和 FL 寄存器分别对两个控制单元 CNT_1 和 CNT_2 提供了六个方面的扩展功能之外，还由 A_5 对 CNT_2 提供外给定信号，

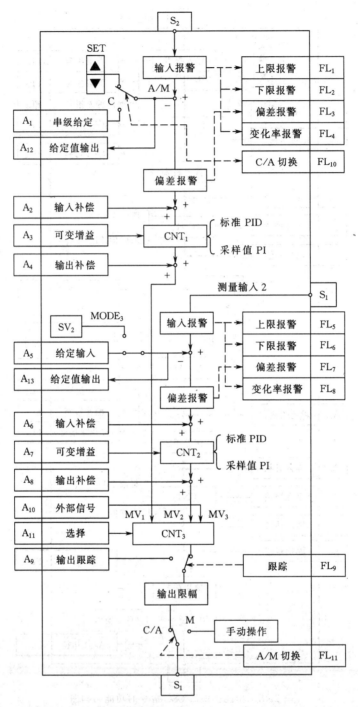

图 2-49　功能扩展后 SSC 指令的功能结构图

A_{10} 提供外部输出信号，A_{11} 提供输出选择信号。

SSC 指令中包括 CNT_1，CNT_2，CNT_3 三个控制单元，它将前两个控制单元的输出和从 A_{10} 来的外部信号送到第三个控制单元 CNT_3。而 CNT_3 的输出又是由 A_{11} 来的选择信号决定的。所以 SSC 模块能实现以下几种选择。

设 $MV_1 = CNT_1$ 的输出，$MV_2 = CNT_2$ 的输出；$MV_3 = A_{10}$。

a. 当 $A_{11} = 0$，且 $CNT_3 = 0$ 时，SSC 的输出 $MV = MV_{min}$，即在 MV_1, MV_2, MV_3 中选最小的值输出，这就叫低选。

b. 当 $A_{11} = 0$，且 $CNT_3 = 1$ 时，SSC 的输出 $MV = MV_{max}$，即在 MV_1, MV_2, MV_3 中选最大的值输出，这就叫高选。

c. 当 $A_{11} = 1$ 时，SSC 的输出 $MV = MV_1$，即只选 CNT_1 作为输出。

d. 当 $A_{11} = 2$ 时，SSC 的输出 $MV = MV_2$，即只选 CNT_2 作为输出。

e. 当 $A_{11} = 3$ 时，SSC 的输出 $MV = MV_3$，即只选 A_{10} 作为输出。

f. 当 $A_{11} = 4$ 时，且 $CNT_3 = 0$ 时，SSC 的输出 $MV = MV_{min}$，即 MV_1, MV_2 中选最小的值输出。

g. 当 $A_{11} = 4$ 时，且 $CNT_3 = 1$ 时，SSC 的输出 $MV = MV_{max}$，即 MV_1, MV_2 中选最大的值输出。

执行 SSC 指令后，调节器就把所选择的输出送入 S_1。

调节器处于自动选择工作状态时，可以通过操作侧面板上的 $MODE_3$ 键，来改变 CNT_2 的设定方式。$MODE_3 = 0$，CNT_2 由 A_5 提供设定值 SV_2；当 $MODE_3 = 1$ 时，则由侧面板上的键盘设定。

在选择控制中未被选用的控制单元处于后备工作状态，为避免积分饱和，后备工作状态的控制单元采用比例控制规律；同时其输出能自动地跟踪处于选中工作状态的控制单元的输出，以便在改变选择方案时能无平衡无扰动地切换。

最后须指出的是，由 B 寄存器还可给上述三种控制功能指令提供其他的扩展功能。B 寄存器主要用于各种参数的设定，如比例度、积分时间、微分时间、测量值上下限报警设定值等的设定。

2.3.2.4. SLPC 可编程调节器的应用

下面通过图 2-50 所示的一个带温压补偿的气体流量控制系统，介绍 SLPC 可编程调节器用户程序的编制步骤和方法。

图 2-50 中气体流量控制采用单回路控制系统，调节器的输出信号经电/气转换器转换为气信号，控制气动调节阀以控制气体流量；气体流量用差压式流量计测量，为提高流量测量的精度，对气体流量进行温度压力补偿；温压补偿后的流量值除了送往调节器之外，还以直流 1～5V 的形式输出，以便指示流量值。已知仪表参数如下

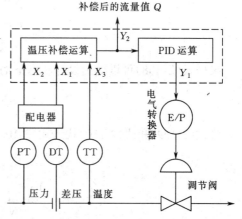

- 孔板设计压力　　　　$p_d = 600\text{kPa}$；
- 孔板设计温度　　　　$t_d = 300℃$；
- 压力变送器量程　　　$0～1000\text{kPa}$；
- 温度变送器量程　　　$0～500℃$；
- 差压变送器量程　　　$0～32\text{kPa}$；
- 流量测量范围　　　　$0～8000\text{Nm}^3/\text{h}$。

图 2-50　带温压补偿的气体流量控制系统

（1）确定调节器应承担的任务

在设计一个控制系统时应首先确定控制方案，在此基础上确定调节器应承担的任务。根

据图 2-50 的控制方案可知，可编程调节器承担 PID 运算和温压补偿运算的任务。

（2）确定控制功能和控制算法

流量控制系统一般采用比例积分控制规律，因此调节器可采用基本控制指令 BSC，控制算法采用 $CNT_1 = 1$ 的标准 PID 算法。

（3）确定温压补偿运算的数学模型

一般气体在温度较高压力较低的情况下，都可看成理想气体。对于理想气体，补偿运算的公式为

$$Q = K \sqrt{\frac{p T_d}{p_d T} \times \Delta p} \tag{2-108}$$

式中　　Q——补偿运算后的体积流量；

　　　Δp——孔板前后差压；

　　　　p——工作状态下气体的绝对压力；

　　　p_d——设计状态下气体的绝对压力；

　　　　T——工作状态下气体的绝对温度；

　　　T_d——设计状态下气体的绝对温度；

　　　　K——流量系数。

（4）数学模型的规格化

式（2-108）所示数学模型是用工艺参数表示的，而单回路可编程调节器是用规格化的信号进行运算，SLPC 里规格化信号为 0～1，因此须将数学模型中的各工艺参数用相应的规格化信号表示。设 p_s，T_s 分别为压力变送器和温度变送器的量程，p_{min}，T_{min} 分别为压力变送器和温度变送器的下限值，Δp_s，Q_s 分别为差压和流量测量范围上限值，X_1，X_2，X_3 和 Y_2 分别为差压信号、压力信号、温度信号和补偿后的流量信号（X，Y 信号范围均为 0～1）。且因差压和流量测量范围下限值均为零，因此有下列关系

$$\Delta p = \Delta p_s X_1$$
$$p = p_s X_2 + p_{min}$$
$$T = T_s X_3 + T_{min}$$
$$Q = Q_s Y_2 \tag{2-109}$$

根据式（2-108）可以得到设计状态下的系数 K 为

$$K = \frac{Q_s}{\sqrt{\Delta p_s}} \tag{2-110}$$

将式（2-109）和式（2-110）代入式（2-108），可得

$$Y_2 = \sqrt{\frac{\dfrac{p_s}{p_d} X_2 + \dfrac{p_{min}}{p_d}}{\dfrac{T_s}{T_d} X_3 + \dfrac{T_{min}}{T_d}} X_1} \tag{2-111}$$

设　　　　$K_1 = \dfrac{p_s}{p_d}$，　　$K_2 = \dfrac{p_{min}}{p_d}$，　　$K_3 = \dfrac{T_s}{T_d}$，　　$K_4 = \dfrac{T_{min}}{T_d}$

因此信号规格化后的温差补偿运算数学模型为

$$Y_2 = \sqrt{\frac{K_1 X_2 + K_2}{K_3 X_3 + K_4} \times X_1} \tag{2-112}$$

代入已知条件可求得 $K_1 = 1.422$；$K_2 = 0.147$；$K_3 = 0.872$；$K_4 = 0.477$，因此最后得到的温差补偿运算的数学模型为

$$Y_2 = \sqrt{\frac{1.422X_2 + 0.147}{0.872X_3 + 0.477} \times X_1} \tag{2-113}$$

（5）列工作清单（worksheet）

一般来说，控制系统原理图、组合功能图都可以称为工作清单。本例中的工作清单就是补偿运算式和控制指令功能图构成的组合功能图，如图 2-51 所示。

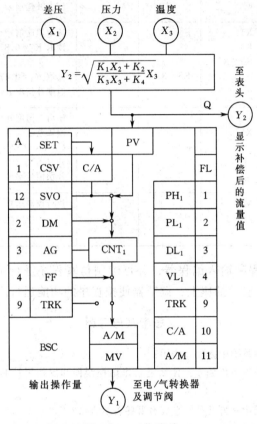

图 2-51　工作清单

（6）填写数据清单（即英文 datasheet）

将输入信号、输出信号、常数及调节器侧面板上以工程量显示的内容填写在表 2-4 中，即为数据清单。

表 2-4　数据清单

数据名		记　事	下　限	上　限	固定常数	数　值	记　　事
模拟输入	X_1	差压/mmH$_2$O	0	3200	K_1	1.422	
	X_2	压力/(kgf/cm^2)	0	10.00	K_2	0.147	
	X_3	温度/℃	0	500.0	K_3	0.872	
模拟输出	Y_1	操作输出(%)	0	100.0	K_4	0.477	
	Y_2	流量/(10Nm^3/h)	0	800.0	—	—	

注：SLPC 可编程调节器仍以 kgf/cm^2 为压力单位进行运算。

77

（7）程序清单

根据图 2-51 工作清单编写用户程序，并填入程序清单中，如表 2-5 所示。

表 2-5　程序清单

步序	程序	S_1	S_2	S_3	说明
1	LD X2	X2			读取压力信号
2	LD K$_{01}$	K1	X2		读取 $K_1 = 1.422$
3	×	K1×X2	X2		
4	LD K$_{02}$	K2	K1×X2		读取 $K_2 = 0.147$
5	+	a			压力补偿项 $a = K_1X_2 + K_2$
6	LD X3	X3	a		读取温度信号
7	LD K03	K3	X3	a	读取 $K_3 = 0.872$
8	×	K3×X3	a		
9	LDK04	K4	K3×X3	a	读取 $K_4 = 0.477$
10	+	b	a		温度补偿项 $b = K_3X_3 + K_4$
11	÷	a/b			压力、温度补偿运算
12	LD X1	X1			读取差压信号
13	×		a/b		$C = (K_1X_2 + K_2) \times X_1/(K_3X_3 + K_4)$
14	√	$\sqrt{C}$			开方运算
15	ST Y2	$\sqrt{C}$			补偿信号输出
16	BSC	MV			执行控制运算
17	ST Y1	MV			
18	END				

最后，将上述用户程序输入编程器，并可编制仿真程序进行试运行，调试无误后写入 EPROM，插到调节器相应的插座上，调节器便按程序的功能运行。

思考题与习题

2-1　控制器在自动控制系统中起什么作用？

2-2　什么是偏差、正偏差和负偏差？什么是正作用控制器和反作用控制器？如何实现控制器的正反作用？

2-3　控制器常用控制规律有哪几种？它们有哪些表示方法？

2-4　控制器输入一个方波信号，分别画出 P，PI，PD 控制器的输出变化过程。如果控制器的输入为随时间线性增加的信号，它们的输出将如何变化？

2-5　何谓比例控制规律、积分控制规律和微分控制规律？它们各有哪些特点？

2-6　何谓比例增益、比例度、积分时间和微分时间？如何测定这些参数？

2-7　某控制器，初始输出 U_o 为 1.5VDC，当 U_i 加入 0.1V 的阶跃输入时（给定值不变），U_o 为 2V，随后 U_o 线性上升，经 5min U_o 为 4.5V，则比例增益、比例度、积分时间和微分时间分别为多少？

2-8　为什么积分控制规律一般不单独使用，而微分控制规律不能单独使用？

2-9　什么是控制点、控制点偏差和控制精度？它们对控制系统的控制效果有何影响？

2-10　说明积分增益和微分增益的物理意义。它们的大小对控制器的输出有什么影响？

2-11　何谓积分饱和？它对控制系统有何影响？如何防止产生积分饱和？

2-12　模拟式 PID 控制器有哪几种构成方式？各有什么特点？

2-13　数字式控制器 PID 运算式有哪几种？各有什么特点？

2-14　控制器一般应具有哪些功能？这些功能是如何实现的？

2-15　模拟控制器如何利用电(气)阻、电(气)容构成的基本环节构成所需的控制规律？

2-16 DDZ-Ⅲ型电动调节器是如何实现 PID 控制规律的？

2-17 基型调节器的输入电路为什么采用偏差差动电平移动电路？它是如何消除导线电阻所引起的误差？

2-18 何谓相互干扰系数？它对控制器参数有什么影响？

2-19 控制系统对自动与手动操作之间的切换有何要求？DDZ-Ⅲ型调节器是如何满足这一要求的？

2-20 DDZ-Ⅱ型电动调节器是如何实现 PID 控制规律的？

2-21 图 2-37 所示电路如何实现微分先行 PID 运算？

2-22 气动控制器是如何实现 PI 控制规律的？

2-23 说明数字式控制器的基本组成、控制器的硬件和软件各包括哪些部分？它是如何让用户实现所需要的功能？

2-24 SLPC 可编程调节器如何保证出故障时调节器仍能起遥控作用？在使用中应注意什么？

2-25 什么是功能模块？SLPC 可编程调节器有哪些功能模块？

2-26 SLPC 可编程调节器如何实现调节器所应具有的功能？

3. 变 送 器

变送器在自动检测和控制系统中的作用，是对各种工艺参数，如温度、压力、流量、液位、成分等物理量进行检测，以供显示、记录或控制之用。无论是由模拟仪表构成的系统，还是由计算机控制装置构成的系统，变送器都是不可缺少的环节，获取精确和可靠的过程参数值是进行控制的基础。

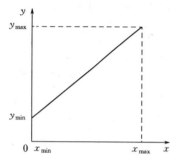

图 3-1 变送器的理想输入输出特性

按照被测参数分类，变送器主要有差压变送器、压力变送器、温度变送器、液位变送器和流量变送器等。

变送器的理想输入输出特性如图 3-1 所示。x_{max} 和 x_{min} 分别为变送器测量范围的上限值和下限值，即被测参数的上限值和下限值，图中，$x_{min} = 0$。y_{max} 和 y_{min} 分别为变送器输出信号的上限值和下限值，对于模拟式变送器，y_{max} 和 y_{min} 即为统一标准信号的上限值和下限值；对于智能式变送器，y_{max} 和 y_{min} 即为输出的数字信号范围的上限值和下限值。

由图 3-1 可得出变送器的输出一般表达式为

$$y = \frac{x}{x_{max} - x_{min}}(y_{max} - y_{min}) + y_{min}$$

式中　x——变送器的输入信号；

　　　y——相对应于 x 时变送器的输出。

本章在讨论变送器的构成原理和共同性问题之后，介绍使用最为广泛的差压变送器和温度变送器。

3.1. 概述

3.1.1. 变送器的构成原理

3.1.1.1. 模拟式变送器的构成原理

模拟式变送器完全由模拟元器件构成，它将输入的各种被测参数转换成统一标准信号，其性能也完全取决于所采用的硬件。从构成原理来看，模拟式变送器由测量部分、放大器和反馈部分三部分组成，如图 3-2 所示。在放大器的输入端还加有调零与零点迁移信号 z_0，z_0

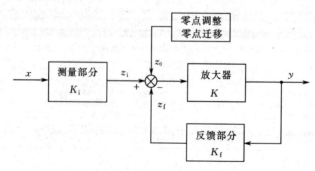

图 3-2 模拟式变送器的构成原理图

由零点调整(简称调零)和零点迁移(简称零迁)环节产生。

测量部分中包含检测元件，它的作用是检测被测参数 x，并将其转换成放大器可以接受的信号 z_i，z_i 可以是电压、电流、位移和作用力等信号，由变送器的类型决定；反馈部分把变送器的输出信号 y 转换成反馈信号 z_f；在放大器的输入端，z_i 与调零及零点迁移信号 z_0 的代数和同 z_f 进行比较，其差值 ε 由放大器进行放大，并转换成统一标准信号 y 输出。

由图 3-2 可以求得整个变送器的输入输出关系为

$$y = \frac{K}{1 + KK_f}(K_i x + z_0) \tag{3-1}$$

式中　　K_i——测量部分的转换系数；

　　　　K——放大器的放大系数；

　　　　K_f——反馈部分的反馈系数。

式(3-1)可以改写为如下形式

$$y = \frac{K_i x K}{1 + KK_f} + \frac{z_0 K}{1 + KK_f} \tag{3-2}$$

式(3-2)中第一项 $\dfrac{K_i x K}{1 + KK_f}$ 对应于图 3-2 的特性直线部分；第二项 $\dfrac{z_0 K}{1 + KK_f}$（调零项）影响特性直线的起点 y_{min} 的数值。值得指出的是，对于输出信号范围为 $4\sim20\text{mADC}$ 的变送器，y_{min} 的数值由调零项和放大器内电子器件的工作电流共同决定。

当满足 $KK_f \gg 1$ 的条件时，由式（3-2）可得

$$y = \frac{K_i}{K_f}x + \frac{z_0}{K_f} \tag{3-3}$$

式(3-3)表明，在满足 $KK_f \gg 1$ 的条件时，变送器的输出与输入关系仅取决于测量部分的特性和反馈部分的特性，而与放大器的特性几乎无关。如果测量部分的转换系数 K_i 和反馈部分的反馈系数 K_f 是常数，则变送器的输出与输入具有如图 3-1 所示的线性关系。

式(3-1)和式(3-3)是对变送器特性进行分析的主要依据。式（3-1）可以用于对变送器特性的深入研究，如考察放大器放大系数 K 对整机特性的影响等；而式（3-3）直观的体现了变送器输出与输入之间的静态关系，实际应用中较方便。

在小型电子式模拟变送器中，反馈部分往往仅由几个电阻和电位器构成，因此常把反馈部分和放大器合在一起作为一个负反馈放大部分看待；或者将反馈部分和放大器合做在一块芯片内，这样变送器即可看成由测量部分和负反馈放大器两部分组成。另外，调零和零点迁移环节也常常合并在放大器中。

3.1.1.2. 智能式变送器的构成原理

智能式变送器由以微处理器(CPU)为核心构成的硬件电路和由系统程序、功能模块构成的软件两大部分组成。

（1）智能式变送器的硬件构成

通常，智能式变送器的构成框图如图 3-3(a)所示；采用 HART 协议通信方式的智能式变送器的构成框图，如图 3-3(b)所示。所谓 HART 协议通信方式；是指在一条电缆中同时传输 $4\sim20\text{mADC}$ 电流信号和数字信号，这种类型的信号称为 FSK 信号。

由图 3-3 可以看出，智能式变送器主要包括传感器组件、A/D 转换器、微处理器、存储器和通信电路等部分；采用 HART 协议通信方式的智能式变送器还包括 D/A 转换器。传感

器组件通常由传感器和信号调理电路组成，信号调理电路用于对传感器的输出信号进行处理，并转换成 A/D 转换器所能接受的信号。

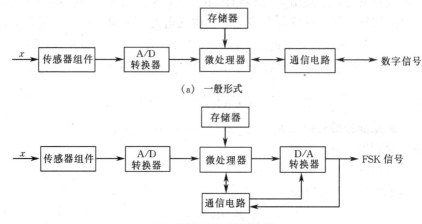

（a）一般形式

（b）采用 HART 协议通信方式

图 3-3　智能式变送器的构成框图

　　被测参数 x 经传感器组件，由 A/D 转换器转换成数字信号送入微处理器，进行数据处理。存储器中除存放系统程序、功能模块和数据外，还存有传感器特性、变送器的输入输出特性以及变送器的识别数据，以用于变送器在信号转换时的各种补偿，以及零点调整和量程调整。智能式变送器通过通信电路挂接在控制系统网络通信电缆上，与网络中其他各种智能化的现场控制设备或上位计算机进行通信，传送测量结果信号或变送器本身的各种参数，网络中其他各种智能化的现场控制设备或上位计算机也可对变送器进行远程调整和参数设定。

　　采用 HART 协议通信方式的智能式变送器，微处理器将数据处理之后，再传送给 D/A 转换器转换为 4～20mADC 信号输出，如图 3-3(b)所示。D/A 转换器还将通信电路送来的数字信号叠加在 4～20mA 直流信号上输出。通信电路对 4～20mA 直流电流回路进行监测，将其中叠加的数字信号转换成二进制数字信号后，再传送给微处理器。

　　智能式变送器的核心是微处理器。微处理器可以实现对检测信号的线性化处理、量程调整、零点调整、数据转换、仪表自检以及数据通信，同时还控制 A/D 和 D/A 转换器的运行，实现模拟信号和数字信号的转换。由于微处理器具有较强的数据处理功能，因此智能式变送器可使用单一传感器以实现常规的单参数测量；也可使用复合传感器以实现多种传感器检测的信息融合；还可使得一台变送器能够配接不同的传感器。

　　通常，智能式变送器还配置有手持终端(外部数据设定器或组态器)，用于对变送器参数进行设定，如设定变送器的型号、量程调整、零点调整、输入信号选择、输出信号选择、工程单位选择和阻尼时间常数设定以及自诊断等。

　　(2) 智能式变送器的软件构成

　　智能式变送器的软件分为系统程序和功能模块两大部分。系统程序对变送器硬件的各部分电路进行管理，并使变送器能完成最基本的功能，如模拟信号和数字信号的转换、数据通信、变送器自检等；功能模块提供了各种功能，供用户组态时调用以实现用户所要求的功能。智能式变送器提供的功能模块主要有：

　　•资源模块　包含与资源相关的硬件数据，控制其他功能模块的工作状态；

　　•变量转换　将输入/输出变量转换成相应的工程量；

- 模拟输入　对传感器进行选择、滤波、平方根、小信号切除及去掉尾数等功能；
- 量程自动切换　自动切换量程，以提高测量精度；
- 非线性校正　用于校正传感器的非线性误差；
- 温度误差校正　消除变送器由环境温度或工作介质温度变化而引起的误差；
- 阻尼时间设定；
- 显示转换　用于组态液晶显示上的过程变量；
- PID 控制功能　包含多种控制功能，如 PID 算法、设定值及变化率范围调整、测量值滤波及报警、前馈、输出跟踪等；
- 运算功能　提供预设公式，可进行各种计算；
- 报警　可具有动态或静态报警限位、优先级选择、暂时性报警限位、扩展阶跃设定点和报警限位或报警检查延迟等功能。

以上为智能式变送器所包含的一些基本功能。不同的变送器，其具体用途和硬件结构不同，因而它们所包含的功能在内容和数量上是有差异的。

用户可以通过上位管理计算机或挂接在现场总线通信电缆上的手持式组态器，对变送器进行远程组态，调用或删除功能模块；也可以使用专用的编程工具对变送器进行本地调整。

不同厂家或不同品种的变送器，其硬件和软件部分的系统结构大致相同，主要的区别在于器件类型、电路形式、程序编码和软件功能等方面。

3.1.2. 变送器的共性问题

变送器在使用之前，须进行量程调整和零点调整。

3.1.2.1. 量程调整

量程调整的目的，是使变送器的输出信号上限值 y_{max} 与测量范围的上限值 x_{max} 相对应。图 3-4 为变送器量程调整前后的输入输出特性。由该图可见，量程调整相当于改变变送器的输入输出特性的斜率，也就是改变变送器输出信号 y 与输入信号 x 之间的比例系数。

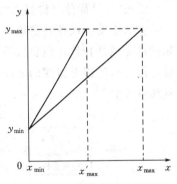

图 3-4　变送器量程调整前后的输入输出特性

实现量程调整的方法，对于模拟式变送器，通常是改变反馈部分的反馈系数 K_f，K_f 越大，量程越大；反之 K_f 越小，量程越小。有些模拟式变送器还可以通过改变测量部分转换系数 K_i 来调整量程。对于数字式变送器，量程调整一般是通过组态实现的。

3.1.2.2. 零点调整和零点迁移

零点调整和零点迁移的目的，都是使变送器的输出信号下限值 y_{min} 与测量范围的下限值 x_{min} 相对应，在 $x_{min}=0$ 时，称为零点调整，在 $x_{min} \neq 0$ 时，称为零点迁移。也就是说，零点调整使变送器的测量起始点为零，而零点迁移是把测量的起始点由零迁移到某一数值(正值或负值)。当测量的起始点由零变为某一正值，称为正迁移；反之，当测量的起始点由零变为某一负值，称为负迁移。图 3-5 为变送器零点迁移前后的输入输出特性。

由图 3-5 可以看出，零点迁移以后，变送器的输入输出特性沿 x 坐标向右或向左平移了一段距离，其斜率并没有改变，即变送器的量程不变。

进行零点迁移，再辅以量程调整，可以提高仪表的测量精度。

零点调整的调整量通常比较小，而零点迁移的调整量比较大，可达量程的一倍或数倍。

各种变送器对其零点迁移的范围都有明确规定。

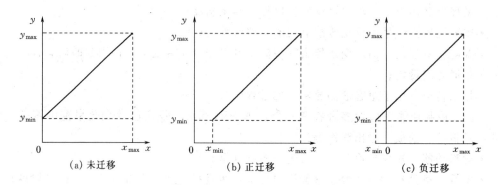

图 3-5　变送器零点迁移前后的输入输出特性

零点调整和零点迁移的方法，对于模拟式变送器，是通过改变加在放大器输入端上的调零信号 z_0 的大小来实现，参见图 3-1；对于智能式变送器，也是通过组态来完成的。

3.1.2.3. 线性化

变送器在使用时，总是希望其输出信号与被测参数之间成线性关系，但由于传感器组件的输出信号与被测参数之间往往存在着非线性关系，因此，为了使变送器的输出信号 y 与被测参数 x 之间呈线性关系，必须进行非线性补偿。

对于模拟式变送器，非线性补偿方法通常有两种，如图 3-6 所示：

① 使反馈部分与传感器组件具有相同的非线性特性；

② 使测量部分与传感器组件具有相反的非线性特性。

方法①的非线性补偿原理如图 3-6(a)所示。由图可见，由于反馈部分与传感器组件具有相同的非线性特性，而负反馈放大器的特性是反馈部分特性的倒特性，因此负反馈放大器的特性刚好与传感器组件的非线性关系相反，结果使得变送器输出信号 y 与输入信号 x 之间呈线性关系。

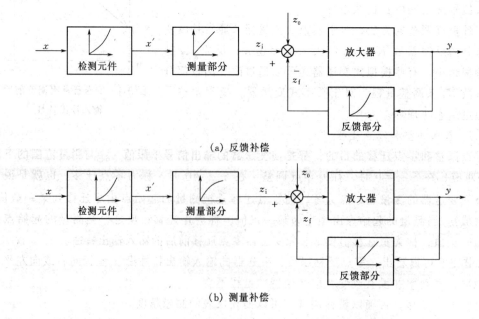

图 3-6　非线性补偿原理

方法②的非线性补偿原理如图 3-6(b)所示。由图可见，由于测量部分与传感器组件具有相反的非线性特性，刚好补偿了传感器组件的非线性，因此输入放大器的信号特性是线性的，只要负反馈放大器的特性是线性的，则变送器输出信号 y 与输入信号 x 之间呈线性关系。

对于智能式变送器来说，只要预先将传感器的特性储存在变送器的 EPROM 中，通过软件是很容易实现非线性补偿的。

3.1.2.4. 变送器信号传输方式

通常，变送器安装在现场，它的气源或电源从控制室送来，而输出信号传送到控制室。气动变送器用两根气动管线分别传送气源和输出信号。电动模拟式变送器采用二线制或四线制传输电源和输出信号。智能式变送器采用双向全数字量传输信号，即现场总线通信方式；目前广泛采用一种过渡方式，即在一条通信电缆中同时传输 4～20mADC 电流信号和数字信号，这种方式称为 HART 协议通信方式。智能式变送器的电源也由通信电缆传输。

（1）二线制和四线制传输

电动模拟式变送器的二线制与四线制传输电源和输出信号方式如图 3-7 所示。图 3-7(a) 为二线制传输方式，这种方式中，电源、负载电阻 R_L 和变送器是串联的，即二根导线同时传送变送器所需的电源和输出电流信号，这类变送器称为二线制变送器，目前大多数变送器均为二线制变送器。图 3-7(b)为四线制传输方式，这种方式中，电源和负载电阻 R_L 是分别与变送器相连的，即供电电源和输出信号分别用二根导线传输，这类变送器称为四线制变送器。

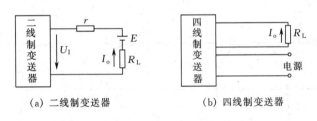

(a) 二线制变送器　　　　　(b) 四线制变送器

图 3-7　变送器的电源和输出信号传输方式

二线制变送器同四线制变送器相比，具有节省连接电缆、有利于安全防爆和抗干扰等优点，从而大大降低安装费用，减少自控系统投资。但二线制变送器，必须满足如下三个条件。

① 变送器的正常工作电流 I 必须等于或小于变送器输出电流的最小值 I_{omin}。

$$I \leqslant I_{omin} \tag{3-4}$$

通常，二线制变送器的输出电流下限值为 4mADC，在此条件下，变送器须能够正常工作。但对于输出电流为 0～10mADC 的变送器，若也采用二线制，则在输出电流为零时，变送器的工作电流也为零。显然，凡输出电流采用 0～10mADC 的仪表是不能采用二线制的。

② 在下列电压条件下，变送器能保持正常工作。

$$U_T \leqslant E_{min} - I_{omax}(R_{Lmax} + r) \tag{3-5}$$

式中　U_T——变送器输出端电压；

E_{min}——电源电压的最小值；

I_{omax}——输出电流的上限值，$I_{omax} = 20\text{mA}$；

R_{Lmax}——变送器的最大负载电阻值；

r——连接导线的电阻值。

由图 3-7(a)可以看出，变送器的输出端电压值 U_T 等于电源电压值和输出电流在负载电阻 R_L 及传输导线电阻 r 上的压降之差，为保证变送器的正常工作，输出端电压值只允许在限定范围之内变化。如果负载电阻要增加，电源电压就需增大。

③ 变送器的最小有效功率 P 为

$$P < I_{omin}(E_{min} - I_{omin}R_{Lmax}) \tag{3-6}$$

（2）HART 协议通信方式

① HART 通信协议介绍　HART（Highway Addressable Remote Transducer）通信协议是数字式仪表实现数字通信的一种协议，具有 HART 通信协议的变送器可以在一条电缆上同时传输 4～20mADC 的模拟信号和数字信号。

HART 通信协议是依照国际标准化组织（ISO）的开放式系统互连（OSI）参考模型，简化并引用其中三层：物理层、数据链路层和应用层而制定的。

a. 物理层　规定了信号的传输方法和传输介质。HART 信号传输是基于 Bell202 通信标准，采用频移键控（FSK）方法，在 4～20mADC 基础上叠加幅度为 ±0.5mA 的不同频率的正弦调制波作为数字信号，1200Hz 频率代表逻辑"1"，2200Hz 代表逻辑"0"。这种类型的数字信号通常称为 FSK 信号，如图 3-8 所示，其传送速率为 1200bit/s。由于数字 FSK 信号相位连续，其平均值为零，故不会影响 4～20mADC 的模拟信号。传输介质为电缆线，通常单芯带屏蔽双绞电缆距离可达 3000m，多芯带屏蔽双绞电缆可达 1500m，短距离可使用非屏蔽电缆。

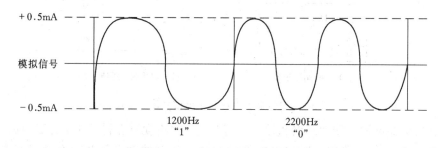

图 3-8　HART 数字通信信号

b. 数据链路层　规定了数据帧的格式和数据通信规程。数据帧的基本格式如图 3-9 所示，它由链路同步信息、寻址信息、用户信息及校验和组成，其中，定界符定义了帧的类型和寻址格式。地址有短格式和长格式两种，前者地址长度为一个字节，地址范围为 0～15，即在总线上最多只能挂 15 台变送器；长格式地址长度为五个字节共 40 位，后 38 位中 6 位为仪表制造厂商标识代号，8 位为仪表类型代码，24 位为仪表序列号，前 2 位分别为主站编号和变送器阵发允许。使用长格式地址寻址，理论上在总线上所挂变送器的数量可以不受限制，可根据通信扫描频率、传输介质、功耗等决定。响应码在变送器向主设备通信时才有，它表示数据通信状态和变送器工作状态。

链路同步码	定界符	地址	命令号	字节长度	响应码	数据字节	校验和

图 3-9　数据帧的基本格式

HART 协议按主/从方式通信，这意味着只有在主站呼叫时，现场设备(从站)才传送信息。在一个 HART 网络中，允许有主、副两个主站，并可以与一个从设备通信。为主的主站可以是 DCS、PLC、基于计算机的控制或监测系统，副主站可以是手持终端，手持终端几乎可以连接在网络任何地方，在不影响主站通信的情况下与任何一个现场设备通信。HART 协议可以有三种不同的通信模式：

ⓐ点对点模式　同时在一条电缆上传输 4～20mADC 的模拟信号和数字信号，这是最常用的模式；

ⓑ多点模式　一条电缆连接多个现场设备，这是全数字通信模式；

ⓒ阵发模式　允许总线上单一的从站自动、连续地发送一个标准的 HART 响应信息。

c. 应用层　规定了通信命令的内容。HART 通信基于命令，也就是说主站发布命令，从站做出响应。通信命令有三种类型：

ⓐ通用命令　适用于所有符合 HART 协议的现场仪表，包括制造厂商和仪表类型、变量值和单位、阻尼时间、系列号和极限等；

ⓑ通用操作命令　适用于大部分符合 HART 协议的现场仪表，包括读变量、改变上限(下限)值、调零和调量程、仪表自检等；

ⓒ特殊命令　各制造厂的产品自己所特有的命令，用于对仪表中的专门参数或仪表的特有功能进行自由定义，如开始、结束或清累积，读写校正系数、使能 PID，改变给定值等。

通用命令和通用操作命令使得符合 HART 通信协议的仪表之间可互操作。

② HART 协议通信方式的实现方法　HART 协议通信方式由微处理器、数模转换器 AD421、HART 通信模块、波形整形电路和带通滤波器组成的电路实现，其原理框图如图 3-10 所示。微处理器输出的与被测参数成比例的数字信号，经 AD421 转换为 4～20mA 直流信号输出，同时微处理器将需进行数字通信的二进制数字信号由串行口的发送端 RX 输出至 HART 通信模块调制为 FSK 信号，再经波形整形电路送至 AD421 叠加到 4～20mA 直流信号上；而由其他仪表(如手持通信器)或上位机加载在 4～20mA 直流信号上的 FSK 信号，经带通滤波器送至 HART 通信模块解调为二进制的数字信号，送至微处理器串行口的接收端 TX。

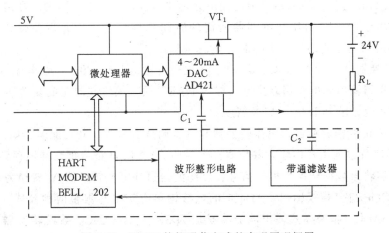

图 3-10　HART 协议通信方式的实现原理框图

输出波形整形电路是为了使得输出信号波形的上升沿/下降沿的时间满足 HART 物理层规范要求，较平缓的上升沿/下降沿的时间可以降低加载到传输线上的杂散频率和谐波，以免造成干扰。带通滤波器具有只能通过某一频段的信号，而将此频段两端以外的信号加以抑制或衰减的特性，用于抑制接收信号中的感应噪声，其频宽（通过频段的宽度）大约为 1200～2200Hz。下面着重介绍 HART 模块和数模转换器 AD421。

a. HART 通信模块　HART 通信模块的作用是实现二进制的数字信号与 FSK 信号之间的相互转换，常用的是 HT2012 芯片。HT2012 主要包括调制器、解调器、载波监测电路和时基电路，其功能框图如图 3-11 所示。

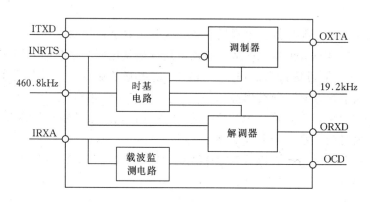

图 3-11　HT2012 功能框图

调制器用于将由 ITXD 引脚输入的二进制数字信号调制成 FSK 信号，由 OXTA 端子输出。解调器用于将 IRXA 引脚输入的 FSK 信号解调成二进制数字信号，由 ORXD 端子输出。调制器与解调器的工作受 INRTS 端子输入的电平控制，当 INRTS 端子输入为低电平"0"时，调制器工作，解调器输出不定；而当 INRTS 端子输入为高电平"1"时，解调器工作，调制器输出呈高阻状态。INRTS 端子通常与微处理器的 IO 口相连，即调制器与解调器的工作由微处理器控制。这也表明，HART 通信是半双工方式的。

载波监测电路用于检测 4～20mA 直流信号中是否叠加有数字信号，其检测频率范围为 1000～2575Hz，覆盖了 1200Hz 和 2200Hz 的 FSK 信号。当存在数字信号时，载波监测电路的输出 OCD 端子为低电平，而不存在数字信号时，OCD 端子为高电平。OCD 端子通常也与微处理器的 IO 口相连，即检测结果传送到微处理器，以便变送器侦听网络和启动接收。

时基电路用于产生调制器和解调器所需的时间基准信号，为此需要输入时钟脉冲为 460.8kHz。同时时基电路还提供 19.2kHz 的脉冲输出。

b. 数模转换器 AD421　AD421 是一种 16 位串行输入、4～20mADC 电流输出的数模转换器，它由变送器输出的电流回路供电，能与 HART 通信模块共同完成变送器的数字通信，外加通信电路不会影响其 D/A 的转换精度。

AD421 主要由数模转换器、电流转换器和电压调整器组成，其功能框图如图 3-12 所示。

CPU 来的串行数据由片内输入移位寄存器接收，LATCH 信号把数据锁存到锁存寄存器中，数模转换器将该数据转换为模拟信号，经滤波器送到电流转换器 A_1 转换为 4～20mADC 的电流，由 LOOPRTN 端子输出。AD421 的电流输出有正常与报警两种模式。正常模式对应输出 4～20mADC，报警模式输出电流将扩展为 3.5～24mADC。数模转换器采用 $\sum$-Δ 转换技术，实现 16 位的高精度模数，其非线性误差小于 ±0.01%。

电压调整器由一个运放、能隙基准和外接耗尽型场效应管（即图 3-10 中的 VT_1）构成。

电压调整器从电流回路中获取电流，并给 AD421 及其他器件提供工作电流。改变 LV

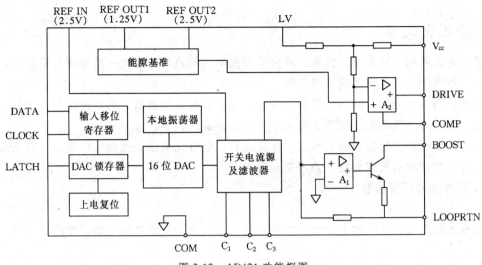

图 3-12　AD421 功能框图

端子的连接方式可以改变放大器 A_2 的增益，从而可以改变 V_{cc} 端子的电压。当 LV 接 COM 时，V_{cc} 为 5V；当 LV 接 V_{cc} 时，V_{cc} 为 3V；当 LV 通过 0 .01μF 电容接到 V_{cc} 时，V_{cc} 为 3.3V。能隙基准还可为其他器件提供 + 1.25V，+ 2.5V 基准电源。

c．现场总线通信方式　现场总线是连接智能现场设备和自动化系统的数字式、双向传输、多分支结构的通信网络。智能式变送器属于智能现场设备，它可以挂接在现场总线的通信电缆上，与其他各种智能化的现场控制设备以及上层管理控制计算机实现双向信息通信。

现场总线的国际标准由 8 种类型现场总线组成，各种类型现场总线的通信协议尽管不同的，但都是由物理层、数据链路层和应用层以及通信媒体共同构成，有关现场总线国际标准将在第 9 章中介绍，下面仅简要介绍现场总线通信方式的实现方法。

现场总线通信方式由微处理器 CPU、通信控制单元和媒体访问单元 MPU 组成的电路实现，其原理框图如图 3-13 所示。

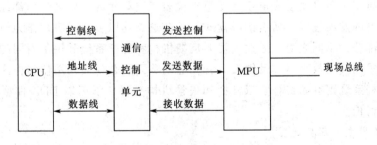

图 3-13　现场总线通信方式的实现原理框图

微处理器 CPU 实现数据链路层和应用层的功能。

通信控制单元实现物理层的功能，完成信息帧的编码和解码、帧校验、数据的发送与接收。通信控制单元的性能主要取决于所采用的通信控制芯片，目前常用的芯片有 Ship Star 公司的 FCHIP-1、富士公司的 Frontier-1、Smar 公司的 FB2050、FB3050 等。

媒体访问单元 MPU 的主要功能是发送与接收符合现场总线规范的信号，包括对通信控制单元传送来的信号频带进行限制、向总线上发送耦合信号波形、接收总线上耦合的信号波形、对接收波形的滤波和预处理等，其具有功能根据所采用的通信控制芯片的不同将略有差异。

3.2. 差压变送器

差压变送器用来将差压、流量、液位等被测参数转换为标准统一信号或数字信号，以实现对这些参数的显示、记录或自动控制。

按照检测元件分类，差压变送器主要有：膜盒式差压变送器、电容式差压变送器、扩散硅式差压变送器、振弦式差压变送器和电感式差压变送器等。

本节着重讨论广泛使用的膜盒式差压变送器、电容式差压变送器和扩散硅式差压变送器以及具有广阔使用前景的智能式差压变送器。

3.2.1. 膜盒式差压变送器

3.2.1.1. 概述

膜盒式差压变送器由测量部分、杠杆系统、放大器和反馈机构组成，如图 3-14 所示。

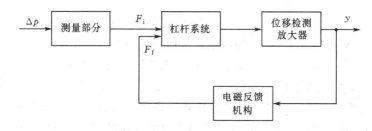

图 3-14　膜盒式差压变送器构成框图

膜盒式差压变送器是基于力矩平衡原理工作的。被测差压信号 Δp 经测量部分转换成相应的输入力 F_i，F_i 与反馈机构输出的反馈力 F_f 一起作用于杠杆系统，使杠杆产生微小的位移，再经放大器转换成标准统一信号输出。当输入力与反馈力对杠杆系统所产生的力矩 M_i 与 M_f 达到平衡时，杠杆系统便达到稳定状态，此时变送器的输出信号 y 反映了被测差压 Δp 的大小。变送器输出信号 y 根据仪表品种，可以是直流电流信号，也可以是气压信号。

膜盒式差压变送器是气动和电动单元组合仪表变送单元的主要品种，都经历了从Ⅰ型到Ⅱ型、再到Ⅲ型的发展过程。所有的膜盒式差压变送器均以膜盒或膜片作为检测元件，并具有相同的测量部分，不同之处在于放大器、反馈机构和杠杆系统采用了不同的零部件。气动单元组合仪表采用气动放大器和反馈波纹管，电动单元组合仪表采用位移检测放大器和电磁反馈装置。杠杆系统则有单杠杆、双杠杆和矢量机构三种。下面以 DDZ-Ⅲ型膜盒式差压变送器为例进行讨论。

3.2.1.2. DDZ-Ⅲ型差压变送器

DDZ-Ⅲ型差压变送器是两线制变送器，其结构示意图如图 3-15 所示。

被测差压信号 Δp 为 p_1 与 p_2 之差，即 $\Delta p = p_1 - p_2$。p_1，p_2 分别引入检测元件 3 的两侧，检测元件将其转换成作用于主杠杆 5 下端的输入力 F_i，使主杠杆以轴封膜片 4 为支点而偏转，并以力 F_1 沿水平方向推动矢量机构 8。矢量机构 8 将推力 F_1 分解成 F_2 和 F_3，F_2 使矢量机构的推板向上偏转，并通过连接簧片带动副杠杆 14 以支点 M 逆时针偏转，这使固定在副杠杆上的差动变压器 13 的衔铁12(位移检测片)靠近差动变压器 13，两者之间距离的变化量再通过低频位移检测放大器 15 转换为 $4\sim20\text{mA}$ 的直流电流 I_o，作为变送器的输出信号;同时，该电流又流过电磁反馈装置的反馈动圈 16，产生电磁反馈力 F_f，使副杠杆顺时针偏转。当输入力 F_i 与反馈力 F_f 对杠杆系统所产生的力矩 M_i 与 M_f 达到平衡时,变送器便达到一个新的稳定状态。此时,低频位移检测放大器的输出电流 I_o 反映了所测差压 Δp 的大小。

调零弹簧 20 和零点迁移弹簧 9 分别用于零点调整和零点迁移调整。平衡锤 10 使副杠杆的重心与其支点相重合,从而提高了变送器的可靠性和稳定性。

下面按照第 1 章介绍的分析方法,先对各组成部分进行分析,再综合整机特性。

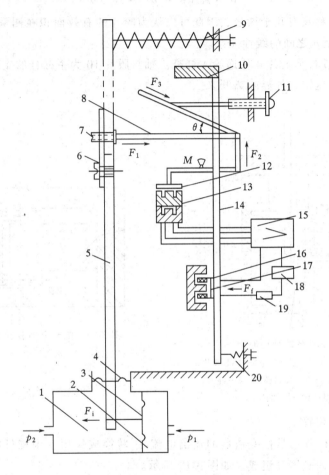

图 3-15　DDZ-Ⅲ型膜盒差压变送器结构示意图

1—低压室;2—高压室;3—检测元件;4—轴封膜片;5—主杠杆;6—过载保护簧片;7—静压调整螺钉;
8—矢量机构;9—零点迁移弹簧;10—平衡锤;11—量程调整螺钉;12—衔铁(位移检测片);13—差动变
压器;14—副杠杆;15—放大器;16—反馈动圈;17—永久磁钢;18—电源;19—负载;20—调零弹簧

(1) 测量部分

测量部分的作用,是把被测差压 Δp 转换成作用于主杠杆下端的输入力 F_i。它由正、负压室、检测元件(膜盒或膜片)、轴封膜片以及连接检测元件与主杠杆的 C 形簧片等部分组成。测量部分的结构如图 3-16 所示。

除了微差压变送器因测量力较小而采用金属或橡胶膜片外,低、中、高差压变送器均采用膜盒作为检测元件。膜盒是由两块金属膜片 7 用滚焊分别焊接在硬芯 6 和基座 2 上而组成。膜盒内充有硅油,起传递压力、单向过载保护以及阻尼作用。

当被测差压 p_1,p_2 引入正、负压室作用于膜盒两侧时,膜盒将感测到的差压转换成相

应的输入力 F_i，它们之间的关系可用下式表示(忽略膜片刚度)：

$$F_i = p_1 A_1 - p_2 A_2$$

式中　F_i——输入力；

A_1, A_2——膜盒正、负压室膜片的有效面积。

制造时，经严格选配使 $A_1 = A_2 = A_d$，故

$$F_i = A_d(p_1 - p_2) = A_d \Delta p \tag{3-7}$$

因膜片工作位移只有几十微米，因此可以认为膜片的有效面积在测量范围内保持不变，这就保证了 F_i 与 Δp 之间的线性关系。

输入力 F_i 通过 C 形簧片 4 传递给主杠杆。轴封膜片 10 为主杠杆的支点，同时它又起密封作用，把正、负压室与外界隔离开来。

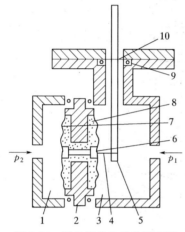

图 3-16　测量部分的结构原理图

1—负压室；2—基座；3—正压室；4—C 形簧片；

5—主杠杆；6—硬芯；7—金属膜片；8—硅油；

9—密封圈；10—轴封膜片；

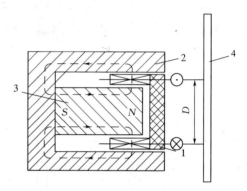

图 3-17　电磁反馈装置的结构原理图

1—反馈动圈；2—永久磁钢；3—软铁心；4—副杠杆

(2) 电磁反馈装置

电磁反馈装置的作用是把变送器的输出电流 I_o 转换成作用于副杠杆的电磁反馈力 F_f，它由反馈动圈和永久磁钢等组成，如图 3-17 所示。

反馈动圈 1 固定在副杠杆 4 上，并且处于永久磁钢 2 的磁场中，可在其中左右移动。软铁心 3 和永久磁钢 2 组成磁路。软铁心使环形气隙中形成均匀的辐射磁场，从而使流过反馈动圈的电流方向总是与磁场方向垂直。当变送器的输出电流过反馈动圈时，就会产生电磁反馈力 F_f。F_f 与变送器输出电流 I_o 之间的关系为

$$F_f = \pi B D_c W I_o$$

设　　　　　　　　　　　　　$$K_f = \pi B D_c W$$

则　　　　　　　　　　　　　$$F_f = K_f I_o \tag{3-8}$$

式中　K_f——电磁反馈装置的转换系数；

　　　B——永久磁钢的磁感应强度；

　　　D_c——反馈动圈的平均直径；

　　　W——反馈动圈的匝数。

92

式(3-8)表明，改变反馈动圈的匝数，可以改变电磁反馈装置的转换系数 K_f 的大小。变送器中反馈动圈由 W_1 和 W_2 两部分组成，W_1 为 725 匝，W_2 为 1450 匝，其连接线路见图 3-18。图中，R_{11} 和 W_2 的直流电阻相等。在将 W_1 和 R_{11} 串接，即 1-3 短接、2-4 短接时，反馈动圈的匝数 $W = W_1 = 725$ 匝；在将 W_1 和 W_2 串联使用，即 1-2 短接时，反馈动圈的匝数 $W = W_1 + W_2 = 2175$ 匝。因为 $(W_1 + W_2)/W_1 = 3$，所以改变反馈动圈匝数，可以较大幅度地改变电磁反馈装置的转换系数 K_f 的大小，即可实现 3∶1 的量程调整。

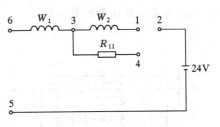

图 3-18　反馈动圈连接线路图

（3）放大器

放大器采用低频位移检测放大器，它实质上是一个位移/电流转换器，把副杠杆上位移检测片（衔铁）的微小位移 S 转换成 4～20mA 的直流输出电流。

低频位移检测放大器由差动变压器、低频振荡器、整流滤波电路及功率放大器所组成，其原理线路图如图 3-19 所示，图 3-20 为其构成方框图。

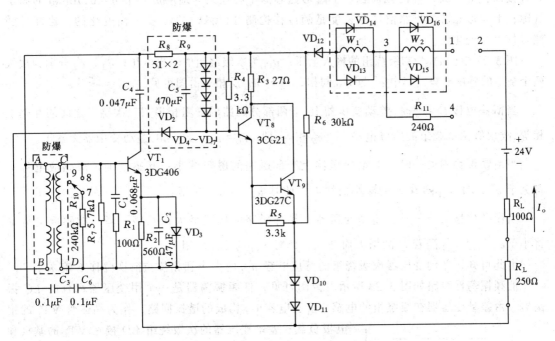

图 3-19　低频位移检测放大器原理线路图

图 3-20　低频位移检测放大器构成方框图

① 低频振荡器　差动变压器的作用是将位移检测片（衔铁）的位移 S 转换成相应的电压信号 u_{AB}，它由差动变压器和晶体管 VT_1 以及电阻、电容构成，参见图 3-19。

下面先分析差动变压器。

差动变压器由位移检测片（衔铁）、上、下罐形磁芯和四组线圈构成，如图 3-21 所示，

93

图 3-22 为差动变压器的原理图。

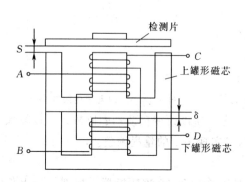

图 3-21　差动变压器的结构示意图

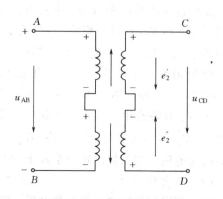

图 3-22　差动变压器的原理图

由图 3-21 可见，上、下罐形磁芯的中心柱上分别绕有匝数相同的初级绕组和匝数相同的次级绕组，两个初级绕组是正接的，而两个次级绕组是反接的(参见图 3-22)。磁芯的中心柱截面积等于其外环的截面积。下罐形磁芯的中心柱人为地磨成一个 $\delta = 0.76$mm 的固定气隙；上罐形磁芯的磁路空气隙长度是随位移检测片(衔铁)的位移 S 而变化的，也即是随测量信号而变化的。

图 3-22 中，u_{AB} 为初级绕组的输入电压；u_{CD} 为次级绕组的输出电压；e'_2，e''_2 分别为次级两个绕组的感应电势，其中 e'_2 与 u_{AB} 同相，e''_2 与 u_{AB} 反相。由图可见，$u_{CD} = e'_2 - e''_2$。

当衔铁位移 $S = \dfrac{\delta}{2}$ 时，差动变压器上、下两部分磁路的磁阻相等，初、次绕组之间的互感也相等，故次级两个绕组的感应电势 e'_2，e''_2 相等，即 $u_{CD} = e'_2 - e''_2 = 0$，差动变压器无输出。

当衔铁位移 $S < \dfrac{\delta}{2}$ 时，差动变压器上半部磁路的磁阻减小，互感增加，故感应电势 e'_2 将大于 e''_2，且 u_{CD} 随着 S 的减小而增大，此时 u_{CD} 与 u_{AB} 同相。

当衔铁位移 $S > \dfrac{\delta}{2}$ 时，差动变压器上半部磁路的磁阻增大，互感下降，故感应电势 e'_2 将小于 e''_2，且 u_{CD} 随着 S 的增大而增大，此时 u_{CD} 与 u_{AB} 反相。

由此可知，差动变压器次级绕组的感应电势 u_{CD} 的大小和相位与衔铁位移 S 有关。

低频振荡器线路如图 3-23 所示。由图可见，低频振荡器是一个用变压器耦合的 LC 振荡器。由差动变压器初级绕组的电感 L_{AB} 及电容 C_4 构成的谐振回路，作为晶体管 VT_1 的集电极负载；差动变压器的次级绕组 CD 接在 VT_1 的基极和发射极之间，借以耦合反馈信号。电阻 R_6 和二极管 VD_{10}，VD_{11} 构成偏置电路；R_2 为电流负反馈电阻，用来稳定 VT_1 的直流工作点。C_2 为交流旁路电容。

振荡器要形成自激振荡，必须满足振荡的相位条件和振幅条件。下面分析低频振荡器的起振条件。

首先分析振荡器的相位条件。图 3-23 中，VT_1 的集电极与差动变压器初级绕组的 B 端相连，因此只要 u_{CD} 与 u_{AB} 同相，则反馈电压与输入电压同相，振荡器就能形成正反馈。由差动变压器的分析可知，当检测片位移 $S < \dfrac{\delta}{2}$

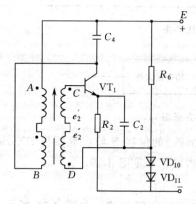

图 3-23　低频振荡器线路图

时，u_{CD} 与 u_{AB} 同相。因此，低频振荡器只要工作在 $S < \dfrac{\delta}{2}$ 的范围内，就能满足振荡的相位条件。

至于振荡的振幅条件，即 $KF \geqslant 1$（K 为放大器放大倍数，F 为正反馈系数），只要选择合适的电路参数，是容易满足的。

由 L_{AB}，C_4 构成的并联谐振回路的固有频率也就是低频振荡器的振荡频率，其值约为

$$f = \frac{1}{2\pi\sqrt{L_{AB}C_4}} \approx 4 \text{ kHz} \tag{3-9}$$

下面再分析振荡器输出电压 u_{AB} 与位移检测片位移 S 之间的关系。

图 3-24(a)所示为振荡器的放大特性和反馈特性，由图可见，振荡器的放大特性是非线性的，而反馈特性在铁心未饱和的情况下是线性的。两条线的交点 P 即为稳定后的工作点，P 点对应的电压 u_{AB} 就是振荡器的输出电压。

振荡器的反馈系数 F 是随位移检测片位移 S 的改变而变化的，因而交点 P 也随着变化。在 $S < \dfrac{\delta}{2}$ 的范围内，S 大，磁路磁阻也大，F 就小，P 点位置也就低；反之，S 小，磁阻也小，F 就大，P 点位置也就高。若 $S_3 < S_2 < S_1$，则对应的 $F_3 > F_2 > F_1$，相应的交点为 P_1，P_2，P_3，如图 3-24（b）所示。P_1，P_2，P_3 对应的输出电压 u_{AB} 分别为 u_{AB1}，u_{AB2}，u_{AB3}。

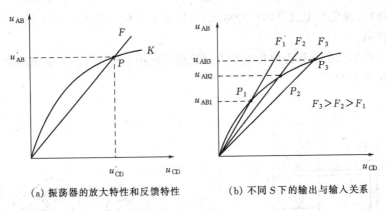

（a）振荡器的放大特性和反馈特性　　（b）不同 S 下的输出与输入关系

图 3-24　振荡器的特性

综上所述，当检测片位移 S 改变时，反馈系数 F 随之改变，使特性曲线上的交点上、下移动，因而输出电压 u_{AB} 也随之改变。其变化趋势为：$S \downarrow \rightarrow F \uparrow \rightarrow$ 交点上移 $\rightarrow u_{AB} \uparrow$。

② 整流滤波电路　整流滤波电路如图 3-25 所示。振荡器的输出电压 u_{AB} 经二极管 VD_2 整流后，通过电阻 R_8，R_9 和电容 C_5 滤波得到平滑的直流电压信号 U_{R4}，再送到功率放大器。由于整流滤波电路并联在 L_{AB}，C_4 谐振回路上，因此，它的总阻抗不能太小，否则将影响低频振荡器的正常工作。

③ 功率放大器　功率放大器采用了如图 3-26 所示的互补型复合管放大电路，它将输入的电压信号 U_{R4} 转换为变送器的输出电流 I_o。采用这种电路的目的，一是提高电流放大系数；二是电平配置，即使得 VT_9 的基极电平与前级输出信号的电平相匹配。

图中，R_3 为稳定工作点的反馈电阻，同时提高功放级的输入阻抗。R_5 为晶体管 VT_9，

VT$_{10}$集电极与发射极之间的穿透电流提供旁路，用以改善放大器的温度性能；同时还起了电路稳定性的作用。

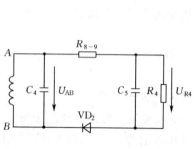

图 3-25 整流滤波电路

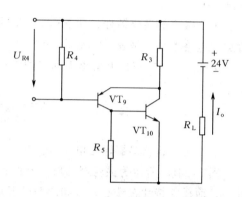

图 3-26 功率放大器

图 3-19 低频位移检测放大器线路中，R_1 和 C_1 起相位校正作用，用以防止振荡器可能产生的高频寄生振荡。R_7 为负载平衡电阻，使在振荡的正、负半周内，差动变压器次级绕组的负载基本相同。R_{10}用来调整放大器的灵敏度，主要用于高量程时降低放大器的灵敏度，以保证放大器的稳定性。C_3，C_6 为高频旁路电容。VD$_{12}$为电源反接保护二极管。二极管 VD$_3$～VD$_7$ 和 VD$_{13}$～VD$_{16}$起安全火花防爆作用：前者用于限制电容两端的电压值，防止电容两端电压过高短路时产生的火花超过安全火花的能量；后者用于在断电时给反馈线圈储存的磁场能量以泄放的通路，避免产生过高的反冲电压，各用两个二极管是作冗余备用，以确保安全。

（4）杠杆系统

杠杆系统的作用是进行力的传递和力矩比较，它由主杠杆 1、矢量机构 2 和副杠杆 4 三部分组成，如图 3-27。

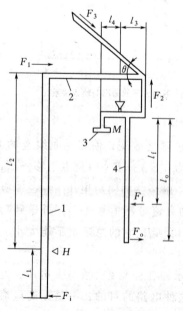

图 3-27 杠杆系统结构及受力图
1—主杠杆；2—矢量机构；
3—衔铁；4—副杠杆

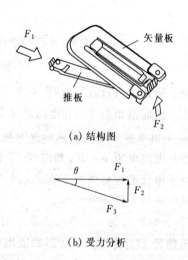

图 3-28 矢量机构

96

主杠杆将输入力 F_i 转换为作用于矢量机构上的力 F_1，由图 3-27 可知 F_1 与 F_i 之间的关系为

$$F_1 = \frac{l_1}{l_2} F_i \tag{3-10}$$

式中　l_1, l_2——输入力 F_i 和力 F_1 的力臂。

矢量机构将输入力 F_1 转换为作用于副杠杆上的力 F_2，其结构如图 3-28(a) 所示，它由矢量板和推板组成。由主杠杆传来的推力 F_1 被矢量机构分解为两个分力 F_2 和 F_3。F_3 顺着矢量板方向，被矢量板固定支点的反作用力所平衡，不起任何作用；F_2 垂直向上，作用于副杠杆上，使其以支点 M 为中心逆时针方向偏转，从而使位移检测片(衔铁3)靠近差动变压器。

图 3-28(b)为矢量机构的力分析矢量图，由图可得出如下关系

$$F_2 = F_1 \tan\theta \tag{3-11}$$

式中　θ——矢量机构的矢量板和推板之间夹角。

副杠杆的作用是进行力矩的比较。F_2 和电磁反馈力 F_f 在副杠杆上产生的输入力矩 M_i 和反馈力矩 M_f 分别为

$$M_i = l_3 F_2, \qquad M_f = l_f F_f \tag{3-12}$$

式中　l_3, l_f——F_2 和电磁反馈力 F_f 的力臂。

输入力矩 M_i 和反馈力矩 M_f 之差 ΔM 使副杠杆产生逆时针方向偏转，偏转角 α 与 ΔM 之间的关系为

$$\alpha = \frac{\Delta M}{c} \tag{3-13}$$

式中　c——杠杆系统的偏转刚度系数。

副杠杆的偏转带动位移检测片(衔铁)产生微小的位移 S，S 与偏转角 α 之间的关系为

$$S = l_4 \alpha \tag{3-14}$$

式中　l_4——位移检测片和副杠杆支点 M 之间的距离。

由调零弹簧产生的调零作用力 F_z 也作用在副杠杆上，F_z 产生的调零力矩 M_z 为

$$M_z = l_z F_z \tag{3-15}$$

式中　l_z——调零作用力 F_z 和副杠杆支点 M 之间的距离。

(5) 整机特性

综合以上分析，可得出 DDZ-Ⅲ型差压变送器的整机方块图，如图 3-29 所示。图中，k 为低频位移检测放大器的放大系数，其余符号意义如前所述。

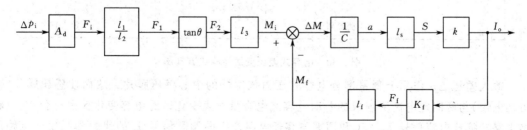

图 3-29　DDZ-Ⅲ型差压变送器的整机方块图

由图 3-29 可以求得在满足 $\dfrac{l_{\mathrm{s}}}{c}kl_{\mathrm{f}}K_{\mathrm{f}}\gg 1$ 条件时，矢量机构 DDZ-Ⅲ型差压变送器的输出输入关系如下

$$I_{\mathrm{o}} = A_{\mathrm{d}}\tan\theta\,\frac{l_1 l_3}{l_2 l_{\mathrm{f}} K_{\mathrm{f}}}\Delta p + \frac{l_{\mathrm{z}}}{l_{\mathrm{f}} K_{\mathrm{f}}}F_{\mathrm{z}} = K_{\Delta\mathrm{p}}\Delta p + \frac{l_{\mathrm{z}}}{l_{\mathrm{f}} K_{\mathrm{f}}}F_{\mathrm{z}} \tag{3-16}$$

式中　$K_{\Delta\mathrm{p}}$——变送器的比例系数，$K_{\Delta\mathrm{p}} = A_{\mathrm{d}}\tan\theta\,\dfrac{l_1 l_3}{l_2 l_{\mathrm{f}} K_{\mathrm{f}}}$。

由式(3-16)可以看出以下几点。

① 在满足深度负反馈条件下，变送器的输出与输入关系取决于测量部分和反馈部分的特性。在量程一定时，$K_{\Delta\mathrm{p}}$ 为常数，即变送器的输出电流 I_{o} 和输入信号 Δp 之间呈线性关系，其基本误差一般为 $\pm 0.5\%$，变差为 $\pm 0.25\%$。

② 式中 $\dfrac{l_{\mathrm{z}}}{l_{\mathrm{f}} K_{\mathrm{f}}}F_{\mathrm{z}}$ 为调零项，调整调零弹簧可以调整 F_{z} 的大小，从而使变送器输出电流 I_{o} 在输入信号范围下限时为 4mA。

③ 改变 $\tan\theta$ 和 K_{f} 可以改变变送器的比例系数 $K_{\Delta\mathrm{p}}$ 的大小，因此改变 $\tan\theta$ 或 K_{f} 可以调整变送器的量程，$\tan\theta$ 的改变是通过调节量程调整螺钉 11(图 3-15)来调整矢量机构的夹角 θ 实现的，θ 增大，量程变小，反之亦然。由于 θ 角可在 $4°\sim15°$ 范围内变化，故用矢量机构调整量程比约为 $\tan15°/\tan4° = 3.83$；K_{f} 的改变是通过改变反馈线圈的匝数 W。这样，将此两项调整结合起来，最大量程和最小量程之比值为 11.49:1，满足了变送器量程调整范围比为 10:1 的要求。

④ 调整量程会影响变送器的零点，而调整零点又对变送器的满度值有影响，因此膜盒式差压变送器在调校时，零点和量程要反复调整。

3.2.2. 电容式差压变送器

电容式差压变送器的检测元件采用电容式压力传感器，是目前工业上普遍使用的一种变送器，系统构成方框图如图 3-30 所示，其电路原理图见图 3-31。

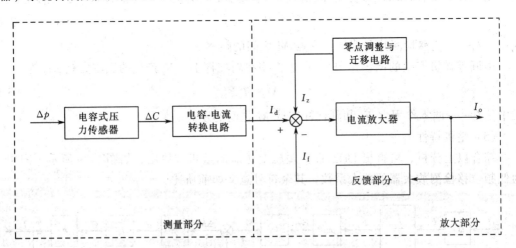

图 3-30　电容式差压变送器构成方框图

输入差压 Δp 作用于测量部分电容式压力传感器的中心感压膜片，从而使感压膜片(即可动电极)与两固定电极所组成的差动电容之电容量发生变化，此电容变化量由电容/电流转换电路转换成电流信号 I_{d}，I_{d} 和调零与零迁电路产生的调零信号 I_{z} 的代数和同反馈电路产生的反馈信号 I_{f} 进行比较，其差值送入放大器，经放大得到整机的输出信号 I_{o}。

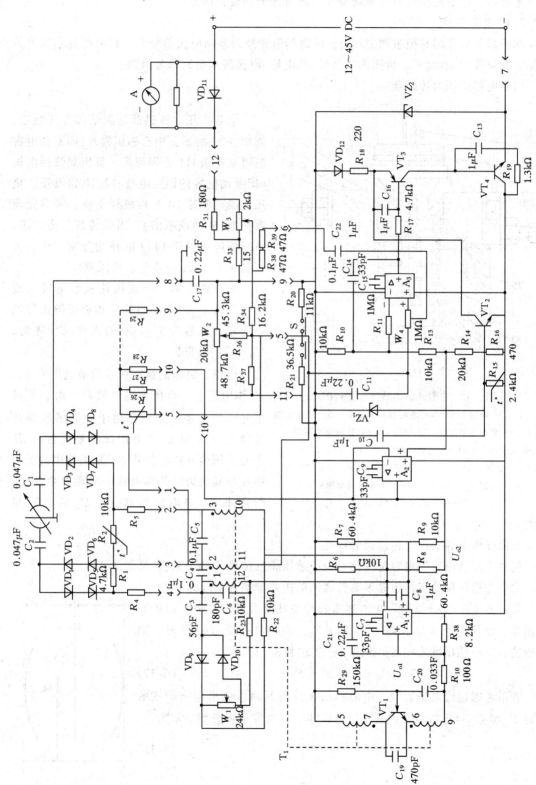

图 3-31 电容式差压变送器电路原理图

99

由于反馈电路和调零与零迁电路仅由几个电阻和电位器构成，因此可把它们与放大器合为一个整体，即变送器可划分为两部分：测量部分和放大部分。

3.2.2.1. 测量部分

测量部分的作用是把被测差压 Δp 成比例地转换为差动电流信号 I_d，它由电容式压力传感器、测量部件壳体(正、负压侧法兰等)和电容/电流转换电路部分组成。

（1）电容式压力传感器

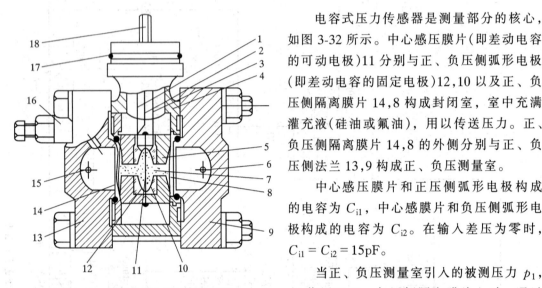

图 3-32　电容式压力传感器结构图

1,2,3—电极引线；4—差动电容膜盒座；5—差动电容膜盒；6—负压侧导压口；7—硅油；8—负压侧隔离膜片；9—负压室法兰；10—负压侧弧形电极；11—中心感压膜片；12—正压侧弧形电极；13—正压室法兰；14—正压侧隔离膜片；15—正压侧导压口；16—放气排液螺钉；17—O形密封环；18—插头

电容式压力传感器是测量部分的核心，如图 3-32 所示。中心感压膜片(即差动电容的可动电极)11 分别与正、负压侧弧形电极(即差动电容的固定电极)12,10 以及正、负压侧隔离膜片 14,8 构成封闭室，室中充满灌充液(硅油或氟油)，用以传送压力。正、负压侧隔离膜片 14,8 的外侧分别与正、负压侧法兰 13,9 构成正、负压测量室。

中心感压膜片和正压侧弧形电极构成的电容为 C_{i1}，中心感压膜片和负压侧弧形电极构成的电容为 C_{i2}。在输入差压为零时，$C_{i1} = C_{i2} = 15\mathrm{pF}$。

当正、负压测量室引入的被测压力 p_1，p_2 作用于正、负压侧隔离膜片上时，通过灌充液的传递，分别作用于中心感压膜片的两侧。p_1 和 p_2 之差即被测差压 Δp，使中心感压膜片产生位移 δ，从而使中心感压膜片与其两边的弧形电极的间距发生变化，结果使 C_{i1} 的电容量减小，C_{i2} 的电容量增大。

下面分析电容式压力传感器的特性。

先讨论差动电容的电容量变化与中心感压膜片位移 δ 的关系(参见图 3-33)。

设中心感压膜片与两边弧形电极之间的距离分别为 S_1，S_2。

当被测差压 $\Delta p = 0$ 时，中心感压膜片与其两边弧形电极之间的距离相等，设其间距为 S_0，则 $S_1 = S_2 = S_0$。在被测差压 $\Delta p \neq 0$ 时，如上所述，中心感压膜片在 Δp 作用下产生位移 δ，则

$$S_1 = S_0 + \delta, \quad S_2 = S_0 - \delta \tag{3-17}$$

若不考虑边缘电场影响，中心感压膜片与其两边弧形电极构成的电容 C_{i1} 和 C_{i2} 可近似地看成是平板电容器，其电容量可分别表示为

$$C_{i1} = \frac{\varepsilon_1 A_1}{S_1} = \frac{\varepsilon A}{S_0 + \delta} \tag{3-18}$$

$$C_{i2} = \frac{\varepsilon_2 A_2}{S_2} = \frac{\varepsilon A}{S_0 - \delta} \tag{3-19}$$

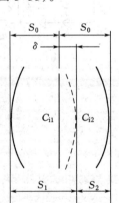

图 3-33　差动电容原理示意图

以上两式中，ε_1，ε_2 分别为两个电容电极间介质的介电常数，两个电容中灌充液相同，故 $\varepsilon_1 = \varepsilon_2 = \varepsilon$；$A_1$，$A_2$ 分别为两个弧形电极的面积，制造时两个弧形电极的面积相等，即 $A_1 = A_2 = A$。因此，两个电容的电容量之差 ΔC 为

$$\Delta C = C_{i2} - C_{i1} = \varepsilon A \left(\frac{1}{S_0 - \delta} - \frac{1}{S_0 + \delta} \right) \tag{3-20}$$

上式表明两个电容的电容量差值与中心感压膜片的位移 δ 成非线性关系。

但若取两电容量之差与两电容量之和的比值，即取差动电容的相对变化值，则有

$$\frac{C_{i2} - C_{i1}}{C_{i2} + C_{i1}} = \frac{\varepsilon A \left(\dfrac{1}{S_0 - \delta} - \dfrac{1}{S_0 + \delta} \right)}{\varepsilon A \left(\dfrac{1}{S_0 - \delta} + \dfrac{1}{S_0 + \delta} \right)} = \frac{\delta}{S_0} \tag{3-21}$$

由于中心感压膜片是在施加预张力条件下焊接的，其厚度很薄，预张力很大，致使膜片的特性趋近于绝对柔性薄膜在压力作用下的特性，因此中心感压膜片的位移 δ 与输入差压 Δp 的关系可表示为

$$\delta = K_1 \Delta p \tag{3-22}$$

式中 K_1 是由膜片预张力、材料特性和结构参数所确定的系数。在电容式压力传感器制造好之后，由于膜片预张力、材料特性和结构参数均为定值，因此 K_1 为常数，即中心感压膜片位移 δ 与输入差压 Δp 之间成线性关系。

将式(3-22)代入式(3-21)，即得

$$\frac{C_{i2} - C_{i1}}{C_{i2} + C_{i1}} = \frac{K_1}{S_0} \Delta p = K \Delta p \tag{3-23}$$

式中 K——比例系数，$K = K_1 / S_0$ 为常数。

上式即为电容式压力传感器的静态特性表示式。由式 (3-23)可得出如下结论：

① 差动电容的相对变化值 $\dfrac{C_{i2} - C_{i1}}{C_{i2} + C_{i1}}$ 与被测差压 Δp 成性线关系，因此把这一相对变化值作为测量部分的输出信号；

② $\dfrac{C_{i2} - C_{i1}}{C_{i2} + C_{i1}}$ 与灌充液的介电常数 ε 无关，这样从原理上消除了灌充液介电常数的变化给测量带来的误差。

（2）电容/电流转换电路

电容/电流转换电路的作用是将差动电容的相对变化值成比例地转换为差动信号 I_d，并实现非线性补偿功能。其等效电路如图 3-34 所示。它由振荡器、解调器、振荡控制放大电路和线性调整电路等部分组成。

电容式压力传感器的 C_{i1} 和 C_{i2} 由振荡器供电，因此，两个电容的电容量变化，被转换为电流变化，其中流过 C_{i1} 的电流为 i_1，流过 C_{i2} 的电流 i_2。经解调器相敏整流后输出两组信号：一组（$i_2 - i_1$）为差动信号 I_d，另一组（$i_2 + i_1$）为共模信号 I_c。差动信号 I_d 经电流放大电路放大成 4～20mADC 的输出电流 I_o；共模信号 I_c 作为振荡控制放大电路的输入信号，以控制振荡器的供电电压，使得 $i_2 + i_1$ 保持不变，从而保证 I_d 与输入差压 Δp 之间成比例关系。

图 3-34 中，U_{o2} 为运算放大器 A_2 输出电压（参见图 3-31）。由于 A_2 构成电压跟随器，其输入电压由稳压管 VZ_1 的稳定电压通过 R_{10}，R_{13} 和 R_{14} 分压所得，故 U_{02} 是恒定的，其作

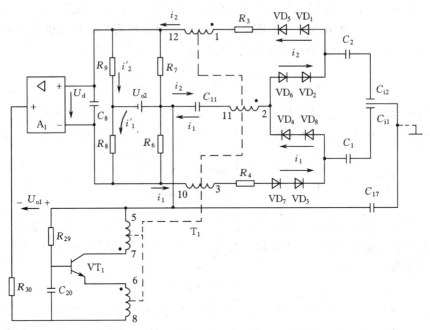

图 3-34 电容/电流转换电路

用是为振荡控制放大电路提供基准电压。图 3-34 中未画出线性调整电路部分。

①振荡器 振荡器用于向电容式压力传感器的 C_{i1} 和 C_{i2} 提供高频电源,它由晶体管 VT_1、变压器 T_1 及有关电阻、电容组成。振荡器可进一步画成图 3-35 的等效形式。

图中,U_{o1} 为运算放大器 A_1 的输出电压,作为振荡器的供电电压,因此 U_{o1} 的大小可控制振荡器的输出幅度。变压器 T_1 有三组输出绕组并构成了相应的整流回路(见图 3-34),图 3-35 画出了一个输出绕组回路的等效电路,其等效电感为 L,等效负载电容为 C,它的大小主要取决于测量元件的差动电容值。

由图 3-35 可见,振荡器为变压器反馈振荡器。在电路设计时,只要适当选择电路元件的参数值,便可以满足振荡条件。

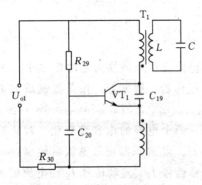

图 3-35 振荡器的等效电路

等效负载电容 C 和输出绕组的电感 L 构成了并联谐振回路,其谐振频率也就是振荡器的振荡频率,约为 32kHz,由于测量元件的差动电容值是随输入差压 Δp 而变化的,因此振荡器的振荡频率也是变化的。

②解调器 解调器用于对通过差动电容 C_{i1},C_{i2} 的高频电流进行半波整流,它包括二极管 $VD_1 \sim VD_8$,分别构成四个半波整流电路。每一个回路中,采用两个二极管串联,目的是提高电路的可靠性。由于差动电容的电容量很小,其阻抗远大于回路中其他电容和电阻的阻抗,因此在振荡器输出幅度恒定的情况下,各个回路的电流主要取决于 C_{i1} 和 C_{i2}。

图 3-34 中,流过 VD_1,VD_5 的电流和流过 VD_2,VD_6 的电流,都是由 C_{i2} 决定的,因此可以认为两者相等,均为 i_2。流过 VD_3,VD_7 的电流和流过 VD_4,VD_8 的电流都是由 C_{i1} 决定的,因此可以认为两者也相等,均为 i_1。解调器的工作原理可结合图 3-34 来说明。

当振荡器输出为正半周时(T_1同相端出为正时），VD_2，VD_6及VD_3，VD_7导通，而VD_1，VD_5及VD_4，VD_8截止。绕组2-11产生的电流i_2的路线为

$$T_1(2) \rightarrow VD_6, VD_2 \rightarrow C_2 \rightarrow C_{i2} \rightarrow C_{17} \rightarrow C_{11} \rightarrow T_1(11)$$

绕组3-10产生的电流i_1的路线为

$$T_1(3) \rightarrow R_4 \rightarrow VD_7, \quad VD_3 \rightarrow C_1 \rightarrow C_{i1} \rightarrow C_{17} \rightarrow R_6 /\!/ R_8 \rightarrow T_1(10)$$

当振荡器输出为负半周时（T_1同相端输出为负时），VD_1，VD_5及VD_4，VD_8导通，而VD_2，VD_6及VD_3，VD_7截止。绕组2-11产生的电流i_1的路线为

$$T_1(11) \rightarrow C_{11} \rightarrow C_{17} \rightarrow C_{i1} \rightarrow C_1 \rightarrow VD_4, \quad VD_8 \rightarrow T_1(2)$$

绕组1-12产生的电流i_2的路线为

$$T_1(12) \rightarrow R_7 /\!/ R_9 \rightarrow C_{17} \rightarrow C_{i2} \rightarrow C_2 \rightarrow VD_1, \quad VD_5 \rightarrow R_3 \rightarrow T_1(1)$$

从图3-34中可以看出，绕组2-11在振荡器正、负半周中产生的电流i_2和i_1以相反的方向流过C_{11}，两者平均值之差$I_2 - I_1$即为解调器输出的差动信号I_d，作为一下级电流放大器的输入信号。绕组3-10和1-12产生的电流i_1，i_2流过$R_6 /\!/ R_8$和$R_9 /\!/ R_7$产生的电压，对运算放大器A_1输入端来说，极性相同，两者平均值之和$I_2 + I_1$即为解调器输出的共模信号I_c。

为了求得差动信号$I_2 - I_1$与差动电容相对变化值的关系，先要确定i_1，i_2的大小。因为电路时间常数比振荡周期小得多，可以认为C_{i1}，C_{i2}两端电压的变化等于振荡器输出高频电压的峰-峰值U_{pp}，因此可求得i_1和i_2的平均值I_1，I_2如下

$$I_1 = \frac{C_{i1} U_{pp}}{T} = C_{i1} U_{pp} f$$

$$I_2 = C_{i2} U_{pp} f \tag{3-24}$$

式中　T——振荡器输出高频电压的周期；

　　　f——振荡器输出高频电压的频率。

因此，i_1，i_2的平均值之差I_d及两者之和I_c分别为

$$I_d = I_2 - I_1 = (C_{i2} - C_{i1}) U_{pp} f \tag{3-25}$$

$$I_c = I_1 + I_2 = (C_{i2} + C_{i1}) U_{pp} f \tag{3-26}$$

由式（3-25）和式（3-26）可得

$$I_d = I_2 - I_1 = (I_2 + I_1) \frac{C_{i2} - C_{i1}}{C_{i2} + C_{i1}} = I_c \frac{C_{i2} - C_{i1}}{C_{i2} + C_{i1}} \tag{3-27}$$

把式（3-23）代入式（3-27），可得

$$I_d = I_c K \Delta p = K_m \Delta p \tag{3-28}$$

式中　K_m——电容式变送器测量部分的转换系数，$K_m = I_c K$。

上式表明，由于$K = K_1 / S_0$为常数，因此只要设法使$I_2 + I_1$即I_c维持恒定，便可使测量部分输出的差动信号I_d和输入差压Δp成比例关系。

③ 振荡控制放大器　振荡控制放大器的作用，是使流过VD_1，VD_5和VD_3，VD_7的电流之和$I_2 + I_1$即I_c等于常数。

由图3-34可知，在不考虑线性调整电路作用时，A_1的输入端接受两个电压信号：一个是基准电压U_{o2}在R_9和R_8上的压降，设为U_{d1}；另一个是i_2，i_1分流后在R_9和R_8上产生的压降，即共模信号I_c产生的压降，设为U_{d2}。i_2和i_1以它们的平均值表示，由图3-34可得

$$U_{d1} = \frac{R_9}{R_7 + R_9} U_R - \frac{R_8}{R_6 + R_8} U_{o2}$$

$$U_{d2} = \frac{R_7 R_9}{R_7 + R_9} I_2 + \frac{R_6 R_8}{R_6 + R_8} I_1$$

由于 $R_6 = R_9$，$R_7 = R_8$，故上式可写成

$$U_{d1} = \frac{R_6 - R_8}{R_6 + R_8} U_{o2} \qquad (3-29)$$

$$U_{d2} = \frac{R_6 R_8}{R_6 + R_8} （I_2 + I_1）$$

如把 A_1 看做为理想运算放大器，即 $U_d = U_{d1} + U_{d2} = 0$，则由式(3-29)可得

$$I_2 + I_1 = \frac{R_8 - R_6}{R_6 R_8} U_{o2} \qquad (3-30)$$

上式中 R_6，R_8，R_9 和 U_{o2} 均恒定不变，因此 $I_2 + I_1$ 也恒定不变，即 I_c 为常数。

振荡控制放大器维持 I_c 不变的过程可以定性分析如下：

假设振荡器输出电压增加使 $I_2 + I_1$ 增加，由式(3-29)可知，A_1 的输入信号 U_d 增加，即 U_d 增加，使 A_1 的输出 U_{o1} 减小（U_{o1} 是以 A_1 电源正极为基准），从而使得振荡器振荡幅度减小，变压器 T_1 输出电压减小，直至使 $I_2 + I_1$ 恢复到原来的数值。显然，这是一个负反馈的自动调节过程，振荡器和调制器一部分电路构成了 A_1 的深度负反馈电路，其目的是维持 $I_2 + I_1$ 保持不变。

④ 线性调整电路 线性调整电路的作用是进行非线性补偿，以保证测量部分输出的差动信号 I_d 和输入差压 Δp 成线性关系。I_d 和 Δp 的非线性关系是由电容式压力传感器的分布电容引起的。

在考虑电容式压力传感器的分布电容 C_0 时，差动电容的实际电容量为

$$C_{i1}^* = C_{i1} + C_0, \qquad C_{i2}^* = C_{i2} + C_0$$

式中 C_{i1}^*，C_{i2}^* 为考虑分布电容 C_0 时中心感压膜片与正、负压侧弧形电极构成的电容的电容量。

因此测量部分输出的差动电容信号 I_d 变为

$$I_d = I_c \frac{C_{i2}^* - C_{i1}^*}{C_{i2}^* + C_{i1}^*} = I_c \frac{C_{i2} - C_{i1}}{C_{i2} + C_{i1} + 2C_0} = I_c \frac{\dfrac{C_{i2} - C_{i1}}{C_{i2} + C_{i1}}}{1 + \dfrac{2C_0}{C_{i2} + C_{i1}}} \qquad (3-31)$$

将式(3-23)代入式(3-31)可得

$$I_d = I_c \frac{K}{1 + \dfrac{2C_0}{C_{i2} + C_{i1}}} \Delta p_i = I_c K_2 \Delta p \qquad (3-32)$$

式中 K_2 为比例系数，$K_2 = \dfrac{K}{1 + \dfrac{2C_0}{C_{i2} + C_{i1}}}$。

如前所述，在输入差压 $\Delta p = 0$ 时，$C_{i1} = C_{i2}$，而随 Δp 的增大，C_{i2} 增大，C_{i1} 减小。实验和理论计算表明，C_{i2} 增大的速率要比 C_{i1} 减小的速率快，这将使得（$C_{i2} + C_{i1}$）随着 Δp 的增加而增大，即 K_2 随 Δp 的增加而增大，从而使得 I_d 与 Δp 之间不存在线性关系。

由式(3-32)可以看出，如果使 I_c 随着 Δp 的增大而减小，从而使 I_c 与 K_2 的乘积保持

不变，则 I_d 与 Δp 之间的线性关系也就保持不变。线性调整电路即按照这一原理实现非线性补偿的，它由 VD_9，VD_{10}，R_{22}，R_{23}，W_1 等元件组成，其等效电路如图 3-36 所示。

变成器 T_1 的输出绕组 3-10 和 1-12 的输出电压经 VD_9，VD_{10} 半波整流后，在 R_{22}，R_{23}，R_{w1} 上形成压降，经 C_8 滤波后可得到补偿电压 U_c。因 $R_{22} = R_{23}$，故当 $R_{w1} = 0$ 时，绕组 3-10 回路和绕组 1-12 回路在振荡器正、负半周内的负载电阻相等，$U_c = 0$，无补偿作用；而当 $R_{w1} \neq 0$ 时，两绕组回路在振荡器正负半周内的负载电阻不相等，$U_c \neq 0$，其方向如图 3-36 所示。

在运算放大器 A_1 输入端加有补偿电压 U_c 时，如把 A_1 看成理想运算放大器，则其输入端所加电压 U_c，U_{d1}，U_{d2} 的代数和为零，即

$$U_{d1} + U_{d2} - U_c = 0 \qquad (3-33)$$

把式(3-29)代入式(3-33)，可得

$$I_c = I_1 + I_2 = \frac{R_8 - R_6}{R_6 R_8} U_{o2} + \frac{R_6 + R_8}{R_6 R_8} U_c \qquad (3-34)$$

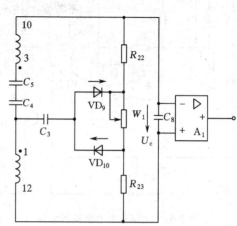

图 3-36　线性调整电路的等效电路

输入差压 Δp 增大时，$(C_{i2} + C_{i1})$ 增大将使得振荡器振荡幅度减小，从而使得绕组 3-10 和绕组 1-12 的输出电压减小，因此输出电压正、负半周在 R_{22}，R_{23}，R_{w1} 上的电压差值也减小，即 U_c 减小。由式(3-34)可见，U_c 减小使得 I_c 也减小。如果 U_c 引起的 I_c 变化量与 K_2 的变化量相等，则由于 I_c 和 K_2 的变化方向相反，因此可使得在整个 Δp 的测量范围内，I_d 与 Δp 成线性关系。

调整电位器 W_1，可以改变补偿电压 U_c 的大小使得变送器的非线性误差小于 $\pm 0.1\%$。

3.2.2.2. 放大部分

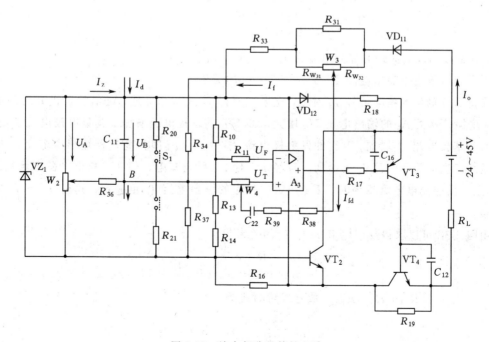

图 3-37　放大部分的等效电路

放大部分的作用是把测量部分输出的差动信号 I_d 放大并转换成 4～20mA 的直流输出电流，并实现量程调整、零点调整和迁移、输出限幅和阻尼调整功能，其等效电路如图 3-37 所示。它由电流放大电路、零点调整与零点迁移电路、输出限幅电路及阻尼调整电路组成。

（1）电流放大电路

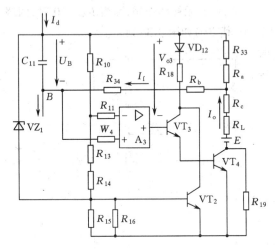

图 3-38　电流放大电路的等效电路

电流放大电路的作用是把 I_d 放大并转换成 4～20mA 的直流输出电流，并实现量程调整。它包括放大器和反馈电路，前者由运算放大器 A_3 和晶体管 VT_3，VT_4 及有关元件组成；后者由电阻 R_{31}，R_{33}，R_{34} 和电位器 W_3 组成。电流放大电路的等效电路如图 3-38 所示。

图中，VZ_1 的稳定电压经 R_{10}，R_{13}，R_{14} 分压后加在 A_3 的反相输入端，使得 A_3 的反相输入端电位在共模输入电压范围之内，以保证运算放大器能正常工作。R_{19} 为变送器电子器件的工作电流 I_w 提供通路，以保证变送器在接通电源时能正常启动工作。R_a，R_b，R_c 为 R_{31}，W_3 组成的电路 $\triangle$-$\curlyvee$ 变换后的等效电阻，设 R_{W31}，R_{W32} 分别为中心触点左右两边的阻值（见图 3-37），则 R_a，R_b 分别为

$$R_a = \frac{R_{31}R_{W31}}{R_{31}+R_{W3}}, \quad R_b = \frac{R_{W31}R_{W32}}{R_{31}+R_{W3}} \tag{3-35}$$

输出电流 I_o 流经的路线为（见图 3-37）

$$E^+ \to VD_{11} \to R_{31} /\!/ W_3 \to R_{33} \to VD_{12} \to R_{18} \to VT_2 \to VT_4 \to R_L \to E^-$$
$$\to R_{34} \to C_{11} \to$$

其中，流经 R_{34}，C_{11} 支路的部分电流为 I_o 产生的反馈电流 I_f。

下面分析该电路输出电流 I_o 与输入信号 I_d 的关系。

测量部分输出的差动信号 I_d 对 C_{11} 充电，使得 B 点与基准地（A_3 电源正极）之间的电压 U_B 增加，从而 A_3 的输出电压 U_{o3} 增大，即 VT_3 的基极电压增加，其集电极电流 I_{c3} 也就是 VT_4 的基极电流 I_{c4} 增加，VT_4 的发射极电流 I_{e4} 增大，I_{e4} 即为变送器输出电流 I_o。I_o 经反馈电路产生的反馈电流 I_f 也增加。I_f 经 R_{34} 对 C_{11} 反向充电，使 U_B 减小。在 $I_f = I_d$，即 C_{11} 的正、反向充电电流相等时，U_B 一定，相应的输出电流 I_o 也一定，这时 I_o 与 I_d 成比例关系。

由图 3-38 可以求得反馈电流 I_f 与 I_o 的关系为

$$I_f = \frac{R_{33}+R_a}{R_{33}+R_a+R_b+R_{34}}I_o$$

因为 $R_{34} \gg (R_{33}+R_a+R_b)$，故上式可写成

$$I_f = \frac{R_{33}+R_a}{R_{34}}I_o = K_f I_o \tag{3-36}$$

式中　K_f 为反馈部分的反馈系数，$K_f = (R_{33} + R_a)/R_{34}$。

把 $I_f = I_d$ 代入式(3-36)，整理后可得

$$I_o = \frac{1}{K_f} I_d \qquad (3-37)$$

把式(3-28) 代入式(3-37)，可得

$$I_o = \frac{1}{K_f} K_m \Delta p \qquad (3-38)$$

式(3-38) 表明：

① 在量程一定时，K_f 与 K_m 为常数，即变送器的输出电流 I_o 和输入信号 Δp 之间呈线性关系，其基本误差一般为 $\pm 0.2\%$，变差为 $\pm 0.1\%$；

② 改变反馈系数 K_f 的大小，可以调整变送器的量程，K_f 的改变是通过调整电位器 W_3 实现的，W_3 为量程调整电位器。

(2) 零点调整与零点迁移电路

零点调整与零点迁移电路分别用以调整变送器的输出零位和实现变送器的零点迁移。

图 3-37 中，电阻 R_{36}，R_{37} 和电位器 W_2 构成零点调整电路，W_2 为调零电位器。由图可以看出，若调整 W_2 使得 U_A 大于 U_B，则产生的调零电流 I_z 对 C_{11} 进行充电，其方向与差动信号 I_d 相同，因而使得变送器的输出电流 I_o 在电子器件工作电流（通常为 2.7mA 左右）基础上增大。在输入差压 $\Delta p = 0$ 时，调整电位器 W_2，即改变 U_A 的大小，可以使得变送器的输出零点电流为 4mA。

值得指出的是，调整 W_2 改变变送器零点电流时，对变送器的满度值会有影响；而调整电位器 W_3 改变变送器的量程时，对变送器的零点电流也会有影响。因此，在仪表调校时，应反复调整零点和满度。

图 3-37 中，电阻 R_{20}，R_{21} 和开关 S_1 构成零点迁移电路，S_1 为零点迁移开关。零点迁移电路的作用与调零电路相类似，把 S_1 接通 R_{20} 或 R_{21}，相当于 U_A 产生了很大变化（相当于 $U_A = 0$ 或 $U_A = U_D$，这时以 R_{20} 或 R_{21} 代替 R_{36}），因而使变送器的零位电流产生了很大的变化，即实现了变送器的零点迁移。接通 R_{20} 时，零位电流减小，从而可实现正迁移；当接通 R_{21} 时，零位电流增加，可实现负迁移。

(3) 输出限幅电路

输出限幅电路用于限制变送器输出电流 I_o 的最大数值不超过 30mA。它由晶体管 VT_2、电阻 R_{18} 和二极管 VD_{12} 组成，见图 3-37。

当输出电流 I_o 增大时，R_{18} 上的压降也增大，由于稳压管 VZ_1 的电压恒定，因此 VT_2 的集电极与发射极之间电压 U_{ce2} 减小。在 U_{ce2} 减小到等于 VT_2 的饱和压降 U_{ces} 时，I_o 达到最大值，不能再增加。由此可估算出 I_o 最大值为

$$I_{omax} = \left[\frac{U_{D1} + U_{be2} - U_{ces} - U_{D12}}{R_{18}} + I_w \right] \approx 30 \text{ mA} \qquad (3-39)$$

式中　U_{D1}——稳压管 VZ_1 的稳压值；

　　U_{D12}——二极管 VD_{12} 的正向导通电压；

　　U_{be2}——晶体管 VT_2 的发射极正向压降；

　　U_{ces}——晶体管 VT_2 的饱和压降；

　　I_w——变送器电子器件的工作电流，$I_w \approx 2.7$mA。

（4）阻尼电路

阻尼电路用于抑制变送器的输出电流因输入差压快速变化所引起的波动，它由 R_{38}，R_{39}，C_{22} 和 W_4 构成，W_4 为阻尼时间调整电位器（见图 3-37）。

阻尼电路的作用可用图 3-39 来加以说明。

假设输入差压 Δp 产生一阶跃变化，输出电流 I_o 也将趋于阶跃增大，但这时阻尼电路产生的反馈电流 I_{fd}（见图 3-37）对 C_{11} 反向充电，阻止了 C_{11} 上的电压增大，这样也就阻止了 I_o 的增大。随着 C_{22} 被逐步充电，I_{fd} 不断减小，C_{11} 上的电压不断增大，输出 I_o 增大。在 C_{22} 充电结束时，$I_{fd}=0$，C_{11} 上的电压和输出电流 I_o 也就增大到与 Δp 相对应的数值。至此，阻尼电路的作用结束。

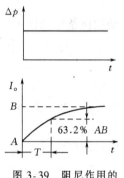

图 3-39　阻尼作用的阶跃曲线

在输入差压 Δp 产生一阶跃变化时，输出电流 I_o 的变化过程是按指数曲线的变化过程，因此阻尼时间 T 可以这样定义和测定：在阶跃输入差压 Δp 作用下，变送器输出电流从起始值开始，变化到输出变化幅度（图 3-39 中 AB 段）的 63.2% 所经历的时间，称为阻尼时间。

阻尼时间等于阻尼电路的时间常数，因此改变阻尼时间调整电位器 W_4，可以调整阻尼时间的大小，其范围为 $0.2\sim1.67s$（灌充液为硅油）。

图 3-31 电路原理图中其他元件的作用如下。

电阻 $R_{26}\sim R_{28}$ 用于变送器的零点温度补偿，其中 R_{26} 为具有负温度系数的热敏电阻。电阻 R_1，R_2，R_4，R_5 用于量程温度补偿，其中 R_2 为负温度系数的热敏电阻。二极管 VD_{11} 用于在变送器输出指示表未接通时，为输出电流提供通路。VZ_2 除起稳压作用外，还在电源接反时，提供电流通路，以免损坏电子器件。

电容 C_{17} 用于电容耦合接地。由于是通过电容耦合接地，因此在用兆欧表检查变送器接线端子对地的绝缘电阻时，其输出电压不宜超过 100V。

3.2.3. 扩散硅式差压变送器

扩散硅式差压变送器的检测元件采用扩散硅压阻传感器。由于单晶硅材质纯、功耗小、滞后和蠕变极小、机械稳定性好，且传感器的制造工艺与硅集成电路工艺有很好的兼容性，

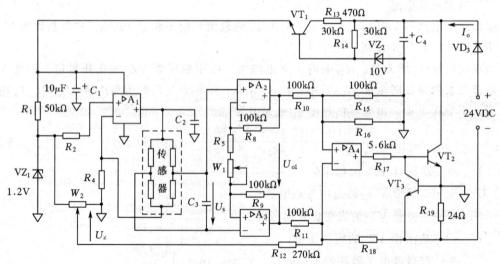

图 3-40　扩散硅式差压变送器电路原理图

108

因此随着 MEMS 技术的突破，以扩散硅压阻传感器作为检测元件的变送器得到了越来越广泛的使用。扩散硅式差压变送器的基本电路原理图如图 3-40 所示，构成方框图如图 3-41 所示。

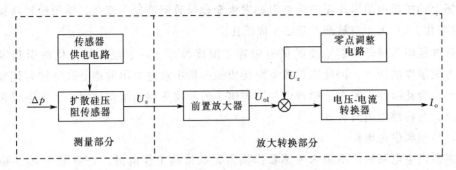

图 3-41　扩散硅式差压变送器构成方框图

输入差压 Δp，作用于测量部分的扩散硅压阻传感器，压阻效应使硅材料上的扩散电阻（应变电阻）阻值发生变化，从而使这些电阻组成的电桥产生不平衡电压 U_s。U_s 由前置放大器放大为 U_{o1}，U_{o1} 与调零与零迁电路产生的调零信号 U_z 的代数和送入电压-电流转换器转换为整机的输出信号 I_o。

简便起见，扩散硅式差压变送器可划分为两大部分：测量部分和放大转换部分。

3.2.3.1. 测量部分

测量部分的作用是把被测差压 Δp 成比例地转换为不平衡电压 U_s，它由扩散硅压阻传感器和传感器供电电路组成。

（1）扩散硅压阻传感器

扩散硅压阻传感器通常是在硅膜片上用离子注入和激光修正方法形成 4 个阻值相等的扩散电阻，应用中将其接成惠斯顿电桥形式，如图 3-42(b) 所示。其结构形式有多种，图 3-42(a) 为其中一种形式。

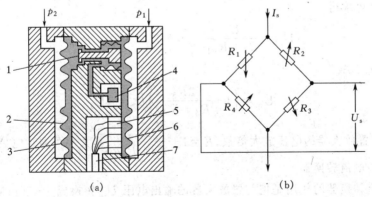

图 3-42　扩散硅压阻传感器
1—保护装置；2—负压侧隔离膜片；3—硅油；4—硅杯；
5—玻璃密封件；6—正压侧隔离膜片；7—引出线；$R_1 \sim R_4$—扩散硅压阻

图 3-42(a) 中，检测元件由两片研磨后胶合成杯状的硅片组成，即图中的硅杯 4，硅杯上的 4 个扩散电阻通过金属丝连到印刷电路板上，再穿过玻璃密封件引出。硅杯两面分别与正、负压侧隔离膜片构成封闭室，室中充满硅油，用以传送压力。正、负压侧隔离膜片的外侧分别与正、负压侧法兰构成正、负压测量室。

当正、负压测量室引入的被测压力 p_1 和 p_2 分别作用于正、负压侧隔离膜片上时，p_1 和 p_2 通过硅油传递，作用于硅杯压阻传感器。p_1 和 p_2 之差即被测差压 Δp，使硅杯产生形变，硅杯上的扩散电阻因压阻效应电阻率发生变化导致阻值发生变化，结果使桥路输出电压 U_s 发生变化，U_s 大小与被测差压 Δp 成正比。

扩散硅压阻传感器的弱点是扩散电阻存在温度效应，环境温度的变化将引起零位、满度、应力灵敏度的变化。因此在扩散电阻构成的电桥中通过电阻的串并联方法可使温度影响减至最小。为此有些厂家在传感器组件中提供了若干校正用的附加电阻，这些电阻也用激光刻蚀而成，与传感电阻封装成一体。

（2）传感器供电电路

传感器供电电路的作用是为传感器提供恒定的桥路工作电流，它由运放 A_1、稳压二极管 VZ_1 以及 $R_1 \sim R_4$ 组成。由图 3-40 可见，传感器接成电桥形式，位于 A_1 的反馈回路。若将运放 A_1 看成理想运算放大器，即 $U_{T1} = U_{F1}$，$I_{F1} = 0$，则流经桥路的工作电流 I_s 为

$$I_s = \frac{U_{D1}}{R_4} \tag{3-40}$$

式中 U_{D1} 为稳压二极管 VZ_1 的稳压值。

上式表明，桥路的工作电流 I_s 恒定不变，其值约为 1mA，大小可通过电阻 R_4 调整。

3.2.3.2. 放大转换部分

放大转换部分的作用是把测量部分输出的毫伏信号 U_s 放大并转换成 $4 \sim 20$mA 的直流输出电流，它是一个仪表放大器，由前置放大器和电压/电流转换器两部分组成。

（1）前置放大器

前置放大器主要起电压放大作用，它是一个由 A_2，A_3 组成的高输入阻抗差动运算放大器，输入信号 U_s 加在 A_2，A_3 的同相输入端，A_2，A_3 的两个输出端之间的电压为输出电压 U_{o1}（见图 3-40）。

由图 3-40 可求得

$$U_{o1} = \frac{U_s}{R_5 + R_{w1}} \; (R_8 + R_5 + R_{W1} + R_9)$$

因 $R_8 = R_9$，故

$$U_{o1} = \left(1 + \frac{2R_8}{R_5 + R_{W1}}\right) U_s = K U_s \tag{3-41}$$

式中 K 为前置放大器的电压放大倍数，$K = 1 + \dfrac{2R_8}{R_5 + R_{W1}}$，其大小可通过电位器 W_1 调整。

（2）电压/电流转换器

电压/电流转换器的作用是把前置放大器的输出电压 U_{o1} 转换成 $4 \sim 20$mA 的直流输出电流 I_o，并实现零点调整和输出限幅功能。

电压/电流转换器由 A_4，VT_2 组成。VT_2 起电流放大作用，故可把它看成是运放 A_4 内部的一部分，其等效电路如图 3-43 所示。由图可见，电压/电流转换器实际上是一个差动运算放大电路。

由于
$$R_{10} = R_{11} = R_{15} = R_{18}$$
因而
$$U_o = U_{o1}$$

可以得出变送器的输出电流 I_o 为

$$I_{\text{o}} = \frac{U_{\text{o}}}{R_{19}} = \frac{U_{\text{o1}}}{R_{19}} \tag{3-42}$$

将式(3-41)代入式(3-42)可求得放大转换部分的输入输出关系为

$$I_{\text{o}} = \frac{K}{R_{19}} U_{\text{s}} \tag{3-43}$$

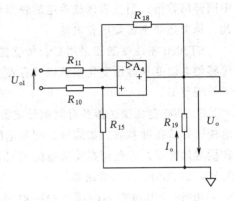

上式表明，调整 K 可以改变放大转换部分转换系数，因此由式(3-41)可知 W_1 是变送器的量程调整电位器。

W_2 上的调零电压 U_z 通过 R_{12} 加在 A_3 的反相输入端，实现变送器的零点调整，因此 W_2 是零点调整电位器。

VD_3 起输出限幅作用，当输出电流在 R_{19} 上所产生的压降使 VT_3 饱和导通时，VT_2 输入电压保持恒定，从而使 U_{o} 保持恒定，输出电流就被限制在对应的值上。

图 3-43　电压/电流转换器等效电路

图 3-40 中，VT_1，VZ_2 和 R_{13}，R_{14} 组成稳压电路，给各运算放大器及 VZ_1 供电；VD_3 为电源反极性保护二极管。

3.2.4. 智能式差压变送器

目前实际应用的智能式差压变送器种类较多，结构各有差异，但从总体结构上看是相似的。下面先简单介绍有代表性的 Honeywell 公司 ST3000 差压变送器和 Rosemount 公司 3051C 差压变送器的工作原理和特点，然后较详细介绍浙大中控公司的 1151 智能式差压变送器。这些变送器都是采用 HART 通信方式进行信息传输的。

3.2.4.1. ST3000 差压变送器

ST3000 差压变送器的原理框图如图 3-44 所示，它的检测元件也是采用扩散硅压阻传感器。但与模拟式扩散硅差压变送器所不同的是，ST3000 差压变送器所采用的是复合型传感器，该传感器在单个芯片上形成差压测量用、温度测量用和静压测量用三种感测元件。

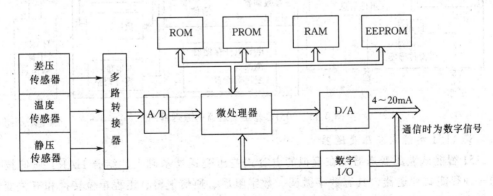

图 3-44　ST3000 差压变送器的原理框图

被测差压作用于正、负压侧隔离膜片通过填充液传递到复合传感器，使传感器的扩散电阻阻值产生相应变化，导致惠斯顿电桥的输出电压发生变化，这一变化经 A/D 转换送入微处理器。与此同时，复合传感器上的两种辅助传感器(温度传感器和静压传感器)检测出环境温度和静压参数，也经 A/D 转换送入微处理器。微处理器从 EEPROM 中取出在变送器生产时所存入的各种补偿数据(如差压、温度、静压特性参数和输入输出特性等)，对这三种数字信号进行运算处理，然后得到与被测差压相对应的 4～20mA 直流电流信号和数字信号，作为变送器的输出。

变送器中的 EEPROM 也起后备存储器作用，仪表工作时，EEPROM 中储存着与 RAM 中同样的数据；当仪表因故停电后恢复供电时，EEPROM 中的数据会自动传递到 RAM。因此，该变送器不需要后备电池。

ST3000 差压变送器采用复合传感器和综合误差自动补偿技术，有效克服了扩散硅压阻传感器对温度和静压变化敏感以及存在非线性的缺点，提高了变送器的测量精度，同时拓宽了量程范围。

ST3000 差压变送器备有数据设定器 SFC，SFC 可接在输出回路中的任意位置，用于设定变送器的各种参数，如编号、测量范围、线性/平方根输出的选定、阻尼时间常数、零点和量程调整等，并存储在变送器的 RAM 中。

3.2.4.2. 3051C 差压变送器

3051C 差压变送器的原理框图如图 3-45 所示，它由传感组件和电子组件两部分组成，电路采用专用集成电路(ASIC)和表面安装技术(SMT)。

该变送器的检测元件采用电容式压力传感器，其工作原理与模拟的电容式差压变送器基本相同。但 3051C 差压变送器除了电容式压力传感器之外，还配置了温度传感器，用以补偿热效应带来的误差。两个传感器的信号经 A/D 转换送到电子组件，微处理机完成对输入信号的线性化、温度补偿、数字通信、自诊断等处理后得到一个与被测差压对应的 4～20mA 直流电流信号和数字信号，作为变送器的输出。

手持通信器(即数据设定器)用于对变送器进行组态，或读取变送器的输出数据。

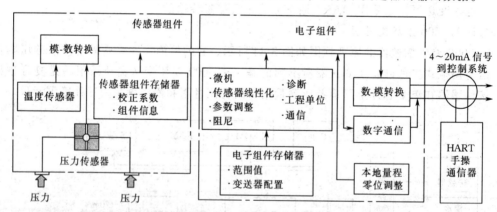

图 3-45　3051C 差压变送器的原理框图

3.2.4.3. 1151 智能式差压变送器

1151 智能式差压变送器是在模拟的电容式差压变送器基础上，结合 HART 通信技术开发的一种智能式变送器，具有数字微调、数字阻尼、通信报警、工程单位转换和有关变送器信息的存储等功能，同时又可传输 4～20mADC 电流信号，特别适用于工业企业对模拟式 1151 差压变送器的数字化改造。其原理框图如图 3-46 所示。

(1) 传感器部分

传感器部分的作用是将输入差压转换成 A/D 转换器所要求的 0～2.5V 电压信号。1151

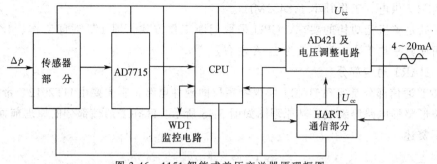

图 3-46 1151 智能式差压变送器原理框图

智能式差压变送器检测元件采用电容式压力传感器，传感器部分的工作原理与模拟式电容差压变送器相同，此处不再赘述。

值得指出的是，由于二线制变送器的正常工作电流必须等于或小于变送器输出电流的下限值（4mA），同时 HART 通信方式是在 4～20mADC 基础上叠加幅度为 ±0.5mA 的正弦调制波作为数字信号，因此变送器的正常工作电流必须等于或小于 3.5mA，才能满足要求。为此，传感器部分采取 5V 供电且采用低功耗放大器，使其工作电流从模拟式变送器的约 3mA 降低为 0.8mA 左右；相应的，变送器的其他部分也都采用低功耗器件。

（2）AD7715

AD7715 是一个带有模拟前置放大器的 A/D 转换芯片，它可以直接接受传感器的直流低电平输入信号并输出串行数字信号。该芯片采用 Σ-Δ 转换技术，实现 16 位的高精度模数转换，它由输入缓冲器、前置放大器、电荷平移式 A/D 转换器、时钟电路和 4 个寄存器组成。

前置放大器 PGA 有 1，2，32，128 四种增益可供选择；电荷平移式 A/D 转换器由积分器、比较器、1 位 DA 转换器和数字滤波器组成，将输入电压转换成时间（脉冲宽度）信号，用数字滤波器处理后得到数字值；4 个片内寄存器为通信寄存器、设定寄存器、测试寄存器、数据寄存器，通过对寄存器的编程，可以实现增益选择、信号极性、输出数据速率、自动校准和 AD 转换等功能。对 AD7715 的任何一种操作，必须首先对通信寄存器写入相应代码，然后才能对其他寄存器读写。该芯片还具有自校准和系统校准功能，可以消除零点误差、满量程误差及温度漂移的影响，因此特别适用于智能式变送器。

AD7715 的模拟输入为差动方式，极性可置成单极性或双极性，信号范围可选；电源可采用 +3V 或 +5V 单电源。其电路原理图如图 3-47 所示。图中，AD7715 采用三线串行口与微处理器连接；时钟电路由 1MHz 或 2.45MHz 外部晶振驱动；基准电压提供 AD7715 芯片所需参考电源。

（3）CPU

CPU 使用美国 ATMEL 公司的 AT89S8252 微处理器，它与 MCS-51 微处理器兼容。AT89S8252 提供了 8K 字节的 FlashROM，2K 字节的 EEPROM，256 字节的 RAM，32 个 I/O 口线，两个 DPTR，3 个 16 位定时/计数器，1 个全双工串行口，可编程看门狗，振荡器和时钟电路等。

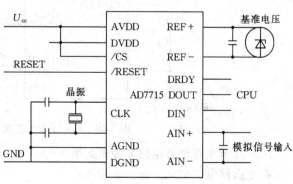

图 3-47 AD7715 电路原理图

CPU 采用 3V 供电，工作频率 1.8432MHz。

为了满足整机低功耗的要求，CPU 采取间断工作方式，即 1/5 时间工作、4/5 时间休眠，从而使其平均工作电流降低为 1mA 左右。

（4）HART 通信部分

HART 通信部分是实现 HART 协议物理层的硬件电路，它主要由 HT2012、带通滤波器和输出波形整形电路等组成，其原理图如图 3-48 所示。HART 通信部分的原理前面已介绍，此处不再赘述。

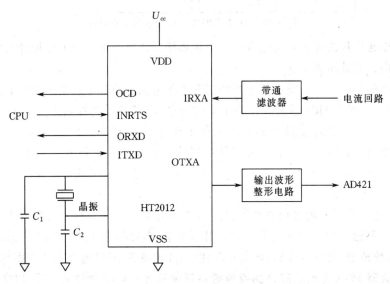

图 3-48　HART 通信电路

（5）AD421 及电压调整电路

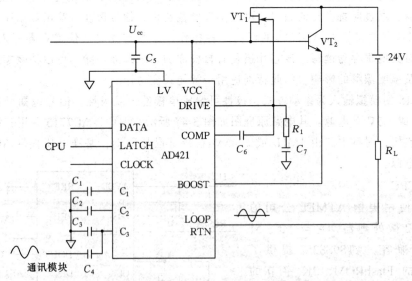

图 3-49　AD421 及电压调整电路原理图

AD421 及电压调整电路原理图如图 3-49 所示。AD421 前面已介绍，此处不再赘述。

在变送器中，AD421 起三个作用：

① 将 CPU 输入的数字信号转换为 4~20mA 直流电流作为整机的输出；

② 将通信部分输入的数字信号叠加在 4~20mA 直流电流上一起输出；

③ 与场效应管 VT_1 等组成电压调整电路，将变送器的 24V 供电电压转换成稳定的 5V 电压，给 CPU，A/D，D/A，通信部分等芯片以及传感器部分供电。

图 3-49 中，三极管 VT_2 起分流作用，以减少流过场效应管 VT_1 的电流。

（6）WDT 监控电路

WDT 监控电路如图 3-50 所示。当 CPU 正常工作时，从 I/O_1 口线向 WDT 的 WDI 输出定时脉冲，WDO 输出为高电平，对 CPU 的工作没有影响。而当 CPU 受外界干扰不能正常工作时，WDI 在指定时间内未接收到脉冲，则 WDO 输出将变为低电平，使 CPU 产生不可屏蔽的中断，将正在处理的数据进行保护；同时经过一段等待时间之后，输出 RESET 信号对 CPU 进行复位，使 CPU 重新进入正常工作。WDT 的电源故障端 PFI 经过分压电阻 R_1，R_2 接电源 U_{cc}，当电源发生较大波动时，监控电路将产生复位信号，从而有效地防止了电源干扰对 CPU 的影响。

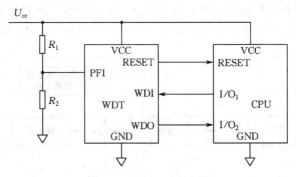

图 3-50　WDT 监控电路

WDT 使用 MAXIM 公司的 MAX6304ESA，其电源监视的复位电平可以通过外部电阻网络设置，复位等待时间和复位时间也可以通过外部电容设置，等待时间设置为 1s，复位时间为 0.33s。

（7）1151 智能式差压变送器的软件

1151 智能式差压变送器的软件分为两部分：测控程序和通信程序。

测控程序包括 A/D 采样程序、非线性补偿程序、量程转换程序、线性或开方输出程序、阻尼程序以及 D/A 输出程序等。采样采取定时中断采样，以保证数据采集、处理的实时性。

通信程序是实现 HART 协议数据链路层和应用层的软件。由于 HART 通信为主从方式，因此变送器只有在主机设备询问时才应答。通信程序采用串行口中断接收/发送。通常通信距离会比较远且存在各种干扰，传送的数据信息有可能发生差错，为此通信程序中采取了两种校验方法。当变送器检测到接收数据有错时，则等到主机设备命令帧发送结束之后才发回置有错误状态位的应答帧，通知主机设备数据接收有错误，主机设备则重新发送命令帧，从而保证通信的准确可靠。

3.3. 温度变送器

温度变送器与测温元件配合使用，将温度或温差信号转换成为统一标准信号或数字信号，以实现对温度（温差）参数显示、记录或自动控制。温度变送器还可以作为直流毫伏变送器或电阻变送器使用，配接能够输出直流毫伏信号 E_i 或电阻信号 R_i 的传感器，实现对其他工艺参数的测量。

温度变送器可分为模拟式温度变送器和智能式温度变送器两大类。在结构上，温度变送器有测温元件和变送器连成一个整体的一体化结构，也有测温元件另配的分体式结构。

模拟式温度变送器在与测温元件配合使用时，其输出信号有两种形式：一种是输出信号与温度之间呈线性关系，但输出信号与变送器的输入信号（E_t 或 R_t）之间呈非线性关系；另一种是输出信号与温度之间呈非线性关系，而输出信号与变送器的输入信号（E_t 或 R_t）之间呈线性关系。两种形式的区别仅在于变送器中有否非线性补偿环节。后一种形式的温度变送器，由于没有设置非线性补偿环节，测温元件的非线性会影响测量精度，因此一般只适用于测温精度要求不高或温度测量范围比较小的场合。智能式温度变送器，由于通过软件进行测温元件非线性补偿非常方便，并且补偿精度高，因此其输出信号与温度之间总是呈线性关系。

本节介绍典型模拟式温度变送器、一体化温度变送器和智能式温度变送器。

3.3.1. 典型模拟式温度变送器

3.3.1.1. 概述

典型模拟式温度变送器由三部分：输入部分、放大器和反馈部分组成，如图 3-51 所示。其测温元件，一般不包括在变送器内，而是通过接线端子与变送器相连接。

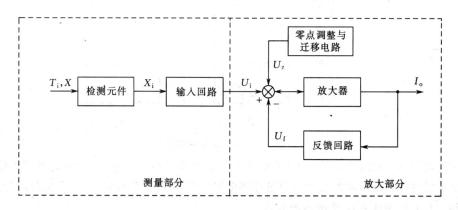

图 3-51　典型模拟式温度变送器原理框图

检测元件把被测温度 T_i 或其他工艺参数 X 转换为变送器的输入信号 X_i（E_t，R_t 或 E_i），送入变送器。经输入回路变换成直流毫伏信号 U_i 后，U_i 和调零与零迁电路产生的调零信号 U_z 的代数和同反馈电路产生的反馈信号 U_f 进行比较，其差值送入放大器，经放大得到整机的输出信号 I_o。气动温度变送器还需将放大器的输出电流信号 I_o 经仪表内的电/气转换器转换成 $20 \sim 100 \mathrm{kPa}$ 的气压信号。

典型模拟式温度变送器是气动和电动单元组合仪表变送单元的主要品种，都经历了从Ⅰ型到Ⅱ型、再到Ⅲ型的发展过程。下面以 DDZ-Ⅲ型温度变送器为例进行讨论。

3.3.1.2. DDZ-Ⅲ型温度变送器

DDZ-Ⅲ型温度变送器有带非线性补偿电路与不带非线性补偿电路的热电偶温度变送器和热电阻温度变送器以及直流毫伏变送器等多个品种，各品种的原理和结构大致相仿。本书介绍其中三种：直流毫伏变送器、带非线性补偿电路的热电偶温度变送器和热电阻温度变送器。前一种是将直流毫伏信号转换成 $4 \sim 20 \mathrm{mADC}$ 输出信号，后两种则分别与热电偶和热电阻相配合，将温度信号线性地转换成统一标准信号。

这三种变送器均属安全火花型防爆仪表，采用四线制的连接方式。因此在变送器的构成上，除了输入部分、放大器和反馈部分之外，还增加了直流/交流/直流变换器部分，以满足防爆仪表的要求。直流/交流/直流交换器为其他部分提供电源。三种变送器的构成方框图如图3-52所示。图中，实线箭头表示信号传递回路，空心箭头表示供电回路。在线路结构上，三种变送器都分为量程单元和放大单元两个部分，它们分别设置在两块印刷线路板上，用接插件互相连接。其中放大单元是通用的；而量程单元则随品种、测量范围的不同而异。

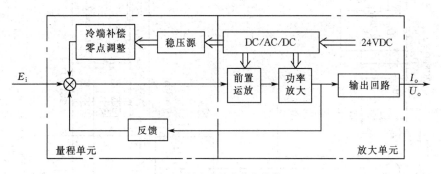

（a）直流毫伏变送器

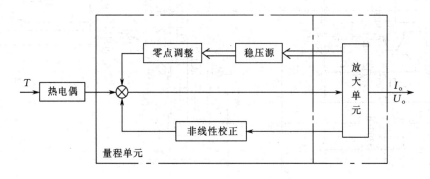

（b）热电偶温度变送器

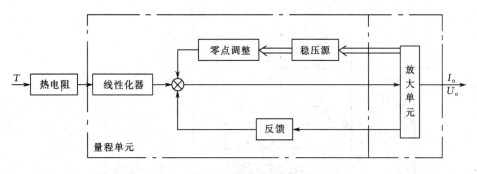

（c）热电阻温度变送器

图 3-52　DDZ-Ⅲ型温度变送器构成方框图

比较三种变送器的构成方框图可以看出，热电偶温度变送器和热电阻温度变送器是在直流毫伏变送器的基础上，分别增加了相应的补偿电路而构成的。因此，下面着重分析直流毫伏变送器，而对另外两种变送器仅分析其所增加的补偿电路。

（1）直流毫伏变送器

直流毫伏变送器用于把直流毫伏信号 E_i 转换成 4～20mADC 电流信号。由检测元件

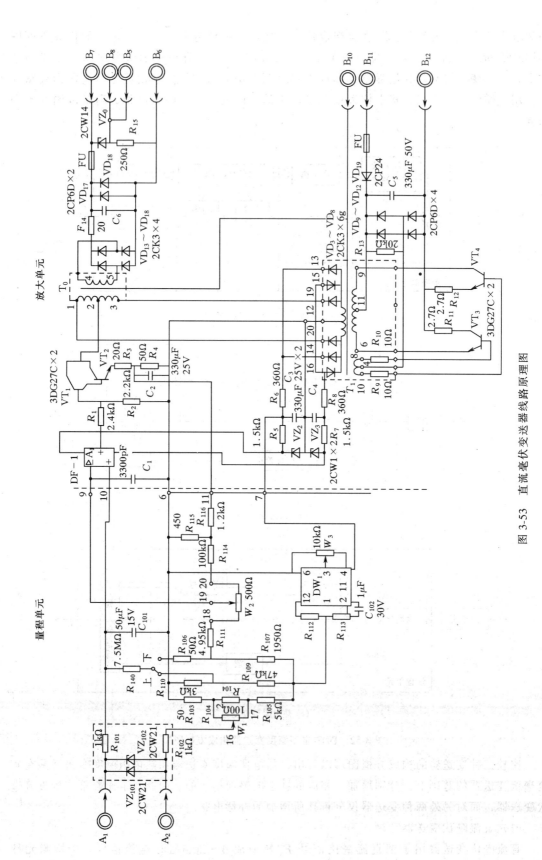

图 3-53 直流毫伏变送器线路原理图

送来的直流毫伏信号 E_i 和调零与零迁电路产生的调零信号 U_z 的代数和同反馈电路产生的反馈信号 U_f 进行比较，其差值送入电压放大器进行电压放大，再经功率放大器和隔离输出电路转换得到整机的 $4 \sim 20\text{mADC}$ 输出信号 I_o。直流毫伏变送器线路原理图示于图 3-53。

① 放大单元　放大单元包括放大器和直流/交流/直流变换器两部分，前者由电压放大器、功率放大器和隔离输出电路组成，后者由直流/交流变换器和整流、滤波、稳压电路组成，其线路见图 3-53 的放大单元。

a. 电压放大器　电压放大器由运算放大器 A_1 构成。由于放大器的输入信号很小且采用直接耦合方式，因此对运算放大器的温度漂移必须加以限制，即对运算放大器失调电压的温漂系数必须提出一定要求。

若设变送器使用温度范围为 Δt，运算放大器失调电压的温漂系数为 $\dfrac{\partial U_{os}}{\partial t}$，则在温度变化 Δt 时失调电压的变化量 ΔU_{os} 为

$$\Delta U_{os} = \frac{\partial U_{os}}{\partial t} \Delta t \tag{3-44}$$

现设 η 为由于 ΔU_{os} 的变化给变送器带来的附加误差，即 $\eta = \dfrac{\Delta U_{os}}{\Delta U_i}$，则由式(3-44)可得

$$\eta = \frac{\partial U_{os}}{\partial t} \frac{\Delta t}{\Delta U_i} \tag{3-45}$$

上式为运算放大器温漂系数和变送器相对误差的关系，可见温漂系数越大，引起的相对误差就越大。当温度变送器的最小量程为 3mV，使用温度范围为 30℃，要求 $\eta \leqslant 0.3\%$ 时，由式（3-45）可求得对运算放大器失调电压的温漂系数的要求为

$$\frac{\partial U_{os}}{\partial t} = \frac{\Delta U_i}{\Delta t} \eta \leqslant 0.3 \ \mu V/℃ \tag{3-46}$$

为了满足这一要求，运算放大器 A_1 需采用低漂移型高增益运算放大器。

b. 功率放大器　功率放大器起着放大和调制的作用。它把运算放大器输出的电压信号，转换成具有一定负载能力的电流信号；同时，把该直流信号调制成交流信号，以通过隔离变压器实现隔离输出。功率放大器电路如图 3-54 所示。

功率放大器由直流/交流/直流变换器的变压器 T_1 次级绕组 20，12，19 端子输出的交流方波电压供电。当方波电压的极性为如图 3-54 所示的正半周期时，二极管 VD_5 导通，VD_6 截止，由输入信号产生电流 i_{c1}；当方波电压的极性为与图示相反的负半周期时，二极管 VD_6 导通，VD_5 截止，从而产生了电流 i_{c2}。由于在方波电压的一个周期内，i_{c1} 和 i_{c2} 轮流通过隔离变压器 T_o 初级的两个绕组，于是在铁心中产生交变磁通，这个交变磁通使 T_o 的次级绕组中产生交变电流 i_L，从而实现了隔离输出；同时 i_{c1} 和 i_{c2} 幅值相等，因此流过复合管的电流是直流电流。

采用复合管是为了提高输入阻抗，减少运算放大器的功耗。引入射极电阻 R_3，R_4，一方面

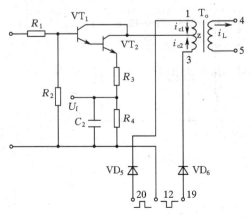

图 3-54　功率放大器电路

是为了稳定功率放大器的工作状态；另一方面从反馈采样电阻 R_4 两端取出反馈电压 U_f，作为反馈回路的输入电压。R_4 阻值为 50Ω，当输出电流在 $4\sim20\text{mADC}$ 范围内变化时，从 R_4 上取得的反馈电压 U_f 为 $0.2\sim1\text{VDC}$。

c. 隔离输出电路　为了避免控制系统可能多点接地引入干扰而影响系统的正常工作，变送器输出信号和输入信号之间须进行隔离，为此在功率放大器和输出回路之间采用隔离变压器 T_o 来传递信号。隔离输出电路如图 3-55 所示。

T_o 次级电流 i_L 经过桥式整流和由 R_{14}，C_6 组成的阻容滤波器滤波，得到 $4\sim20\text{mA}$ 的直流输出电流 I_o（通过端子 7，8 输出），I_o 在电阻 R_{15}（250Ω）上的压降 $1\sim5\text{VDC}$ 为输出电压信号。稳压管 VZ_0 的作用在于当电流输出回路断线时，I_o 可以通过 VZ_0 而流向 R_{15}，从而保证电压输出信号不受影响。二极管 VD_{17}，VD_{18} 的起保护作用。

隔离变压器 T_o 实际上是电流互感器，其变流比为 1:1，故输出电流等于复合管的集电极电流 $4\sim20\text{mADC}$。

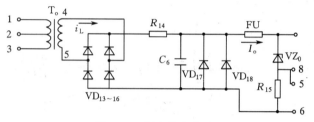

图 3-55　隔离输出电路

d. 直流/交流/直流变换器　直流/交流/直流交换器用来对仪表进行隔离式供电，其线路如图 3-56 所示。

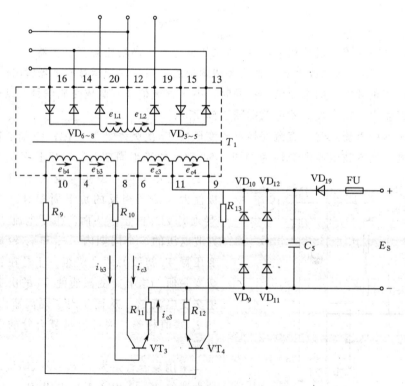

图 3-56　直流/交流/直流交换器

图 3-56 中，由 VT_3，VT_4，$R_9 \sim R_{13}$ 和变压器 T_1 构成的直流/交流变换器，实质上是一个磁耦合对称推挽式多谐振荡器，它把电源供给的 24V 直流电压转换成一定频率（4kHz 左右）的交流方波电压。变压器 T_1 次级绕组 20,12,19 端子输出的交流方波电压为功率放大器提供电源；13～16 端子输出的交流方波电压再经整流、滤波和稳压，产生稳定的直流电压，给变送器的其他各电路提供直流电源。

图 3-56 中，R_{13}，R_9 和 R_{10} 是静态偏置电阻，同时 R_9 和 R_{10} 还是 VT_3，VT_4 的基极限流电阻，用以防止晶体管深度饱和；R_{11}，R_{12} 是三极管 VT_3，VT_4 的射极反馈电阻，用以稳定晶体管的工作点；C_5 是滤波电容；二极管 VD_{19} 是用来防止电源极性接反而损坏转换器；$VD_9 \sim VD_{12}$ 作为振荡电流的通路并起保护三极管 VT_3，VT_4 的作用。

直流/交流/直流变换器是 DDZ-Ⅲ 型系列仪表中的一种通用部件，除了温度变送器外，安全栅也要使用该部件。

② 量程单元 量程单元包括输入回路、零点调整电路和反馈回路三部分，其线路如图 3-57 所示。图中，虚线框内为放大器的部分元器件。

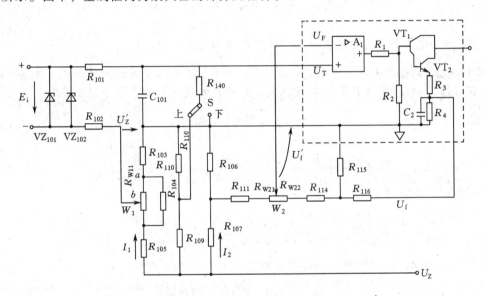

图 3-57 直流毫伏变送器量程单元

稳压管 VZ_{101}，VZ_{102} 和电阻 R_{101}，R_{102} 组成的输入回路，起限流和限压作用，使得流入危险场所的电能量限制在安全电平以下。电阻 R_{103}，R_{104}，R_{105} 和零点调整电位器 W_1 组成零点调整电路，它与反馈回路的电阻 R_{106}，R_{107} 组成一个桥路，实现零点调整和零点迁移的作用。桥路由集成稳压器 DW_1 供电，改变电位器 W_3 可以调整供电电压为 5VDC（见图 3-53）。反馈回路由电阻 R_{106}，R_{107}，$R_{114} \sim R_{116}$，R_4，R_{111} 及 W_2 等元件组成，它和放大器部分的电压放大器、功率放大器一起构成了负反馈放大器，从而保证变送器的输出与输入之间具有良好的线性关系，并使变送器输出具有较好的恒流性能。改变反馈回路的电阻 R_{114} 或调整量程电位器 W_2，可以实现变送器的量程调整。

图 3-57 中，R_{109}，R_{110}，R_{140} 及开关 S 组成输入信号断路报警电路。如果输入信号回路开路，当开关 S 置于"上"的位置时，R_{110} 上压降（0.3V）通过电阻 R_{140} 加到运算放大器 A_1 的同相端，这个输入电压足以使变送器输出超过 20mA；而当开关 S 置于"下"的位置时，A_1 同相端接地，变送器输出小于 4mA。在变送器正常工作时，因 R_{140} 的阻值很大

（7.5MΩ），且输入信号内阻很小，因此报警电路的影响可忽略。C_{101}用以滤除输入信号中的交流分量。

③ 变送器的静特性　根据图 3-57 可以求得变送器的输出与输入的关系。

由图 3-57 可见，运算放大器同相输入端的输入信号 U_T 是变送器输入信号 E_i 和基准电压 U_z 共同作用的结果；而它的反相输入端输入信号 U_F 是由基准电压 U_z 和反馈电压 U_f 共同作用的结果。由于 $R_4 \ll (R_{116} + R_{115})$，$R_{115} \ll (R_{111} + R_{W2} + R_{114})$，根据叠加定理和分压公式，可分别求得同相输入端的输入信号和反相输入端的信号为

$$U_T = E_i + \frac{R_{ab} + R_{103}}{R_{103} + R_{W1} /\!/ R_{104} + R_{105}} U_z \tag{3-47}$$

$$U_F = \frac{R_{W22} + R_{114} + R_{115} /\!/ (R_{116} + R_4)}{R_{106} /\!/ R_{107} + R_{111} + R_{W2} + R_{114} + R_{115} /\!/ (R_{116} + R_4)} \times \frac{R_{106}}{R_{106} + R_{107}} U_z$$

$$+ \frac{R_{106} /\!/ R_{107} + R_{111} + R''_{W21}}{R_{106} /\!/ R_{107} + R_{111} + R_{W2} + R_{114} + R_{115} /\!/ (R_{116} + R_4)} \times \frac{R_{115}}{R_{115} + R_{116}} U_f$$

$$\tag{3-48}$$

式中　R_{ab}——电位器 W_1 滑动触点 a 与 b 点之间的等效电阻，$R_{ab} = \dfrac{R_{W11} R_{104}}{R_{W1} + R_{104}}$。

由于 $R_{105} \gg R_{103} + R_{W1} /\!/ R_{104}$，$R_{114} > R_{111} \gg R_{106} /\!/ R_{107} + R_{W2} + R_{115} /\!/ (R_{116} + R_4)$，$R_{107} \gg R_{106}$ 且 $U_f = I_L R_4 = I_o R_4$。因此，式（3-47）和式（3-48）可分别改写为

$$U_T = E_i + \frac{R_{ab} + R_{103}}{R_{105}} U_z \tag{3-49}$$

$$U_F = \frac{R_{106} + R_{111} + R_{W21}}{R_{111} + R_{114}} \frac{R_{115}}{R_{115} + R_{116}} R_4 I_o + \frac{R_{106}}{R_{107}} U_z \tag{3-50}$$

现设

$$\alpha = \frac{R_{ab} + R_{103}}{R_{105}}, \qquad \beta = \frac{(R_{111} + R_{114})(R_{115} + R_{116})}{(R_{109} + R_{111} + R_{W21}) R_{115}}, \qquad \gamma = \frac{R_{106}}{R_{107}}$$

由 $U_T = U_F$，可从式（3-49）和式（3-50）求得

$$I_o = \frac{\beta}{R_4} E_i + \frac{\beta}{R_4}(\alpha - \gamma) U_z \tag{3-51}$$

上式即为直流毫伏变送器输出与输入之间的关系，从这个关系式可以看出

a. $\dfrac{\beta}{R_4}(\alpha - \gamma) U_z$ 为直流毫伏变送器的调零信号。当 $\alpha > \gamma$ 时，得到正向调零信号，即可实现负向迁移；而当 $\alpha < \gamma$ 时，得到负向调零信号，即可实现正向迁移，最大零点迁移范围为 $\pm 50\text{mV}$。改变 R_{104} 和调整电位器 W_1，可在小范围内改变调零信号，它可以获得满量程的 $\pm 5\%$ 的零点调整范围。

b. $\dfrac{\beta}{R_4}$ 为输出与输入之间的比例系数。由于输出信号 I_o 的范围（4～20mA）是固定不变的，因而比例系数越大就表示输入信号范围也即量程越小。改变 R_{114} 可以大幅度地改变变送器的量程。而调整电位器 W_2，可以在小范围内改变比例系数，它可以获得满量程的 $\pm 5\%$ 的量程调整范围。

c. 调整 W_2 和 R_{114}，改变比例系数 $\dfrac{\beta}{R_4}$，不仅调整了变送器的输入（量程）范围，而且

使调零信号也成比例地改变，即调整量程会影响零点。另一方面，调整 W_1，不仅调整了零点，而且满度输出也会相应改变。因此在仪表调校时，零点和量程必须反复调整，才能满足精度要求。

（2）热电偶温度变送器

热电偶温度变送器与各种热电偶配合使用，可以将温度信号变换为成比例的 $4\sim20\text{mADC}$ 电流信号和 $1\sim5\text{VDC}$ 电压信号。热电偶温度变送器的线路仅在直流毫伏变送器线路的基础上，作了如下两点修改：

① 在输入回路增加了由铜补偿电阻 R_{Cu1}，R_{Cu2} 等元件组成的热电偶冷端补偿电路。同时，在电路安排上把调零电位器 W_1 和电阻 R_{104} 移到了反馈回路的支路上；

② 在反馈回路中增加了由运算放大器 A_2 等构成的线性化电路。

修改部分的电路如图 3-58 所示，下面仅对这个电路进行分析。

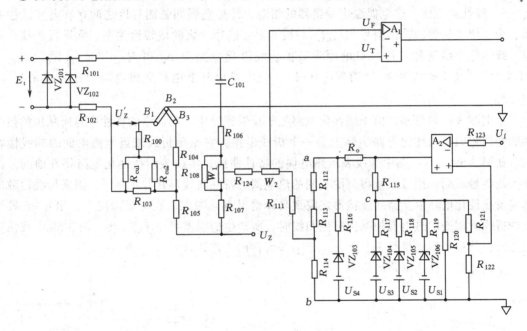

图 3-58 热电偶温度变送器量程单元

a. 热电偶冷端补偿电路 热电偶产生的热电势 E_t，与热电偶的冷端温度有关。一般情况下，热电偶的冷端温度并不固定，而是随室温变化，这样就使 E_t 也随室温变化，从而带来测量误差。因此，要求对热电偶的冷端温度进行补偿，以减小热电偶冷端温度变化所引起的测量误差。

由图 3-58 可以看出，运算放大器 A_1 同相输入端的输入信号 U_T，由输入变送器的热电偶热电势 E_t 和冷端补偿电势 U'_z 两部分组成，即

$$U_T = E_t + U'_z = E_t + \frac{R_{100} + \dfrac{R_{\text{Cu1}}R_{\text{Cu2}}}{R_{103} + R_{\text{Cu1}} + R_{\text{Cu2}}}}{R_{105} + (R_{\text{Cu1}} + R_{103}) /\!/ R_{\text{Cu2}} + R_{100}} U_z \qquad (3\text{-}52)$$

在电路设计时使 $R_{105} \gg (R_{\text{Cu1}} + R_{103}) /\!/ R_{\text{Cu2}} + R_{100}$，故式（3-52）可改写为

$$U_T = E_t + \frac{1}{R_{105}}\left(R_{100} + \frac{R_{\text{Cu1}}R_{\text{Cu2}}}{R_{103} + R_{\text{Cu1}} + R_{\text{Cu2}}}\right)U_z \qquad (3\text{-}53)$$

式 (3-53) 表明，当冷端环境温度升高时，由于 R_{Cu1}，R_{Cu2} 的阻值增加，使式中的第二项增加，从而补偿了由于环境温度升高引起的热电偶热电势 E_t 的下降。同时表明，若冷端环境温度升高越多，R_{Cu1}，R_{Cu2} 的阻值增加使补偿电压 U'_z 的增量越大，即 U'_z 随温度变化的特性与 E_t 的温度特性的起始段相同，因而可以达到更好的补偿效果。

冷端温度补偿电路中，R_{Cu1}，R_{Cu2} 为铜线绕电阻，其阻值在 0℃ 时为 50Ω。R_{105}，R_{103} 和 R_{100} 为锰铜线绕电阻或精密金属膜电阻，$R_{105} = 7.5\text{k}\Omega$，$R_{103}$ 和 R_{100} 的阻值决定于所选用的热电偶型号，一般按 0℃ 时冷端补偿电势 U'_z 为 25mV 和当温度变化 $\Delta t = 50℃$ 时 $\Delta E_t = \Delta U'_z$ 两个条件进行计算。

图 3-58 中，当端子板上的 B_2 与 B_3 端子相连接时，U'_z 等于 R_{104} 两端的电压，固定为 25mV，故可以 0℃ 为基准点，用毫伏信号来检查变送器的零点。当端子板上的 B_1 和 B_2 端子连接时即将冷端温度补偿电路接入。

b. 线性化电路　热电偶温度变送器的测温元件热电偶和被测温度之间存在着非线性关系，为了使变送器的输出信号 (U_o, I_o) 与被测温度信号 t 之间成线性关系，须进行非线性补偿。线性化电路就是为这一目的而设置的。线性化电路由 A_2 和 $R_{112} \sim R_{122}$，R_o，$VZ_{103} \sim VZ_{106}$，$U_{s1} \sim U_{s4}$ 等元件构成 (偏置电压 $U_{s1} \sim U_{s4}$ 是由基准电压通过电阻分压提供的)，见图 3-58。

根据图 3-6(a) 可知，由于线性化电路处于反馈回路中，因而它的特性应与所采用的热电偶的特性相同。线性化电路实际上是一个折线电路，它是用折线来近似热电偶的非线性特性，如图 3-59 所示，图中虚线表示热电偶的特性曲线，实线表示线性化电路特性曲线。由于不同型号或同一型号而量程范围不同的热电偶的特性曲线形状并不相同，因而折线段数的选定及线性化电路中支路的连接形式需视具体情况具体考虑。在一般情况下，用 $4 \sim 6$ 段组成的折线近似表示热电偶的某段特性曲线时，所产生的误差可小于 0.2%。图 3-58 中线性化电路的另外连接形式是将 U_{s4}，VZ_{104}，R_{117} 等元件的支路改接至 a 点或不接。

下面分析线性化电路的原理。

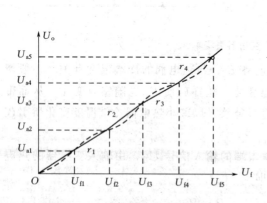

图 3-59　线性化电路特性曲线

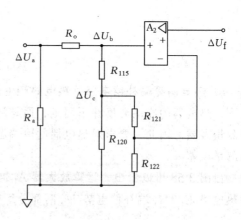

图 3-60　线性化电路原理简图一

A_2，$R_{120} \sim R_{122}$，R_{115}，R_o，R_a 组成了线性化电路的基本线路，即相当于 $VD_{103} \sim VD_{106}$ 均处于截止状态，其电路如图 3-60 所示。为分析方便起见，设图 3-58 中 a，b 两点左边的等效电阻为 R_a。该线路决定了第一段线段的斜率 r_1。应用 $\triangle \rightarrow Y$ 变换和同相端输入运放电路的输出输入关系式，由图 3-60 可以求得

$$\Delta U_b = \left[1 + \dfrac{R_{115} + \dfrac{R_{120}R_{121}}{R_{120}+R_{121}+R_{122}}}{\dfrac{R_{120}R_{122}}{R_{120}+R_{121}+R_{122}}}\right]\Delta U_f \qquad (3\text{-}54)$$

由于
$$\Delta U_a = \dfrac{R_a}{R_a+R_o}\Delta U_b \qquad (3\text{-}55)$$

将式(3-54)代入式(3-55)并整理后可得 r_1 的表达式为

$$r_1 = \dfrac{\Delta U_a}{\Delta U_f} = \dfrac{1 + \dfrac{R_{121}}{R_{122}} + \dfrac{R_{115}}{R_{122}}\left(1 + \dfrac{R_{121}+R_{122}}{R_{120}}\right)}{1+\dfrac{R_o}{R_a}} \qquad (3\text{-}56)$$

由式(3-56)可见，如果在 $U_f = U_{f2}$ 这一时刻，用一电阻(设为 R_{119})并联在 R_{120} 的两端，则式(3-56)中 R_{120} 应为 $R_{119}/\!/R_{120}$，即其值要减小，整个式子的分子要增大，因而直线的斜率要增加，结果使特性曲线在 $U_f = U_{f2}$ 的时刻向上翘。而如果在 $U_f = U_{f3}$ 这一时刻，以另一电阻(设为 R_{116})并联在 R_a 的两端，则式(3-56)中 R_a 应为 $R_{116}/\!/R_a$，即整个式子的分母要增大，因而直线的斜率要减小，结果使特性曲线在 $U_f = U_{f3}$ 的时刻向下斜。由此可见，只要适当选择把电阻并联到 R_{120} 或 R_a 的时间以及并联电阻的阻值，就可以使特性曲线按要求折转，获得如图3-59所示形状的折线特性。

电阻并联到 R_{120} 或 R_a 的时间即折线的拐点，由偏置电压 $U_{s1} \sim U_{s4}$ 和 $VZ_{103} \sim VZ_{106}$ 的击穿电压决定；并联电阻的阻值则由并联支路的电阻确定的。例如，若 VZ_{106} 的击穿电压为 U_{VZ}，当 $U_C = U_{s1} + U_{VZ}$ 时，稳压管 VZ_{106} 导通，因其动态电阻很小，故这时相当于把 R_{119} 并联到 R_{120} 上，其电路如图3-61所示。

如果在 $U_c = U_{s1} + U_{VZ}$ 的时候，$U_f = U_{f2}$，则特性曲线在 U_{f2} 对应的拐点处将向上翘。由图3-61可以得到第二段线段的斜率 r_2 为

$$r_2 = \dfrac{\Delta U_a}{\Delta U_f} = \dfrac{1 + \dfrac{R_{121}}{R_{122}} + \dfrac{R_{115}}{R_{122}}\left(1 + \dfrac{R_{121}+R_{122}}{R_{120}/\!/R_{119}}\right)}{1+\dfrac{R_o}{R_a}}$$
$$(3\text{-}57)$$

斜率 r_3, r_4 的二段线段与此相类似，不再赘述。

(3) 热电阻温度变送器

热电阻温度变送器与各种热电阻配合使用，可以将温度信号变换为成比例的 $4 \sim 20\text{mADC}$ 电

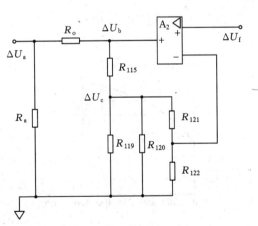

图3-61 线性化电路原理简图二

流信号和 $1 \sim 5\text{VDC}$ 电压信号，热电阻温度变送器的线路在直流毫伏变送器线路的基础上，输入回路增加了由 A_2, $R_{16} \sim R_{19}$ 等元件构成的线性化电路和由 R_{23}, R_{24} 等元件构成的热电阻导线电阻补偿电路，同时零点调整电路有所改变。

修改部分的电路如图3-62所示，图中，由 R_{25}, R_{26}, R_{27} 和 W_1 等元件组成的零点调整电路用于实现变送器的零点调整和零点迁移。为分析电路方便起见，在图中还用运算放大器

A 表示放大单元的放大器；用等效电阻 R_f 表示反馈回路。

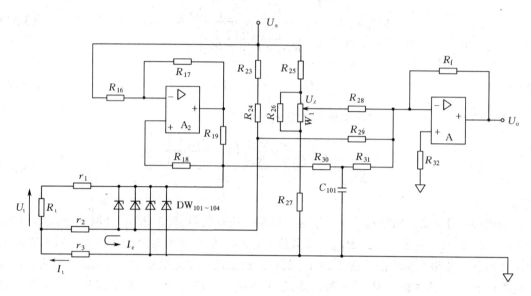

图 3-62　热电阻温度变送器量程单元

下面着重介绍线性化电路和热电阻导线电阻补偿电路。

① 线性化电路　热电阻温度变送器的测温元件热电阻和被测温度之间也存在着非线性关系。图 3-63 为铂电阻（$R_t = 100\Omega$）在 $0 \sim 500℃$ 温度范围内的温度特性，它表明 R_t 和 t 之间关系为上凸形，即热电阻阻值的增加量随温度增加而逐渐减小。在该测量范围内铂电阻非线性误差最大约为 2%，这对于要求精确测量的场合是不允许的，因此必须采取线性化的措施。

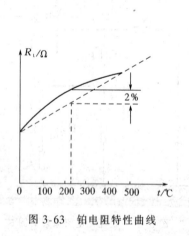

图 3-63　铂电阻特性曲线

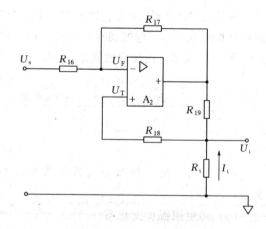

图 3-64　热电阻线性化电路原理图

热电阻温度变送器的线性化电路不采用折线电路的方法，而是采用热电阻两端电压信号 U_t 正反馈的方法，使流过热电阻的电流 I_t 随 U_t 增大而增大，即 I_t 随被测温度 t 增高而增大，从而补偿热电阻由于温度增加而导致变化量逐步减小的趋势，最终使得热电阻两端的电压信号 U_t 与被测温度 t 之间呈线性关系。

热电阻线性化电路原理图如图 3-64 所示。图中，U_s 为基准电压。热电阻 R_t 两端电压 U_t 通过 R_{18} 加到运算放大器 A_2 的同相输入端，构成一个正反馈电路。如把 A_2 看成为理想

运算放大器，即偏置电流 $I_b = 0$，$U_T = U_F$，则由图 3-64 可求得

$$U_T = -I_t R_t \tag{3-58}$$

$$U_F = \frac{R_{17}}{R_{16} + R_{17}} U_s - \frac{R_{16}}{R_{16} + R_{17}} I_t (R_{19} + R_t) \tag{3-59}$$

由以上两式可求得流过热电阻的电流 I_t 和热电阻两端电压信号 U_t 为

$$I_t = \frac{gU_s}{1 - gR_t}, \qquad U_t = -I_t R_t = -\frac{gR_t U_s}{1 - gR_t} \tag{3-60}$$

式中　$g = \dfrac{R_{17}}{R_{16} R_{19}}$。

由式(3-60)可以看出，热电阻 R_t 因被测温度升高而增加时，I_t 将增大；而 U_t 为 I_t 和 R_t 的乘积，因此 U_t 随被测温度升高的增加量将逐渐增大，即 U_t 与 R_t 之间呈下凹形关系。只要适当的选择参数 g，便可以使热电阻两端的电压 U_t 与被测温度 t 之间保持良好的线性关系。

实践表明，当选取 $g = 4 \times 10^{-4} \Omega^{-1}$ 时，即取 $R_{16} = 10k\Omega$，$R_{19} = 1k\Omega$，$R_{17} = 4k\Omega$ 时，在 $0 \sim 500℃$ 测温度范围内，铂电阻 R_t 两端的电压信号 U_t 与被测温度 t 之间的非线性误差最小。

② 热电阻导线电阻补偿电路　为了消除导线电阻的影响，热电阻采用三线制接法。图 3-62 中 $r_1 \sim r_3$ 为导线电阻，实际使用时要求 $r_1 = r_2 = r_3 = 1\Omega$。

设零点调整电路产生的调零信号为 U_z。若不考虑 R_{23}，R_{24} 支路的作用，则应用反相端输入运放电路的输出输入关系式和叠加定理，由图 3-62 可求得

$$U_o = \frac{R_f}{R_{30} + R_{31}} (U_t + I_t r_1 + I_t r_3) - \frac{R_f}{R_{28}} U_z$$

由于 $R_{30} + R_{31} = R_{28}$，$r_1 = r_3 = r$，故上式可化简为

$$U_o = \frac{R_f}{R_{28}} (U_t + 2I_t r - U_z) \tag{3-61}$$

上式表明，若不考虑导线电阻的补偿，则热电阻导线电阻的压降会造成测量误差。

在考虑 R_{23}、R_{24} 支路的作用时，将有电流 I_c 流过导线电阻 r_2 和 r_3。调整 R_{24} 使 $I_c = I_t$，则在导线电阻 r_3 上两电流大小相等而方向相反，因而电阻 r_3 上不产生压降。这时，由于 $R_{30} + R_{31} = R_{28} = R_{29}$，$r_1 = r_2$，因此用同样方法由图 3-62 可求得

$$U_o = \frac{R_f}{R_{28}} (U_t + I_t r_1 - I_c r_2 - U_z) = \frac{R_f}{R_{28}} (U_t - U_z) \tag{3-62}$$

由上式可见，导线电阻 r_1 上的压降被导线电阻 r_2 上的压降所抵消，因此，导线电阻补偿电路可以消除热电阻连接导线的影响。

应注意的是，上面结论是在电流 $I_c = I_t$ 的条件下得到的。由于流过热电阻 R_t 的电流 I_t 不是一个常数，因此 $I_c = I_t$ 只能在测温度范围内的某一点上成立。这样，导线电阻补偿电路只能在这一点上获得全补偿。一般取变送器测量范围上限值一点进行全补偿，即使 I_c 等于变送器测量范围上限值时的 I_t。

3.3.2. 一体化温度变送器

一体化温度变送器，由测温元件和变送器模块两部分构成，其结构框图如图 3-65 所示。

变送器模块把测温元件的输出信号 E_t 或 R_t 转换成为统一标准信号，主要是 4～20mA 的直流电流信号。

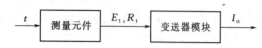

所谓一体化温度变送器，是指将变送器模块安装在测温元件接线盒或专用接线盒内的一种温度变送器。其变送器模块和测温元件形成一个整体，可以直接安装在被测温度的工艺设

图 3-65　一体化温度变送器结构框图

备上，输出为统一标准信号。这种变送器具有体积小、重量轻、现场安装方便以及输出信号抗干扰能力强，便于远距离传输等优点，对于测温元件采用热电偶的变送器，还具有不必采用昂贵的补偿导线，而节省安装费用的优点，因而一体化温度变送器在工业生产中得到广泛应用。

由于一体化温度变送器直接安装在现场，因此变送器模块一般采用环氧树脂浇注全固化封装，以提高对恶劣使用环境的适应性能。但由于变送器模块内部的集成电路一般情况下工作温度在 $-20～+80℃$ 范围内，超过这一范围，电子器件的性能会发生变化，变送器将不能正常工作，因此在使用中应特别注意变送器模块所处的环境温度。

一体化温度变送器品种较多，其变送器模块大多数以一片专用变送器芯片为主，外接少量元器件构成，常用的变送器芯片有 AD693，XTR101，XTR103，IXR100 等。变送器模块也有由通用的运算放大器构成或采用微处理器构成的。

下面以 AD693 构成的一体化温度变送器为例进行介绍。

3.3.2.1. AD693 介绍

AD693 是 ANALOG DEVICES 公司生产的一种专用变送器芯片，它可以直接接受传感器的直流低电平输入信号并转换成 4～20mA 的直流输出电流。该芯片的原理图如图 3-66 所示，它主要由信号放大器、U/I 变换器、基准电压源和辅助放大器构成。传感器的直流低电平输入信号加在引脚 17，18 上，经信号放大器放大或衰减为 60mVDC 的电压信号，U/I 变换器将该电压信号转换为 4～20mADC 信号由端子 10，7 输出。

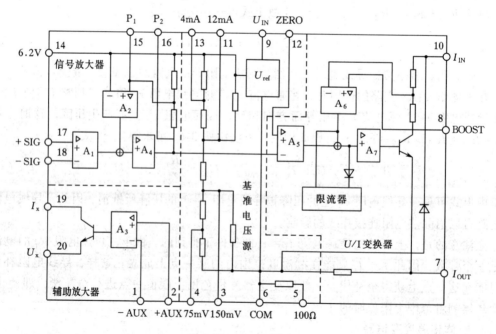

图 3-66　AD693 原理图

（1）信号放大器

信号放大器是由 A_1,A_2,A_3 三个运算放大器和若干反馈电阻组成，其输入信号范围为 $0\sim100mV$；设计放大倍数为 2 倍，通过端子14,15,16外接适当阻值的电阻，可以调整放大器的放大倍数，以使输出为 $0\sim60mVDC$。

（2）U/I 变换器

U/I 变换器将 $0\sim60mV$ 的直流电压输入信号转换为 $0\sim16mA$ 的直流电流输出信号，通过端子 9,11~13 外接适当阻值的电阻并采取适当的连接方法，可以使输出为 $4\sim20mA,0\sim20mA$，或 $12\pm8mA$ 等多种直流电流输出信号。U/I 变换器中，还设置了输出电流限幅电路，可使输出电流最大不超过 $32mADC$。

（3）基准电压源

基准电压源由基准稳压电路和分压电路组成，通过将其输入端子 9 与端子 8 相连或外接适当的电阻，可以输出 $6.2VDC$ 及其他多种不同的基准电压，供零点调整、量程调整及用户使用。

（4）辅助放大器

辅助放大器是一个可以灵活使用的放大器，由一个运算放大器和电流放大级组成，输出电流范围为 $0.01\sim5mADC$。它主要作为信号调理用，另外也有多种用途，如作为输入桥路的供电电源、输入缓冲级和 U/I 变换器；提供大于或小于 $6.2V$ 的基准电压；放大其他信号然后与主输入信号叠加；利用片内提供的 100Ω 和 $75mV$ 或 $150mV$ 的基准电压产生 $0.75mA$ 或 $1.5mA$ 的电流作为传感器的供电电流等。辅助放大器不用时须将同相输入端（端子 2）接地。

3.3.2.2. AD693 构成的热电偶温度变送器

AD693 构成的热电偶温度变送器的电路原理图如图 3-67 所示，它由热电偶、输入电路和 AD693 组成。

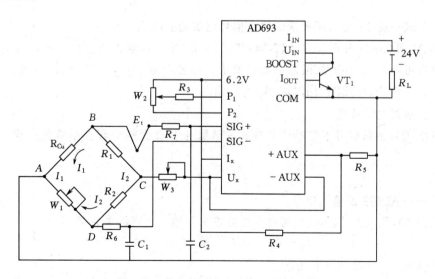

图 3-67 热电偶温度变送器电路原理图

（1）输入电路

图 3-67 中输入电路是一直流不平衡电桥，其四个桥臂分别是 R_1,R_2,R_{Cu} 以及电位器 W_1。B,D 是电桥的输出端，与 AD693 的输入端子 17,18 相连。电桥由 AD693 的基准电压

129

源和辅助放大器供电，辅助放大器端子 20 与 1 相连，构成电压跟随器，其输入由 6.2V 基准电压经 R_4，R_5 分压提供，若取 $R_4 = R_5 = 2\text{k}\Omega$，则桥路供电电压为 3.1V。电位器 W_3 用来调节电桥的总电流，设计时确定电桥总电流为 1mA。由于电桥上、下两个支路的固定电阻 $R_1 = R_2 = 5\text{k}\Omega$，且比 R_{Cu}、电位器 W_1 的电阻值大得多，因此可以认为上、下两个支路的电流相等，即 $I_1 = I_2 = I/2 = 0.5\text{mA}$。

从图 3-67 可知，AD693 的输入信号 U_i 为热电偶所产生的热电势 E_t 与电桥的输出信号 U_{BD} 之代数和，即

$$U_i = E_t + U_{\text{BD}} = E_t + I_1 R_{\text{Cu}} - I_2 R_{\text{W1}} = E_t + I_1 \left(R_{\text{Cu}} - R_{\text{W1}} \right) \tag{3-63}$$

式中 R_{Cu}，R_{W1} 分别为铜补偿电阻和电位器 W_1 的阻值。

（2）AD693 放大倍数的调整

为了使变送器能与各种热电偶配合使用，AD693 的输入信号范围应为 0～5mV 至 0～55mV 可调。由于 U/I 变换器的转换系数是恒定值，因此调整信号放大器的放大倍数，可以调整不同的输入信号范围。图 3-66 中 AD693 端子 14，15，16 所接的电位器 W_2 和电阻 R_3，起调整放大器放大倍数的作用。W_2 和 R_3 的数值确定方法如下。

不同的输入信号范围，AD693 端子 14，15，16 所接电阻的数值和接法是不同的。对于 0～30mV 的输入信号，要求在端子 14，15 外接一个电阻 $R_{14\text{-}15}$，其计算公式为

$$R_{14\text{-}15} = \frac{400}{\dfrac{30}{U_{\text{is}}} - 1} \tag{3-64}$$

对于 30～60mV 的输入信号，要求在端子 15，16 外接一个电阻 $R_{15\text{-}16}$，其计算公式为

$$R_{15\text{-}16} = \frac{400\left[1 - \dfrac{60}{U_{\text{is}}}\right]}{\dfrac{30}{U_{\text{is}}} - 1} \tag{3-65}$$

以上两式中的 U_{is} 均为所要求的输入信号范围的上限值。

将 5mV 和 55mV 分别代入式（3-64）和式（3-65）中，可求得 $R_{14\text{-}15} = 80\Omega$，$R_{15\text{-}16} = 80\Omega$。按输入信号可在 0～55mV 范围内调整的要求，综合考虑 $R_{14\text{-}15}$，$R_{15\text{-}16}$ 的数值，可取 $R_3 = 0.9R_{14\text{-}15}$，即取 $R_3 = 72\Omega$；同时取 $W_2 = 1.5\text{k}\Omega$。

（3）变送器的静特性

AD693 的转换系数等于信号放大器放大倍数与 U/I 变换器转换系数的乘积，设其值为 K，即

$$I_o = KU_i \tag{3-66}$$

式中　U_i——AD693 的输入信号。

将式（3-63）代入上式（3-66），可得变送器输出与输入之间的关系为

$$I_o = KU_i = KE_t + KI_1(R_{\text{Cu}} - R_{\text{W1}}) \tag{3-67}$$

从式（3-67）可以看出以下几点。

① 变送器的输出电流 I_o 与热电偶的热电势 E_t 成正比关系。

② 式（3-67）中，R_{Cu} 阻值大小随温度而变。合理选择 R_{Cu} 的数值可使 R_{Cu} 随温度变化而引起的 $I_1 R_{\text{Cu}}$ 变化量的绝对值近似等于热电偶因冷端温度变化所引起的热电势 E_t 的变化值，两者互相抵消。不同热电偶 R_{Cu} 的阻值是不同的，其值可由下式求得

$$R_{Cu} = \frac{E_r}{I_1 \alpha_{20}} \qquad (3\text{-}68)$$

式中 R_{Cu}——铜补偿电阻在 20℃ 时的电阻值，Ω；

$\qquad I_1$——桥臂电流，可认为 I_1 不变，mA；

$\qquad \alpha_{20}$——铜电阻在 20℃ 附近的平均电阻温度系数，其值一般为 0.004/℃；

$\qquad E_r$——热电偶在 20℃ 附近平均每度所产生的热电势，mV/℃。

严格地讲，热电偶热电势 E_t 与温度之间的关系以及补偿电阻 R_{Cu} 阻值变化与温度之间的关系都是非线性的。但由于两者非线性程度不同，因此，这种补偿只是近似的。

③ 改变 W_1 的阻值可以改变式(3-67)第二项的大小，从而可以选择 E_t 的起始点，即可以实现变送器的零点调整和零点迁移。W_1 为调零电位器，零点调整和零点迁移量（mV 数）的大小可近似用下式计算

$$U = 0.5(R_{Cu} - R_{W1}) \qquad (3\text{-}69)$$

④ 改变转换系数 K，可以改变仪表输出电流 I_o 与输入信号 E_t 之间的比例关系，从而可以改变仪表的量程。K 是通过调节电位器 W_2 改变，故 W_2 为量程调整电位器。

⑤ 改变 K 值(调量程)时，将同时影响式(3-67)第二项的大小，即同时影响仪表的零点；而调整零点时对仪表的满度值也有影响，因此，温度变送器的零点调整和量程调整相互有影响。

图 3-67 中，外接的晶体管 VT_1 起降低 AD693 功耗的作用，从而可以提高可靠性和提高 AD693 的使用温度范围。$R_6，C_1$ 和 $R_7，C_2$ 分别构成 RC 滤波电路，用于抑制输入的干扰信号。

3.3.2.3. AD693 构成的热电阻温度变送器

AD693 构成的热电阻温度变送器的电路原理图如图 3-68 所示，它与热电偶温度变送器的电路大致相仿，只是原来热电偶冷端温度补偿电阻 R_{Cu} 现用热电阻 R_t 代替。这时，AD693 的输入信号 U_i 为电桥的输出信号 U_{BD}，即

$$U_i = U_{BD} = I_1 R_t - I_2 R_{W1} = I_1 \Delta R_t + I_1(R_{t0} - R_{W1}) \qquad (3\text{-}70)$$

式中 $I_1，I_2$——桥臂电流，$I_1 = I_2$；

$\qquad \Delta R_t$——热电阻随温度的变化量（从被测温度范围的下限值 t_0 开始）；

$\qquad R_{t0}$——温度 t_0 时热电阻的电阻值；

$\qquad R_{W1}$——调零电位器 W_1 的电阻值。

同样可求得热电阻温度变送器的输出与输入之间的关系为

$$I_0 = KI_1 \Delta R_t + KI_1(R_{t0} - R_{W1}) \qquad (3\text{-}71)$$

上式表明，在电桥两桥臂电流 $I_1，I_2$ 一定时，变送器输出电流 I_o 与热电阻阻值随温度的变化量 ΔR_t 成比例关系。由于 R_t 随被测温度变化时，将引起电桥电流产生变化，尽管 I_1 的变化十分微小，但仍将影响 I_o 与 ΔR_t 之间的比例关系，且量程越大，影响也越大。因此，热电阻温度变送器的精度稍低一点。热电阻温度变送器的零点调整、零点迁移以及量程调整，与前述的热电偶温度变送器大致相同，这里不再赘述。

为了克服连接导线电阻的影响，热电阻应采用三线制接法，如图 3-68 所示。由于在 W_2 桥臂中串入一根与 R_t 桥臂中完全相同的连接导线，并且两桥臂的电流几乎是相等的，因此当环境温度变化时，两根导线电阻变化所引起的电压降变化，彼此相互抵消，不会影响桥路

的输出电压，从而克服了导线电阻的影响，提高了仪表的测量精度。

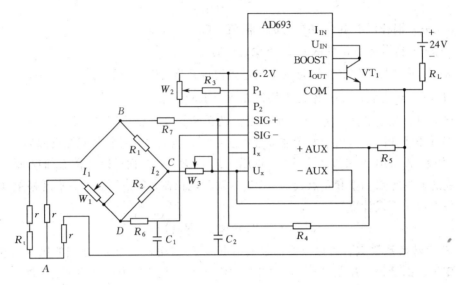

图 3-68　温度变送器电路原理图

值得指出的是，AD693 是一种通用芯片，它也可与其他的传感器配合使用，如配接扩散硅或应变片式压力传感器可构成压力或差压变送器。

3.3.3. 智能式温度变送器

智能式温度变送器有采用 HART 协议通信方式，也有采用现场总线通信方式，前者技术比较成熟，产品的种类也比较多；后者的产品近两年才问世，国内尚处于研究开发阶段。通常，智能式温度变送器均具有如下特点：

① 通用性强　智能式温度变送器可以与各种热电阻或热电偶配合使用，并可接受其他传感器输出的电阻或毫伏(mV)信号，并且量程可调范围很宽，量程比大；

② 使用方便灵活　通过上位机或手持终端可以对智能式温度变送器所接受的传感器的类型、规格以及量程进行任意组态，并可对变送器的零点和满度值进行远距离调整；

③ 具有各种补偿功能　实现对不同分度号热电偶、热电阻的非线性补偿，热电阻的引线补偿，热电偶冷端温度补偿，零点、量程的自校正等，并且补偿精度高；

④ 具有控制功能　实现现场就地控制；

⑤ 具有通信功能　可以与其他各种智能化的现场控制设备以及上层管理控制计算机实现双向信息通信；

⑥ 具有自诊断功能　定时对变送器的零点和满度值进行自校正，以避免产生漂移；对输入信号和输出信号回路断线报警，被测参数超限报警，变送器内部各芯片进行监测，工作异常时给出报警信号等。

下面以 SMART 公司的 TT302 温度变送器为例进行介绍。

3.3.3.1. 概述

TT302 温度变送器是一种符合 FF 通信协议的现场总线智能仪表，它可以与各种热电阻 (Cu10, Ni120, Pt50, Pt100, Pt500) 或热电偶 (B, E, J, K, N, R, S, T, L, U) 配合使用测量温度，也可以使用其他具有电阻或毫伏(mV)输出的传感器，如负载传感器、电阻位置指示器等测量其他参数。具有量程范围宽、精度高、环境温度和振动影响小、抗干扰能力强、重量轻以及安装维护方便等优点。采用低铜铝外壳或 316 不锈钢外壳，既可直接安装在传感器上；也可通过支架安装在管线上或平面上。

TT302 温度变送器还具有控制功能，其软件中提供了多种与控制功能有关的功能模块，用户通过组态，可以实现所要求的控制策略。这体现了现场总线控制系统将传统上集中于控制室的控制功能分散到现场设备中，具有现场控制的特点。

TT302 温度变送器还具有双通道输入，可接受两个测量元件的信号。

3.3.3.2. TT302 温度变送器的硬件构成

TT302 温度变送器的硬件构成原理框图如图 3-69 所示，在结构上它由输入板、主电路板和液晶显示器组成。

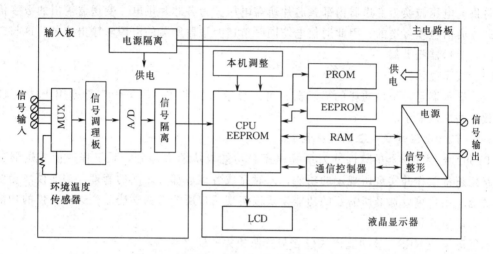

图 3-69 TT302 温度变送器硬件构成原理框图

（1）输入板

输入板包括多路转换器、信号调理电路、A/D 转换器和隔离部分，其作用是将输入信号转换为二进制的数字信号，传送给 CPU；并实现输入板与主电路板的隔离。

由于 TT302 温度变送器可以接收多种输入信号，各种信号将与不同的端子连接，因此由多路转换器根据输入信号的类型，将相应端子连接到信号调理电路，由信号调理电路进行放大，再由 A/D 转换器将其转换为相应的数字量。

隔离部分包括信号隔离和电源隔离。信号隔离采用光电隔离，用于 A/D 转换器与 CPU 之间的控制信号和数字信号的隔离；电源隔离采用高频变压器隔离，供电直流电源先调制为高频交流，通过高频变压器后整流滤波转换成直流电压，再给输入板上各电路供电。隔离的目的是为了避免控制系统可能多点接地形成地环电流，而引入干扰影响整个系统的正常工作。

输入板上的环境温度传感器用于热电偶的冷端温度补偿。

（2）主电路板

主电路板包括微处理器系统、通信控制器、信号整形电路、本机调整部分和电源部分，它是变送器的核心部件。

微处理器系统由 CPU 和存储器组成。CPU 控制整个仪表各组成部分的协调工作，完成数据传递、运算、处理、通信等功能。存储器有 PROM，RAM 和 EEPROM，PROM 用于存放系统程序；RAM 用于暂时存放运算数据；CPU 芯片外的 EEPROM 用于存放组态参数，即功能模块的参数。在 CPU 内部还有一个 EEPROM，作为 RAM 备份使用，保存标定、组态和辨识等重要数据，以保证变送器停电后来电能继续按原来设定状态进行工作。

通信控制器和信号整形电路与 CPU 一起共同完成数据的通信。通信控制器实现物理层的功能，完成信息帧的编码和解码、帧校验、数据的发送与接收。信号整形电路对发送和接收的信号波形进行滤波和预处理等。

本机调整部分由两个磁性开关即干簧管组成，用于进行变送器就地组态和调整。其方法是不必打开仪表的端盖，而在仪表的外面利用磁棒的接近或离开以触发磁性开关动作，即可进行变送器的组态和调整。

TT302 温度变送器是由现场总线电源通过通信电缆供电，供电电压为 9～32VDC。电源部分将供电电压转换为变送器内部各芯片所需电压，为各芯片供电。变送器输出的数字信号也是通过通信电缆传送的，因此通信电缆同时传送变送器所需的电源和输出信号，这与二线制模拟式变送器相类似。

（3）液晶显示器

液晶显示器是一个微功耗的显示器，可以显示四位半数字和五位字母，用于接收 CPU 来的数据并加以显示。

3.3.3.3. TT302 温度变送器的软件构成

TT302 温度变送器的软件分为系统程序和功能模块两大部分。系统程序使变送器各硬件电路能正常工作并实现所规定的功能，同时完成各组成部分之间的管理。功能模块提供了各种功能，用户可以选择所需要的功能模块以实现用户所要求的功能。变送器提供的功能模块主要有以下几种。

- 资源模块 RES　该功能模块包含与资源相关的硬件数据。
- 转换功能模块 TRD　将输入/输出变量转换成相应的工程数据。
- 显示转换 DSP　用于组态液晶显示上的过程变量。
- 组态转换 DIAG　提供在线测量功能模块执行时间，检查功能模块与其他程序之间的连接。
- 模拟输入 AI　此功能模块从转换功能模块获得输入数据，然后对数据进行处理后传送给其他功能模块，AI 模块具有量程转换、过滤、平方根及去掉尾数等功能。
- PID 控制功能 PID　此功能模块包含多种功能：如设定值及变化率范围调整、测量值滤波及报警、前馈、输出跟踪等。
- 增强的 PID 功能 EPID　它除了具有 PID 控制功能模块所有的标准功能之外，还包括无扰动或强制手动/自动切换等功能。
- 输入选择器 ISEL　该功能模块具有四路模拟输入，可供输入参数选择，或参照一定标准选择，如最好、最大、最小、中等或平均。
- 运算功能块 ARTH　提供预设公式，可进行各种计算。
- 信号特征描述 CHAR　同一曲线可描述两种信号特征，反向函数可用于回读变量特征描述。
- 分层 SPLT　主要用于分层及时序。它收到来自 PID 功能模块的输出，根据所选算法进行处理，产生两路模拟输出。
- 模拟警报 AALM　该功能模块具有动态或静态报警限位、优先级选择、暂时性报警限位、扩展阶跃设定点和报警限位或报警检查延迟等功能，可以避免错误报警、重复报警。

• 设定点斜坡发生器 SPG 该功能模块按事先确定的时间函数产生设定点，主要用于温度控制、批处理等。

• 计时器 TIME 它包含四个由组合逻辑产生的离散输入，被选定的计时器可对输入信号进行测量、延迟、扩展等。

• 超前/滞后功能模块 LLAG 它提供动态变量补偿，通常用于前馈控制。

• 常量模块 CT 它提供模拟及离散输出常数。

• 输出选择/动态限位 OSDL 它有两种算法：输出选择，实现对离散输入信号的输出选择；动态限位，专门用于燃烧控制的双交叉限位。

用户可以通过上位管理计算机或挂接在现场总线通信电缆上的手持式组态器，对变送器进行远程组态，调用或删除功能模块；对于带有液晶显示的变送器，也可以使用磁性编程工具对变送器进行本地调整。

思考题与习题

3-1 变送器在自动控制系统中起什么作用？它有哪些类型？

3-2 模拟式变送器由哪几部分构成？试述其工作原理。

3-3 试述智能式变送器的构成原理。

3-4 某 DDZ-Ⅲ型差压变送器输入信号从 20kPa 变化到 60kPa，输出信号相应从最小变化到最大。若输入信号从 30kPa 变化到 40kPa，其输出应从多少变化到多少？

3-5 何谓变送器的量程调整、零点调整和零点迁移？试举例说明之。

3-6 试推导第 2 章式(2-109)

$$\Delta p = \Delta p_s X_1$$
$$p = p_s X_2 + p_{min}$$
$$T = T_s X_3 + T_{min}$$
$$Q = Q_s Y_2$$

3-7 变送器为什么要进行非线性补偿？一般如何进行补偿？

3-8 什么是二线制？二线制的变送器有何特殊要求？

3-9 什么是 FSK 信号？HART 协议通信方式是如何实现的？

3-10 现场总线通信方式是如何实现的？

3-11 DDZ-Ⅲ型差压变送器是如何将差压信号转变为直流电流信号的？使得输出电流与输入差压呈线性关系的主要因素是什么？

3-12 简述电容式差压变送器和扩散硅式差压变送器的工作原理。

3-13 用电容式差压变送器测量流量，若测量范围为 $0 \sim 16 m^3/h$，问流量为 $12 m^3/h$ 时变送器的输出电流为多少？

3-14 ST3000 差压变送器和 3051C 差压变送器各有什么特点？

3-15 温度变送器接受直流毫伏信号、热电偶信号和热电阻信号时应该有哪些不同？

3-16 采用热电偶测量温度时，为什么要进行冷端温度补偿？一般有哪些冷端温度补偿方法？

3-17 采用热电阻测量温度时，为什么要进行引线电阻补偿？一般有哪些引线电阻补偿方法？

3-18 智能温度变送器有哪些特点？简述 TT302 温度变送器的工作原理。

4. 其他常用的单元仪表

在用仪表构成控制系统时，有时还需要使用一些其他单元的仪表，如运算单元、显示与积算单元和辅助单元等。本章将介绍这些单元中的一些常用仪表。

4.1. 开方器

4.1.1. 开方器的作用

开方器属于运算单元的仪表。开方器的作用是对某一统一标准信号进行开方运算，并将运算结果以统一标准信号输出，供其他仪表使用。现在开方器主要是用于构成流量检测或控制系统，即当采用差压方式测量流体流量时，通过开方器对差压变送器的输出信号进行开方运算，从而得到与被测流量成正比关系的信号，供其他仪表使用。其系统构成如图4-1所示。

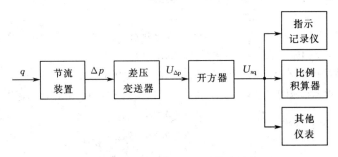

图 4-1　开方器在流量检测系统中的应用

当采用差压方式测量流量时，由节流装置将流量转换为差压信号。当流体密度不变时，被测流量与差压信号之间有下列关系

$$\Delta p = K_1 q^2 \tag{4-1}$$

式中　Δp——流体流过节流装置时产生的差压信号；

　　　q——流体的流量；

　　　K_1——节流装置的转换系数。

差压变送器的输出信号与输入信号之间的关系为

$$U_{\Delta p} = K_2 \Delta p \tag{4-2}$$

式中　$U_{\Delta p}$——差压变送器的输出信号；

　　　K_2——差压变送器的转换系数。

而开方器的输出信号为

$$U_{sq} = K_3 \sqrt{U_{\Delta p}} \tag{4-3}$$

式中　U_{sq}——开方器的输出信号；

　　　K_3——开方器的开方系数。

将式(4-1)代入式(4-2)可得

$$U_{\Delta p} = K_1 K_2 q^2$$

再将上式代入式(4-3),则可得

$$U_{sq} = K_3 \sqrt{K_1 K_2 q^2} = K_3 \sqrt{K_1 K_2} \times q \qquad (4\text{-}4)$$

由式(4-4)可以看出,开方器的输出信号 U_{sq} 与流量信号 q 成正比关系。这样,开方器的输出就可以直接送给等刻度的指示或记录仪表,用于显示或记录流量的瞬时值。若该信号送至比例积算器,则可对流量进行累计积算。此外,也可根据需要将该信号送至控制器,用于组成流量控制系统等。

4.1.2. 开方器的构成原理

在模拟式仪表中有多种方法可用来实现开方运算,如利用二极管的开关作用构成折线电路,并通过调整电路元件的参数,使其输入与输出之间呈开方运算特性,如图 4-2(a)所示。另外,也可以利用负反馈原理,将此折线电路先设计为平方特性,并将其放置在反馈通道中,从而实现整机输入与输出之间的开方运算特性,如图 4-2(b)所示。

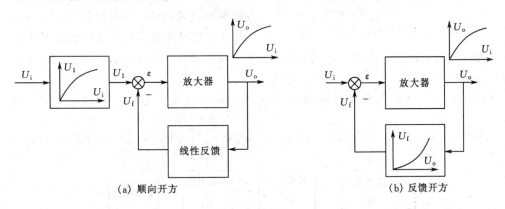

(a) 顺向开方　　　　　　　　　　(b) 反馈开方

图 4-2　开方特性实现原理

在单元组合仪表中,还有一种开方器是由乘除器演变来的,这种乘除器构成比较复杂,但其运算精度较高,所以在控制系统中得到较为广泛的应用。在本节中将介绍这种开方器的构成原理。由于这种开方器是以乘法电路为基础构成的,因此,先介绍一种实现乘法运算的方法——单向矩形脉冲法。

图 4-3 所示为一单向矩形脉冲,其直流分量可表示为

$$U_D = \frac{t_p}{T} U_{max} \qquad (4\text{-}5)$$

式中　U_D——单向矩形脉冲的直流分量;

　　　U_{max}——单向矩形脉冲的幅值;

　　　t_p——单向矩形脉冲的脉冲宽度;

　　　T——单向矩形脉冲的周期。

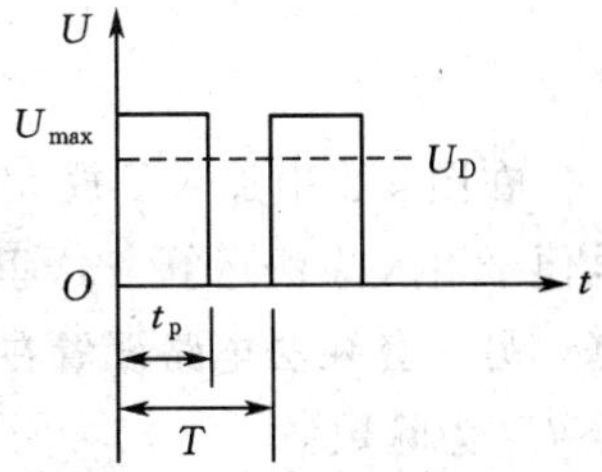

图 4-3　单向矩形脉冲

t_p/T 反映了该单向矩形脉冲序列高电平与低电平持续时间的不对称程度,称之为占空比,用 S 来表示,即 $S = t_p/T$。由式(4-5)可以看出,如果设法使一个输入信号与 S 成正比,即由此信号来控制脉冲的宽度,而使另一个输入信号与 U_{max} 成正比,即由此信号来控制脉冲的幅值,则 U_D 的大小就可反映出这两个输入信号之间的乘积关系。现在假设

$$S = \frac{t_p}{T} = K_1 U_1 \qquad (4\text{-}6)$$

式中 U_1——输入信号 1；

  K_1——输入信号 1 的比例系数。

再假设

$$U_{max} = K_2 U_2 \tag{4-7}$$

式中 U_2——输入信号 2；

  K_2——输入信号 2 的比例系数。

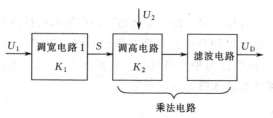

图 4-4 乘法运算电路构成方框图

将式(4-6)和式(4-7)代入式(4-5)中,则可得

$$U_D = K_1 K_2 U_1 U_2 \tag{4-8}$$

由此可见, U_D 与 U_1, U_2 的乘积成正比, 从而实现了乘法运算。由于 U_D 是矩形脉冲的直流分量, 所以在实际电路中可通过对该矩形脉冲序列信号进行滤波来获得。根据这一原理, 就可以构造出乘法运算电路来, 其构成原理如图 4-4 所示。其中, 调高电路和滤波电路实现了乘法运算, 称之为乘法电路。

在此基础上, 就可以利用负反馈原理来进一步实现乘除运算, 其构成原理如图 4-5 所示。

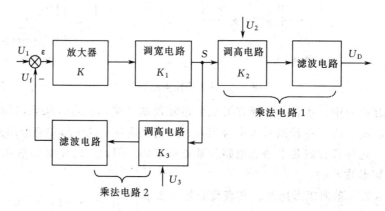

图 4-5 乘除器构成方框图

在图 4-5 中加入了放大器, 这样就可以利用负反馈技术来提高运算精度和稳定性, 同时也便于引入除法运算。这里有两套乘法电路, 一套用于实现输入信号 U_1 与 U_2 的乘法运算。另一套乘法电路设置在反馈通道中, 就整机特性来讲相当于进行除法运算, 所以输入信号 U_3 为除数。

由图 4-5 可知

$$U_f = K_3 U_3 S \tag{4-9}$$

由于电路采用了深度负反馈, 所以有

$$U_f = U_1 \tag{4-10}$$

由式(4-9)和式(4-10)可得

$$S = \frac{U_1}{K_3 U_3} \tag{4-11}$$

而 $$U_D = K_2 U_2 S \qquad (4\text{-}12)$$

将式(4-11)代入式(4-12)则可得

$$U_D = \frac{K_2 U_1 U_2}{K_3 U_3}$$

设 $K_2 = K_3$，则有

$$U_D = \frac{U_1 U_2}{U_3} \qquad (4\text{-}13)$$

式(4-13)表明，在引入深度负反馈条件下，图4-5所示原理电路可以实现三路信号 U_1，U_2 及 U_3 的乘除复合运算。

对于式(4-13)，若使 U_3 为一常数，则可实现 U_1 与 U_2 的乘法运算；若使 U_2 为一常数，则可实现 U_1 与 U_3 的除法运算；若使 $U_3 = U_D$，则有 $U_D^2 = U_1 U_2$，即

$$U_D = \sqrt{U_1 U_2} \qquad (4\text{-}14)$$

式(4-14)称为乘后开方运算，若此时将 U_2 置为常数，则 U_D 与 $\sqrt{U_1}$ 就成正比关系，即可以实现对 U_1 的开方运算。开方器就是利用这一原理来实现的。

对于实际的开方器，除图4-5所示的核心电路外，还需要加入一些电路。以 DDZ-Ⅲ型开方器为例，其开方运算式为

$$U_o = K \sqrt{U_i - 1} + 1 \qquad (4\text{-}15)$$

式中，U_i 为输入信号；U_o 为输出信号；K 为开方系数。

其中的 $U_i - 1$ 就是要把与运算无关的1V零点值减去，所以在电路中要加入输入电路对此进行处理。还有，为实现整机系数的调整和提高带负载能力，还需加入比例放大电路和输出电路等。另外，在开方器中还需加入小信号切除电路，以便解决开方器对小信号运算精度较低，可引起较大误差的问题。这一点可通过下面的分析来说明。

对式(4-15)两边求导后可得

$$\frac{dU_o}{dU_i} = \frac{K}{2\sqrt{U_i - 1}}$$

dU_o/dU_i 可视为开方器的放大倍数。由上式可知，开方器的放大倍数与 U_i 有关。当输入信号 U_i 很小(即接近1V)时，开方器的放大倍数将很大。这时，如果 U_i 稍有波动(由某些干扰造成的波动)，则开方器的输出 U_o 将发生很大的变化，这将引起较大的运算误差，从而对测量或控制系统造成不利影响。因此，在输入信号较小时，通常将输出信号切除，使之为零点值(也可以在小信号时不进行开方运算)。而当信号足够大时，再将输出信号重新接入，以避免上述问题的发生。

由此可见，实际的开方器除了用于实现乘除运算的核心电路之外，还需要一些辅助电路，这样才能满足实际需要。

4.1.3. DDZ-Ⅲ型开方器

DDZ-Ⅲ型开方器的作用是对 $1\sim5\text{VDC}$ 的输入信号进行开方运算，运算结果以 $1\sim5\text{VDC}$ 或 $4\sim20\text{mADC}$ 输出，其运算关系式为式(4-15)，即

$$U_o = K \sqrt{U_i - 1} + 1$$

主要技术指标为：输入信号　　$1\sim5\text{VDC}$；

输出信号　　$1\sim5\text{VDC}$ 或 $4\sim20\text{mADC}$；

电源 24VDC；

基本误差　±0.5％（输入信号＞10％时）；

小信号切除　输入信号＜1.04V 时，输出切除。

4.1.3.1. DDZ-Ⅲ型开方器的构成

DDZ-Ⅲ型开方器的构成原理如图 4-6 所示，由输入电路、开方运算电路、小信号切除电路及输出电路等组成。

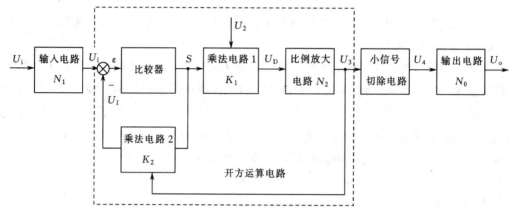

图 4-6　开方器构成方框图

图 4-6 中的虚线部分为开方运算电路，由比较器、乘法电路 1、乘法电路 2 和比例放大电路组成，为开方器的核心电路。

由该虚线部分可以列出

$$U_3 = N_2 U_D, \qquad U_D = K_1 U_2 S$$

所以 $$U_3 = N_2 K_1 U_2 S \tag{4-16}$$

而 $$U_f = K_2 S U_3$$

由于放大器的放大倍数足够大，使得 ε→0，因此 $U_1 \approx U_f$，所以有

$$U_1 = K_2 S U_3$$

即 $$S = \frac{U_1}{K_2 U_3} \tag{4-17}$$

将式(4-17)代入式(4-16)可推得

$$U_3^2 = \frac{N_2 K_1 U_2 U_1}{K_2}$$

在本开方器中，$K_1 = K_2$。所以有

$$U_3 = \sqrt{N_2 U_2} \times \sqrt{U_1} \tag{4-18}$$

输入电路内部有减 1V 电路，先减去 1V，再比例放大，其运算关系式为

$$U_1 = N_1 (U_i - 1) \tag{4-19}$$

而当输入信号高于小信号切除值时，小信号切除电路相当于信号直通电路，所以有

$$U_4 = U_3$$

输出电路内部有加 1V 电路，其运算关系式为

$$U_o = N_0 U_4 + 1$$

即 $$U_o = N_0 U_3 + 1$$

将式(4-18)代入上式，则

$$U_o = N_0 \sqrt{N_2 U_2} \times \sqrt{U_1} + 1$$

再将式(4-19)代入上式，则有

$$U_o = N_0 \sqrt{N_1 N_2 U_2} \times \sqrt{U_i - 1} + 1$$

设 $K = N_0 \sqrt{N_1 N_2 U_2}$，则

$$U_o = K \sqrt{U_i - 1} + 1$$

4.1.3.2. 电路分析

（1）输入电路

输入电路如图 4-7 所示，其作用是减去与运算无关的 1V 零点电压，并将电路基准由 0V 移动到内部基准 U_B（$U_B = 10V$）。此外，为克服共模干扰，输入信号 U_i 采用差动输入方式，所以称为差动输入电平移动电路。

图 4-7 中，$R_1 = R_2 = R_3 = R_4$，$U_a = U_B - 1$。若输出信号也以 0V 为基准，并将以 0V 为基准的输出信号记为 U_1'，则输入电路可看成为由一个差动输入运放电路（输入信号为 U_i）和一个同相端输入运放电路（输入信号为 U_a）叠加组成。差动输入运放电路的输出 U_{11}' 为

$$U_{11}' = U_i$$

同相端输入运放电路的输出 U_{12}' 为

$$U_{12}' = \frac{R_2}{R_2 + R_3}\left(1 + \frac{R_4}{R_1}\right)U_a = U_a = U_B - 1$$

由于 $U_1' = U_{11}' + U_{12}'$，所以

$$U_1' = U_i + U_B - 1$$

而以 0V 为基准的 U_1' 与以 U_B 为基准的 U_1 具有如下关系

$$U_1' = U_1 + U_B$$

因此，可求得

$$U_1 = U_i - 1 \qquad\qquad (4\text{-}20)$$

另外，电容 C_1 为滤波电容，用于滤除交流干扰信号。

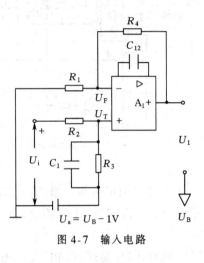

图 4-7　输入电路

（2）开方运算电路

开方运算电路是开方器的核心电路，用于实现开方运算，它是由自激振荡时间分割器和比例放大电路两部分组成的。

① 自激振荡时间分割器　自激振荡时间分割器原理电路如图 4-8（a）所示，其作用是实现式(4-13)所示的乘除运算。它由比较器及两套乘法电路组成。其中，乘法电路 1 由场效应管 VT_1，三极管 VT_2，二极管 VD_5，电阻 R_6, R_8，电容 C_4, C_5 及 C_8 等组成；乘法电路 2 由场效应管 VT_3，三极管 VT_4，二极管 VT_6，电阻 $R_7、R_9$，电容 $C_6、C_7$ 及 C_9 等组成。U_1 为输入电路的输出信号；U_2 为固定偏置电压，由稳压电路提供；U_3 为比例放大电路的输出信号；U_D 为自激振荡时间分割器的输出信号，它送至比例放大电路。

首先，来分析一下自激振荡时间分割器的工作过程。由图 4-8(a)可以看出，当比较器 A_2 的输出为高电平时，场效应管 VT_1 和 VT_3 处于导通状态，而三极管 VT_2 和 VT_4 处于截

止状态；反之，当比较器 A_2 的输出为低电平时，场效应管 VT_1 和 VT_3 处于截止状态，而三极管 VT_2 和 VT_4 处于导通状态。因此，可以把该电路看成是由比较器输出的正负脉冲来控制的两组电子开关。其中，一组由 VT_1 和 VT_3 组成，另一组由 VT_2 和 VT_4 组成。若将 VT_1, VT_2, VT_3 和 VT_4 视为理想电子开关，则图 4-8(a) 所示电路可等效为图 4-8(b) 所示的电路。这里，开关 $S_1 \sim S_4$ 分别等效于 $VT_1 \sim VT_4$。

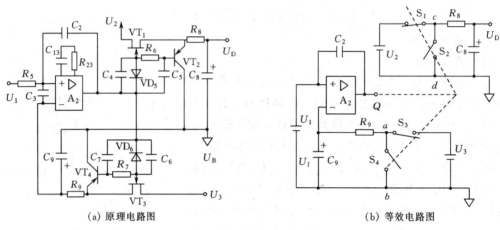

(a) 原理电路图   (b) 等效电路图

图 4-8   自激振荡时间分割器

由图 4-8(b) 可知，当 $U_1 - U_f \geqslant h$（振荡器的不灵敏区为 $2h$）时，比较器 A_2 将输出高电平信号，从而使 S_1 和 S_3 闭合，S_2 和 S_4 断开，所以

$$U_{cd} = U_2, \qquad U_{ab} = U_3$$

此时，U_2 通过 R_8 向 C_8 充电；U_3 通过 R_9 向 C_9 充电。于是，C_8 和 C_9 两端电压将按指数规律升高。当 C_9 两端电压 U_f 升至 $U_f \geqslant U_1 + h$ 时，比较器 A_2 的输出翻转，即输出低电平信号，这将使 S_1 和 S_3 断开，S_2 和 S_4 闭合。这时

$$U_{cd} = 0, \qquad U_{ab} = 0$$

同时，C_8 和 C_9 分别通过 R_8 和 R_9 放电，两端电压因放电开始下降。当 C_9 两端电压 U_f 下降到 $U_f \leqslant U_1 - h$ 时，比较器 A_2 的输出再次翻转，即再次输出高电平信号。此后，电路将重复上述工作过程。由于比较器输出的不断翻转，使直流信号 U_2 和 U_3 被分割为矩形脉冲信号 U_{cd} 和 U_{ab}。比较器输出信号 U_Q 的波形及 U_{cd}, U_{ab}, U_f 的波形如图 4-9(a)、(b)、(c) 和 (d) 所示。U_{ab} 和 U_{cd} 均为矩形脉冲信号，R_8 和 C_8 为 U_{cd} 的滤波电路，R_9 和 C_9 为 U_{ab} 的滤波电路。所以，经滤波后在 C_8 和 C_9 上就可分别得到 U_{cd} 和 U_{ab} 的直流分量 U_D 和 U_f，且有

$$U_D = \frac{t_p}{T} U_2, \qquad U_f = \frac{t_p}{T} U_3$$

由于振荡器的不灵敏区 $2h$ 很小，可以认为 $U_f \approx U_1$，即 $\dfrac{t_p}{T} U_3 \approx U_1$。所以有

$$\frac{t_p}{T} = \frac{U_1}{U_3}$$

因此
$$U_D = \frac{U_1 U_2}{U_3} \tag{4-21}$$

可见，式 (4-21) 与式 (4-13) 完全一致，即利用此电路可以实现乘除运算，并最终实现开

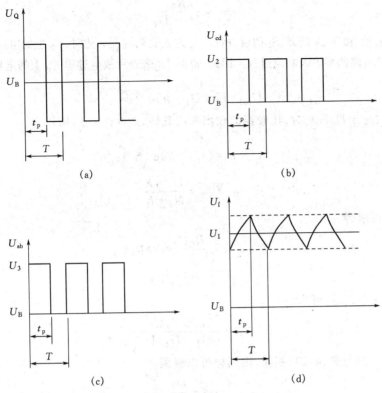

图 4-9 自激振荡时间分割器电压波形

方运算。

下面利用图 4-9(d)来计算一下矩形脉冲的周期和宽度。

当比较器输出高电平时，S_3 闭合，S_4 断开，U_3 经 R_9 向 C_9 充电。在 $t = 0$ 时，C_9 上的电压 U_f 为 $U_1 - h$。此后 C_9 上电压的变化过程可看成是该一阶 RC 电路的阶跃响应。因此，若用 U_{fc} 表示 C_9 充电过程的电压，则有

$$U_{fc}(t) = U_3 + [(U_1 - h) - U_3]e^{-\frac{t}{R_9 C_9}}$$

当 C_9 充电至 $U_{fc} = U_1 + h$ 时，比较器的输出翻转，此时 $t = t_p$，所以有

$$U_1 + h = U_3 + [(U_1 - h) - U_3]e^{-\frac{t_p}{R_9 C_9}}$$

即

$$e^{-\frac{t_p}{R_9 C_9}} = \frac{U_3 - U_1 - h}{U_3 - U_1 + h}$$

电路设计时，使 $R_9 C_9 \gg t_p$，因此 $e^{-\frac{t_p}{R_9 C_9}} \approx 1 - \frac{t_p}{R_9 C_9}$，所以有

$$1 - \frac{t_p}{R_9 C_9} = \frac{U_3 - U_1 - h}{U_3 - U_1 + h}$$

由上式可以求得

$$t_p = \frac{2h R_9 C_9}{U_3 - U_1 + h}$$

由于 h 很小，所以有

$$t_p = \frac{2hR_9C_9}{U_3 - U_1} \tag{4-22}$$

从 $t = t_p$ 开始，由于 S_3 断开，S_4 闭合，所以 C_9 进入放电过程。此时，C_9 上的电压变化过程可看成是该一阶 RC 电路的零输入响应过程。因此，若用 U_{fd} 来表示放电过程 C_9 上的电压，则有

$$U_{fd}(t) = (U_1 + h)e^{-\frac{t - t_p}{R_9C_9}}$$

当 C_9 放电至 $U_{fd} = U_1 - h$ 时，比较器的输出再次翻转，此时 $t = T$，所以有

$$U - h = (U_1 + h)e^{-\frac{T - t_p}{R_9C_9}}$$

即

$$e^{-\frac{T - t_p}{R_9C_9}} = \frac{U_1 - h}{U_1 + h}$$

与求 t_p 相同，可求得

$$T - t_p = \frac{2hR_9C_9}{U_1 + h} \approx 2hR_9C_9$$

即

$$T = 2hR_9C_9 + t_p$$

将式(4-22)代入上式后，可求得

$$T = \frac{2hR_9C_9U_3}{(U_3 - U_1)U_1} \tag{4-23}$$

若将式(4-22)与式(4-23)相除，则同样可以得到

$$\frac{t_p}{T} = \frac{U_1}{U_3}$$

另外，在图 4-8(a)中，C_2 为正反馈电容，用来加速电路的翻转，以改善波形；C_3 用于频率补偿，以提高电路工作的稳定性；C_4、C_5、C_6 和 C_7 为加速电容，用来加速开关管的翻转；二极管 VD_5 和 VD_6 分别为三极管 VD_2 和 VD_4 的偏流提供通路。此外，当比较器 A_2 输出高电平时，VD_5 和 VD_6 处于反向工作状态，具有隔离作用，这将使场效应管 VT_1 和 VT_3 在导通时的栅压为零，以保证其导通时等效电阻恒定。R_6 和 R_7 分别为 VT_2 和 VT_4 的偏流电阻。C_{13} 和 R_{23} 构成补偿网络，以提高集成运算放大器的工作稳定性。

② 比例放大电路　比例放大电路的作用是将自激振荡时间分割器的输出信号 U_D 放大，其输出信号 U_3 一方面送至小信号切除电路，另一方面反馈至乘法电路 2，以便实现开方运算。比例放大电路如图 4-10 所示。

若 A_3 视为理想集成运算放大器，则有

$$\frac{R_{11}U_3}{R_{10} + R_{11}} = U_D$$

即

$$U_3 = \frac{(R_{10} + R_{11})U_D}{R_{11}}$$

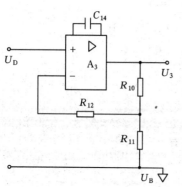

图 4-10　比例放大电路

设 $N_2 = \dfrac{R_{10} + R_{11}}{R_{11}}$，则

$$U_3 = N_2U_D \tag{4-24}$$

在这里，$R_{10} = R_{11}$，所以 $N_2 = 2$，即比例放大倍数为 2。

③ 开方运算部分特性　将式(4-21)代入式(4-24)中可得

$$U_3 = \frac{N_2 U_1 U_2}{U_3}$$

即

$$U_3^2 = N_2 U_2 U_1$$

所以

$$U_3 = \sqrt{N_2 U_2} \times \sqrt{U_1} \tag{4-25}$$

（3）小信号切除电路

小信号切除电路的作用在前面已经介绍过了,其电路如图 4-11 所示。该电路是由 A_4 等组成的比较器及场效应管 VT_7 和三极管 VT_8 等组成的电子开关等构成。这里的比较器及电子开关的工作原理与前面介绍的自激振荡时间分割器中的比较器及开关管的工作原理相似。

由图 4-11 可知,当 $U_3 > U_L$ 时,比较器输出高电平信号,故场效应管 VT_7 饱和导通,三极管 VT_8 截止。由于 VT_7 的饱和压降很小,可以忽略不计,所以此时的输出为

$$U_4 = U_3$$

而当 $U_3 < U_L$ 时,比较器输出低电平信号,故场效应管 VT_7 截止,三极管 VT_8 饱和导通。同样,由于 VT_8 的饱和压降很小,可以忽略不计,所以此时的输出为

$$U_4 = 0 \quad （相对于 \ U_B）$$

由此可见,利用此电路可以实现信号的切除。通常情况下,当输入信号小于满量程的 1%（即 $U_i < 1.04V$）时,将开方器的输出切除;而当输入信号大于或等于满量程的 1% 时,输出与输入之间呈开方运算关系。

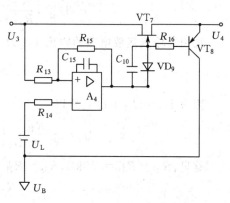

图 4-11　小信号切除电路

实际的切除值可通过 U_L 来调整。如图 4-11 所示,为实现 $U_i < 1.04$ 时输出切除,则 U_L 的大小可按以下方法来确定。

将式(4-20)代入式(4-25)可得

$$U_3 = \sqrt{N_2 U_2} \times \sqrt{U_i - 1}$$

在本开方器中,$N_2 = 2$,$U_2 = 4.5V$,所以有

$$U_3 = 3\sqrt{U_i - 1}$$

当 $U_i = 1.04V$ 时　　　$U_3 = 0.6V$ 　（以 U_B 为基准）

由于比较器的放大倍数很高,所以 $U_L \approx U_3$,即

$$U_L = 0.6V$$

电路中的 U_L 是由稳压电源提供的,其值可由电位器 W_5 调整（参见图 4-13）,即该电位器用于调整小信号切除值。

（4）输出电路

输出电路的作用是将以 U_B 为基准的信号 U_4 转换为以 0V 为基准的信号,同时加上 1V 的零点值,并进行功率放大,最终得到整机输出 U_o 和 I_o。其电路如图 4-12 所示。

将图 4-12 中三极管等元件与运算放大器 A_5 等效成一个运算放大器,则输出电路可看成为由一个同相端输入运放电路（输入信号为 U_4 和 U_B）和一个反相端输入运放电路（输入信号为 U_C）叠加组成。同相端输入运放电路的输出 U_{o1} 为

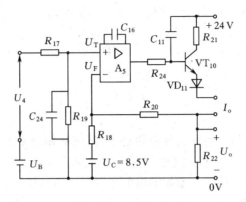

图 4-12 输出电路

$$U_{o1} = \frac{R_{19}}{R_{17} + R_{19}} \left(1 + \frac{R_{20}}{R_{18}}\right)(U_4 + U_B)$$

反相端输入运放电路的输出 U_{o2} 为

$$U_{o2} = -\frac{R_{20}}{R_{18}} U_C$$

因为 $U_o = U_{o1} + U_{o2}$，所以

$$U_o = \frac{R_{19}}{R_{17} + R_{19}} \left(1 + \frac{R_{20}}{R_{18}}\right)(U_4 + U_B) - \frac{R_{20}}{R_{18}} U_C$$

这里，$R_{17} = R_{18} = 750\text{k}\Omega$，$R_{19} = R_{20} = 500\text{k}\Omega$，则由上式可以导出

$$U_o = \frac{R_{19} U_4}{R_{18}} + \frac{R_{19}(U_B - U_C)}{R_{18}}$$

设 $N_0 = R_{19}/R_{18}$，即 $N_0 = 2/3$。另外，$U_B = 10\text{V}$，而 $U_C = 8.5\text{V}$，所以

$$U_o = N_0 U_4 + N_0(10 - 8.5)$$

即
$$U_o = N_0 U_4 + 1 \tag{4-26}$$

4.1.3.3. 整机特性

前面对开方器各主要电路进行了分析，将上述各部分电路串接到一起即可得到其整机特性。在输入信号大于 1.04V 时，$U_4 = U_3$，所以由式(4-26)可得

$$U_o = N_0 U_3 + 1$$

将式(4-25)代入上式可得

$$U_o = N_0 \sqrt{N_2 U_2} \times \sqrt{U_1} + 1$$

再将式(4-20)代入上式，可得

$$U_o = N_0 \sqrt{N_2 U_2} \times \sqrt{U_i - 1} + 1$$

设开方系数 $K = N_o \sqrt{N_2 U_2}$，则

$$U_o = K \sqrt{U_i - 1} + 1$$

由于 $N_0 = 2/3$，$N_2 = 2$，$U_2 = 4.5\text{V}$，所以 $K = 2$。即

$$U_o = 2\sqrt{U_i - 1} + 1$$

由此可见，当 $U_i = 1 \sim 5\text{V}$ 时，$U_o = 1 \sim 5\text{V}$。

开方器原理电路如图 4-13 所示。

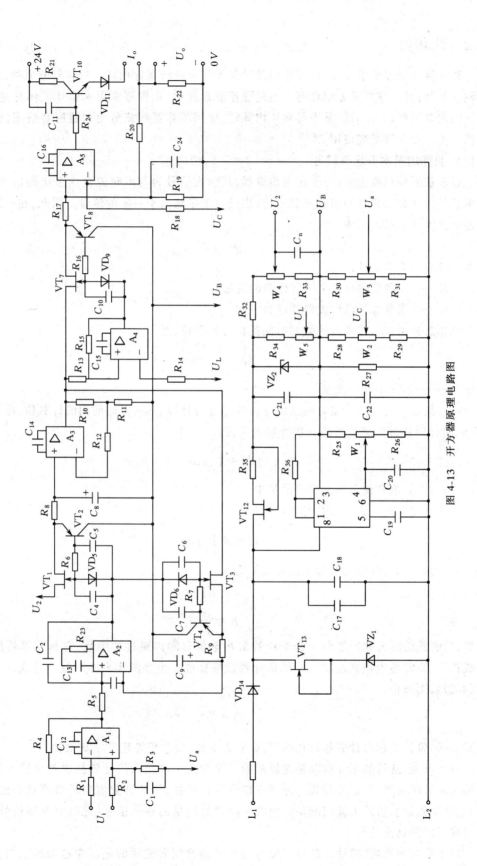

图 4-13 开方器原理电路图

147

4.2. 积算器

积算器属于显示单元仪表,其作用是对输入信号进行累计积算。积算器分为两种,一种是比例积算器,另一种是开方积算器。在过程控制系统中,积算器常用来累计流体总量(即一段时间内的总流量)。在对流量进行累计积算时,比例积算器与流量变送器配套使用,而开方积算器与差压变送器配套使用。

4.2.1. 积算的基本概念与原理

以流量累计积算为例,对于比例积算器,其输入信号为与瞬时流量成正比的信号,累计的流量总量由计数器跳过的字数来显示,每跳过一个字相当于一定的流量。因此,在一段时间内流过的流体总量可表示为

$$Q = KN \tag{4-27}$$

式中　Q——流体总量;

　　　K——计数器跳过一个字所代表的流量;

　　　N——该段时间内计数器跳过的字数。

流体总量可以通过瞬时流量对时间的积分来获得,即

$$Q = \int_0^t q \, dt \tag{4-28}$$

式中　q——流体的瞬时流量。

而计数器本身的功能是对输入的脉冲信号进行计数,其一段时间内的计数值,即累计的字数 N,可以用脉冲频率对时间的积分来表示,即

$$N = \int_0^t f \, dt \tag{4-29}$$

式中　f——计数器输入脉冲信号的频率。

将式(4-29)代入式(4-27)后可得到

$$Q = K \int_0^t f \, dt \tag{4-30}$$

将式(4-30)与式(4-28)两式比较后可得

$$q = Kf$$

即

$$K = \frac{q}{f} \tag{4-31}$$

这里,计数器的输入脉冲频率 f 是指计数器在单位时间内跳过的字数,它与积算器的输入信号成正比,通常称为积算速度。K 则是计数器每跳过一个字所代表的流量。将式(4-31)代入式(4-27),则可得

$$Q = \frac{q}{f} N \tag{4-32}$$

上式表明,累计流量与计数器跳过的字数 N 成正比,而与积算速度 f 成反比。

由此可见,流量的累计积算是把反映瞬时流量大小的输入信号转换成与该输入信号成正比的脉冲频率信号,然后再对该脉冲频率信号进行计数,用该计数值表示所流过的流体总量。所以,流量累计积算的关键问题是如何将反映瞬时流量的输入信号(电流或电压信号)转换为与其成正比的脉冲信号。

对于开方积算器,其输入信号一般为与节流装置配套使用的差压变送器的输出信号。为

获得与瞬时流量成正比的信号,需先对差压变送器的输出信号进行开方处理,然后再对经开方处理后的信号进行比例积算,从而实现流量的累计积算。由于该累计积算过程先对输入信号进行开方处理,所以称为开方积算器。由开方积算器对信号的处理过程可知,它相当于开方器与比例积算器的组合。所以,其核心问题仍然是电流(或电压)信号到脉冲频率信号的转换问题。

电流信号转换为脉冲频率信号可通过电容的充放电来实现,其转换原理如图 4-14(a)所示。当开关 S 断开时,电流 I_i 向电容 C 充电。C 两端的电压 U_c 与充电电流之间的关系为

$$U_c = \frac{1}{C}\int_0^t I_i \mathrm{d}t \tag{4-33}$$

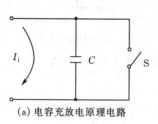
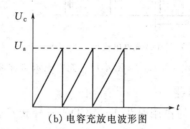

(a) 电容充放电原理电路   (b) 电容充放电波形图

图 4-14　电流-频率转换原理图

对于一定的充电电流 I_i,U_c 将线性增加。当电容上的电压 U_c 达到某一标准值 U_a 时,由外部控制电路使开关 S 闭合。此时电容进入放电过程,U_c 将瞬间消失。然后,外部控制电路再次使开关 S 断开,电容再次充电,并重复上述过程。如此循环往复,电容 C 上的电压 U_c 便可形成如图 4-14(b)所示的锯齿波。

由式(4-33)可知,在电容充电阶段,U_c 随时间的变化率与充电电流 I_i 成正比,即 I_i 越大,充电越快,达到 U_a 所需的时间就越短。由于放电过程极快,其时间可以忽略不计。所以,在单位时间内电容 C 的充放电次数就与充电电流 I_i 成正比,即锯齿波的频率 f 与充电电流 I_i 成正比。充电电流 I_i 与锯齿波频率 f 之间的关系可由式(4-33)导出。即假设在一个周期内,I_i 不变,则由式(4-33)可得

$$U_c = \frac{I_i}{C}\int_0^t \mathrm{d}t = \frac{I_i}{C}t$$

在不计放电时间的情况下,当 $U_c = U_a$ 时,$t = T$(T 为锯齿波周期),所以

$$U_a = \frac{I_i}{C}T$$

因此,锯齿波的频率为

$$f = \frac{1}{T} = \frac{I_i}{C}U_a$$

上式说明,在 C 和 U_a 一定的情况下,锯齿波的频率 f 就反映了充电电流的大小。如果把锯齿波转换为相同频率的脉冲,则该脉冲的频率也可反映充电电流的大小。充电电流 I_i 与脉冲频率之间的关系如图 4-15 所示。

由图 4-15 可知,脉冲频率 f 反映了充电电流 I_i 的大小。如果 I_i 反映了瞬时流量 q 的大小,则 f 就能反映瞬时流量 q 的大小。那么,通过对脉冲进行计数就可以实现对流量的累计积算,积算器正是基于这一原理工作的。

如果输入信号为电压信号,则先用电阻将其转换为电流信号,然后再按上述过程处理。

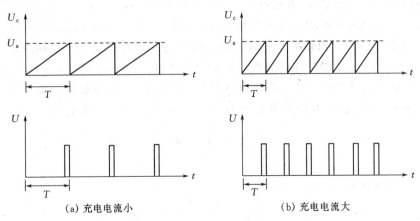

(a) 充电电流小　　　　　　　(b) 充电电流大

图 4-15　充电电流与脉冲频率的关系示意图

4.2.2. 比例积算器

比例积算器的作用是将 $1\sim5\mathrm{VDC}$ 信号转换为 $0\sim10\mathrm{PPS}$ 的脉冲信号，经整形及功率放大后驱动计数器转动，实现对输入信号的累计积算。

4.2.2.1. 比例积算器的构成原理

比例积算器的构成如图 4-16 所示。它是由输入电路、积分电路、比较电路、整形电路及步进电机驱动电路等几部分组成。其中，积分电路和比较电路一同构成了其核心部分——U/f 转换器。

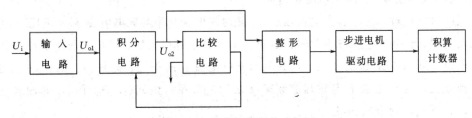

图 4-16　比例积算器构成框图

如图 4-16 所示，输入信号 U_i 经输入电路进行电平移动处理并减去与运算无关的 1V 零点电压后，其输出信号 U_{o1} 送至由积分电路和比较电路组成的 U/f 转换器，由转换器将电压信号 U_{o1} 转换成锯齿波信号 U_{o2}，且该锯齿波的频率与电压信号 U_{o1} 成正比，也就是与输入信号 U_i 成正比。然后由整形电路将锯齿波脉冲信号转换为同频率的方波信号，即方波信号的频率也与输入信号 U_i 成正比。最后，由驱动电路对该方波信号进行功率放大，经放大后的信号用于推动计数器计数。

4.2.2.2. 电路分析

（1）输入电路

输入电路为差动输入电平移动兼减 1V 电路，其电路如图 4-17 所示。图中，U_i 为输入信号；U_B 为内部基准电压（$U_B=10\mathrm{V}$）；U_{o1} 为输入电路

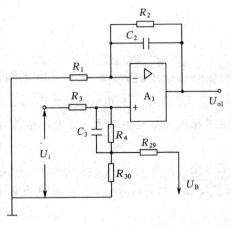

图 4-17　输入电路

的输出信号，U_{o1} 以 U_B 为基准。电路中，$R_1 = R_3 = 500\text{k}\Omega$，$R_2 = R_4 = 750\text{k}\Omega$。

若输出信号也以 0V 为基准，并将以 0V 为基准的输出信号记为 U'_{o1}，则输入电路可看成为由一个差动输入运放电路(输入信号为 U_i)和一个同相端输入运放电路(输入信号为 U_B)叠加组成。差动输入运放电路的输出 U'_{o11} 为

$$U'_{o11} = \frac{R_2}{R_1} U_i \tag{4-34}$$

因 $R_{30}//R_{29} \ll R_4$，且 $R_1 = R_3$，$R_2 = R_4$，因此同相端输入运放电路的输出 U'_{o12} 为

$$U'_{o12} = \frac{R_3}{R_3 + R_4}\left(1 + \frac{R_2}{R_1}\right)\frac{R_{30}}{R_{30} + R_{29}} U_B = \frac{R_{30}}{R_{30} + R_{29}} U_B \tag{4-35}$$

由于 $U'_{o1} = U'_{o11} + U'_{o12}$，所以

$$U'_{o1} = \frac{R_2}{R_1} U_i + \frac{R_{30}}{R_{30} + R_{29}} U_B \tag{4-36}$$

而以 0V 为基准的 U'_{o1} 与以 U_B 为基准的 U_{o1} 具有如下关系

$$U'_{o1} = U_{o1} + U_B \tag{4-37}$$

因此，由式(4-36)和式(4-37)可求得

$$U_{o1} = \frac{R_2}{R_1} U_i + \left(\frac{R_{30}}{R_{29} + R_{30}} - 1\right) U_B \tag{4-38}$$

电路设计时，取 $R_{29} = 2.2\text{k}\Omega$，$R_{30} = 12\text{k}\Omega$。所以 $R_{30} / (R_{29} + R_{30}) \approx 0.85$。将 R_1，R_2 及 U_B 值代入式(4-38)后可得

$$U_{o1} = 1.5 U_i - 1.5 = 1.5\,(U_i - 1) \tag{4-39}$$

(2) U/f 转换电路

U/f 转换电路的作用是将输入电路的输出信号 U_{o1} 转换为锯齿波脉冲信号，且该锯齿波脉冲的频率与 U_{o1} 成正比。该电路是由积分电路和比较器两部分组成的，其电路如图 4-18 所示。

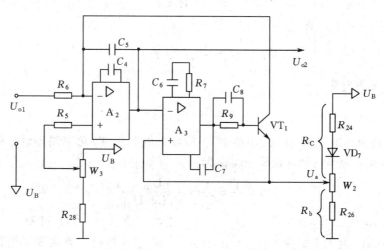

图 4-18　U/f 转换器电路

在图 4-18 所示电路中，集成运算放大器 A_2 及电阻 R_6、电容 C_5 等构成了积分电路；集成运算放大器 A_3 及开关管 VT_1 等构成了比较器；比较器的参考电压 U_a 由电源部分的电阻 R_{24}，R_{26}，电位器 W_2 及二极管 VD_7 组成的分压支路提供。

由图 4-18 可以看出，当积分电路的输出信号 U_{o2} 大于参考电源 U_a 时，A_3 输出低电平

信号，从而使开关管 VT_1 截止，即相当于开关断开。这时，U_{o1} 在 R_6 上产生与之大小成正比的充电电流（A_2 的反向端电位恒定）并向电容 C_5 充电，使 C_5 两端电压 U_C 线性增加。因 $U_{o2} = -U_c$，所以输出信号 U_{o2} 将线性减小。当 U_{o2} 降至低于参考电压 U_a 时，A_3 发生翻转，即输出高电平信号，从而使开关管 VT_1 导通，相当于开关闭合。于是，电容 C_5 将通过 R_b 放电，U_c 开始下降，即 U_{o2} 开始升高。由于 VT_1 导通时，A_3 的同相端与 A_2 的反向端连通，因此 A_3 的同相端电位 U_{T3} 等于 A_2 的反向端电位 U_{F2}。而 $U_{F2} \approx 0$（相对 U_B），即此时 A_3 的翻转参考电压为 $0V$（相对 U_B）。所以，当 U_{o2} 升高至 $0V$（相对 U_B）时，A_3 再次翻转并重复上述过程。由于电路设计时，R_6 取值很大（一般为 $1M\Omega$），而 R_b 的值较小（一般为 $1k\Omega$），所以充电过程较慢，而放电过程极为迅速，这样就形成了 U_{o2} 的锯齿波脉冲信号，且该锯齿波应从 U_B 开始先线性下降至 U_a（充电过程），然后迅速上升至 U_B（放电过程），其波形如图 4-19 所示。

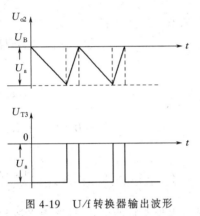

图 4-19 U/f 转换器输出波形

参考电压 U_a 的大小可以由电位器 W_2 调整。这里，$R_{24} = 1.3k\Omega$，$W_2 = 500\Omega$，$R_{26} = 750\Omega$，当电位器处于中间位置时，以 U_B 为基准可以求得

$$U_a = \frac{R_c}{R_b + R_c}(-U_B) = \frac{1.3 \times 10^3 + 250}{750 + 500 + 1.3 \times 10^3} \approx -6V$$

充电过程中，充电电流 $I_c = \frac{U_{o1}}{R_6}$，所以 U_{o2} 的变化规律为

$$U_{o2} = -U_c = -\frac{1}{C_5}\int_0^t \frac{U_{o1}}{R_6}dt$$

若 U_{o1} 为阶跃输入信号，则有

$$U_{o2} = -\frac{U_{o1}}{R_6 C_5}t \tag{4-40}$$

当 $U_{o2} = U_a$ 时，$t = T_1$，即

$$U_a = -\frac{U_{o1}}{R_6 C_5}T_1$$

式中 T_1——充电时间。

所以

$$T_1 = -\frac{R_6 C_5 U_a}{U_{o1}}$$

由于放电时间极为迅速（R_b 较 R_6 小很多），所以放电时间 T_2 可忽略不计，即锯齿波的周期 $T \approx T_1$。因此，锯齿波脉冲信号的频率为

$$f = \frac{1}{T} = \frac{1}{T_1} = \frac{U_{o1}}{R_6 C_5 |U_a|}$$

上式中，$R_6 = 1M\Omega$，$C_5 = 0.1\mu F$，$|U_a| = 6V$。此外，由式（4-39）可知，当 $U_i = 1 \sim 5V$ 时，$U_{o1} = 0 \sim 6V$。代入上式后可得 $f = 0 \sim 10Hz$。即 U/f 转换电路实现了电压信号至锯齿波频率信号的线性转换。

（3）脉冲整形及步进电机驱动电路

脉冲整形及步进电机驱动电路的作用是将 U/f 转换电路输出的 $0 \sim 10Hz$ 锯齿波信号转换为 $0 \sim 10Hz$ 的方波信号，再经功率放大并倍频后推动计数器的步进电机转动。该电路由脉冲整形电路和步进电机驱动电路组成，其电路如图 4-20 所示。

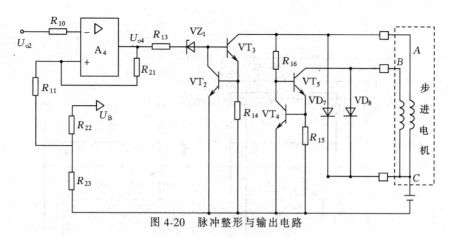

图 4-20　脉冲整形与输出电路

① 脉冲整形电路　脉冲整形电路的作用是将锯齿波信号 U_{o2} 转换为同频率的方波信号 U_{o4}，以便用作计数器的步进电机控制信号。该电路是一个由集成运算放大器 A_4 及电阻 R_{10}，R_{11}，R_{21}，R_{22} 和 R_{23} 组成的比较器。其中，R_{22} 和 R_{23} 用于提供参考电压，R_{21} 为正反馈电阻。

当 $U_{o2} > U_{T4}$（A_4 的同相端电位）时，A_4 输出反向饱和，U_{o4} 为负值。相对 U_B 而言，$U_{o4} = -9V$（对地为 1V）；当 $U_{o2} < U_{T4}$ 时，A_4 输出正向饱和，U_{o4} 为正值。相对 U_B 而言，$U_{o4} = 13V$（对地为 23V）。U_{o2} 与 U_{o4} 的波形对应关系如图 4-21 所示。

② 步进电机驱动电路　步进电机驱动电路的作用是对脉冲整形电路的输出信号 U_{o4} 进行功率放大，同时具有倍频作用，将 0～10Hz 的方波信号转换为 0～20Hz 的步进电机驱动信号。所以，该电路也称为脉冲倍频及功率放大电路。

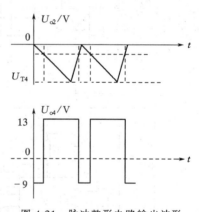

图 4-21　脉冲整形电路输出波形

在该电路中，稳压管 VZ_1 的击穿电压为 11V，当 U_{o4} 输出高电平时（对地为 23V），VZ_1 被击穿，三极管 VT_3 立即饱和导通。于是，步进电机绕组之一 AC 通电，使步进电机转动一步。当 VT_3 导通时，其饱和压降很小，而电阻 R_{14} 上的压降也很小（R_{14} 电阻为 2Ω），所以三极管 VT_5 的基极电位被钳位至很低，从而使 VT_5 截止。当 U_{o4} 输出低电平时（对地为 1V），VZ_1 截止，VT_3 也截止。此时，VT_5 电位升高，使 VT_5 立即饱和导通，于是步进电机的另一绕组 BC 通电，使步进电机又转动一步。由此可见，在 U_{o4} 变化的一个周期内，步进电机的两个绕组各导通一次，可使步进电机转动两步。所以，该电路具有倍频作用，即 0～10Hz 的脉冲方波信号被倍频为 0～20Hz 的步进电机驱动信号。

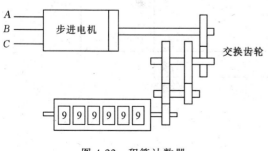

图 4-22　积算计数器

三极管 VT_2 和 VT_4 在这里被用于过流保护。当 VT_3 和 VT_5 的发射极电流过大时 R_{14} 和 R_{15} 上的压降可分别使 VT_2 和 VT_4 导通，这将使 VT_3 和 VT_5 的基极电流被分流，从而使其集电极和发射极电流减小，所以可起到保护 VT_3 和 VT_5 的作用。

二极管 VD_7 和 VD_8 用于消除步进电机

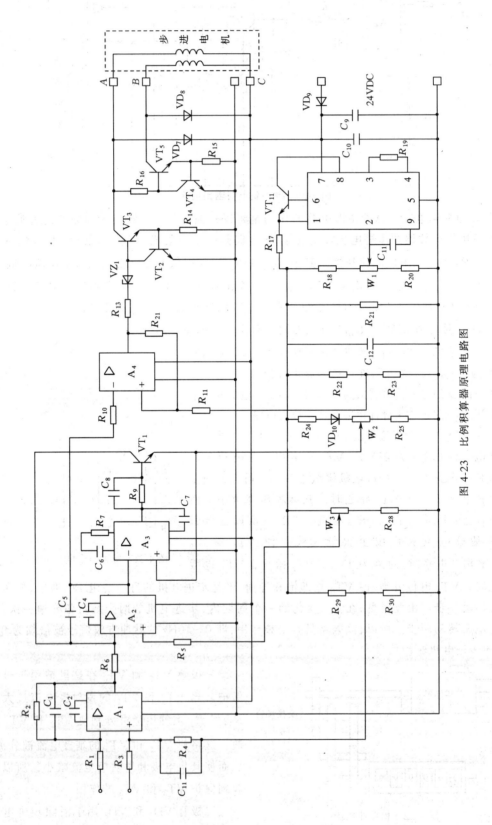

图 4-23 比例积算器原理电路图

绕组 AC 和 BC 的反冲电势。当 VT_3 和 VT_5 由导通状态变为截止状态时，由于步进电机绕组 AC 和 BC 的电感较大，能产生较大的反冲电势，因此在其两端分别并入 VD_7 和 VD_8，以便为其提供量放回路，消除反冲电势。

（4）积算计数器

积算计数器是积算器的显示单元,它是由步进电机及由步进电机带动的一套机械传动机构和计数字轮组成的。其构成如图 4-22 所示。机械传动机构主要是一套交换齿轮,利用不同的交换齿轮,可得到不同的齿轮传动比,即可得到不同的积算速度。机械计数字轮在交换齿轮的带动下转动,用于指示积算值。

4.2.3. 开方积算器

开方积算器的作用是先对输入信号(通常是来自差压变送器)进行开方运算，然后再对经开方处理后的信号进行比例积算。因此，开方积算器可看成是由开方器和积算器共同组成的。比例积算器原理电路如图 4-23 所示。有关开方器和比例积算器的内容前面均以介绍过,故这里不再说明。

4.3. 辅助单元仪表

4.3.1. 安全栅

安全栅是构成安全火花防爆系统的关键仪表，其作用是：一方面保证信号的正常传输；另一方面控制流入危险场所的能量在爆炸性气体或爆炸性混合物的点火能量以下，以确保系统的安全火花性能。

常用的安全栅有两种，一种是齐纳式安全栅，一种是隔离式安全栅。

4.3.1.1. 齐纳式安全栅

齐纳式安全栅是基于齐纳二极管反向击穿特性来工作的，其原理线路如图 4-24 所示。图中：VZ_1 和 VZ_2 为齐纳二极管，F 为快速熔断器，R 为限流电阻。其工作原理如下。

当电源电压正常时(24V±10%)，齐纳二极管两端的电压小于其击穿电压，齐纳二极管截止，这时安全栅不影响正常的工作电流传输。若现场发生故障，如形成短路时，限流电阻 R 可以将电流限制在安全额定值以下，从而保证现场的安全。

当安全端电压 U_1 高于安全额定电压 U_0 时,齐纳二极管被击穿,回路电流由齐纳二极管处返回,不会流入现场。而此时由于限流电阻及现场负载未接入,所以回路电流较大,快速熔断器迅速熔断,从而将可能造成危险的高电压立即与现场隔离开,以保证现场的安全。

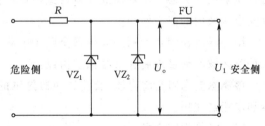

图 4-24　齐纳式安全栅原理电路

电路中采用两只齐纳二极管的目的是为了提高安全栅的可靠性。

4.3.1.2. 隔离式安全栅

隔离式安全栅为危险区域和安全区域的仪表之间提供隔离手段，它在供电和信号传输线路中采用了变压器隔离措施，并具有电子限流和限压功能，从而进一步提高了其安全可靠性，所以在安全火花防爆系统中得到了广泛的应用。隔离式安全栅按其构成原理分为检测端安全栅(或输入式安全栅)和操作端安全栅(或输出式安全栅)。

（1）检测端安全栅

检测端安全栅用于为两线制变送器进行隔离式供电,并将变送器送来的 4~20mADC 信号转换成隔离的且与之成正比的 4~20mADC 或 1~5VDC 的信号,而且在故障状态下,可限制其电流和电压值,使进入危险场所的能量限制在安全额定值以下。检测端安全栅的构成原理如图 4-25 所示。它是由直流/交流转换器、整流滤波器、调制器、解调放大器、隔离变压器及限能器等组成。

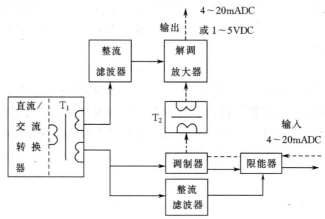

图 4-25　检测端安全栅构成框图

在图 4-25 中,直流/交流转换器采用多谐振荡器电路构成,其作用是将 24VDC 供电电压转换为方波供电电压,然后利用隔离变压器(T_1)对供电通道进行隔离,通过隔离变压器将危险区域的电气线路与安全区域的电气线路隔离开。隔离变压器的初级和次级之间有 0.1mm 厚的铜箔屏蔽层,并与大地连接,可防止变压器初、次级击穿时将高压窜入现场。

信号的传送与转换过程是:变送器传来的 4~20mADC 信号由调制器利用直流/交流转换器提供的供电方波调制成矩形波交流信号,该信号经信号隔离变压器(T_2)进行信号隔离后送至解调放大器,由解调放大器将此矩形波信号转换为 4~20mADC 和 1~5VDC 的信号,供安全区域内的仪表使用。

限能器的作用是利用晶体管限流限压电路,限制流入危险区域的高电压或大电流,将流入危险区域的能量限制在安全额定值以内。

整流滤波电路是将直流/交流转换器提供的交流方波电压转换为直流电压,供解调放大器和限能器使用。

（2）操作端安全栅

操作端安全栅的构成原理如图 4-26 所示。它是由直流/交流转换器、调制器、隔离变压

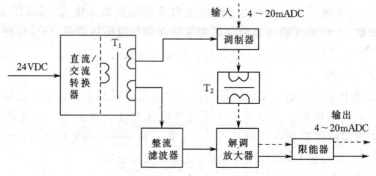

图 4-26　操作端安全栅构成框图

器、解调放大器、整流滤波器和限能器组成。

操作端安全栅是将控制仪表送来的 4～20mADC 信号由调制器利用直流/交流转换器提供的供电方波转换为交流方波信号,该信号由信号隔离变压器 T_2 隔离后送至解调放大器,由解调放大器将此方波信号重新还原为 4～20mADC 信号,经限能器送至现场。限能器的作用仍是限流和限压,防止高电压或大电流进入现场。

4.3.2. 操作器

操作器的作用是以手动设定方式在输出端输出 4～20mADC 信号,以此进行手动遥控操作或为控制器提供外部给定信号。操作器的构成如图 4-27 所示。

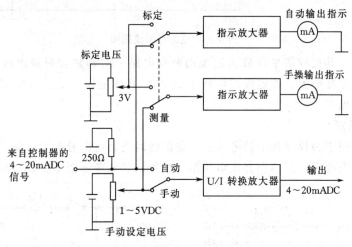

图 4-27　操作器构成框图

在图 4-27 中,操作器由自动输出指示部分、手动输出指示部分、U/I 转换部分、基准电压及切换开关等组成。其中,自动输出指示部分和手动输出指示部分的构成及工作原理与 DDZ-Ⅲ型调节器的指示电路相同;U/I 转换部分的构成及工作原理与 DDZ-Ⅲ型调节器的输出电路相同。

当自动/手动切换开关置到手动操作位置时,通过调节手动设定电压可改变输出信号。手动设定电压在 1～5VDC 范围内变化时,由 U/I 转换器将其线性地转换为 4～20mADC 的输出信号,供负载使用。当自动/手动切换开关置到自动操作位置时,来自控制器的 4～20mADC 信号经 250Ω 电阻转换为 1～5VDC 信号,再由 U/I 转换器将其线性地转换为 4～20mADC 的输出信号,供负载使用。

此外,操作器中设有标定电路,当标定/测量切换开关打到标定位置时,由基准电压电路提供 3VDC 的标定电压,此时自动和手动输出指示应为 50%。否则,需对输出指示进行调整。

上述各部分的电路在 DDZ-Ⅲ型调节器中已有介绍,这里不再说明。

4.3.3. 电源箱

这里所说的电源箱是指 24V 直流电源箱,其作用是将 220V 交流电转换为 24V 直流电,经稳压处理后,向 DDZ-Ⅲ各单元仪表集中供电。电源箱的构成如图 4-28 所示。它是由变压器、整流滤波电路、稳压电路和保护电路等组成。其中,输出取样电路、比较及放大电路和调整电路等共同构成了稳压电路。

在该电源箱中,220VAC 经变压器降压后,由整流滤波电路利用桥式整流和 RC 滤波电路将其转换为直流电。稳压电路通过输出取样电路取得输出电压样本,由比较电路与内部基

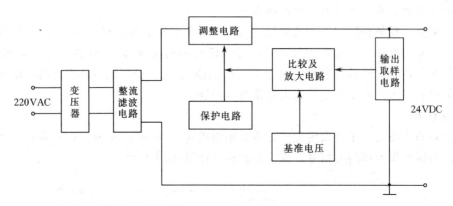

图 4-28　电源箱构成框图

准电压进行比较，其比较结果经放大后推动调整电路中的调整管对输出进行调整及功率放大，最终得到功率足够大、稳定度足够高的 24VDC 直流电压，供负载使用。保护电路用于过电流和过电压保护。

4.3.4. 电源分配器

电源分配器用于为仪表盘上的各仪表电源配线时进行电源分配，以便于电源配线。电源分配器分为交流电源用分配器和直流电源用分配器，其原理如图 4-29(a) 和 (b) 所示。

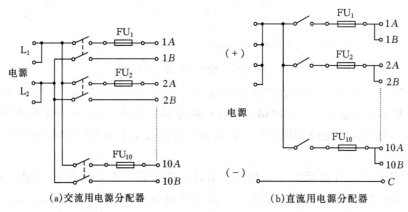

(a)交流用电源分配器　　　　(b)直流用电源分配器

图 4-29　电源分配器

图 4-29(a)为交流用电源分配器，每台分配器可为 10 台仪表供电，各供电回路采用双线开关切断，每个回路均有保险丝保护。

图 4-29(b)为直流用电源分配器，每台分配器也可为 10 台仪表供电，各供电回路采用公共母线（电源负端），电源正端由单线开关控制，并配有保险丝保护。

4.3.5. 信号分配器

信号分配器是用于将 4～20mADC 信号转换成 1～5VDC 信号的信号转换器，以便于盘装仪表的信号连接及配线。一台信号分配器可处理多路信号，其构成如图 4-30 所示。

4～20mADC 信号的正端由各路的 A 端接入（负端均由公用端子接入），经 250Ω 标准电阻转换为 1～5VDC 的电压信号。各路的电压信号可由 B 或 C 端及公用端子之间取得。

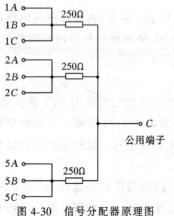

图 4-30　信号分配器原理图

思考题与习题

4-1 说明利用矩形脉冲法实现乘法运算的原理。

4-2 说明采用乘法电路实现乘除运算的原理。

4-3 说明 DDZ-Ⅲ 开方器的构成及基本原理。

4-4 DDZ-Ⅲ 开方器中的自激振荡时间分割器的作用是什么？它是如何工作的？

4-5 DDZ-Ⅲ 开方器中为何需设置小信号切除电路？其工作原理是什么？若希望将小信号切除设置为 2%，则 U_L 为何值？

4-6 积算器是如何进行流量累计积算的？

4-7 说明电流(或电压)-脉冲频率的转换原理。

4-8 说明 DDZ-Ⅲ 比例积算器的构成及基本工作原理。

4-9 DDZ-Ⅲ 比例积算器中的 U/F 转换器是如何工作的？

4-10 安全栅有哪些作用？

4-11 说明齐纳式安全栅的工作原理。

4-12 说明检测端安全栅和操作端安全栅的构成及基本原理。

4-13 说明操作器的作用、构成及基本工作原理。

4-14 电源箱中的稳压电路是如何工作的？

4-15 说明电源分配器的作用及构成。

4-16 说明信号分配器的作用及构成。

5.执 行 器

5.1.概述

5.1.1.执行器在自动控制系统中的作用

执行器在自动控制系统中的作用是接受来自控制器的控制信号，通过其本身开度的变化，从而达到控制流量的目的。因此，执行器是自动控制系统中的一个重要的、必不可少的组成部分。

执行器直接与介质接触，常常在高压、高温、深冷、高粘度、易结晶、闪蒸、汽蚀、高压差等状况下工作，使用条件恶劣，因此，它是控制系统的薄弱环节。如果执行器选择或运用不当，往往会给生产过程自动化带来困难。在许多场合下，会导致自动控制系统的控制质量下降、控制失灵，甚至因介质的易燃、易爆、有毒，而造成严重的生产事故。为此，对于执行器的正确选用以及安装、维修等各个环节，必须给予足够的注意。

5.1.2.执行器的构成

执行器由执行机构和调节机构两个部分构成，如图 5-1 所示。

图 5-1　执行器的构成框图

执行机构是执行器的推动装置，它根据输入控制信号的大小，产生相应的输出力 F（或输出力矩 M）和位移（直线位移 l 或角位移 θ），推动调节机构动作。调节机构是执行器的调节部分，在执行机构的作用下，调节机构的阀芯产生一定位移，即执行器的开度发生变化，从而直接调节从阀芯、阀座之间流过的被控介质的流量。

执行器还可以配备一定的辅助装置，常用的辅助装置有阀门定位器和手操机构。阀门定位器利用负反馈原理改善执行器的性能，使执行器能按控制器的控制信号，实现准确定位。手操机构用于人工直接操作执行器，以便在停电或停气、控制器无输出或执行机构失灵的情况下，保证生产的正常进行。

5.1.3.执行器的分类及特点

执行器按其使用的能源形式可分为气动执行器、电动执行器和液动执行器三大类。工业生产中多数使用前两种类型，它们常被称为气动调节阀和电动调节阀。本章仅介绍气动调节阀和电动调节阀。

气动调节阀采用气动执行机构。气动执行机构具有薄膜式、活塞式和长行程式三种类型，它们的输出均为直线位移 l，薄膜式和活塞式执行机构用于和直行程式调节机构配套使用，长行程式执行机构用于和角行程式调节机构配套使用。活塞式执行机构的输出力 F 比薄膜式执行机构大。

电动调节阀采用电动执行机构。电动执行机构具有直行程和角行程两种类型，前者输出为直线位移 l；后者输出为角位移 θ，分别用于和直行程式或角行程式的调节机构配套使用。

气动调节阀和电动调节阀按其使用的调节机构又可分为直通双座调节阀、直通单座调节阀、笼式（套筒）调节阀、角形调节阀、三通调节阀、高压调节阀、隔膜调节阀、波纹管密封调节阀、超高压调节阀、小流量调节阀、低噪音调节阀、蝶阀、凸轮挠曲调节阀、V 形球阀、O 形球阀等。其中，蝶阀、凸轮挠曲调节阀、V 形球阀、O 形球阀为角行程式；其余为直行程式。同一类型的气动调节阀和电动调节阀，分别采用气动执行机构和电动执行机构。

气动调节阀具有结构简单、动作可靠稳定、输出力大、安装维修方便、价格便宜和防火防爆等优点，在工业生产中使用最广，特别是石油、化工等生产过程。气动执行器的缺点是响应时间大，信号不适于远传（传送距离限制在 150m 以内）。为了克服此缺点可采用电/气转换器或电/气阀门定位器，使传送信号为电信号，现场操作为气动信号。

电动调节阀具有动作较快、特别适于远距离的信号传送、能源获取方便等优点；其缺点是价格较贵，一般只适用于防爆要求不高的场合。但由于其使用方便，特别是智能式电动执行机构的面世，使得电动调节阀在工业生产中得到越来越广泛的应用。

5.1.4. 执行器的作用方式

执行器有正、反作用两种方式，当输入信号增大时，执行器的流通截面积增大，即流过执行器的流量增大，称为正作用；当输入信号增大时，流过执行器的流量减小，称为反作用。

气动调节阀的正、反作用可通过执行机构和调节机构的正、反作用的组合实现，通常，配用具有正、反作用的调节机构时，调节阀采用正作用的执行机构，而通过改变调节机构的作用方式来实现调节阀的气关或气开；配用只具有正作用的调节机构时，调节阀通过改变执行机构的作用方式来实现调节阀的气关或气开。

对于电动调节阀，由于改变执行机构的控制器（伺服放大器）的作用方式非常方便，因此一般通过改变执行机构的作用方式实现调节阀的正、反作用。

5.2. 执行机构

执行机构的作用是根据输入控制信号的大小，产生相应的输出力 F 或输出力矩 M 和位移（直线位移 l 或角位移 θ），输出力 F 或输出力矩 M 用于克服调节机构中流动流体对阀芯产生的作用力或作用力矩，以及阀杆的摩擦力、阀杆阀芯重量以及压缩弹簧的预紧力等其他各种阻力；位移（l 或 θ）用于带动调节机构阀芯动作。

执行机构有正作用和反作用两种作用方式：输入信号增加，执行机构推杆向下运动，称为正作用；输入信号增加，执行机构推杆向上运动，称为反作用。

5.2.1. 气动执行机构

气动执行机构接受气动控制器或阀门定位器输出的气压信号，并将其转换成相应的输出力 F 和直线位移 l，以推动调节机构动作。

气动执行机构有薄膜式、活塞式和长行程式三种类型。薄膜式执行机构简单、动作可靠、维修方便、价格低廉，是最常用的一种执行机构；活塞式执行机构允许操作压力可达 500kPa，因此输出推力大，但价格较高；长行程执行机构的结构原理与活塞式执行机构基本相同，它具有行程长、输出力矩大的特点，直线位移为 40～200mm，适用于输出角位移和力矩的场合。

气动执行机构又可分为有弹簧和无弹簧两种，有弹簧式气动执行机构较之无弹簧式气动执行机构输出推力小、价格低。有弹簧式薄膜执行机构又分为单弹簧和多弹簧两种，后者与前者相比，具有重量轻、高度小、结构紧凑、装校简便、输出力大等特点，被称为轻型或精小型气动执行机构。

5.2.1.1. 气动薄膜式执行机构

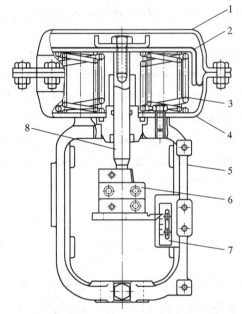

图 5-2　正作用式气动薄膜式执行
机构结构原理图

1—上膜盖；2—膜片；3—压缩弹簧；
4—下膜盖；5—支架；6—连接阀杆螺母；
7—行程标尺；8—推杆

（1）气动薄膜式执行机构的结构

下面以常用的正作用精小型气动执行机构为例介绍，其结构原理图如图 5-2 所示，它主要由膜片、压缩弹簧、推杆、膜盖、支架等组成。膜片为较深的盆形，采用丁腈橡胶作为涂层以增强涤纶织物的强度并保证密封性，工作温度为 -40～85℃；压缩弹簧采用多根组合形式，其数量为 4 根、6 根或 8 根，这种组合形式可有效降低调节阀的高度。也有采用双重弹簧结构，把大弹簧套在小弹簧的外面；推杆的导向表面经过精加工，以减少回差和增加密封性。反作用式执行机构的结构大致相同，区别在于信号压力是通入膜片下方的薄膜气室，因此压缩弹簧在膜气的上方，推杆采用 O 形密封圈密封。

当信号压力通入由上膜盖 1 和膜片 2 组成的气室时，在膜片上产生一个向下的推力，使推杆 8 向下移动压缩弹簧 3，当弹簧的反作用力与信号压力在膜片上产生的推力相平衡时，推杆稳定在一个对应的位置，推杆的位移 l 即为执行机构的输出，也称行程。

（2）气动薄膜式执行机构的特性

在平衡状态时，气动薄膜式执行机构的力平衡方程式为

$$p_1 A_e = C_s l \tag{5-1}$$

即

$$l = \frac{A_e}{C_s} p_1 \tag{5-2}$$

式中　p_1——薄膜气室内的压力，在平衡状态时，p_1 等于控制器来的信号压力 p_o；

　　　A_e——膜片的有效面积；

　　　l——压缩弹簧的位移，即执行机构推杆位移；

　　　C_s——压缩弹簧的刚度。

式(5-2)表明，在稳定状态时，薄执行机构推杆位移 l 和输入信号 p_o 之间成比例关系，如图 5-3 中虚线所示，其比例系数取决于膜片的有效面积和弹簧的刚度。为通用起见，图 5-3 中，推杆位移用相对变化量 l/L 表示，L 为推杆全行程的位移量。

由于在动作过程中膜片有效面积 A_e 和弹簧刚度 C_s 会发生变化，同时阀杆与填料之间存在摩擦，因此会使执行机构产生非线性偏差和正反行程变差，即回差，如图 5-3 中实线所示。通常执行机构的非线性偏差小于 ±5%，回差小于 3%～5%。减小非线性偏差和回差的

一个方法是配用阀门定位器，可使两项误差均小于 $\pm 1\% \sim 2\%$。

下面分析气动薄膜式执行机构的动态特性。

气动执行机构的输入信号管线，可近似认为是一个气容，而薄膜气室也是一个气容，因此可将两气容合并考虑。输入信号管线存在一定的阻力，因此执行机构可以近似看成是一个阻容环节，薄膜气室内压力 p_1 和控制器输出压力 p_o 之间的关系可以写为

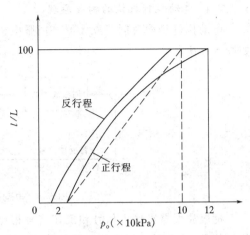

图 5-3　气动薄膜式执行机构的静态特性

$$\frac{p_1}{p_o} = \frac{1}{RCs + 1} = \frac{1}{Ts + 1} \tag{5-3}$$

式中　R——从调节器到执行机构间导管的气阻；

　　　C——薄膜气室及引压导管的气容；

　　　T——时间常数，$T = RC$。

综合式(5-1)和式(5-3)可得控制器输出压力 p_o 与推杆位移 l 之间的关系为

$$\frac{l}{p_o} = \frac{A_e}{(Ts + 1)Cs} = \frac{K}{Ts + 1} \tag{5-4}$$

式中　K——气动执行机构的放大系数，$K = A_e / C_s$。

由式(5-4)可以看出，气动执行机构的动态特性为一阶滞后环节。其时间常数的大小与薄膜气室大小及引压导管长短粗细有关，一般为数秒到数十秒之间。

5.2.1.2. 气动活塞式执行机构

气动活塞式(无弹簧)执行机构如图 5-4 所示。

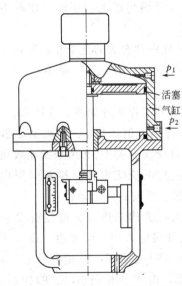

图 5-4　气动活塞式（无弹簧）
执行机构结构图

气动活塞式执行机构的基本部分为活塞和气缸，活塞在气缸内随活塞两侧压差而移动。两侧可以分别输入一个固定信号和一个变动信号，或两侧都输入变动信号。它的输出特性有比例式及两位式两种。两位式是根据输入执行活塞两侧的操作压力的大小，活塞从高压侧推向低压侧，使推杆从一个位置移到另一极端位置。比例式是在两位式基础上加有阀门定位器后，使推杆位移与信号压力成比例关系。

5.2.2. 电动执行机构

电动执行机构接受 $0 \sim 10\text{mADC}$ 或 $4 \sim 20\text{mADC}$ 的输入信号，并将其转换成相应的输出力 F 和直线位移 l 或输出力矩 M 和角位移 θ，以推动调节机构动作。

电动执行机构主要分为两大类：直行程与角行程式。角行程式执行机构又可分为单转式和多转式，前者输出的角位移一般小于 $360°$，通常简称为角行程式执行机构；后者输出的角位移超过 $360°$，可达数圈，故称为多转式电动执行机构，它和闸阀等多转式调节机构配套使用。

电动执行机构的动力部件有伺服电机和滚切电机两种，后者输出力小、价格便宜，属于简易型，工业生产过程中大多使用伺服电机的电动执行机构，本书仅介绍此类执行机构。

5.2.2.1. 电动执行机构的构成原理

电动执行机构由伺服放大器、伺服电机、位置发送器和减速器四部分组成，其构成原理如图 5-5 所示。

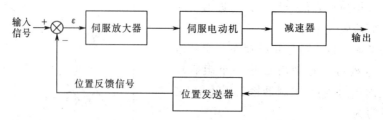

图 5-5　电动执行机构的构成框图

伺服放大器将输入信号和反馈信号相比较，得到差值信号 ε，并将 ε 进行功率放大。当差值信号 $\varepsilon > 0$ 时，伺服放大器的输出驱动伺服电机正转，再经机械减速器减速后，使输出轴向下运动(正作用执行机构)，输出轴的位移经位置发送器转换成相应的反馈信号，反馈到伺服放大器的输入端使 ε 减小，直至 $\varepsilon = 0$ 时，伺服放大器无输出，伺服电机才停止运转，输出轴也就稳定在输入信号相对应的位置上。反之，当 $\varepsilon < 0$ 时，伺服放大器的输出驱动伺服电机反转，输出轴向上运动，反馈信号也相应减小，直至使 $\varepsilon = 0$ 时，伺服电机才停止运转，输出轴稳定在另一新的位置上。

在结构上电动执行机构有两种形式，其一为分体式结构，即伺服放大器独立构成一台仪表，其余部分构成另一个仪表，两者之间用电缆线相连；另一种为一体化结构，即伺服放大器与其余部分构成一个整体。新型电动执行机构一般采用一体化结构，它具有体积小、重量轻、可靠性高、使用方便等优点。

(1) 伺服电机

伺服电机是电动调节阀的动力部件，其作用是将伺服放大器输出的电功率转换成机械转矩。

伺服电机实际上是一个二相电容异步电机，由一个用冲槽硅钢片叠成的定子和鼠笼转子组成，定子上均匀分布着两个匝数、线径相同而相隔90°电角度的定子绕组 W_1 和 W_2。

(2) 伺服放大器

伺服放大器主要包括放大器和两组可控硅交流开关Ⅰ,Ⅱ，其工作原理如图 5-6 所示。

放大器的作用是将输入信号 I_i 和反馈信号 I_f 进行比较，得到差值信号 ε，并根据 ε 的极性和大小，控制可控硅交流开关Ⅰ,Ⅱ的导通或截止。可控硅交流开关Ⅰ,Ⅱ用来接通或切断伺服电机的交流电源，控制伺服电机的正转、反转或停止运转。

在执行机构工作时，可控硅交流开关Ⅰ,Ⅱ只能其中一组导通。设可控硅交流开关Ⅰ导通时，分相电容 C_d 与 W_1 串接，由于分相电容 C_d 的作用，W_1 和 W_2 的电流相位总是相差90°，其合成向量产生定子旋转磁场，定子旋转磁场又在转子内产生感应电流并构成转子磁场，两个磁场相互作用，

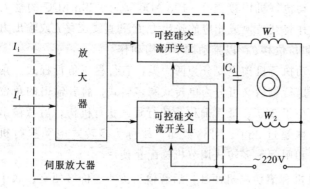

图 5-6　伺服放大器工作原理示意图

使转子顺时针方向旋转(正转)；而可控硅交流开关Ⅱ导通时，则分相电容 C_d 与 W_2 串接，使转子反时针方向旋转(反转)；可控硅交流开关Ⅰ，Ⅱ均截止时，伺服电机停止运转。

为满足控制系统的需要，某些执行机构的伺服放大器有多个输入信号通道。

（3）位置发送器

位置发送器的作用是将电动执行机构输出轴的位移线性地转换成反馈信号，反馈到伺服放大器的输入端。

位置发送器通常由位移检测元件和转换电路两部分组成。前者用于将电动执行机构输出轴的位移转换成毫伏或电阻等信号，常用的位移检测元件有差动变压器、塑料薄膜电位器和位移传感器等；后者用于将位移检测元件输出信号转换成伺服放大器所要求的输入信号，如 $0\sim10mA$ 或 $4\sim20mA$ 直流电流信号。

（4）减速器

减速器的作用是将伺服电机高转速、小力矩的输出功率转换成执行机构输出轴的低转速、大力矩的输出功率，以推动调节机构。直行程式的电动执行机构中，减速器还起到将伺服电机转子的旋转运动转变为执行机构输出轴的直线运动的作用。减速器一般由机械齿轮或齿轮与皮带轮构成。

5.2.2.2. 电动执行机构的特性

电动执行机构的方块图，如图 5-7 所示。

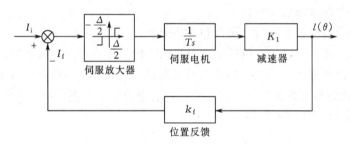

图 5-7　电动执行机构的方块图

伺服放大器是一个具有继电特性的非线性环节，Δ 为不灵敏区，其输入信号为执行机构的输入信号 I_i 与反馈信号 I_f 之差值，当 $|I_i - I_f| < \dfrac{\Delta}{2}$ 时，伺服放大器无输出信号；当 $|I_i - I_f| \geqslant \dfrac{\Delta}{2}$ 时，立即有输出，且输出为一恒定交流电压（约为215V）。

伺服电机在接通电源时，工作在恒速状态，故为一个积分环节，减速器和位置发送器都可以看做为比例环节。因此，电动执行机构的动态特性主要取决于伺服电机的特性，即具有积分特性。

直行程电动执行机构的输出为直线位移 l，角行程电动执行机构的输出为角位移 θ，设 k_f 为位置发送器的转换系数，则由图 5-7 可得

$$I_f = k_f l \qquad 或 \qquad I_f = k_f \theta$$

由于伺服放大器的不灵敏区很小，在伺服电机停止转动时，可认为 $I_i - I_f = \Delta \approx 0$，因此可得

$$l = \frac{1}{k_f} I_i \qquad 或 \qquad \theta = \frac{1}{k_f} I_i \tag{5-5}$$

上式表明，电动执行机构在动态过程行结束后，输出轴的直线位移 l 或角位移 θ 与输入信号 I_i 之间具有良好的线性关系，即电动执机构的静态特性为一比例特性。

5.2.3. 智能式电动执行机构

智能式电动执行机构的构成原理与模拟式电动执行机构相同，即也可用如图5-5的框图表示，但是智能式电动执行机构采取了新颖的结构部件。

伺服放大器中采用了微处理器系统，所有控制功能均可通过编程实现，而且还具有数字通讯接口，从而具有 HART 协议或现场总线通信功能，成为现场总线控制系统中的一个节点。有的伺服放大器中还采用了变频技术，可以更有效地控制伺服电机的动作。减速器采用新颖的传动结构，运行平稳、传动效率高、无爬行、摩擦小。位置发送器采用了新技术和新方法，有的采用霍尔效应传感器，直接感应阀杆的纵向或旋转动作，实现了非接触式定位检测；有的采用特殊的电位器，电位器中装有球轴承和特种导电塑料材质做成的电阻薄片；有的采用磁阻效应的非接触式旋转角度传感器。

智能式电动执行机构通常都有液晶显示器和手动操作按钮，用于显示执行机构的各种状态信息和输入组态数据以及手动操作。因此与模拟式电动执行机构相比，智能式电动执行机构具有如下的一些优点：

① 定位精度高，并具有瞬时起停特性以及自动调整死区、自动修正、长期运行仍能保证可靠的关闭和良好运行状态等；

② 推杆行程的非接触式检测；

③ 更快的响应速度，无爬行、超调和振荡现象；

④ 具有通讯功能，可通过上位机或执行机构上的按钮进行调试和参数设定；

⑤ 具有故障诊断和处理功能，能自动判别断输入信号、电动机过热或堵转、阀门卡死、通信故障、程序出错等，并能自动地切换到阀门安全位置，当供电电源断电后，能自动地切换到备用电池上，使位置信号保存下来。

5.3. 调节机构

调节机构是执行器的调节部分，在执行机构的输出力 F（输出力矩 M）和输出位移作用下，调节机构阀芯的运动，改变了阀芯与阀座之间的流通截面积，即改变了调节阀的阻力系数，使被控介质流体的流量发生相应变化。

根据阀芯的动作形式，调节机构可分为直行程式和角行程式两大类；直行程式的调节机构有直通双座阀、直通单座阀、角形阀、三通阀、高压阀、隔膜阀、波纹管密封阀、超高压阀、小流量阀、笼式（套筒）阀、低噪音阀等；角行程式的调节机构有蝶阀、凸轮挠曲阀、V 形球阀、O 形球阀等。

调节机构正、反作用的含义是，当阀芯向下位移时，阀芯与阀座之间的流通截面积增大，称为正作用，习惯上按阀芯安装形式称之为反装；反之，则称为反作用，并称之为正装。一般来说，只有阀芯采用双导向结构(即上下均有导向)的调节机构，才有正、反作用两种作用方式；而单导向结构的调节机构，则只有正作用。

5.3.1. 调节机构的结构和特点

调节机构主要由阀体、阀杆或转轴、阀芯或阀板和阀座等部件组成。图5-8为两种常用的调节阀。

图 5-8 为直行程式单座调节阀，执行机构输出的推力通过阀杆 2 使阀芯 3 产生上、下方

向的位移，从而改变了阀芯 3 与阀座 4 之间的流通截面积，即改变了调节阀的阻力系数，使被控介质流体的流量发生相应变化。

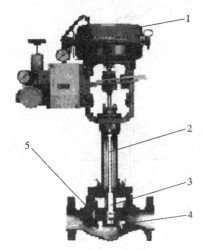

图 5-8　直行程式单座调节阀

1—执行机构；2—阀杆；3—阀芯；4—阀座；5—阀体

图 5-9　角行程式蝶阀

1—执行机构；2—转轴；3—阀体；4—阀板

图 5-9 为角行程式蝶阀，执行机构输出的推力通过转轴 2 使阀板 4 产生旋转位移，从而改变了阀体中的流通截面积，使被控介质的流体的流量发生相应变化。

下面对常用调节机构的特点及应用做一简单介绍，图 5-10 为常用调节机构的结构示意图。

直通单座调节阀[图5-10(a)、(b)]的阀体内只有一个阀芯和一个阀座。其特点是结构简单、泄漏量小（甚至可以完全切断）和允许压差小。因此，它适用于要求泄漏量小，工作压差较小的干净介质的场合。在应用中应特别注意其允许压差，防止阀门关不死。

直通双座调节阀[图5-10(c)]的阀体内有两个阀芯和阀座。因为流体对上、下两阀芯上的作用力可以相互抵消，但上、下两阀芯不易同时关闭，因此双座阀具有允许压差大、泄漏量较大的特点。故适用于阀两端压差较大，泄漏量要求不高的干净介质场合，不适用于高粘度和含纤维的场合。

角形调节阀[图5-10(d)]的阀体为直角形，其流路简单、阻力小，适用于高压差、高粘度、含有悬浮物和颗粒状物质的调节。角形阀一般使用于底进侧出，此时调节阀稳定性好，但在高压差场合下，为了延长阀芯使用寿命，也可采用侧进底出。但侧进底出在小开度时易发生振荡。角形阀还适用于工艺管道直角形配管的场合。

三通阀[图5-10(e)、(f)]的阀体有三个接管口，适用于三个方向流体的管路控制系统，大多用于热交换器的温度控制、配比控制和旁路控制。在使用中应注意流体温差不宜过大，通常小于 150℃，否则会使三通阀产生较大应力而引起变形，造成连接处泄漏或损坏。三通阀有三通合流阀和三通分流阀两种类型。三通合流阀为介质由两个输入口流进混合后由一出口流出；三通分流阀为介质由一入口流进，分为两个出口流出。

蝶阀[图5-10(g)]是通过挡板以转轴为中心旋转来控制流体的流量。其结构紧凑、体积小、成本低，流通能力大，特别适用于低压差、大口径、大流量的气体或带有悬浮物流体的场合，但泄漏较大。蝶阀通常工作转角应小于 70°，此时流量特性与等百分比特性相似。

套筒阀[图5-10(h)]是一种结构比较特殊的调节阀，它的阀体与一般的直通单座阀相

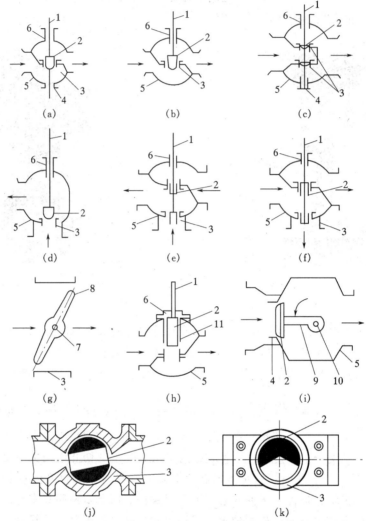

图 5-10　常用调节阀结构示意图

1—阀杆；2—阀芯；3—阀座；4—下阀盖；5—阀体；6—上阀盖；
7—阀轴；8—阀板；9—柔臂；10—转轴；11—套筒

似，但阀内有一个圆柱形套筒，又称笼子，利用套筒导向，阀芯可在套筒中上下移动。套筒上开有一定形状的窗口（节流孔），阀芯移动时，就改变了节流孔的面积，从而实现流量控制。根据流通能力大小的要求，套筒的窗口可分为四个、两个或一个。套筒阀分为单密封和双密封两种结构，前者类似于直通单座阀，适用于单座阀的场合；后者类似于直通双座阀，适用于双座阀的场合。套筒阀还具有稳定性好、拆装维修方便等优点，因而得到广泛应用，但其价格比较贵。

偏心旋转阀[图5-10(i)]的结构特点是，其球面阀芯的中心线与转轴中心偏离，转轴带动阀芯偏心旋转，使阀芯向前下方进入阀座。偏心旋转阀具有体积小、重量轻、使用可靠、维修方便、通用性强、流体阻力小等优点，适用于粘度较大的场合，在石灰、泥浆等流体中，具有较好的使用性能。

O形球阀[图5-10(j)]的结构特点是，阀芯为一球体，其上开有一个直径和管道直径相等的通孔，转轴带动球体旋转，起调节和切断作用。该阀结构简单，维修方便，密封可靠，流通能力大，流量特性为快开特性，一般用于位式控制。

V 形球阀[图5-10(k)]的阀芯也为一球体，但球体上开孔为 V 形口，随着球体的旋转，流通截面积不断发生变化，但流通截面的形状始终保持为三角形。该阀结构简单，维修方便、关闭性能好、流通能力大、可调比大，流量特性近似为等百分比特性，适用于纤维、纸浆及含颗粒的介质。

5.3.2. 调节机构的工作原理

从流体力学观点来看，调节机构和普通阀门一样，是一个局部阻力可以变化的节流元件。流体流过调节阀时，由于阀芯和阀座之间流通截面积的局部缩小，形成局部阻力，使流体在调节阀处产生能量损失。对不可压缩流体而言，从流体的能量守恒原理可知，流体经调节阀时的能量损失 H 为

$$H = \frac{p_1 - p_2}{\rho g} \tag{5-6}$$

式中　H——单位质量流体经调节阀时的能量损失；

　　　p_1——调节阀前压力；

　　　p_2——调节阀后压力；

　　　ρ——流体的密度；

　　　g——重力加速度。

如果调节阀的开度不变，流体的密度不变，则单位质量流体经调节阀时的能量损失与流体的动能成正比，即

$$H = \xi \frac{W^2}{2g} \tag{5-7}$$

式中　ξ——调节阀的阻力系数，与阀门结构形式、开度及流体的性质有关；

　　　W——液体的平均流速。

流体在调节阀中的平均流速 W 为

$$W = \frac{Q}{A} \tag{5-8}$$

式中　Q——流体的体积流量；

　　　A——调节阀接管流通截面积。

综合式(5-6)、式(5-7)和式(5-8)，可得调节阀的流量方程式为

$$Q = \frac{A}{\sqrt{\xi}} \sqrt{\frac{2(p_1 - p_2)}{\rho}} = \frac{A}{\sqrt{\xi}} \sqrt{\frac{2\Delta p}{\rho}} \tag{5-9}$$

式中　Δp——调节阀前后压差，$\Delta p = p_1 - p_2$。

由式(5-9)可见，在调节阀口径一定(即 A 一定)和 $\Delta p / \rho$ 不变情况下，流量 Q 仅随着阻力系数 ξ 而变化。阻力系数 ξ 减小，则流量 Q 增大；反之，ξ 增大，则 Q 减小。调节阀就是根据输入信号的大小，通过改变阀的开度即行程，来改变阻力系数 ξ，从而达到调节流量的目的。

通常实际应用中，式(5-9)各参数采用下列单位

A——cm^2

ρ——g/cm^3　（即 $10^{-5} N \cdot s^2 / cm^4$）

Δp——$100kPa$　（即 $10 N/cm^2$）

因此代入式（5-9）可得

$$Q = \sqrt{\frac{20}{10^{-5}}} \times \frac{A}{\sqrt{\xi}} \times \sqrt{\frac{\Delta p}{\rho}} \quad [\text{cm}^3/\text{s}]$$

$$= \frac{3600}{10^6} \sqrt{\frac{20}{10^{-5}}} \times \frac{A}{\sqrt{\xi}} \times \sqrt{\frac{\Delta p}{\rho}} \quad [\text{m}^3/\text{h}] \tag{5-10}$$

$$= 5.09 \frac{A}{\sqrt{\xi}} \sqrt{\frac{\Delta p}{\rho}} \quad [\text{m}^3/\text{h}]$$

设

$$K = 5.09 \frac{A}{\sqrt{\xi}} \tag{5-11}$$

则

$$Q = K \sqrt{\frac{\Delta p}{\rho}} \tag{5-12}$$

式(5-12)为不可压缩流体情况下调节阀实际应用的流量方程式，式中 K 为调节阀的流量系数。下面讨论调节阀的流量系数。

5.3.3. 调节阀的流量系数

5.3.3.1. 流量系数 K 是反映调节阀口径大小的一个重要参数

由于调节阀接管截面积 $A = \frac{\pi}{4} DN^2$，DN 为调节阀的公称直径，因此式（5-11）可写为

$$K = 4.0 \frac{DN^2}{\sqrt{\xi}} \tag{5-13}$$

由上式可看出，K 值取决于调节阀的公称直径 DN 和阻力系数 ξ。阻力系数 ξ 的大小与流体的种类、性质、工况以及调节阀的结构尺寸等因素有关，但在一定条件下 ξ 是一个常数，因而根据流量系数 K 值可以确定调节阀的公称直径，即可以确定调节阀的口径。因此，流量系数 K 是反映调节阀的口径大小的一个重要参数。

5.3.3.2. 流量系数 K_V 的定义

由于流量系数 K 与流体的种类、工况以及阀的开度有关，为了便于调节阀口径的选用，必须对流量系数 K 给出一个统一的条件，并将在这一条件下的流量系数以 K_V 表示，即将流量系数 K_V 定义为：在调节阀前后压差为 100kPa，流体密度为 $1\text{g}/\text{cm}^3$（即 $5\sim40℃$ 的水）的条件下，调节阀全开时，每小时通过阀门的流体量（m^3）。调节阀产品样本中给出的流量系数 K_V 即是指在这种条件下的 K 值。

根据上述定义，一个 K_V 值为 32 的调节阀，则表示当阀全开、阀前后的压差为 100kPa时，$5\sim40℃$ 的水流过阀的流量为 $32\text{m}^3/\text{h}$。因此 K_V 值表示调节阀的流通能力。

国外采用 C_V 值表示流量系数，其定义为：$40\sim60℉$ 的水，保持阀两端压差为 $1\text{b}/\text{in}^2$，调节阀全开时，每分钟流过阀门的水的美加仑数。K_V 与 C_V 的换算关系为：$C_V = 1.17 K_V$。

5.3.3.3. 流量系数 K 的计算

若将式(5-12)中 Δp 的单位取为 kPa，则可得不可压缩流体 K 值的计算公式，即

$$K = \frac{10Q\sqrt{\rho}}{\sqrt{\Delta p}} \tag{5-14}$$

式中　Q——流过调节阀的体积流量，m^3/h；

　　　　Δp——调节阀前后压差，kPa；

　　　　ρ——介质密度，g/cm^3。

由于流体的种类和性质将影响流量系数 K 的大小，因此对不同的流体必须考虑其对 K 的影

响:对于低雷诺数的液体,当雷诺数减小时,有效的 K 值会变小。如高粘度的液体,在 $Re<2300$ 时,流体将处于层流状态,流量 Q 与压差 Δp 之间不再保持平方关系,而是趋于线性关系。因此对雷诺数偏低液体的 K 值计算,要用雷诺数修正系数加以修正。对于气体和蒸汽,由于具有可压缩性,通过调节阀后的气体密度将小于阀前的密度,因此对气体和蒸汽的 K 值计算,要用压缩系数加以修正。对于气液两相混合流体,必须考虑两种流体之间的相互影响。当液相为主时,气相成为气泡而夹杂在液相中间,这时具有液相的性质;而当气相为主时,液相成为雾状,这时具有近似于气相的性质,同时相与相之间还存在相对运动和能量、质量、动量的传递。目前对两相流体的 K 值计算多采用有效密度法或两相密度法。当液体和气体(或蒸汽)均匀混合流过调节阀时,其中液体的密度保持不变,而气体或蒸汽由于膨胀而使密度下降,因此要用膨胀系数加以修正。

表 5-1 流量系数计算公式汇总表

流体	判别条件	计 算 公 式	符 号 及 单 位
液体	一般	$K=10Q_L\sqrt{\dfrac{\rho_L}{\Delta p}}$	Q_L——液体体积流量, m^3/h;
	闪蒸及空化 $\Delta p \geqslant \Delta p_T$	$K=10Q_L\sqrt{\dfrac{\rho_L}{\Delta p_T}}$ $\Delta p_T=F_L^2(p_1-F_F p_V)$	Δp——调节阀阀前后压差, kPa; ρ_L——液体密度, g/cm^3;
	低雷诺数	$K=\dfrac{K'}{F_R}$ $K'=10Q_L\sqrt{\dfrac{\rho_L}{\Delta p}}$	F_L——调节阀的压力恢复系数; p_1——阀前绝对压力, kPa; F_F——液体的临界压力比系数; p_V——饱和蒸汽压, kPa;
气体	$X<F_K X_T$	$K=\dfrac{Q_g}{5.19p_1 y}\sqrt{\dfrac{T_1\rho_N Z}{X}}$ $K=\dfrac{Q_g}{24.6p_1 y}\sqrt{\dfrac{T_1 M Z}{X}}$ $K=\dfrac{Q_g}{4.57p_1 y}\sqrt{\dfrac{T_1 G Z}{X}}$	F_R——雷诺数修正系数; Q_g——气体标准状态体积流量, Nm^3/h; y——膨胀系数, $y=1-\dfrac{X}{3F_K X_T}$;
	$X\geqslant F_K X_T$	$K=\dfrac{Q_g}{2.9p_1}\sqrt{\dfrac{T_1\rho_N Z}{kX_T}}$ $K=\dfrac{Q_g}{13.9p_1}\sqrt{\dfrac{T_1 M Z}{kX_T}}$ $K=\dfrac{Q_g}{2.58p_1}\sqrt{\dfrac{T_1 G Z}{kX_T}}$	X——压差比, $X=\dfrac{\Delta p}{p_1}$; F_K——比热比系数 $F_K=k/1.4$; k——气体绝热指数(对空气 $k=1.4$); T_1——调节阀入口的绝对温度;
蒸汽	$X<F_K X_T$	$K=\dfrac{W_s}{3.16y}\sqrt{\dfrac{1}{X p_1\rho_s}}$ $K=\dfrac{W_s}{1.1p_1 y}\sqrt{\dfrac{T_1 Z}{X M}}$	ρ_N——气体标准状态密度, kg/Nm^3; Z——压缩因数; X_T——临界压差比;
	$X\geqslant F_K X_T$	$K=\dfrac{W_s}{1.78}\sqrt{\dfrac{1}{kX_T p_1\rho_s}}$ $K=\dfrac{W_s}{0.62p_1}\sqrt{\dfrac{T_1 Z}{kX_T M}}$	M——分子量; G——气体的相对密度(空气为1); W_s——蒸汽质量流量, kg/h;
两相流	液体与非液化气体	$K=\dfrac{W_g+W_L}{3.16\sqrt{\Delta p\rho_e}}$ $\rho_e=\dfrac{W_g+W_L}{W_g/\rho_g y^2+W_L/\rho_L 10^3}$	ρ_s——蒸汽阀前密度, kg/m^3; W_g——气体质量流量, kg/h; W_L——液体质量流量, kg/h;
	液体与蒸汽	$K=\dfrac{W_g+W_L}{3.16F_L\sqrt{\rho_m p_1(1-F_F)}}$ $\rho_m=\dfrac{W_g+W_L}{W_g/\rho_g+W_L/\rho_L 10^3}$	ρ_e——两相流的有效密度, kg/m^3; ρ_m——两相流的入口密度, g/m^3。

流体的流动状态也将影响流量系数 K 的大小。当调节阀前后压差达到某一临界值时，通过调节阀的流量将达到极限，这时即使进一步增加压差，流量也不会再增加，这种达到极限流量的流动状态称为阻塞流。当介质为气体时，由于它具有可压缩性，因此会出现阻塞流；当介质为液体时，一旦阀前后压差增大到足以引起液体气化，即产生闪蒸或空化，也会出现阻塞流。显然，阻塞流出现之后，流量 Q 与压差 Δp 之间不再遵循式（5-12）的关系，因此阻塞流和非阻塞流的 K 计算是不同的。

综上所述，各种情况下流量系数 K 的计算公式如表 5-1 所示。

表 5-1 几点说明如下。

① 液体采用 Δp_T 来判断其流动状态，当调节阀前后压差 $\Delta p \geqslant \Delta p_T$ 时，为阻塞流；当 $\Delta p < \Delta p_T$ 时，为非阻塞流。Δp_T 为产生阻塞流时调节阀的压差，可用下式表示

$$\Delta p_T = F_L^2 (p_1 - p_{VC})$$

式中　F_L——调节阀的压力恢复系数，其值取决于阀的结构，由实验测定。各种典型调节阀的 F_L 值如表 5-2 所示；

p_{VC}——产生阻塞流时，阀芯与阀座截面处压力，其值与液体介质的物理性质有关，即 $p_{VC} = F_F p_V$，其中 p_V 为液体的饱和蒸汽压；F_F 为液体的临界压力比系数。

② 对于可压缩流体，当压差比 $X \geqslant F_K X_T$ 时，则产生阻塞流；当 $X < F_K X_T$ 时，则不产生阻塞流。其中压差比 X 为调节阀前后压差 Δp 与入口压力 p_1 之比；X_T 为临界压差比，其值取决于调节阀的流路情况及结构，各种典型调节阀的 X_T 值如表 5-2 所示；F_K 为流体介质比热比系数，$F_K = k/1.4$，其中 k 为气体绝热指数。

表 5-2　典型调节阀的压力恢复系数 F_L 和临界压差比 X_T

阀的类型	阀芯形式	流动方向	F_L	X_T
单座阀	柱塞型	流开	0.90	0.72
	柱塞型	流闭	0.80	0.55
	窗口型	任意	0.90	0.75
	套筒型	流开	0.90	0.75
	套筒型	流闭	0.80	0.70
双座阀	柱塞型	任意	0.85	0.70
	窗口型	任意	0.90	0.75
角形阀	柱塞型	流开	0.90	0.72
	柱塞型	流闭	0.80	0.65
	套筒型	流开	0.85	0.65
	套筒型	流闭	0.80	0.60
球阀	O 形球阀（孔径为 0.8d V 形球阀）	任意	0.55	0.15
		任意	0.57	0.25
偏旋阀	柱塞型	任意	0.85	0.61
蝶阀	60°全开	任意	0.68	0.38
	90°全开	任意	0.55	0.20

③ 低雷诺数液体的雷诺数修正系数 F_R 可根据雷诺数 Re 的大小由图 5-11 查得。雷诺数 Re 与调节阀的结构有关。

对于具有两个平行流路的调节阀，如直通双座阀、蝶阀、偏心旋转阀，雷诺数为

$$Re = 49490 \frac{Q}{\sqrt{K'}\nu} \tag{5-15}$$

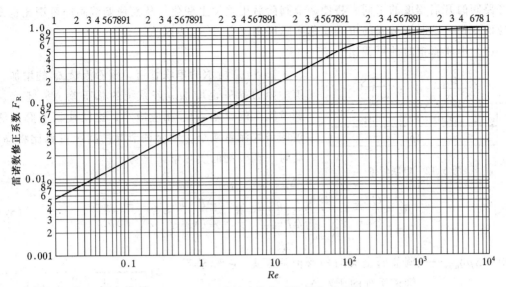

图 5-11　低雷诺数液体的雷诺数修正系数

对于只有一个流路的调节阀，如直通单座阀、角形阀、套筒阀、球阀，雷诺数为

$$Re = 70700 \frac{Q}{\sqrt{K'}\nu} \tag{5-16}$$

式中　ν——运动粘度，mm^2/s；

　　K'——不考虑雷诺数校正时求得的流量系数。

5.3.4. 调节阀的可调比

调节阀的可调比 R 是指调节阀所能控制的最大流量 Q_{max} 和最小流量 Q_{min} 之比，即

$R = \dfrac{Q_{max}}{Q_{min}}$。可调比也称为可调范围，它反映了调节阀的调节能力。

须注意的是，Q_{min} 是调节阀所能控制的最小流量，与调节阀全关时的泄漏量不同。一般 Q_{min} 为最大流量的 2%～4%，而泄漏量仅为最大流量的 0.1%～0.01%。

由于调节阀前后压差的变化，会引起可调比变化，因此，为方便起见，将可调比分为理想可调比和实际可调比。

5.3.4.1. 理想可调比

调节阀前后压差一定时的可调比称为理想可调比，以 R 表示，即

$$R = \frac{Q_{max}}{Q_{min}} = \frac{K_{max}\sqrt{\dfrac{\Delta p}{\rho}}}{K_{min}\sqrt{\dfrac{\Delta p}{\rho}}} = \frac{K_{max}}{K_{min}} \tag{5-17}$$

由上式可见，理想可调比等于调节阀的最大流量系数与最小流量系数之比，它是由结构设计决定的。可调比反映了调节阀的调节能力的大小，因此希望可调比大一些为好，但由于阀芯结构设计和加工的限制，K_{min} 不能太小，因此理想可调比一般不会太大，目前我国调节阀的理想可调比主要有 30 和 50 两种。

5.3.4.2. 实际可调比

调节阀在实际使用时总是与工艺管路系统相串联或与旁路阀并联。管路系统的阻力变化

或旁路阀的开启程度的不同，将使调节阀前后压差发生变化，从而使调节阀的可调比也发生相应的变化，这时调节阀的可调比称实际可调比，以 R_r 表示。

（1）串联管道时的可调比

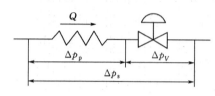

图 5-12 串联管道

图 5-12 所示的串联管道，随着流量 Q 的增加，管道的阻力损失也增加。若系统的总压差 Δp_s 不变，则调节阀上的压差 Δp_V 相应减小，这就使调节阀所能通过的最大流量减小，从而调节阀的实际可调比将降低。此时，调节阀的实际可调比为

$$R_r = \frac{Q_{max}}{Q_{min}} = \frac{K_{max}\sqrt{\dfrac{\Delta p_{Vmin}}{\rho}}}{K_{min}\sqrt{\dfrac{\Delta p_{Vmax}}{\rho}}} = R\sqrt{\frac{\Delta p_{Vmin}}{\Delta p_{Vmax}}} \approx R\sqrt{\frac{\Delta p_{Vmin}}{\Delta p_s}} \tag{5-18}$$

式中　Δp_{Vmax}——调节阀全关时的阀前后压差，它约等于管道系统的压差 Δp_s；

Δp_{Vmin}——调节阀全开时的阀前后压差。

令 S 为调节阀全开时的阀前后压差与管道系统的压差之比，即

$$S = \frac{\Delta p_{Vmin}}{\Delta p_s}$$

则

$$R_r = R\sqrt{S} \tag{5-19}$$

式（5-19）表明，S 值越小，即串联管道的阻力损失越大，实际可调比越小。其变化情况如图 5-13 所示。

（2）并联管道时的可调比

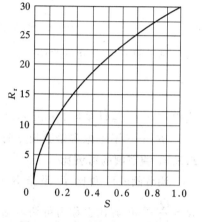

图 5-13　串联管道时的可调比

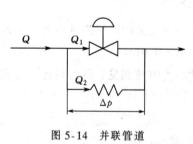

图 5-14　并联管道

图 5-14 所示的并联管道，相当于旁路阀打开一定的开度。此时，调节阀的实际可调比为

$$R_r = \frac{Q_{max}}{Q_{1min} + Q_2} \tag{5-20}$$

式中　Q_{max}——总管最大流量；

Q_{1min}——调节阀所能控制的最小流量；

Q_2——旁路管道流量。

令 x 为调节阀全开时的流量与总管最大流量之比，即

$$x = \frac{Q_{1max}}{Q_{max}}$$

则

$$R_r = \frac{Q_{max}}{x\dfrac{Q_{max}}{R} + (1-x) \cdot Q_{max}} = \frac{R}{R - (R-1)x} \tag{5-21}$$

通常 $R \gg 1$。因此式(5-21)可改写为

$$R_r = \frac{1}{1-x} = \frac{Q_{max}}{Q_2} \tag{5-22}$$

上式表明，x 值越小，即并联管道的旁路流量越大，实际可调比越小，并且实际可调比

近似为总管的最大流量与旁路流量的比值。并联管道实际可调比与 x 值关系如图 5-15 所示。

5.3.5. 调节阀的流量特性

调节阀的流量特性是指介质流过调节阀的相对流量与相对位移（即阀的相对开度）之间的关系，数学表达式为

$$\frac{Q}{Q_{\max}} = f\left(\frac{l}{L}\right) \tag{5-23}$$

式中　$\dfrac{Q}{Q_{\max}}$——相对流量，调节阀某一开度时流量 Q 与全开时流量 $Q_{\max}$ 之比；

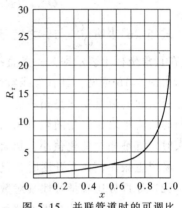

　　　　$\dfrac{l}{L}$——相对位移，调节阀某一开度时阀芯位移 l

　　　　　　　与全开时阀芯位移 L 之比。

由于调节阀开度变化的同时，阀前后的压差也会发生变化，而压差变化又将引起流量变化，因此，为方便起见，将流量特性分为理想流量特性和实际流量特性。

5.3.5.1. 理想流量特性

所谓理想流量特性是指调节阀前后压差一定时的流量特性，它是调节阀的固有特性，由阀芯的形状所决定。理想流量特性与阀的结构特性不同，后者是指阀芯位移与流体流过调节阀的流量之间的关系。

图 5-15　并联管道时的可调比

理想流量特性主要有直线、等百分比(对数)、抛物线及快开等四种，如图 5-16 所示，相应的柱塞型阀芯形状如图 5-17 所示。

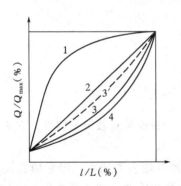

图 5-16　理想流量特性

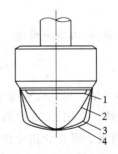

图 5-17　不同流量特性的阀芯形状

1—快开；2—直线；3—抛物线；3′—修正抛物线特性；4—等百分比

（1）直线流量特性

直线流量特性是指调节阀的相对流量与相对位移成直线关系，即单位位移变化所引起的流量变化是常数，用数学式表达为

$$\frac{\mathrm{d}\left(\dfrac{Q}{Q_{\max}}\right)}{\mathrm{d}\left(\dfrac{l}{L}\right)} = k \tag{5-24}$$

式中　k——常数，即调节阀的放大系数。

将式(5-24)积分得

$$\frac{Q}{Q_{max}} = k \frac{l}{L} + c \qquad (5\text{-}25)$$

式中 c——积分常数。

已知边界条件：$l=0$ 时，$Q=Q_{min}$；$l=L$ 时，$Q=Q_{max}$。把边界条件代入式（5-25），求得各常数项为

$$c = \frac{Q_{min}}{Q_{max}} = \frac{1}{R}, \quad k = 1 - c = 1 - \frac{1}{R}$$

因此可得

$$\frac{Q}{Q_{max}} = \frac{1}{R}\left[1 + (R-1)\frac{l}{L}\right] = \frac{1}{R} + \left(1 - \frac{1}{R}\right)\frac{l}{L} \qquad (5\text{-}26)$$

式(5-26)表明 $\dfrac{Q}{Q_{max}}$ 与 $\dfrac{l}{L}$ 之间呈直线关系，以不同的 $\dfrac{l}{L}$ 值代入式(5-26)，求出 $\dfrac{Q}{Q_{max}}$ 的对应值，在直角坐标上表示即为一条直线，如图5-16中的2所示。

由图 5-16 可见，具有直线特性的调节阀的放大系数是一个常数，即调节阀单位位移的变化所引起的流量变化是相等的。但它的流量相对变化值（单位位移的变化所引起的流量变化与起始流量之比）是随调节阀的开度而改变的，在开度小时，流量相对变化值大；而在开度大时，流量相对变化值小。因此，直线特性的调节阀在小开度时，灵敏度高，调节作用强，易产生振荡，在大开度时，灵敏度低，调节作用弱，调节缓慢。

（2）等百分比流量特性（对数流量特性）

等百分比流量特性是指单位相对位移变化所引起的相对流量变化与此点的相对流量成正比关系。用数学式表示为

$$\frac{d\left(\dfrac{Q}{Q_{max}}\right)}{d\left(\dfrac{l}{L}\right)} = k \frac{Q}{Q_{max}} \qquad (5\text{-}27)$$

积分后代入边界条件,再整理可得

$$\frac{Q}{Q_{max}} = e^{(\frac{l}{L}-1)\ln R} \qquad 或 \qquad \frac{Q}{Q_{max}} = R^{(\frac{l}{L}-1)} \qquad (5\text{-}28)$$

由式(5-28)可见，相对位移与相对流量成对数关系，故也称对数流量特性，在直角坐标上为一条对数曲线，如图 5-16 中的 4 所示。

由图 5-16 可见，等百分比特性曲线的斜率是随着流量增大而增大，即它的放大系数是随流量增大而增大。但等百分比特性的流量相对变化值是相等的，即流量变化的百分比是相等的。因此，具有等百分比特性的调节阀，在小开度时，放大系数小，调节平稳缓和；在大开度时，放大系数大，调节灵敏有效。

（3）抛物线流量特性

抛物线流量特性是指单位相对位移的变化所引起的相对流量变化与此点的相对流量值的平方根成正比关系，其数学表达式为

$$\frac{d\left(\dfrac{Q}{Q_{max}}\right)}{d\left(\dfrac{l}{L}\right)} = k \left(\frac{Q}{Q_{max}}\right)^{\frac{1}{2}} \qquad (5\text{-}29)$$

积分后代入边界条件,整理后得

$$\frac{Q}{Q_{max}} = \frac{1}{R}\left[1 + (\sqrt{R} - 1)\frac{l}{L}\right]^2 \tag{5-30}$$

上式表明相对流量与相对位移之间为抛物线关系，在直角坐标上为一条抛物线，如图 5-16 中的 3 所示，它介于直线与对数特性曲线之间。

为了弥补直线特性在小开度时调节性能差的缺点，在抛物线特性基础上派生出一种修正抛物线特性，如图 5-16(a) 中的 3′虚线所示，它在相对位移 30% 及相对流量 20% 这段区间内为抛物线关系，而在此以上的范围是线性关系。

（4）快开流量特性

这种流量特性的调节阀在开度较小时就有较大的流量，随着开度的增大，流量很快就达到最大；此后再增加开度，流量变化很小，故称快开流量特性，其特性曲线如图 5-16 中的 1 所示。

快开特性调节阀的阀芯形式为平板形，它的有效位移一般为阀座直径的 1/4，当位移再增加时，阀的流通面积不再增大，失去调节作用。快开阀适用于迅速启闭的位式控制或程序控制系统。

5.3.5.2. 工作流量特性

在实际使用中，调节阀所在的管路系统的阻力变化或旁路阀的开启程度不同将造成阀前后压差变化，从而使调节阀的流量特性发生变化。调节阀前后压差变化时的流量特性称为工作流量特性。下面分两种情况进行讨论。

（1）串联管道时的工作流量特性

以图 5-12 所示的串联管道系统为例进行讨论。

在调节阀前后压差恒定，即 Δp_1 不变时，由式（5-12）可得

$$\frac{Q}{Q_{max}} = \frac{K}{K_{max}} \tag{5-31}$$

式中 Q_{max}——流过调节阀的最大流量；

K_{max}——调节阀全开时的流量系数。

由式(5-23)和式(5-31)可得

$$K = K_{max} f\left(\frac{l}{L}\right)$$

所以

$$Q = K_{max} f\left(\frac{l}{L}\right)\sqrt{\frac{10\Delta p_V}{\rho}} \tag{5-32}$$

当流量 Q 用管道的流量系数 K_p 和压力损失 Δp_p 表示时，则

$$Q = K_p \sqrt{\frac{10\Delta p_p}{\rho}} \tag{5-33}$$

因为

$$\Delta p_s = \Delta p_p + \Delta p_V$$

因此，由式(5-32)和式(5-33)可得

$$\Delta p_V = \frac{\Delta p_s}{\left(\frac{1}{M} - 1\right) f^2\left(\frac{l}{L}\right) + 1} \tag{5-34}$$

其中

$$M = \frac{K_p^2}{K_p^2 + K_{max}^2}$$

当调节阀全开时，$f\left(\dfrac{l}{L}\right) = 1$，则

$$\Delta p_{Vmin} = M \Delta p_s$$

即

$$M = \frac{\Delta p_{Vmin}}{\Delta p_s} = S$$

因此式(5-34)可改写成

$$\Delta p_V = \frac{\Delta p_s}{\left(\dfrac{1}{S} - 1\right) f^2 \left(\dfrac{l}{L}\right) + 1} \tag{5-35}$$

式(5-35)表明了调节阀压差的变化规律，利用它可推得相对流量与位移的关系式，即推得调节阀的工作流量特性。

以 Q_{max} 表示管道阻力等于零时调节阀的全开流量；Q_{100} 表示存在管道阻力时调节阀的全开流量，则可得

$$\frac{Q}{Q_{max}} = f\left(\frac{l}{L}\right)\sqrt{\frac{\Delta p_V}{\Delta p_s}} = f\left(\frac{l}{L}\right)\sqrt{\frac{1}{(S^{-1}-1)f^2\left(\dfrac{l}{L}\right)+1}} \tag{5-36}$$

$$\frac{Q}{Q_{100}} = f\left(\frac{l}{L}\right)\sqrt{\frac{1}{(1-S)f^2\left(\dfrac{l}{L}\right)+S}} \tag{5-37}$$

式(5-36)和式(5-37)分别为串联管道时以 Q_{max} 及 Q_{100} 为参比值时的工作流量特性。此时，对于理想特性为直线及等百分比流量特性的调节阀，在不同的 S 值下，工作特性畸变情况如图 5-18 和图 5-19 所示。

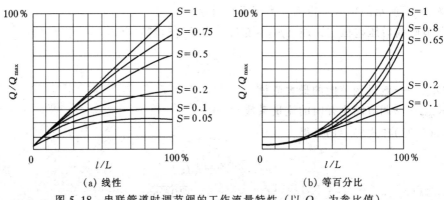

图 5-18　串联管道时调节阀的工作流量特性（以 Q_{max} 为参比值）

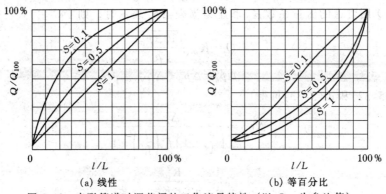

图 5-19　串联管道时调节阀的工作流量特性（以 Q_{100} 为参比值）

由图 5-18 和图 5-19 可以看出，在 $S=1$ 时，管道阻力损失为零，系统的总压差全部降

在调节阀上，实际工作特性与理想特性是一致的；随着 S 值的减小，管道阻力损失增加，结果不仅调节阀全开时的流量减小，而且流量特性也发生了很大的畸变，直线特性趋向于快开特性，等百分比特性趋向于直线特性，使得小开度时放大系数变大，调节不稳定；大开度时放大系数变小，调节迟钝，从而影响控制质量。

综上所述，串联管道将使调节阀的可调比减小、流量特性发生畸变，并且 S 值越小，影响越大。因此在实际使用时，S 值不能太小，通常希望 S 值不低于 0.3。

（2）并联管道时的工作流量特性

以图 5-14 所示的并联管道情况为例进行讨论。管路的总流量 Q 是调节阀流量 Q_1 和旁路流量 Q_2 之和，即

$$Q = Q_1 + Q_2 = K_{max} f\left(\frac{l}{L}\right)\sqrt{\frac{\Delta p}{\rho}} + K_b\sqrt{\frac{\Delta p}{\rho}} \tag{5-38}$$

式中　K_b——旁路的流量系数。

当调节阀全开时，$f\left(\dfrac{l}{L}\right)=1$，此时通过调节阀的流量和管路的总流量均为最大值，因此

$$Q_{max} = (K_{max} + K_b)\sqrt{\frac{\Delta p}{\rho}} \tag{5-39}$$

由式（5-38）和式（5-39）可得

$$\frac{Q}{Q_{max}} = \frac{K_{max} f\left(\dfrac{l}{L}\right) + K_b}{K_{max} + K_b}$$

因为

$$x = \frac{Q_{1max}}{Q_{max}} = \frac{K_{max}}{K_{max} + K_b}$$

所以

$$\frac{Q}{Q_{max}} = x f\left(\frac{l}{L}\right) + (1 - x) \tag{5-40}$$

上式表示并联管道的工作流量特性。理想特性为直线及等百分比流量特性的调节阀，在不同的 x 值时的工作流量特性如图 5-20 所示。

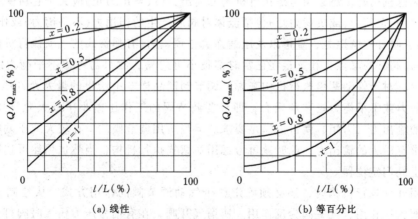

（a）线性　　　　　　　　　　　（b）等百分比

图 5-20　并联管道调节阀的工作流量特性（以 Q_{max} 为参比值）

由图 5-20 可以看出，在 $x=1$ 时，即旁路阀全关时，工作特性与理想特性是一致的。但随着旁路阀逐步开启，旁路流量逐步增加，x 值不断减小，结果虽然调节阀本身的流量特性没有变化，但可调比将大大下降；同时，在实际使用中总是存在串联管道阻力的影响，这将使调节阀所能控制的流量变得很小，甚至几乎不起调节作用。因此，通常一般 x 值不能

低于 0.8，即旁路流量只能为总流量的百分之十几。

5.4. 执行器的选择计算

执行器的选用是否得当，将直接影响自动控制系统的控制质量、安全性和可靠性，因此，必须根据工况特点、生产工艺及控制系统的要求等多方面的因素，综合考虑，正确选用。

执行器的选择，主要是从以下三方面考虑：

① 执行器的结构形式；

② 调节阀的流量特性；

③ 调节阀的口径。

5.4.1. 执行器结构形式的选择

5.4.1.1. 执行机构的选择

如前所述，执行机构包括气动、电动和液动三大类，而液动执行机构使用甚少，同时气动执行机构中使用最广的是气动薄膜执行机构，因此执行机构的选择主要是指对气动薄膜执行机构和电动执行机构的选择，两种执行机构的比较如表 5-3 所示。

表 5-3 气动薄膜式执行机构和电动执行机构的比较

序号	比较项目	气动薄膜执行机构	电动执行机构
1	可靠性	高（简单、可靠）	较低
2	驱动能源	需另设气源装置	简单、方便
3	价格	低	高
4	输出力	大	小
5	刚度	小	大
6	防爆性能	好	差
7	工作环境温度范围	大（$-40 \sim +80℃$）	小（$-10 \sim +55℃$）

气动和电动执行机构各有其特点，并且都包括有各种不同的规格品种。选择时，可以根据实际使用要求，结合表 5-3 综合考虑确定选用哪一种执行机构。

选择执行机构时，还必须考虑执行机构的输出力（或输出力矩）应大于它所受到的负荷力（或负荷力矩）。负荷力（或负荷力矩）包括流体对阀芯产生的作用力（不平衡力）或作用力矩（不平衡力矩）、阀杆的摩擦力、重量以及压缩弹簧的预紧力（有弹簧式的气动执行机构才有预紧力），其中，阀杆的摩擦力和重量在正常时都很小可忽略，故只需考虑不平衡力或不平衡力矩和预紧力。对于气动薄膜执行机构来说，调节阀产品样本中给出的最大允许压差 Δp_{max} 反映了不平衡力或不平衡力矩和预紧力，即只要调节阀的工作压差小于最大允许压差 Δp_{max}，执行机构的输出力（力矩）就可以满足要求。但当所用调节阀的口径较大或压差较高时，执行机构要求有较大的输出力，此时就可考虑用活塞式执行机构，当然也仍然可选用薄膜执行机构再配上阀门定位器。

在采用气动执行机构时，还必须确定整个气动调节阀的作用方式。从控制系统角度出发，气开阀为正作用，气关阀为反作用。所谓气开阀，在有信号压力输入时阀打开，无信号压力时阀全关；而气关阀，在有信号压力时阀关闭，无信号压力时阀全开。气开、气关的选择要从工艺生产上的安全要求出发。考虑原则是：信号压力中断时，应保证设备和操作人员的安全，如阀门处于打开位置时危害性小，则应选用气关阀；反之，则用气开阀。例如，加热炉的燃料气或燃料油应采用气开阀，即当信号中断时应切断进炉燃料，以避免炉温过高而造成事故。又如调节进入设备的工艺介质流量的调节阀，若介质为易爆气体，应选用气开阀，以免信号中断时介质溢出设备而引起爆炸；若介质为易结晶物料，则选用气关阀，以免信号中断时介质产生堵塞。

由于气动执行机构有正、反两种作用方式，某些调节机构也有正装和反装两种方式，因此实现气动执行器的气开、气关就可能有四种组合方式。通常，对于具有双导向阀芯的直通双座阀与 DN25 以上直通单座阀等调节机构，执行机构均采用正作用式，而通过变换调节机构的正、反装来实现气开和气关；而对于单导向阀芯的角形阀、三角阀以及 DN25 以下直通单座阀等只有正装的调节机构，则只能通过变换执行机构的正、反作用来实现气开和气关。

5.4.1.2. 调节机构的选择

调节机构的选择主要依据是：

① 流体性质。如流体种类、粘度、毒性、腐蚀性、是否含悬浮颗粒等；

② 工艺条件。如温度、压力、流量、压差、泄漏量等；

③ 过程控制要求。控制系统精度、可调比、噪声等。

根据以上各点进行综合考虑，并参照各种调节机构的特点及其适用场合，同时兼顾经济性，来选择满足工艺要求的调节机构。

在执行器的结构型式选择时，还必须考虑调节机构的材质、公称压力等级和上阀盖的形式等问题，这些方面的选择可以参考有关资料。

5.4.2. 调节阀流量特性的选择

生产过程中常用的调节阀的理想流量特性主要有直线、等百分比、快开三种，其中快开特性一般应用于双位控制和程序控制。因此，流量特性的选择实际上是指如何选择直线特性和等百分比特性。

调节阀流量特性的选择可以通过理论计算，其过程相当复杂，且实用上也无此必要，因此，目前对调节阀流量特性多采用经验准则或根据控制系统的特点进行选择。可以从以下几方面考虑。

（1）考虑系统的控制品质

一个理想的控制系统，希望其总的放大系数在系统的整个操作范围内保持不变。但在实际生产过程中，操作条件的改变，负荷变化等原因都会造成控制对象特性改变，因此控制系统总的放大系数将随着外部条件的变化而变化。适当地选择调节阀的特性，以调节阀的放大系数的变化来补偿控制对象放大系数的变化，可使控制系统总的放大系数保持不变或近似不变，从而达到较好的控制效果。例如，控制对象的放大系数随着负荷的增加而减小时，如果选用具有等百分比流量特性的调节阀，它的放大系数随负荷增加而增大，那么，就可使控制系统的总放大系数保持不变，近似为线性。

（2）考虑工艺管道情况

在实际使用中，调节阀总是和工艺管道、设备连在一起的。如前所述，调节阀在串联管道时的工作流量特性与 S 值的大小有关，即与工艺配管情况有关。因此，在选择其特性时，还必须考虑工艺配管情况。具体做法是先根据系统的特点选择所需要的工作流量特性，再按照表 5-4 考虑工艺配管情况确定相应的理想流量特性。

表 5-4 工艺配管情况与流量特性关系

配管情况	$S=0.6\sim1$		$S=0.3\sim0.5$	
阀的工作特性	直线	等百分比	直线	等百分比
阀的理想特性	直线	等百分比	等百分比	等百分比

从表 5-4 可以看出，当 $S=0.6\sim1$ 时，所选理想特性与工作特性一致；当 $S=0.3\sim0.6$ 时，若要求工作特性是直线的，则理想特性应选等百分比的，这是因为理想特性为等百分比特性的调节阀，当 $S=0.3\sim0.6$ 时，经畸变后的其工作特性已近似为直线特性了。当要求的工作特性为等百分比时，其理想特性曲线应比等百分比的更凹一些，此时可通过修改阀门定位器反馈凸轮外廓曲线来补偿。当 $S<0.3$ 时，直线特性已严重畸变为快开特性，不利于控制；等百分比理想特性也已严重偏离理想特性，接近于直线特性，虽然仍能控制，但它的控制范围已大大减小；因此一般不希望 S 值小于 0.3。

目前已有低 S 值调节阀，即低压降比调节阀，它利用特殊的阀芯轮廓曲线或套筒窗口形状，使调节阀在 $S=0.1$ 时，其工作流量特性仍然为直线特性或等百分比特性。

(3) 考虑负荷变化情况

直线特性调节阀在小开度时流量相对变化值大，控制过于灵敏，易引起振荡，且阀芯、阀座也易受到破坏，因此在 S 值小、负荷变化大的场合，不宜采用。等百分比特性调节阀的放大系数随调节阀行程增加而增大，流量相对变化值是恒定不变的，因此它对负荷变化有较强的适应性。

根据控制系统的特点选择调节阀的工作流量特性可参考表 5-5，选定之后再参照表 5-4进一步选择理想流量特性。

表 5-5 调节阀工作流量特性的选择表

系统及被控变量	干扰	流量特性	说明
流量控制系统	给定值	直线	变送器带开方器
	p_1, p_2	等百分比	
	给定值	快开	变送器不带开方器
	p_1, p_2	等百分比	
温度控制系统	给定值，T_1	直线	
	p_1, p_2, T_2, T_3, Q_1	等百分比	
压力控制系统	给定值，p_1，V_H	直线	液体
	给定值	等百分比	气体
	p_3	快开	
液位控制系统	给定值	直线	
	V_H	直线	
液位控制系统	给定值	等百分比	
	Q	直线	

5.4.3. 调节阀的口径选择

调节阀口径的选择主要依据流量系数。从式(5-14)可以看出，为了能正确计算流量系数，亦即合理地选取调节阀口径，首先必须要合理确定调节阀流量和压差的数据。通常把代入计算公式中的流量和压差分别称为计算流量和计算压差。而在根据计算所得到的流量系数选择调节阀口径之后，还应对所选调节阀开度和可调比进行验算，以保证所选调节阀的口径能满足控制要求。因此选择调节阀口径的步骤为：

① 确定计算流量　根据现有的生产能力、设备负荷及介质状况，决定最大计算流量 Q_{max}；

② 确定计算压差　根据所选择的流量特性及系统特性选定 S 值，然后决定计算压差；

③ 计算流量系数　选择合适的流量系数计算公式，根据已决定的计算流量和计算压差，求得最大流量时的流量系数 K_{max}；

④ 选取流量系数 K_V　根据已求得的 K_{max}，在所选用的产品型号的标准系列中，选取大于 K_{max} 并与其最接近的那一挡 K_V 值；

⑤ 验算调节阀开度　一般要求最大计算流量时的开度不大于 90%，最小计算流量时的开度不小于 10%；

⑥ 验算调节阀实际可调比；

⑦ 确定调节阀口径　验证合格后，根据 K_V 值决定调节阀的公称直径和阀座直径。

下面详细说明其中的某些步骤。

5.4.3.1. 计算流量的确定

最大计算流量是指通过调节阀的最大流量，其值应根据工艺设备的生产能力、对象负荷的变化、操作条件变化以及系统的控制质量等因素综合考虑，合理确定。

在确定最大流量时，应注意避免两种倾向：一是过多考虑余量，使调节阀口径选得过大，这不但造成经济上的浪费，而且将使调节阀经常处于小开度工作，从而使可调比减小，控制性能变坏，严重时甚至会引起振荡，因而大大降低了阀的寿命；二是只考虑眼前生产，片面强调控制质量，以致在生产力稍有提高时，调节阀就不能适应，被迫进行更换。

计算流量也可以参考泵和压缩机等流体输送机械的能力确定；有时，也可以综合多种方法来确定。

5.4.3.2. 计算压差的确定

计算压差是指最大流量时调节阀上的压差，即调节阀全开时的压差。确定计算压差时必须兼顾控制性能和动力消耗两方面。要使调节阀能起到控制作用，在调节阀前后必须要有一定的压差，且调节阀上的压差占整个管路系统压差的比值越大，则调节阀流量特性的畸变越小，控制性能越能得到保证。但是，调节阀上的压差占整个管路系统压差的比值越大，则调节阀上的压力损失越大，所消耗的动力越多。

计算压差主要是根据工艺管路、设备等组成的管路系统压降大小及变化情况来选择，其步骤如下。

① 选择调节阀前后最近的压力基本稳定的两个设备作为系统的计算范围。

② 在最大流量的条件下，分别计算系统内调节阀之外的各项局部阻力所引起的压力损失，再求出它们的总和 $\sum \Delta p_F$。

③ 选取 S 值，S 值应为调节阀全开时阀上压差 Δp_V 和系统中压力损失总和之比，即

$$S = \frac{\Delta p_{\mathrm{V}}}{\Delta p_{\mathrm{V}} + \sum \Delta p_{\mathrm{F}}} \qquad (5\text{-}41)$$

S 值一般希望不小于 0.3，常选 $S = 0.3 \sim 0.5$。但对于某些系统，即使 S 值小于 0.3 时，仍能满足控制性能的要求；对于高压系统，考虑到减小动力消耗，也可降低到 $S = 0.15$；对于气体介质，由于阻力损失较小，调节阀上压差所占的分量较大，一般 S 值都大于 0.5，但在低压及真空系统中，由于允许压力损失较小，所以 S 仍在 $0.3 \sim 0.5$ 之间为宜。

④ 按已求出的 $\sum \Delta p_{\mathrm{F}}$ 及选定的 S 值，利用下式求取调节阀计算压差 Δp_{V}。

$$\Delta p_{\mathrm{V}} = \frac{S \sum \Delta p_{\mathrm{F}}}{1 - S} \qquad (5\text{-}42)$$

考虑到系统设备中静压经常波动会引起调节阀上压差的变化，如锅炉给水控制系统中锅炉压力波动会引起调节阀上压差的变化。在这种情况下，计算压差还应增加系统设备中静压 p 的 5% ～ 10%，即

$$\Delta p_{\mathrm{V}} = \frac{S \sum \Delta p_{\mathrm{F}}}{1 - S} + (0.05 \sim 0.1) p \qquad (5\text{-}43)$$

在确定计算压差时，还应尽量避免产生空化现象和噪声。

5.4.3.3. 调节阀开度的验算

在计算流量和计算压差确定之后，利用相应的流量系数计算公式可求得流量系数 $K_{\max}$ 值，然后根据 $K_{\max}$ 值在所选用的产品型号的标准系列中，选取大于 $K_{\max}$ 且最接近的 K_{V} 值，作为确定调节阀口径的依据。由于在选取 K_{V} 值时进行了圆整，因此对调节阀工作时的开度和可调比必须进行验算。

调节阀工作时，一般最大流量情况下调节阀的开度应在 90% 左右。最大开度过小，则调节阀经常在小开度下工作，造成控制性能变差和经济上的浪费。最小开度一般希望不小于 10%，否则流体对阀芯、阀座的冲蚀较严重，易损坏阀芯而使特性变差，甚至调节失灵。

由式(5-37)变换可得

$$f\left(\frac{l}{L}\right) = \sqrt{\frac{S}{S + \left(\frac{Q_{100}}{Q}\right)^2 - 1}} \qquad (5\text{-}44)$$

式中 Q_{100}——调节阀全开时的流量，$Q_{100} = \dfrac{K_{\mathrm{V}}}{10} \sqrt{\dfrac{\Delta p}{\rho}}$；

Q——调节阀某一开度时的流量，可表示为 Q_i。

调节阀的开度不但与调节阀的理想流量特性有关，而且还与它的理想可调比有关。若取理想可调比为 30，由式(5-44)和式(5-26)或式(5-28)可得出两种常用流量特性调节阀的开度验算公式如下。

直线特性调节阀

$$k = \left(1.03 \sqrt{\frac{S}{S + \dfrac{K_{\mathrm{V}}^2 \Delta p}{100 Q_i^2 \rho} - 1}} - 0.03\right) \times 100\% \qquad (5\text{-}45)$$

等百分比特性的调节阀

$$k = \left(\frac{1}{1.48} \lg \sqrt{\frac{S}{S + \dfrac{K_{\mathrm{V}}^2 \Delta p}{100 Q_i^2 \rho} - 1}} + 1\right) \times 100\% \qquad (5\text{-}46)$$

式中 k——流过调节阀的流量为 Q_i 时的调节阀开度,%;其他符号及单位同前。

5.4.3.4. 可调比的验算

目前,调节阀的理想可调比 R 有 30 和 50 两种。考虑到在选用调节阀口径过程中对流量系数进行了圆整和放大,同时在正常使用时对调节阀最大开度和最小开度进行了限制,从而会使可调比 R 下降,一般 R 值只有 10 左右。因此可调比的验算可按以下近似公式进行计算

$$R_r = 10\sqrt{S} \tag{5-47}$$

若 $R_r > \dfrac{Q_{max}}{Q_{min}}$ 时,则所选调节阀符合要求。当选用的调节阀不能同时满足工艺上最大流量和最小流量的调节要求时,除增加系统压力外,还可采用两个调节阀进行分程控制来满足可调比的要求。

调节阀开度和实际可调比验证合格后,便可以根据 K_V 值决定调节阀的公称直径和阀座直径。表 5-6 为常用精小型气动薄膜单座调节阀和双座调节阀的基本参数,其他类型的调节阀可查看有关的产品样本。

表 5-6 精小型气动薄膜单座阀、双座阀参数表

单座阀:

公称直径 DN/mm	20				25	40		50	65	80	100	150		200
阀座直径 Dg/mm	10	12	15	20	25	32	40	50	65	80	100	125	150	200
流量系数 K_V 直线	1.8	2.8	4.4	6.9	11	17.6	27.5	44	69	110	176	275	440	630
等百分比	1.6	2.5	4	6.3	10	16	25	40	63	100	160	250	400	570
气源 0.25、Δp_{max}/MPa	6.4	6.4	5.6	3.2	3.5	2.1	1.4	0.9	0.55	0.58	0.4	0.4	0.3	0.15

双座阀:

公称直径 DN/mm	25	32	40	50	65	80	100	125	150	200
阀座直径 Dg/mm	26,24	32,30	40,38	50,48	66,64	80,78	100,98	125,123	150,148	200,179
流量系数 K_V	10	16	25	40	63	100	160	250	400	570
气源 0.25、Δp_{max}/MPa	6.4	6.4	6.4	6.4	6.4	6.4	5.8	6.4	5.6	4.8

5.5. 阀门定位器

阀门定位器是气动调节阀的辅助装置,与气动执行机构配套使用,如图 5-21 所示。

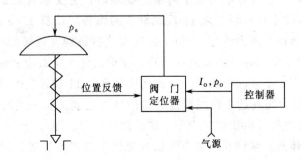

图 5-21 阀门定位器

阀门定位器将来自控制器的控制信号（I_o 或 p_o），成比例地转换成气压信号输出至执行机构，使阀杆产生位移，其位移量通过机械机构反馈到阀门定位器，当位移反馈信号与输入的控制信号相平衡时，阀杆停止动作，调节阀的开度与控制信号相对应。由此可见，阀门定位器与气动执行机构构成一个负反馈系统，因此采用阀门定位器可以提高执行机构的线性度，实现准确定位，并且可以改变执行机构的特性从而可以改变整个执行器的特性；阀门定位器可以采用更高的气源压力，从而可增大执行机构的输出力、克服阀杆的摩擦力、消除不平衡力的影响和加快阀杆的移动速度；阀门定位器与执行机构安装在一起，因而可减少控制信号的传输滞后。此外，阀门定位器还可以接受不同范围的输入信号，因此采用阀门定位器还可实现分程控制。

按结构形式，阀门定位器可以分为电/气阀门定位器、气动阀门定位器和智能式阀门定位器。

5.5.1. 电/气阀门定位器

电/气阀门定位器接受 $4\sim20\text{mA}$ 或 $0\sim10\text{mA}$ 的直流电流信号，用以控制薄膜式或活塞式气动调节阀。它能够起到电/气转换器和气动阀门定位器两种作用。

5.5.1.1. 电/气阀门定位器的工作原理

图 5-22 是一种与薄膜式执行机构配合使用的电/气阀门定位器的原理图，它是按力矩平衡原理工作的。

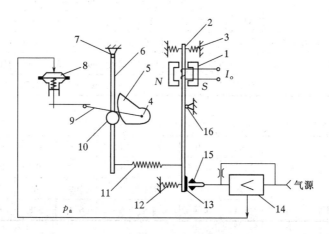

图 5-22　电/气阀门定位器原理图

1—力矩马达；2—主杠杆；3—迁移弹簧；4—支点；5—反馈凸轮；6—副杠杆；7—副杠杆支点；8—气动执行机构；9—反馈杆；10—滚轮；11—反馈弹簧；12—调零弹簧；13—挡板；14—气动放大器；15—喷嘴；16—主杠杆支点

当输入信号电流 I_o 通入力矩马达 1 的电磁线圈时，它受永久磁钢作用后，对主杠杆 2 产生一个向左的力，使主杠杆绕支点 16 反时针方向偏转，挡板 13 靠近喷嘴 15，挡板的位移经气动放大器 14 转换为压力信号 p_a 引入到气动执行机构 8 的薄膜气室，因 p_a 增加而使阀杆向下移动，并带动反馈杆 9 绕支点 4 偏转，反馈凸轮 5 也跟着逆时针方向偏转，通过滚轮 10 使副杠杆 6 绕支点 7 顺时针偏转，从而使反馈弹簧 11 拉伸，反馈弹簧对主杠杆 2 的拉力与信号电流 I_o 通过力矩马达 1 作用到杠杆 2 的推力达到力矩平衡时，阀门定位器达到平衡状态。此时，一定的信号电流就对应于一定的阀杆位移，即对应于一定的阀门开度。

弹簧 12 是调零弹簧，调整其预紧力可以改变挡板的初始位置，即进行零点调整。弹簧 3 是迁移弹簧，在分程控制中用来补偿力矩马达对主杠杆的作用力，以使阀门定位器在接受不同范围(例如 4～12mA 或 12～20mADC)的输入信号时，仍能产生相同范围（20～100kPa）的输出信号。

另外，反馈凸轮有"A向"、"B向"安装位置。所谓"A向"、"B向"，是指反馈凸轮刻有"A"、"B"字样的两面朝向。安装位置的确定，主要是根据与阀门定位器所配用的执行机构是正作用还是反作用。无论是正作用或反作用阀门定位器与正作用执行机构相配时，反馈凸轮采用"A向"安装位置；与反作用执行机构相配时，反馈凸轮采用"B向"安装位置，这样可以保证执行机构位移通过反馈凸轮作用到主杠杆上始终为负反馈。

5.5.1.2. 电/气阀门定位器的特性

电/气阀门定位器和气动调节阀组成的负反馈闭环系统可用如图 5-23 所示的方框图表示。

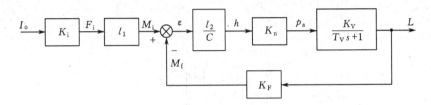

图 5-23 电/气阀门定位器和气动调节阀组成的系统方框图

图中，I_o 为电/气阀门定位器输入信号；K_i 为力矩马达的转换系数；F_i 为矩马达对主杠杆的作用力，即输入力；l_1 为力矩马达到主杠杆支点的距离；M_i 为输入力矩；M_f 为反馈力矩；C 为系统刚度；l_2 为挡板到主杠杆支点的距离；h 为挡板位移量；K_n 为气动放大器的放大系数；p_a 为气动放大器输出信号压力；K_V 为气动执行机构的放大系数；T_V 为气动执行机构的时间常数；L 为气动执行机构阀杆位移；K_F 为反馈部分的反馈系数，与反馈凸轮的几何形状、反馈杆长度以及反馈弹簧刚度等因素有关。

由图 5-23 可以求得气动执行机构的输出 L 与输入信号 I_o 之间的传递函数为

$$W(s) = \frac{L}{I_o} = \frac{K_i l_1 \dfrac{l_2}{C} K_n \dfrac{K_V}{T_V s + 1}}{1 + \dfrac{l_2}{C} K_n \dfrac{K_V}{T_V s + 1} K_F}$$

通常，$\dfrac{l_2}{C} K_n K_F \dfrac{K_V}{T_V s + 1} \gg 1$，因此上式可简化为

$$W(s) = \frac{L}{I_o} = \frac{K_i l_1}{K_F} \tag{5-48}$$

式(5-48)即为气动执行机构的输出 L 与输入信号 I_o 之间的关系式，由此式可看出以下几点。

① 阀杆位移 L 和阀门定位器输入信号 I_o 之间的关系取决于力矩马达的转换系数 K_i、力臂长度 l_1 以及反馈部分的反馈系数 K_F，而与执行机构的时间常数 T_V 和放大系数 K_V，即执行机构的膜片有效面积和弹簧刚度无关，因此阀门定位器能消除执行机构膜片有效面积和弹簧刚度变化的影响，提高执行机构的线性度，实现准确定位。

② 改变阀门定位器反馈凸轮的几何形状，即可改变反馈部分的反馈系数 K_F，从而改变执行机构的特性，进而可以改变整个调节阀的特性。因此，可以通过改变反馈凸轮的几何形状来修正调节阀的流量特性。

③ 反馈部分的反馈系数 K_F 与反馈杆长度有关，改变反馈杆长度可以改变调节阀对阀

门定位器的反馈量，因此，可以通过调节反馈杆的长度，使得不同行程调节阀的阀杆最大位移量折合到阀门定位器主杠杆上的反馈量是相同的要求，从而使同一阀门定位器能与不同行程的执行机构相配套使用。

根据系统的需要，阀门定位器也能实现正反作用。正作用阀门定位器是输入信号电流增加，输出压力也增加；反作用阀门定位器与此相反，输入信号电流增加，输出压力则减小。电/气阀门定位器实现反作用，只要把输入电流的方向反接即可。

5.5.2. 气动阀门定位器

气动阀门定位器直接接受气动信号，其品种很多，按工作原理不同，可分为位移平衡式和力矩平衡式两大类。下面以图 5-24 所示配用薄膜执行机构的力矩平衡式气动阀门定位器为例介绍。

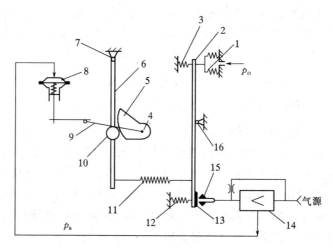

图 5-24　力矩平衡式气动阀门定位器原理图

1—波纹管；2—主杠杆；3—迁移弹簧；4—支点；5—反馈凸轮；6—副杠杆；7—副杠杆支点；8—气动执行机构；
9—反馈杆；10—滚轮；11—反馈弹簧；12—调零弹簧；13—挡板；14—气动放大器；15—喷嘴；16—主杠杆支点

当通入波纹管 1 的信号压力 p_0 增加时，使主杠杆 2 绕支点 16 偏转，挡板 13 靠近喷嘴 15，喷嘴背压升高。此背压经放大器 14 放大后的压力 p_a 引入到气动执行机构 8 的薄膜气室，因其压力增加而使阀杆向下移动，并带动反馈杆 9 绕支点 4 偏转，反馈凸轮 5 也跟着逆时针方向转动，通过滚轮 10 使副杠杆 6 绕支点 7 顺时针偏转，从而使反馈弹簧 11 拉伸，反馈弹簧对主杠杆 2 的拉力与信号压力 p_1 通过波纹管 1 作用到杠杆 2 的推力达到力矩平衡时，阀门定位器达到平衡状态。此时，一定的信号压力就对应于一定的阀杆位移，即对应于一定的阀门开度。调零弹簧 12 起零点调整作用；迁移弹簧 3 用于分程控制调整。

比较图 5-23 和图 5-24 可以发现，这两种阀门定位器的区别主要在于输入部分，其他部分完全相同，因此，它们有大致相同的方框图和特性，不再赘述。

气动力矩平衡式阀门定位器要将正作用改装成反作用，只要把波纹管的位置从主杠杆的右侧调到左侧即可。

5.5.3. 智能式阀门定位器

智能式阀门定位器有只接受 4~20mA 直流电流信号的；也有既接受 4~20mA 的模拟信号、又接受数字信号的，即 HART 通讯的阀门定位器；还有只进行数字信号传输的现场总线阀门定位器。它们均用以控制薄膜式或活塞式气动调节阀。

5.5.3.1. 智能式阀门定位器的构成

智能式阀门定位器包括硬件和软件两部分。

(1) 智能式阀门定位器的硬件构成

智能式阀门定位器的硬件电路由信号调理部分、微处理机、电气转换控制部分和阀位检测反馈装置等部分构成,如图 5-25 所示。

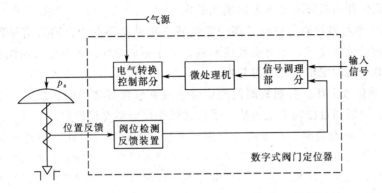

图 5-25　智能式阀门定位器的构成原理图

信号调理部分将输入信号和阀位反馈信号转换为微处理机所能接受的数字信号后送入微处理机;微处理机将这两个数字信号按照预先设定的特性关系进行比较,判断阀门开度是否与输入信号相对应,并输出控制电信号至电气转换控制部分;电气转换控制部分将这一信号转换为气压信号送至气动执行机构,推动调节机构动作;阀位检测反馈装置检测执行机构的阀杆位移并将其转换为电信号反馈到阀门定位器的信号调理部分。

根据接受的输入信号或通讯协议的不同,信号调理部分的具体电路将有所不同。

微处理机与其他微机化仪表相似,即包括微处理器、EPROM、RAM 及各种接口,其各部分作用此处不再赘述。

不同品种的智能式阀门定位器,其电气转换控制部分将有很大不同。大多数采用双控制阀结构,分别控制气动执行机构气室的进气或排气,控制阀为电磁阀或压电阀,其输出有连续信号和脉冲信号,在输入信号与反馈信号相差较大时,连续进、排气,而在相差不大时,脉冲式进、排气。压电阀基于压电效应原理工作,一小片特殊制作的压电陶瓷片,在其两侧加上 24～30V 电压时,压电陶瓷片就会发生弯曲,从而堵住进气口;在所加电压撤消后,即恢复原来状态。也有的采用特殊设计的转矩电动机和喷嘴挡板机构,具有消耗电流小、适用气源压力宽、温度稳定性好、小型、重量轻等特点。

阀位检测反馈装置中,阀位移检测传感器普遍采用了新技术和新方法。例如,有的采用霍尔效应传感器,直接感应阀杆的纵向或旋转动作,实现了非接触式定位检测;有的采用特殊的电位器,电位器中装有球轴承和特种导电塑料材质做成的电阻薄片;有的采用磁阻效应的非接触式旋转角度传感器。

智能式阀门定位器通常都有液晶显示器和手动操作按钮,显示器用于显示阀门定位器的各种状态信息,按钮用于输入组态数据和手动操作。此外,智能式阀门定位器还有阀位输出信号,接受模拟信号的阀门定位器,输出的阀位信号一般为 4～20mA 直流电流信号;接受数字信号的阀门定位器,除输出阀位信号之外,还可以输出阀门定位器的其他各种信息。

(2) 智能式阀门定位器的软件部分

智能式阀门定位器的软件由监控程序和功能模块两部分组成,前者使阀门定位器各硬件电路能正常工作并实现所规定的功能；后者提供了各种功能，供用户选择使用，即进行组态。各种智能式阀门定位器，其具体用途和硬件结构不同，因而它们所包含的功能模块在内容和数量上有较大差异。

5.5.3.2. 智能式阀门定位器的特点

智能式阀门定位器以微处理器为核心，同时采用了各种新技术和新工艺，因此其具有许多模拟式阀门定位器所难以实现或无法实现的优点。

① 定位精度和可靠性高。智能式阀门定位器机械可动部件少，输入信号和阀位反馈信号的比较是直接的数字比较，不易受环境影响，工作稳定性好，不存在机械误差造成的死区影响，因此具有更高的定位精度和可靠性。

② 流量特性修改方便。智能式阀门定位器一般都包含有常用的直线、等百分比和快开特性功能模块，可以通过按钮或上位机、手持式数据设定器直接设定。

③ 零点、量程调整简单。零点调整与量程调整互不影响，因此调整过程简单快捷。许多品种的智能式阀门定位器具有自动调整功能，不但可以自动进行零点与量程的调整，而且能自动识别所配装的执行机构规格，如气室容积、作用形式、行程范围、阻尼系数等，并自动进行调整，从而使调节阀处于最佳工作状态。

④ 具有诊断和监测功能。除一般的自诊断功能之外，智能式阀门定位器能输出与调节阀实际动作相对应的反馈信号，可用于远距离监控调节阀的工作状态。

接受数字信号的智能式阀门定位器，具有双向的通讯能力，可以就地或远距离地利用上位机或手持式操作器进行阀门定位器的组态、调试、诊断。

思考题与习题

5-1　执行器在自动控制系统中起什么作用？气动调节阀和电动调节阀有哪些特点？

5-2　执行器由哪些部分构成？各起什么作用？

5-3　何谓正作用执行器？执行器是如何实现正、反作用的？

5-4　气动执行机构有哪几种？它们各有什么优点？它们的工作原理和基本结构是什么？

5-5　电动执行机构的构成原理和基本结构是什么？伺服电机的转向和位置与输入信号有什么关系？

5-6　伺服放大器如何控制伺服电机的运行？

5-7　智能式电动执行机构是如何构成的？它们各有什么特点？

5-8　常用调节机构有哪几种？它们各有什么优点？

5-9　何谓调节阀的流量系数？K 与 K_V 有何不同？K_V 是如何定义的？

5-10　何谓调节阀的可调比？理想情况下和工作情况下有什么不同？

5-11　何谓调节阀的流量特性？常用的流量特性有哪几种？理想情况下和工作情况下有何不同？

5-12　如何选用调节阀？选用调节阀时应考虑哪些因素？

5-13　什么叫气开阀？什么叫气关阀？根据什么原则选择调节阀的气开气关型式？

5-14　如何确定调节阀的口径？

5-15　有一冷却器控制系统，冷却水由离心泵供应，冷却水经冷却器后最终排入水沟，泵出口压力 $p_1 = 400\text{kPa}$，冷却水最大流量为 $18\text{m}^3/\text{h}$，正常流量为 $10\text{m}^3/\text{h}$，最大流量时调节阀上的压降为 164kPa，试为该系统选择一个调节阀。

5-16　阀门定位器有什么作用？简述电-气阀门定位器、气动阀门定位器和智能式阀门定位器的工作原理。

6. 计算机控制系统的基本知识

现代科学技术领域中，计算机技术、自动控制技术普遍被认为是发展最迅速的分支之一，计算机控制技术是两者直接结合的产物。随着微电子技术及器件的发展，特别是高速网络通信技术的日臻完善，作为自动化工具的自动化仪表和计算机控制装置取得了突飞猛进的发展，各种类型的计算机控制装置已经成了工业生产实现安全、高效、优质、低耗的基本条件和重要保证，成为现代工业生产中不可替代的神经中枢。

回顾近些年来自动化技术发展的主流，其最明显的特征是各种自动化仪表和自动控制装置在经历了 50 多年的模拟时代，现已逐渐跨入真正的数字时代。自 20 世纪 50 年代开创计算机控制的先河以来，已经历了若干发展时期。随着计算机技术、自动控制技术、检测和传感技术、先进控制技术、智能仪表技术、网络通信技术的快速发展，计算机控制系统的结构特征从早期的直接数字量控制、集中型计算机控制，发展到分布式计算机控制和现场总线控制；计算机控制系统的功能特征也由单一的回路自动化、工厂局域自动化，发展为全厂综合自动化和计算机集成制造。

6.1. 计算机控制系统概述

6.1.1. 什么是计算机控制

所谓计算机控制就是利用计算机实现工业生产过程的自动控制，图 6-1 是典型的计算机控制系统原理框图。不同于常规仪表控制系统，输入和输出到计算机控制系统中的信号都是数字信号，因此在典型的计算机控制系统中需要有 A/D、D/A 等 I/O 接口装置，实现模拟量信号和数字量信号的相互转换，以构成一个闭合的回路。

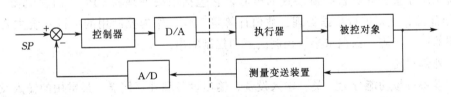

图 6-1 典型计算机控制系统方块图

从上面的方块图看，计算机控制的工作过程可以归纳为三个步骤。

① 数据采集　实时检测来自于测量变送装置的被控变量瞬时值；

② 控制决策　根据采集到的被控变量按一定的控制规律进行分析和处理，产生控制信号，决定控制行为；

③ 控制输出　根据控制决策实时地向执行机构发出控制信号，完成控制任务。

计算机控制系统的工作过程不断地重复执行上述的三个步骤，使整个系统按照一定的控制品质进行工作。

与常规仪表控制系统相比，计算机控制系统有极大的优越性，例如系统构筑简单、维护方便、控制功能强大、便于实现先进控制、人机交互界面友好、可操作性好等等。计算机控制系统不仅能够有效地实现常规意义上的工业过程自动化，更主要的是它还可以实现集信息流自动化和信息管理自动化为一体的综合自动化。

6.1.2. 计算机控制系统的基本组成

计算机控制系统由计算机控制装置、测量变送装置、执行器和被控对象等几大部分组成。从系统构成上看，计算机控制装置只是取代了常规仪表控制系统中的控制器部分。

如图 6-2，计算机控制装置主要指按照控制系统的特点和要求设计的计算机系统，它可概括地分为计算机硬件和计算机软件两个部分。

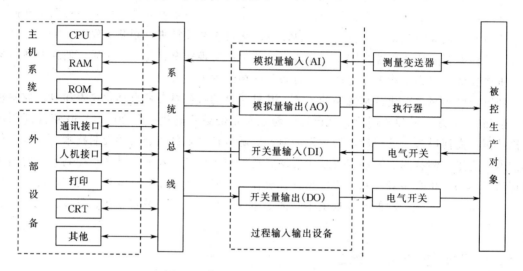

图 6-2　典型计算机控制系统组成框图

6.1.2.1. 硬件组成

计算机控制装置的硬件部分通常可理解为由一般意义上的计算机系统和特定的过程输入输出设备组成，典型的计算机系统还可以细分为主机、外部设备、系统总线等若干部分。

（1）主机系统

主机系统是整个计算机控制装置的核心，它包括中央处理器 CPU、内存储器（RAM，ROM）等部件，主要进行数据处理、数值计算等工作。作为控制用的主机系统主要是完成前面介绍的三个步骤：数据采集、控制决策和控制输出。

（2）外部设备

外部设备可按功能分为三类：输入设备，输出设备和外存储器。最常用的输入设备是鼠标和键盘，用来输入程序、数据和操作命令；常用的输出设备是打印机、CRT 等，它们以字符、曲线、表格和图形等形式来反映生产工况和控制信息；常用的外存储器是磁盘等，它们兼有输入和输出两种功能，用来存放程序和数据。

（3）系统总线

计算机控制系统的系统总线包括内部总线和外部总线两种。内部总线是计算机系统内部各组成部分进行信息传送的公共通道，是连接各组成部分的纽带，如 PC 机内部的 PC AT 总线；外部总线是计算机控制装置与其他计算机系统、智能仪表及各种智能设备进行信息传送的公共通道，如 RS-232C，RS-485 及各种类型的现场总线等等。

（4）过程输入输出设备

过程输入输出设备是计算机与生产过程之间信号传递和变换的连接通道。过程输入设备将生产过程的信号变换成计算机能够识别和接收的二进制代码，如模拟量输入 AI 模块、开关量输入 DI 模块等；过程输出设备用于将主机输出的控制命令和数据变换成执行机构和电气开关的控制信号，包括模拟量输出 AO 模块、开关量输出 DO 模块等。

作为工业控制的计算机系统，除了以上基本组成之外，一般还必须具备如下的系统支持功能。

① 监控定时器。监控定时器俗称"看门狗"定时器（Watchdog Timer，简称 WDT），其主要作用是当系统因干扰或软故障出现异常，或程序进入死循环时，WDT 可以使系统自动复位重新运行，从而提高系统的可靠性。

② 电源掉电检测。工业控制机在工业现场运行过程中如出现电源掉电故障，应及时发现并保护当时的重要数据和状态，一旦上电后，工业控制机能从断电处继续运行。

③ 保护重要数据的后备存储器，在系统掉电后保证所存数据不丢失，通常采用带后备电池的 SRAM,FLASH RAM,E^2PROM 等。

6.1.2.2. 软件组成

上面所介绍的硬件系统只能构成裸机，它只为计算机控制提供了物质基础。因此，一个完整的计算机控制系统必须为裸机提供软件才能把人的思维和知识用于对生产过程的控制。通常软件分为系统软件、支持软件和应用软件三种类型。

（1）系统软件

系统软件包括操作系统、引导程序等，它是支持软件及各种应用软件的最基础的运行平台，比如大家非常熟悉的 Windows 操作系统、Unix 操作系统等都属于系统软件。

（2）支持软件

支持软件运行在系统软件的平台上，用于开发各种功能的应用软件。支持软件一般包括汇编语言、高级语言、数据库系统、通信网络软件、诊断程序、组态软件等。对于计算机控制系统的设计人员来说，他们需要了解并学会使用相应的支持软件，从而根据系统要求编制开发控制系统所需要的应用软件。

（3）应用软件

应用软件是系统设计人员针对某个生产过程及其控制要求而编制的控制和管理程序，它的优劣直接影响控制品质和管理水平。用于操作站的应用软件和用于控制站的应用软件在功能要求上会有所不同，前者主要实现通信管理、数据库的使用和维护、人机交互、质量分析、生产决策等功能，它要求在满足一定的实时性要求的前提下提供尽可能完善的功能。一个典型的操作站应用软件需要实现与控制站之间的数据通信、工艺流程操作、数据报表、趋势显示、历史数据查询和分析、报警处理和记录、打印输出、口令权限管理等一些基本的功能，这部分软件一般可以采用特定的组态软件、VB、VC、Delphi 或其他一些高级语言来开发。过程输入/输出、信号滤波、实时控制等功能通常由控制站的应用软件实现，其中过程控制程序是它的核心，它基于经典或现代控制理论中的控制算法，将其演绎为实际应用，这部分软件的开发重点是在实现有效控制的前提下满足控制系统的实时性要求，因此，用于控制的应用软件多采用高效的汇编语言来开发。

6.1.3. 计算机控制系统的主要设计思想

6.1.3.1. 可靠性

不同于科学计算或商务管理的计算机，工业控制计算机系统的工作环境一般比较恶劣，通常需要连续不间断运行，而且一个控制站往往要承担很多个回路的控制，一旦系统出现故障，轻者会影响生产，重者将造成事故。因此，安全可靠是系统设计的首要目标。

（1）可靠性指标

系统可靠性一般是指产品在规定的条件下和规定的时间内完成规定功能的能力，它通常用概率来定义，主要的描述指标有可靠度、平均无故障工作时间、平均故障修复时间等。

① 可靠度　可靠度即是用概率来表示的零件、设备或系统的可靠程度。它的具体定义是：在规定的环境温度、湿度、振动和使用方法及维护措施等条件下，在规定的工作期限内，设备无故障地发挥规定功能（应具备的技术指标）的概率。

例如在 100 只晶体三极管中有 95 只在上述规定条件下未出现故障，则其可靠度 $R = 0.95$，当然所取样品数量越大，所得可靠度的准确性就越高。

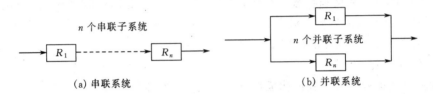

n 个串联子系统　　　　　　　　　　　　　n 个并联子系统

（a）串联系统　　　　　　　　　　　　　（b）并联系统

图 6-3　系统构成方式与系统可靠度的关系

一个复杂系统的可靠度除了与构成系统的子系统及其元器件的可靠度有关，还与系统的构成方式有关，串联连接和并联连接是两种典型的构成方式。如果分析的是断路失效，在图 6-3(a)所示的串联系统中只要有一个子系统失效，系统就会失效，而在图 6-3 (b) 所示的并联系统中除非全部子系统发生故障，系统才会出现故障。

串联系统的可靠度　　　　　　　$R_{串} = R_1 \cdot R_2 \cdots R_n$　　　　　　　　　　（6-1）

并联系统的可靠度　　　$R_{并} = 1 - (1 - R_1)(1 - R_2) \cdots (1 - R_n)$　　　　　　（6-2）

式(6-2)中$(1 - R_1)(1 - R_2) \cdots (1 - R_n)$表示各子系统同时失效的概率。假设各子系统的可靠度均为 0.9，当并联的子系统数分别为 1，2 和 3 时，则相应的系统可靠度为：0.9，0.99，0.999，可见并联子系统越多，系统的可靠度就越高。但是，当子系统数≥2 时，并联子系统对增加系统可靠度的贡献并不显著，这一结果也是冗余技术的基础，实际工程应用中多选用 2 个互为冗余的子系统。

相反，串联子系统越多，系统的可靠度就越低。假设各子系统的可靠度也是 0.9，当串联子系统数分别为 1，2 和 3 时，对应的系统可靠度为：0.9，0.81，0.729。

② 平均无故障工作时间 MTBF 和平均故障修复时间 MTTR　MTBF 指设备在相邻两次故障的间隔内正常工作的平均时间，MTTR 指设备出现故障以后经过维修恢复并重新投入运行所需要的平均时间。

$$\text{MTBF} = \frac{\sum\limits_{i=1}^{n} t_i}{n}, \qquad \text{MTTR} = \frac{\sum\limits_{i=1}^{n} \Delta t_i}{n}$$

以上两个指标是通过多次抽样检测，长期统计后求出的平均数值，MTBF 越大、或 MTTR 越小表示设备的可靠性越高。

（2）提高控制系统可靠性的措施

要提高系统可靠性就需要增加平均无故障工作时间 MTBF，减少平均故障修复时间 MTTR，并采用合理的系统结构。这涉及许多技术领域，如产品的制造工艺、元件质量、系统设计方案、维护条件、使用及维修人员的技术水平等，所有这些条件又都受经济指标的约束，需要综合考虑。通常，提高系统可靠性主要有以下一些措施。

① 选用高性能的计算机控制设备，保证在恶劣的工业环境下，仍能正常运行。

② 设计可靠的控制方案，提供各种安全保护措施，如报警、故障预测和处理等。

③ 采用分散控制思想。

④ 增加后备手操或后备仪表控制系统，一旦系统出现故障，可以把后备装置切换到控制回路中去，保证生产过程的正常运行。

⑤ 对于可靠性要求更高的特殊控制对象可以设计冗余系统。冗余系统的工作方式一般分为备份工作方式和双工工作方式两种：在备份工作方式中，A系统作为主机投入运行，B系统处于通电工作状态，作为A系统的热备份，当A系统出现故障时，自动地把B系统切入运行，承担起主控任务，而故障排除后的A系统则转为备份机。在双工工作方式中，A,B二套系统并行工作，同步执行同一个任务，并比较两机执行结果，如果比较相同，则表明正常工作，否则再重复执行，再校验两机结果，以排除随机故障干扰，若经过几次重复执行与校对，两机结果仍然不相同，则启动故障诊断程序，将故障机切离系统。

⑥ 采用安全可靠的屏蔽、隔离、接地等抗干扰技术。

另外，系统可靠性不仅取决于计算机硬件指标，同样也与应用软件直接相关。

6.1.3.2. 可维护性

可维护性是指故障发生后通过维修使系统恢复的能力，简单地说它主要体现在易于查找故障，易于排除故障。

由于计算机控制系统往往承担许多个回路的控制，因此系统的可维护性也是一个重要的设计目标。为了保证系统的可维护性，一般要考虑以下几个方面。

① 设计合理的系统结构。例如，采用模块化的结构形式，便于调整系统构成、更换故障模块。

② 选择系列化、标准化、通用化、一致性好的硬件设备，可以保证故障设备更换前后的监控程序、运行状态和精度不受影响。

③ 系统最好能够带电插拔维修，降低子系统的故障对整个系统产生的影响。

④ 软硬件具有自诊断功能，便于维修人员对故障点的快速定位、分析检查和排除故障。

6.1.3.3. 实时性

计算机控制系统的实时性是指被控信号的输入、运算和输出都要在一定的时间内完成，并能根据生产工况的变化进行及时的处理，亦即系统对被控信号的变化具有足够快的响应速度，不丢失信息，不延误操作。如果响应时间超出了被控对象的控制要求，计算机控制系统就会失去控制的时机，同时也就会失去控制的意义。为了达到这一要求，需要从硬件和软件两个方面来保证。

（1）硬件的实时性

概括地说，整个系统的硬件包括现场仪表设备和计算机硬件设备两大部分。

现场仪表的实时性体现在仪表的响应时间上，也就是现场仪表对实际信号变化产生响应的滞后时间。影响控制系统实时性的现场仪表主要是传感器、变送器和执行器，它们的实时性要求主要在现场仪表的选型过程中考虑，通常现场仪表的选型是在满足信号制、量程、精度、稳定性等要求的前提下，希望其响应速度越快越好。

计算机硬件设备的实时性主要体现在硬件的处理速度和硬件中断响应等方面，具体包括CPU处理速度和能力，采样周期的设置，A/D,D/A等过程信号输入输出的建立时间，硬件中断的设计等。计算机硬件设备的实时性应该在系统设计、实施过程中进行综合分析。

（2）软件的实时性

除了计算机硬件指标之外，系统实时性还依赖于系统软件和应用软件的性能。在计算机控制系统中采样、控制、遥控、生产决策、信息管理等所有操作和控制均由软件实现。同样的硬件系统，配置高性能的软件，可以取得较好的控制效果；反之，不仅发挥不出硬件的功能，还可能达不到预定的控制目标。

软件系统实时性主要指系统对各种操作优先级的合理安排以及 CPU 对各种中断功能的合理调度。系统应用程序一般有顺序扫描执行和中断执行两种模式，调度管理程序可以按优先级和并行相结合的方式进行处理，即各任务根据其实时性要求划分优先级，管理程序按多任务处理的概念对各任务进行调度。

对于实时性要求比较高的系统，除了采取上述措施以外，在应用软件方面也需要采取各种方法，以提高程序的计算和执行速度。例如，采用快速的算法，采用高效的语言编程等。

6.1.3.4. 性能价格比

基于市场竞争机制，一个良好的计算机控制系统，在充分考虑系统性能的同时，也需要分析系统应该带来的经济效益，即系统性能和投入之间的关系以及系统投入与产出之间的关系。一般要掌握以下两个原则：一是系统设计的性能价格比要尽可能高；二是投入产出比要尽可能低。

6.1.4. 计算机控制系统的发展过程

20 世纪 50 年代以前，由于当时的生产规模较小，检测控制仪表和自动化技术尚处于发展的初级阶段，所采用的仅仅是安装在生产设备现场、只具备简单测控功能的基地式气动仪表，其信号仅在本仪表内起作用，一般不能传送给别的仪表或系统，各测控点间的信号无法相互沟通，操作人员只能通过巡视生产现场来了解生产状况。随着生产规模的扩大和工艺要求的提高，操作人员需要掌握多点的运行参数和信息，需要按多点的运行信息实行操作控制，于是出现了气动、电动系列的单元组合式仪表，出现了集中控制室。生产现场各处的参数通过统一的模拟信号送往集中控制室，在控制盘上连接。操作人员可以坐在控制室纵观生产流程各处的状况。由于模拟信号需要一对一的物理连接，信号变化缓慢，提高计算速度与精度的开销、难度都较大，信号传输的抗干扰能力也较差，于是人们开始寻求用数字信号取代模拟信号，出现了直接数字控制。

6.1.4.1. 直接数字控制

在应用过程控制之前，计算机主要作为数值运算、数据统计和数值分析的工具，与实际生产过程没有任何的物理连接。1959 年美国 TRW 公司和 TEXACO 公司联合研制的 TRW300 在炼油厂装置上投运成功，当时主要用于数据记录并实现部分控制功能，虽然控制功能极其有限，但这一开创性工作开辟了一个轰轰烈烈的计算机工业应用时代。

到 20 世纪 50 年代末，提供了计算机与过程装置间的接口，实现了"变送器—计算机—执行器"三者电气信号的直接传递，计算机系统在配备了变送器、执行器以及相关的电气接口后就可以实现过程的检测、监视、控制和管理。1962 年英国的帝国化学工业公司首先使用一台计算机代替所有用于过程控制的模拟仪表，这种用数字控制技术简单地取代模拟控制技术，而不改变原有的控制功能，形成了所谓的直接数字控制，简称 DDC。

DDC 是计算机控制技术的基础，计算机首先通过 AI 和 DI 接口实时采集数据，把检测仪表送来的反映各种参数和过程状态的标准模拟量信号（$4\sim20mA$、$0\sim10mA$ 等）、开关量信号（"0"／"1"）转换为数字信号及时送往主机，主机按照一定的控制规律进行计算，发出控制信息，最后通过 AO 和 DO 接口把主机输出的数字信号转换为适应各种执行器的控制信号（4～20mA、"0"／"1"等），直接控制生产过程。

典型的 DDC 控制系统原理图和 DDC 单回路控制系统框图分别如图 6-4 和图 6-1 所示。DDC 在本质上就是用一台计算机取代一组模拟控制器，构成闭环控制回路。与采用模拟控制器的控制系统相比，DDC 的突出优点是计算灵活，它

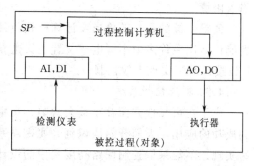

图 6-4　DDC 系统原理图

不仅能实现典型的 PID 控制规律，还可以分时处理多个控制回路。此外，随着计算机软硬件功能的发展，能方便地对传统的 PID 算法进行改进或实现其他的控制算法，为此 DDC 也很快发展到 PID 以外的多种复杂控制，如串级控制、前馈控制、解耦控制等。DDC 用于工业控制的主要问题是当时的计算机系统的价格昂贵，计算机运算速度不能满足快速过程实时控制的需求。

6.1.4.2. 集中型计算机控制系统

从系统功能上说，集中型计算机控制是 DDC 控制的发展，由于当时的计算机系统的体积庞大，价格非常昂贵，为了使计算机控制能与常规仪表控制相竞争，企图用一台计算机来控制尽可能多的控制回路，实现集中检测、集中控制和集中管理。

在图 6-5 中，输入子系统包括 AI 和 DI 两部分，它们分别采集过程对象有关的模拟量和开关量测量信号。输出子系统包括 AO 和 DO 两部分，它们分别输出过程对象有关的模拟量和开关量控制信号。CRT 操作台代替传统的模拟仪表盘，实现参数的监视。

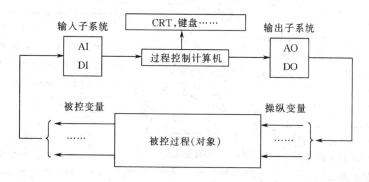

图 6-5　集中型计算机控制系统原理图

从表面上看，集中型计算机控制与常规仪表控制相比具有更大的优越性：集中型计算机控制可以实现先进控制、联锁控制等各种更复杂的控制功能；信息集中，便于实现优化控制和优化生产；灵活性大，控制回路的增减、控制方案的改变由软件来方便实现；HMI 友好，操作方便，大量的模拟仪表盘可由 CRT 取代，各种人机干预可通过标准 I,O 设备完成。

由于当时计算机总体性能低，运算速度慢，容量小，利用一台计算机控制很多个回路容易出现负荷过载，而且控制的集中也直接导致危险的集中，高度的集中使系统变得十分"脆弱"。具体表现在一旦计算机出现故障，甚至系统中某一控制回路发生故障就可能导致生产过程的全面瘫痪。在当时，集中型计算机控制系统不仅没有给工业生产带来明显的好处，反而有可能严重影响正常生产，因此这种危险集中的系统结构很难为生产过程所接受，曾一度

陷入困境。

值得一提的是，随着当今计算机软硬件水平的提高，集中型计算机控制系统以其较高的性能价格比在许多中小型生产装置上又重新得到应用，采用一台工业控制计算机结合相应的I/O接口即可实现有效控制。

6.1.4.3. 集散控制系统

由于在可靠性方面存在重大缺陷，集中型计算机控制系统在当时的过程控制中并没有得到成功的应用。人们开始认识到，要提高系统的可靠性，需要把控制功能分散到若干个控制站实现，不能采取控制回路高度集中的设计思想；此外，考虑到整个生产过程的整体性，各个局部的控制系统之间还应当存在必要的相互联系，即所有控制系统的运行应当服从工业生产和管理的总体目标。这种管理的集中性和控制的分散性是生产过程高效、安全运行的需要，它直接推动了集散控制系统的产生和发展。

集散控制系统简称DCS，其基本设计思想就是适应上述两方面的需要：一方面使用若干个控制器完成系统的控制任务，每个控制器实现一定的有限控制目标，可以独立完成数据采集、信号处理、计算变换及输出等功能；另一方面，集散控制系统又强调管理的集中性，它依靠计算机网络完成操作显示部分与分散控制系统之间的数据传输，使所有控制器都在生产过程的统一管理协调下动作。

进入20世纪70年代，微处理器的诞生为研制新型结构的控制系统创造了无比优越的条件，一台微处理器实现几个回路的控制，若干台微处理器就可以控制整个生产过程，从而产生了以微处理器为核心的集中处理信息、集中管理、分散控制权、分散危险的集散型计算机控制系统，人们也常称之为分布式计算机控制系统，如图6-6，层次化是集散控制系统最主要的体系特点。

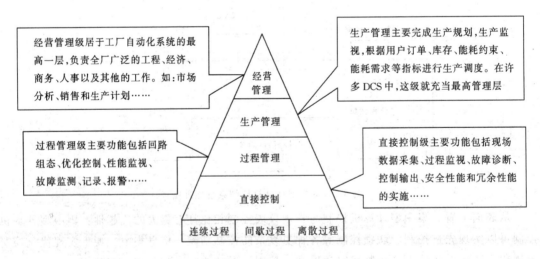

图6-6 DCS功能层次示意图

（1）DCS的功能层次

一个大的DCS系统可以分为若干层，大多数DCS系统自下而上分为4层：直接控制级、过程管理级、生产管理级、经营管理级，每一级从"上一级"获取指示，从"下一级"获取信息，产生对"下级"的控制。在很多情况下，DCS的功能层次和物理层次不一定完全相同，常常将2个或多个功能层上的任务或部分任务压缩到一个物理层次上去实现，这使

DCS 得以大大简化。

（2）DCS 的发展过程

自 DCS 问世以来，原则上可按技术特征分为四代。1975 年美国 Honeywell 公司推出了世界上第一套 DCS 系统 TDC-2000，它标志了第一代 DCS 系统的诞生，这一代产品的技术特征是集散。第二代 DCS 产品的技术特征是引入局域网 LAN，LAN 技术的引用，使系统组态变得更为灵活，良好的人机交互接口技术大大改善了操作条件。第三代 DCS 产品的技术特征是管控一体化。随着网络技术的日臻完善和数据通信日趋标准化，控制系统设计时考虑风险分散成了时髦，同时由于现场控制器向低价格、智能化发展，控制策略可以在现场控制器中实现，实时性更好，中央监控系统的主机不需要负担大量的数据运算工作，逐渐由控制转向管理，管理控制一体化思想得到体现。这一代 DCS 的特点是操作员站以 PC 为基础，采用标准数据通信规程。当前发展的是第四代 DCS 产品，这一代 DCS 主要强调系统的开放性，特别是通信机制的开放性和标准化。

总而言之，早期 DCS 的重点在于控制，DCS 以"分散"作为关键字，发展至今，取得很多令人注目的成果。但现代发展更着重于全系统信息综合管理，今后"综合"又将成为其关键字，向实现控制体系、运行体系、计划体系、管理体系的综合自动化方向发展，通过由网络（局域网和广域网）或者串、并行通信实现设备互连和资源网络化共享，实施从最底层的实时控制、优化控制上升到生产调度、经营管理，以至最高层的战略决策，形成一个具有柔性、高度自动化的管控一体化系统。

6.1.4.4. 现场总线控制系统

在过去的几十年中，工业过程控制仪表一直采用 4～20mA 等标准的模拟信号传输，测量仪表在一对信号传输线中仅能单向地传输一个信息，如图 6-7。随着微电子技术迅猛发展，微处理器在过程控制装置和仪表装置中的应用不断增加，出现了智能变送器、智能控制器等仪表产品，现代化的工业过程控制对仪表装置在响应速度、精度、成本等诸多方面都有了更高的要求，

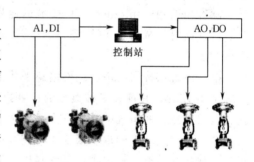

图 6-7　传统计算机控制结构示意图

导致了用数字信号传输技术代替模拟信号传输技术的需要，这种现场信号传输技术就被称作为现场总线。

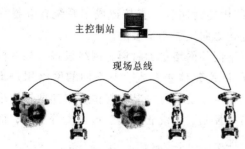

图 6-8　现场总线控制系统结构示意图

在 DCS 系统形成的过程中，由于受计算机系统早期存在的"封闭"缺陷的影响，各厂家的产品自成系统，不同厂家的设备不能互连在一起，难以实现互换与互操作。新型的现场总线控制系统则突破了 DCS 系统中通信由专用网络实现所造成的缺陷，把基于封闭、专用的解决方案变成了基于公开、标准化的解决方案；把 DCS 集中与分散相结合的集散系统结构，变成了新型全分布式结构；把控制功能彻底下放到现场，依靠现场智能设备本身实现基本控制功能。因此，开放性、分散性与全数字通信是现场总线系统最显著的特征。如图 6-8，在这种系统中，每个现场智能设备分别视作为一个网络节点，通过现场总线实现各节点之间及其与过程控制管理层

之间的信息传递与沟通。

根据国际电工委员会和现场总线基金会对现场总线的定义，现场总线是连接智能现场装置和自动化系统的数字式、双向传输、多分支结构的通信网络。现场总线在本质上是全数字式的，取消了原来 DCS 系统中独立的控制器，避免了反复进行 A/D、D/A 的转换。它有两个显著特点：一是双向数据通信能力；二是把控制任务下移到智能现场设备，以实现测量控制一体化，从而提高系统固有可靠性。对于厂商来说，现场总线技术带来的效益主要体现在降低成本和改善系统性能，对于用户来说，更大的效益在于能获得精确的控制类型，而不必定制硬件和软件。

当前，现场总线及由此而产生的现场总线智能仪表和控制系统已成为全世界范围自动化技术发展的热点，这一涉及整个自动化和仪表的工业"革命"和产品全面换代的新技术在国际上已引起人们广泛的关注。

6.1.5. 计算机控制的发展特征

计算机控制系统的发展在很大程度上取决于计算机应用技术的发展。计算机网络体系结构经历了基于主机—终端的集中模式、大型机—小型机的分层模式和客户端—服务器的网络模式这几个明显的过程，而计算机控制系统的发展过程包括了集中型计算机控制系统、分布式计算机控制系统和现场总线控制系统三个过程。当然，这种相似性的存在也不是偶然的，通常都是在计算机领域出现一种新技术以后，人们才开始考虑如何将这种新技术应用到控制领域。

随着局域网、Internet、IT 技术迅速发展，计算机控制系统向集成化、网络化、智能化、信息化发展成为一种趋势，当今计算机控制系统主要发展特征可以归纳为以下三个方面。

（1）系统结构向网络化、网络扁平化方向发展

① 网络化　目前，各种类型的计算机网络在工业自动化系统中得到了广泛的应用，这使传统的回路控制系统的结构发生了根本性的变化。尤其是现场总线技术的发展和应用，它可把全厂范围最基础的现场级仪表与装置都连接起来，与过程控制系统实现全数字化的数据通信。现场总线概念的出现，最终将导致控制功能的彻底分散，把测量控制功能分散下放到现场仪表上，因而它使计算机控制系统各个层面的网络化成为可能。

② 网络扁平化　在传统的 DCS 中，通常以网络为界限把系统划分为现场级、车间级、工厂级、公司级等若干个层次，不同的网络层次通过计算机连接，不同层面上的信息交换受到连接计算机的限制；而且由于网络标准和数据结构的封闭性，直接造成了系统在互操作性、互换性上的制约，这些都与计算机系统向信息化方向发展相抵触的。

新一代的计算机控制系统同样会是分层的，但不同的网络层面将通过网络设备（如网桥等）连接，各层面的信息交换将在一个"贯通"的网络整体中实现。对不同的网络用户来说，整个网络体系将是"透明"的。这样，计算机控制系统的网络结构将由多层向两层网络发展，即所谓的网络扁平化，高层网络用以实现高级控制、系统管理、生产调度等功能，而底层网络用以实现具体控制、报警、系统诊断等功能。

③ 开放统一的技术标准　所谓开放性是允许不同厂家的软硬件设备都支持标准的网络协议，并允许共存构成系统整体。传统 DCS 的网络体系结构是封闭式的，不同制造商的产品互不兼容。建立并采用开放统一的网络通信体系是工业网络发展的主要方向，用户可以根据实际需要自由地选择基于统一标准但由不同开发商生产的产品。

目前，高层网络有着向 Ethernet TCP/IP 统一的趋势，而底层现场总线标准还呈现着群雄逐鹿的现状。

（2）系统功能向综合化方向发展

在网络化计算机控制系统中，系统功能不再局限于传统意义上的"控制"，而是要实现集工业生产过程自动化和全厂事务经营管理自动化为一体的计算机综合自动化，实现开发设计、计划调度、经营管理与过程控制的总体自动化。新一代的计算机控制系统涉及的自动化不是全厂各自动化环节的简单相加，也不仅仅是设备的集成，更主要的是体现以信息集成为本质的技术集成，也包括人的集成。因此在新一代的控制系统中，对"信息流"的控制和分析是最重要的内容。

此外，应用先进控制技术、提供更多的先进控制软件也将是计算机控制系统需要发展的一个内容。以往 DCS 大都只提供基本控制软件，即 PID、比值、串级、前馈等控制算法，这些经典的控制技术在实际应用中也会遇到不少的难题。加强开发并提供更高层次的先进过程控制软件，如预测控制、模糊控制、多变量控制、神经网络控制、过程最优化、智能软测量、控制回路预整定、统计分析及质量控制等等，将是进一步提高计算机控制系统性能价格比最为有效的途径。

（3）系统设备向多样化方向发展

随着计算机控制技术的发展，系统结构和系统功能日趋复杂，系统设备也逐渐向多样化集成的方向发展。

① DCS 与 PLC 的相互融合　DCS 原本多用于连续过程控制，而 PLC 则用于逻辑/顺序控制，两者都是基于微处理器的数字控制装置。在实际生产应用时，生产过程往往既需要连续控制，也需要逻辑/顺序控制，为此 DCS 和 PLC 在控制功能上也不断地相互渗透，使DCS 与 PLC 的区别界限变得模糊。具体表现在：二者功能互补性明显加强、通信可互连性明显加强、通信速率明显加快、通信协议日趋规范化等方面。新开发的过程控制系统，将既是性能优异的 DCS，也是灵活优秀的 PLC 系统，或者是能实现电气控制(E)、仪表控制(I)和计算机控制(C)的三电一体化 EIC 先进控制系统。

② 发展以 IPC 为基础的小型工业控制系统　工业控制计算机 IPC 应该是 20 世纪 90 年代在自控领域最活跃、影响最广泛的技术之一，它是基于通用 PC 丰富的软硬件资源和广泛应用的技术优势，将 PC 总线与工业自动化结合起来的一类工业控制产品。IPC 和通用 PC的差别在于取消原 PC 中的大母板，代之以几块 PC 插件，如无源母板、CPU 主板等等，并开发各种基于 PC 总线的工业 I/O 接口卡，改用工业电源，密封其机箱并加正压送风散热，再配以相应的工业用软件。IPC 在可靠性、抗干扰能力等方面都得到了进一步的加强，尤其是 OPC（OLE for Process Control）标准的制定，大大简化了 I/O 驱动程序的开发并提高系统的性能。

IPC 采用标准化的 PCI 总线，它具有非常强的计算处理功能，先进的图形显示以及多媒体功能，丰富的操作系统支持（Windows，Unix 等）和难以计数的应用软件资源，强大的网络支持能力，以及难以令人置信的价格。IPC 进入工业应用时，先实现的是数据采集和监控，目前已进入直接控制领域，几乎在所有的 PLC 应用中都利用 IPC 作为操作员接口，在大部分 DCS 中，已将 IPC 用作操作员站和工程师站主机。此外，IPC 以其新颖的结构形式，易于操作的软硬件环境和更加合理的标准化板卡设计，代表着 IPC 的未来发展方向。它使IPC 摆脱了作为传统上位机的单一模式，也可作为现场级工业控制器。因此，IPC 具有很高的性能价格比，做成基于 IPC 的中小型 DCS 与现有 DCS 相比极具竞争力。

③ 现场总线及工业以太网技术的推广应用　现场总线是一种用于各种现场仪表与基于计算机的控制系统之间进行的数据通信系统。它不是产品，而是一种开放、全数字化、双向、多支路通信规程的通信技术。现场总线可把全厂范围最基础的现场级仪表与装置都连接起来，实现全数字化的数据通信。现场总线概念的出现，最终将导致控制功能的彻底分散，使测量控制功能分散下放到现场仪表上，因而它将对传统的控制系统结构带来革新，传统的输入输出技术将被现场总线技术所取代。

与此同时，在现场总线的发展过程中，以太网技术也逐步融入到工业控制网络之中，工业以太网作为控制层和管理层的主干网络已被多数人所认可，目前也有许多现场总线组织在致力于发展工业以太网技术，例如：基金会现场总线的 HSE、PROFIBUS 总线的 PROFINet 等都是基于以太网的总线标准，甚至有人预计当前迅速发展的 IT 技术也将成为工业控制网络的一个部分。有关现场总线以及工业以太网的内容将在后面的章节中作进一步的描述。

6.2. 网络通信基础

计算机网络是计算机技术与通信技术紧密结合的产物，是目前计算机产业中最重要的发展方向，也是社会向信息化迈进的必要条件，网络通信现已成为当今全球信息产业的基石。近年来，网络通信技术在自动化领域获得了迅猛的发展，信息交换技术已经迅速渗透到从现场设备到生产决策的各个层面上，覆盖到了从工段、车间、工厂、集团乃至全球范围内的生产或营销基地。信息技术的飞速发展，直接推动了自动化系统结构的变革，逐步形成了以网络集成自动化系统为基础，集生产过程自动化、信息处理自动化、企业生产管理信息电子化等为一体的企业综合自动化系统。工业以太网技术、现场总线技术及现场总线控制系统就是顺应这一总体形势发展起来的。

6.2.1. 什么是计算机网络

计算机网络技术是计算机及其应用技术与通信技术相结合的产物，从一般意义上来理解，计算机网络就是在某一特定的协议规范的控制下，由若干台计算机、若干台终端设备、若干台数据传输设备等组成，能实现相互间数据流动的系统的集合。计算机网络的作用是实现硬件资源、软件资源和信息资源的共享。

从网络的作用范围来看，目前的计算机网络一般分为局域网 LAN、城域网 MAN 和广域网 WAN。局域网是指小范围的网络，把一个单位或在一座大楼内的全部或部分计算机资源互连形成的网络系统。局域网一般具有较高的传输速度，最常见的例子有 10Mbps、100Mbps 以太网，它的作用范围一般不超过 10km 的距离。需要指出的是，用于自动化系统的计算机网络与局域网之间具有非常密切的关系。广域网的作用范围通常为几十到几千公里以上。城域网介于 LAN 和 WAN 之间，其覆盖范围通常是一个城市或地区。

6.2.2. 计算机网络的发展

与一般事物的发展过程相类似，计算机网络的产生和演变经历了从简单到复杂、从单机系统到多机系统的发展过程。计算机网络的演变过程通常可概括为三个阶段：由单个中心计算机和若干个终端设备组成的单机系统；具有通信功能的多机互联系统；以资源共享为目的的国际标准化计算机网络系统。

20 世纪 50 年代初期的计算机与通信没有任何联系，当时的计算机系统是由专门的技术人员在专门的环境下进行操作与管理，一般用户（特别是远程用户）需要使用计算机时十分不便。到 20 世纪 50 年代后期，随着分时操作系统的出现，产生了具有通信功能的单机系统，即面向终端的计算机网络。在这种系统中，只有中心计算机具有自主处理的功能，它的基本思想是在中心计算机上增加一个通信装置，将远程用户的终端（输入输出装置）通过通信线路与中心计算机相连，实现终端与中心计算机之间的信息交换。事实上，通信技术的出现，更重要的是拓宽了计算机技术的发展道路，丰富了计算机文化的内涵。

随着计算机应用的进一步发展，面向终端的计算机网络暴露出了主机资源利用率和线路资源利用率这两个问题。一方面主机既要进行数据处理又要完成通信控制，势必降低了处理数据的能力，对昂贵的主机资源来讲是一种浪费；另一方面独占式通信线路的利用率低，特别是在终端速率比较低的时候更是如此。

第二代计算机网络系统是由多个具有自主处理能力的计算机连接而成，计算机间不存在主从关系，各个计算机之间也不是直接通过通信线路相连，而是通过接口报文处理机 IMP 转接后实现互联，采用"存储-转发"的方式来传输数据。在该系统中，拥有通信资源的 IMP 和相关的通信线路一起负责完成主机之间的通信任务，构成了通信子网；通过通信子网互联的主机负责运行用户的应用程序并向网络用户提供可以共享的软硬件资源，它们组成了资源子网。就局域网而言，通信子网由网卡、缆线、集线器、网桥、路由器等设备和相关软件组成。资源子网由联网的服务器、工作站、共享的打印机和其他设备及相关软件所组成。

由此可见，第一代计算机网络以单个计算机为中心，而第二代则是以通信子网为中心，用户共享的资源子网在通信子网的外围。这一代计算机网络使得终端和中心计算机间的通信发展到计算机与计算机间的通信，用单台中心计算机为所有用户需求服务的模式就被大量分散而又互联在一起的多台计算机共同完成的模式所替代，而且通信线路不被某对通信实体所独占，线路的利用率大大提高。

第三代计算机网络就是目前意义上的国际标准化网络，它具有统一的网络体系结构，遵循国际标准化的网络协议，使得不同的计算机能方便地互联在一起。

6.2.3. 计算机网络的拓扑结构

计算机网络拓扑结构是指网络中硬件系统的连接形式。归纳起来，主要有如图 6-9 所示的几种形式。

（1）总线型网络

总线型网络把各个计算机或其他设备均接到一条公用的总线上，各个计算机共用这一总线。

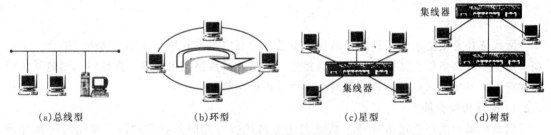

| (a)总线型 | (b)环型 | (c)星型 | (d)树型 |

图 6-9　常见的计算机网络拓扑

这种网络形式通常在总线上以基带形式串行传送信息，它的传送方向总是从发送信息的节点开始向两端扩散。在同一时刻，只能有一台计算机发送信息，其他站点只能是被动接收，而不负责数据的转发，为了保证信号质量，总线型网络对网络总线的长度有一定的限制。如果要进一步延长总线的长度，中间需要通过中继器等设备将信号进行放大。

为了防止信号在到达总线的端点时产生反射，总线型网络在总线的两端必须安装终端器。终端器的作用就是吸收到达端点的信号，这样当一个站点发送的数据到达目的站点以后，其他站点就可以占用总线并向总线发送数据。终端器将在现场总线的章节中做具体的描述。

总线型网络被普遍应用于现场级控制系统中。

（2）环型网络

环型网络中各个站点连接形成一个闭合回路，信号可以沿环单向传输，也可沿环向两个方向传输，实际网络实现中以单向环居多。在环型总线上，信号将沿环路通过环路上的每一个站点，每个站点都可以接收信号并把信号再生放大后传给下一站点。不难理解，环路中的某一站点的故障会影响到整个网络。

环状网络一般采用令牌传输机制。令牌依次穿过环路上的每一站点，各站点形成一个逻辑环路，只有获得了令牌的计算机才能发送数据。这种传输机制也经常应用于星型网络。

（3）星型网络

在星型网络结构中，每个站点都通过单独的通信线路与中心节点相连，任何一对站点之间的通信必须通过中心节点的交换才能实现。

在目前的网络中，中心节点以集线器 HUB 最为常见。HUB 是一种特殊的中继器，它可以把多个网络段连接起来。在星型网络中，如果一台计算机或该机与集线器的连线出现问题，只影响该计算机的收发数据，网络的其余部分可以正常工作；但如果集线器出现故障，则整个网络瘫痪。

目前，星型网络结构在局域网中使用广泛。以以太网 Ethernet 为例，自 1990 年 10BaseT 标准推出以后，集线器在以太网中被广泛使用，总线型拓扑也逐步向星型拓扑演化。需要强调的是，虽然以太网在物理上多采用基于集线器的星型网络拓扑，但在逻辑上仍然是原来的总线结构。另外，令牌环网在布局时也多采用星状环，即在物理上各站点都连到一个集线器上，实际内部控制逻辑环仍然是令牌环网，有时称之为星状环。

星型网络的特点是便于管理、结构简单、扩展容易，如果想增加或去掉某个计算机，不会影响网络的其余部分，也容易检测和隔离故障。

（4）树型网络

树型网络可以看成是星型网络的扩充，也可以看成是星型网络和总线型网络的结合，它也具备星型拓扑的特点。

（5）网状网络

网状拓扑是最复杂的一种拓扑结构，也是容错能力最强的拓扑结构。网络中的任一个站点一般至少有两条以上链路与其他站点相连，如果一段链路发生故障，数据可以通过其他链路进行正常通信。网状拓扑是大型网络一般采用的结构。

6.2.4. 网络传输介质

网络传输介质是指通信网络中数据发送方与接收方之间的物理通路，常用的传输介质有：双绞线、同轴电缆、光纤和无线传输介质等。

（1）双绞线

双绞线（Twisted Pair）是把两根相互绝缘的铜线以一定的密度绞成有规则的螺旋型，

一根导线发出的电磁波被另一根导线发出的电磁波所抵消，这样就降低了信号干扰的程度。若把一对和多对双绞线集成一束，并把它们安装在绝缘套管中便形成了典型的双绞线电缆。

双绞线电缆是一种最常用的通信传输介质，它可以用于模拟信号传输，也可以用于数字信号传输。与其他通信介质相比，双绞线电缆在传输距离、带宽等方面受到一些限制，不适于远距离传输，但双绞线电缆的成本较低，也是多数局域网系统首选的传输介质。

双绞线电缆分为非屏蔽双绞线 UTP 和屏蔽双绞线 STP 两类。目前，国际上对 UTP 已经制定了 5 类布线标准，参见表 6-1。STP 则在双绞线和保护层之间增加了一个屏蔽层，以提高抗干扰性能，如图 6-10 所示。工业网络一般不用 UTP，更多的是采用 STP 作为传输介质。

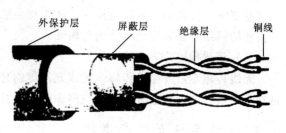

图 6-10　屏蔽双绞线

表 6-1　UTP 布线标准

标准	适用范围	说明
1 类	电话传输	没有固定性能要求
2 类	电话传输和不超过 4Mbps 的数据传输	4 对双绞线
3 类	10BaseT 以太网	4 对双绞线
4 类	16Mbps 令牌网和 10BaseT	4 对（测试速度达 20Mbps）
5 类	100Mbps 快速以太网	4 对

（2）同轴电缆

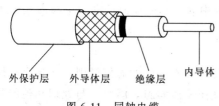

图 6-11　同轴电缆

同轴电缆（Coaxial Cable）由内外两个导体组成，内导体为实芯或多芯铜质电缆，外导体是以内导体为轴线的金属或金属网层，内外导体之间是绝缘层，同轴电缆的最外层是外保护层，如图 6-11 所示。每一层的排列都基于相同的轴线，所以称为同轴电缆，同轴电缆的传输特性要优于双绞线电缆。

局域网中常用的是阻抗为 50Ω 的同轴电缆。50Ω 同轴电缆主要用于传送基带数字信号，又称为基带同轴电缆，它分粗缆和细缆两种。相比较之下，粗缆的抗干扰性能更好，传输距离远，细缆的价格则更便宜。例如：RG-58A/U 型同轴电缆的阻抗为 50Ω，直径为 0.18in，称为细缆，适用于 10BASE2 以太网；RG-11 型同轴电缆的阻抗也是 50Ω，直径为 0.4in，称为粗缆，适用于 10BASE5 以太网。75Ω 同轴电缆称为宽带同轴电缆，多用于有线电视的传输。

（3）光纤

光导纤维（Optical Fiber）是目前发展最迅速的传输介质，它传送的是光脉冲信号，一般的做法是在给定的频率下以光的出现和消失表示一个二进制数字。

光纤的纤芯外包了一层石英玻璃的包层构成双层通信圆柱体，包层的折射率比线芯的折射率低，这样光在线芯内经过多次全反射达到传输的目的。光纤一般是用玻璃或塑料制成的，但塑料光纤的传输性能不如玻璃光纤的传输性能。

光导纤维分为单模光纤和多模光纤两种。单模光纤的纤芯很细（一个光波的波长），光在纤芯内只按一个方向向前传播。多模光纤的纤芯较粗，可以存在许多角度入射的光线在一条光纤中传输。单模光纤在损耗、传输距离等性能上优于多模光纤，但成本也更高。

由于光纤的直径很细，单根光纤的强度不能满足实际应用要求，所以必须在光纤的周围加上加强芯、填充物、外保护层等做成光缆，通常一根光缆可以包括二至数百根光纤。光纤具有频带宽、损耗小、传输距离远、抗干扰性能好等一系列的优点，因此，在主干网络和环型拓扑的网络中常采用光纤作为传输介质。

（4）无线传输

无线传输不需要架设传输电缆或光纤等物理介质，信息是利用微波、红外线、激光等通过空气传送，这种传输方式在局域网中的应用并不是很多。

6.3. 开放系统互联参考模型

计算机网络是由多种计算机和各类终端设备通过通信线路连接起来的复杂系统。自20世纪70年代以来，随着计算机工业的迅速发展以及互联通信要求的不断提高，各计算机生产厂家在各自计算机硬件系统的基础上，纷纷开发出各自的计算机通信设备、通信协议和通信系统体系结构。由于在编码方式、数据格式、同步控制、交换方式等方面上的不一致，各生产厂家形成了彼此之间互不兼容的网络机制，使得计算机互联成为了一个难题。为了使不同厂家、不同结构的系统能够顺利互联，使用户能从不同的制造厂商获得兼容的设备来集成应用系统，要求各通信系统必须遵守相同的规则和约定。因此，这就在客观上需要建立一系列标准化的网络机制，定义一整套关于接口、服务、协议的规范要求，让所有制造厂商都执行统一的标准和体系结构。

正是由于以上需求动力的驱动，国际标准化组织于1983年正式颁布了开放系统互联参考模型OSI/RM的国际标准ISO7498，OSI/RM是一种中立、不受任何厂家约束与限制的理想模型。

6.3.1. 层次结构

计算机通信会涉及不同地域的站点、不同厂家的硬件、不一致的通信规则，如果企图用一个协议来规定通信的全过程，该协议将会因极其杂乱而无法实施。因此，与处理其他的复杂系统一样，计算机网络体系的设计也采用了层次化的方法，把计算机网络体系的功能进行分解，并相应地把协议划分成若干个层，使得每层协议实现一个子功能。

为了便于理解分层体系结构的含义，先介绍一个类比的例子。设有体制相同的A、B两个公司，他们的工作方法很相似。假设A、B两个公司需要通过信函协商工作，则A经理写好信以后交给A秘书，A秘书将信函盖章，并在信封上写上通信地址以后交给A收发员，然后A收发员把信函送到邮局投递。通过邮局，该信函被送给B收发员，然后B收发员根据信封上写的信息把该信发送到B秘书，B秘书经核对以后，最终把信送给B经理。A、B两公司这种协商办事的方式可以划分为4个层次，最高层为A、B公司的经理层，他们掌握信函的全部内容；下一层为秘书层，他们需要对信函作必要的核对、盖章等；再下一层是收发员，他们只收发信函，不需要了解其他任何内容；在这个例子中的底层是邮政系统，他们的工作只是根据信封上的地址进行投递。

分层固然是一种处理复杂问题的好方法，但分层本身就是一件复杂的事情，分层好坏往往是影响某个网络体系结构性能的主要因素，因此在分层时通常应遵循以下原则：

① 层数不能太少，以避免不同的功能混杂在同一层，使每层协议过于复杂；

② 层数也不能太多，否则体系结构会过于庞大，从而造成系统结构的繁杂而难以驾驭；

③ 相似的功能集中在同一层内，每层实现的功能应非常明确；

④ 每一层只与它相邻的上、下层发生关系，选择的层次边界应使穿过接口的信息量尽可能少；

⑤ 不同站点的同等层按照协议实现对等层的通信。

依据以上这些原则，OSI/RM 把开放系统的通信功能划分为 7 个层次。从邻接物理介质的层次开始，分别赋予 1，2，…，7 层的顺序编号，相应地称为物理层、数据链路层、网络层、传输层、会话层、表示层和应用层，各层的主要服务内容参见表 6-2。物理层、数据链路层和网络层通常被称作媒体层，它们定义了通信传输协议，是网络工程师所研究的对象；传输层、会话层、表示层和应用层则被称作主机层，它们定义了通信处理协议，是用户所面向和关心的内容。

表 6-2 OSI 参考模型的层次

层次编号	名称	英文名称	主要服务内容
7	应用层	Application Layer	应用程序：标准对象和类型、配置属性、文档转移、网络服务
6	表示层	Presentation Layer	数据解释：网络变量、应用、报文、外来帧
5	会话层	Session Layer	远程行动：对话、远程程序调用、连接恢复
4	传输层	Transport Layer	端到端可靠性：端到端确认、业务类型、包排序、双重检测
3	网络层	Network Layer	目的地寻址：单路传输和多路传输、目的地寻址、包路由选择
2	数据链路层	Datalink Layer	介质访问和组帧：组帧、数据编码、校验、介质访问、冲突检测
1	物理层	Physical Layer	电互联：介质特定细节、收发器类型、物理连接

OSI/RM 是在国际标准化组织 ISO 和 CCITT 共同努力下为实现开放系统互联制定出来的分层模型，其目的是为异种网络互联提供一个共同的基础和标准框架，并为保持相关标准的一致性和兼容性提供共同的参考，它强调了通信系统连接的开放特性。事实上，OSI 模型本身并没有对每层的数据传输标准做出严格的规定，也没有确切地描述用于各层的协议和服务，而仅仅是定义了每一层应该做什么，提供了概念上和功能上的网络体系框架。不过 ISO 已经为各层制定了标准，但是它们是作为独立国际标准公布的，并不是参考模型的一部分。

6.3.2. 信息流动过程

图 6-12 给出了 OSI 参考模型的基本结构，同时也说明了信息在 OSI 模型中的流动情况。

图中以 H_A 和 H_B 两个主机的数据通信为例，设主机 H_A 的用户要向 H_B 的用户传送数据。H_A 用户的数据首先传送到本机的应用层，这一层在接收到的用户数据前附加应用层控制信息 H_7，形成数据报文，并把该报文传送到下层，即表示层；表示层在报文前面再附加表示层的控制信息 H_6，然后把新报文传送给会话层，……，如果采用分组交换的数据传输技术，网络层把报文分成若干个适当大小的数据分组，在每个分组的头部附加控制信息，然后把分组逐个传送到数据链路层；当数据链路层接收到由网络层传送来的信息以后，在头和尾分别附加上控制信息 H_2 和校验信息 T_2，形成数据帧，数据帧最后按位(bit)由物理层经过传输介质发送到对方。

H_B 主机接收以后，按相反的方向由下往上一层一层去掉附加在数据上的控制信息，用户数据在 H_B 的应用层得到最终的还原，传送到 H_B 的用户进程。

从以上的分析可以看出，除物理层外，H_A 和 H_B 中的其余各相应层之间均不存在直接的通信关系，而是通过对应层的协议来进行逻辑上的通信，主机之间只有物理层有物理的连接。

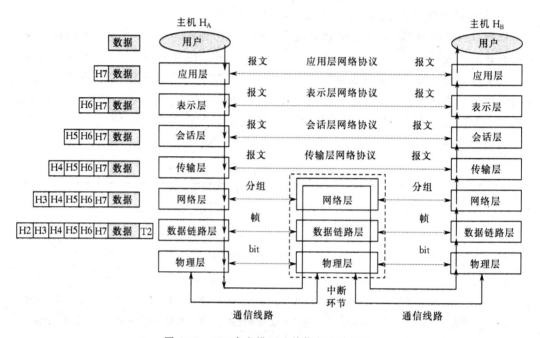

图 6-12　OSI 参考模型及其信息流动情况

6.3.3. 各层的主要功能

6.3.3.1. 物理层

物理层是 OSI 参考模型的最低一层，也是惟一在两台设备同级层之间直接进行数据交换的一层。物理层负责传输二进制位流，它的任务就是为数据链路层的数据通信提供一个物理连接。

图 6-13 中数据终端设备 DTE 是指有一定数据处理能力的发送、接收设备，如计算机、终端等。数据电路连接设备 DCE 则是数据通信设备或电路连接设备，如调制解调器等。数据传输通常是经过"DTE→DCE→传输介质→DCE→DTE"的路径。

图 6-13　物理层的互联

物理层要考虑的典型问题是传输线上数字信号的电压高低，即用多少伏电压表示"1"、多少伏电压表示"0"、数据传输速率、最大传输距离；支持单工、半双工还是全双工通信；如何提供建立、保持、断开物理连接信道的条件；连接插头要多少针，每个针的作用是什么等特性。

有一点需要注意的是，物理层关心的不是物理传输设备或物理传输介质，而是关心利用传输介质实现物理连接的功能描述和执行连接的规程。形象地说，物理层的设计就是要确保在一侧发出的一个逻辑"1"，另一侧收到的也是一个逻辑"1"，而不是"0"。至于哪个位代表什么意义，则不是物理层所要解释的。

6.3.3.2. 数据链路层

数据链路层是 OSI 参考模型的第二层，它用于建立、保持、断开物理连接信道，构成一段点到点的数据传输通路，它一方面加强物理层的"位流"传输功能，另一方面为网络层提供设计良好的服务接口，使之对网络层显示为一条无错误线路，从而实现在相邻节点之间进行透明高可靠的数据传输。数据链路层应具备如下功能。

（1）为网络层提供服务

数据链路层为网络层提供的基本服务就是将来自网络层的数据传输到目的节点的网络层，通常可以有三种基本服务。

① 无确认的无连接服务——数据发送前双方没有先建立连接，源节点向目的节点发送独立的帧，目的节点对收到的帧也不进行确认答复。如果发生帧丢失，数据链路层不做努力去恢复它，恢复工作由上层完成。这类服务一般用于误码率低或传输实时要求高、数据延误比数据损坏影响更严重的场合。

② 有确认的无连接服务——这种服务在发送数据前仍然不建立连接，但是所发送的每一帧都要进行单独确认，如果在某个规定时间内，帧没有到达，那发送方就必须重新发送该帧。这类服务一般适用于无线系统这类不可靠的信道。

③ 有确认的有连接服务——它为网络层提供了可靠的"位流"传输服务。在传送数据前，源节点和目的节点先要建立一条连接，在该连接上发送的每一帧都被编号，数据链路层保证所发送的每一帧都确认已经被收到，传送结束后断开连接，释放用于维护连接的变量、缓冲区及其他资源。

（2）传输数据的帧化处理

由于物理层仅仅负责接收和传送二进制流，并不关心它的意义和结果，所以建立和识别帧边界只能由数据链路层来实现。发送方依靠数据链路层把需要传输的数据进行帧化处理：把从网络层来的数据按照一定格式分割成若干个"帧"，然后以"帧"为单位顺序发送。每一个"帧"包括一定数量的数据、顺序编码和控制信息，其典型长度为几百个字节，所以数据链路层协议又称为帧传输协议。

（3）差错检测和流量控制

为了数据帧的可靠传输，数据链路层需要实现的另一个重要功能是解决数据帧在传输过程中的损坏、丢失和重发等问题，在计算机网络中最常用的是"检错重发"。

当发送方运行在一个相对快速或者负载较轻的机器上，而接收方运行在一个相对慢速或者负载较重的机器上时，即使传送过程中毫无差错，接收方也可能因无力处理而丢弃一些帧。因此，数据链路层还必须具备信息流量的调节机制，保证不会因收/发双方不同的处理速度而影响数据的正常传输，解决该问题的方法通常采用某种反馈机制。

总之，发送站点数据链路层的具体工作是接受来自高层的数据，并将它加工成帧，然后经物理通道将这些帧按顺序发送给接收站点。当数据帧到达接收站点时，接收站点的数据链路层首先检查校验信息和头、尾控制信息，确认接收的数据无误以后，将数据部分送往高层。数据链路层的作用就是通过一定的手段把一条可能出错的物理链路，转变成让网络层看起来就像是一条不出差错的理想链路。在独立的链路产品中最常见的当属网卡，网桥也是链路产品。

6.3.3.3. 网络层

网络层是 OSI 七层协议模型中的第三层，亦称为"通信子网层"，是通信子网与高层的边界。它以数据链路层提供的无差错传输为基础，向高层(传输层)提供两个主机之间的数据传输服务，网络层提供的服务应该按照以下目标设计：服务和通信子网无关，对传输层隐蔽通信子网的数量、类型和拓扑结构。

（1）数据交换技术

网络层的数据交换方式按照传输过程中数据流在中继节点上的转接方式不同分为线路交换方式和存储转发方式，存储转发方式又可以划分为报文交换和分组交换。

表 6-3 对线路交换网络和分组交换网络进行了比较。

表 6-3　线路交换网络和分组交换网络的比较表

项目	线路交换	分组交换
独占通道	是	不是
可用带宽	固定	不固定
本质上浪费带宽	是	不是
存储转发传输	不是	是
每个分组走同一通道	是	不是
呼叫建立	需要	不需要
拥塞出现时间	建立时	每个分组都可能

线路交换方式是根据电话交换原理发展起来的，在数据交换之前，线路交换方式需要有一段呼叫建立时间，一旦通路建立以后，该通路就成了一条连接源节点(报源)和目的节点(报宿)的专用线路，通路上所有的链路被报源和报宿的 DTE 独占，直到这条线路被拆除为止，因而线路资源的利用率很低。为此线路交换方式只适合多媒体、语音、传真等数据量大的报文交换或实时、交互式报文交换，不适于一般计算机通信。

存储转发方式不需要在通信之前建立专用的数据通路。如果源节点需要发送一个数据报给目的节点，则整个存储转发的过程应该是：源节点先将数据报发给中继节点，中继节点将接收到的数据报先加以存储，然后根据数据报中包含的目的节点的地址信息寻找合适的路由，将数据报转发给下一个中继节点，……，最终以接力方式把该数据报传送给目的节点。很明显，存储转发方式提高了链路的利用率，一份数据报在任何时刻都只占用一条链路的资源。

报文交换和分组交换是存储转发方式的两种交换方式，二者的数据交换机理完全相同，惟一的差别在于数据报的长度不同。报文交换是以整个报文为数据单元，报文的数据长度可长可短。分组交换的数据单位是固定长度的分组，如果报文超过分组长度，则需要把报文分成若干个分组，然后以分组为单位进行存储转发，目前国际上流行的公共数据网都采用分组交换的方式。

（2）网络层的主要功能

OSI 参考模型规定网络层的主要功能有报文分组、路由选择、拥塞控制等等。

① 报文分组　来自数据终端的用户数据可能是一份很长的报文，网络层将来自上层的报文分为一定长度的分组，每一个分组中包括一个分组头，并在其中标识源节点、目的

节点的地址、分组的顺序号和其他控制信息，以保证在接收端能够将分组还原为完整的报文。

②路由选择　在点-点连接的通信中，信息从源节点出发可能要经过许多中继节点的存储转发，或者要经过若干个通信子网，才能到达目的节点。网络层的核心功能便是根据源节点和目的节点的地址来获得传输路径，当两个节点之间有多条路径存在的情况下，还要负责进行路由选择。作为网络层软件一部分的路由选择算法，专门负责确定所收到分组的外传路线，现已经开发应用的算法有不少，如最短路径选择、基于流量的路由选择、距离矢量路由选择等。

③拥塞控制　网络层的拥塞控制主要是控制子网中通信量，以防因存在太多的分组，造成通信网络性能下降。解决网络拥挤的方法是流量控制，即动态分配通信网络中的网络资源。根据交换网的状态可以给每个分组选择不同的空闲路由，从而产生动态网络负荷，防止出现因为某一路由过忙而不能转发的情况。

6.3.3.4. 传输层

OSI协议模型的第四层是传输层，如图6-14所示。如果从面向通信和面向信息处理角度进行分类，传输层一般划在低层；如果从用户功能与网络功能角度进行分类，传输层又被划在高层。

在网络分层结构中，传输层起着承上启下的作用。设立传输层的目的就是在使用通信子网提供服务的基础上，在端对端之间提供经济、可靠、透明的报文传输服务，使会话层以上的高层看不见传输层以下的通信细节，也不必知道通信子网的存在。为此OSI参考模型中会话层以上的高层只要处理进程间信息的生成、表示

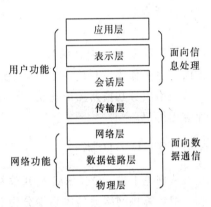

图6-14　传输层的网络关系

及顺畅的对话，高层生成的信息传送到传输层后，传输层应该经过网络层、数据链路层和物理层确保把它正确地传送到接收端。传输层面对的数据对象已不是网络地址和主机地址，而是和会话层的界面端口。

传输层实现的部分功能和数据链路层十分相似，它们都要解决差错控制、分组顺序、流量控制和一些其他问题，其最终目的是为会话层提供可靠的、无误的数据传输。

6.3.3.5. 高层协议

OSI参考模型的高三层包括会话层、表示层和应用层。

（1）会话层

简单地说，会话层的主要功能是向会话的应用进程提供会话组织和同步服务，对数据的传送提供控制和管理。会话层负责在两个相互通信的实体之间建立、组织、协调及交互。所谓实体（entity）泛指任何可以发送或接收信息的软件或设备，如终端、数据库管理程序、电子邮件系统等。

会话层与传输层有明显区别。传输层协议负责建立和维护端端之间的逻辑连接，其服务比较简单，目的是提供一个可靠的传输服务。但是由于传输层可能涉及的通信子网类型很多，并且不同子网的通信服务质量差异很大，这就造成了传输协议的复杂性。会话层在发出一个会话协议数据单元时，传输层可以保证将它们正确地传送到对方的会话实体，但为了达到为各种应用进程服务的目的，需要会话层为信息交换定义各种服务。

（2）表示层

表示层的作用是为两个应用层实体提供抽象语法交换报文的途径，保证所传输的数据经传送后其意义不改变。值得一提的是，表示层以下的各层只关心可靠的 bit 流传递，而表示层关心的是所传输信息的语法和语义。

表示层处理两个应用实体之间进行数据交换的语法问题，解决数据交换中存在的数据格式不一致以及数据表示方法不同等问题。从较低层次看，任何有意义的数据(信息)最终都是将被表示成 bit 序列，较低层也只关心 bit 序列从一个地方可靠地运移到另一个地方。一个 bit 序列本身并不能说明它自己所能表示的是哪种含义，对 bit 序列的解释会因计算机的体系结构，程序设计语言，甚至于程序的不同而有所不同，为此表示层要解决的问题是如何描述数据结构并使之与机器无关；如何把符合发送方语法的 bit 序列转换成符合接收方语法的 bit 序列。比如，需要解决 IBM 系统的用户使用 BCD 编码，而其他用户使用 ASCII 编码的问题，表示层必须提供这两种编码的转换服务。此外，数据压缩、数据加密解密也是表示层提供的典型服务。

（3）应用层

应用层是 OSI/RM 的最高层，是直接面向用户的一层，是计算机网络与最终用户间的界面，也是作为用户使用 OSI 功能的惟一窗口。从功能划分看，OSI 的下面 6 层协议解决了支持网络服务功能所需的通信和表示问题，而应用层则提供完成特定网络服务功能所需的各种应用协议。

6.4. TCP/IP 协议

从理论上讲，OSI/RM 是开放特性网络体系结构的典范，它严格遵循层次化的描述方法，把计算机网络通信体系划分为七个层次，各层协议的内容也考虑得十分周全。由于 OSI 模型本身并没有对每层的数据传输标准做出严格的规定，因而它只是一种提供了概念性和功能性的网络体系框架或蓝本，对计算机网络起到了规范和指导作用。

当前，市场上流行着众多比较完善的层次化的网络体系结构，其中涉及面最广、影响最大的当属 TCP/IP 体系，它是 Internet 的核心协议。虽然 TCP/IP 体系不是国际标准，但由于 TCP/IP 协议的简单、实用、高效和成熟，更由于 Internet 的流行，使遵循 TCP/IP 协议的产品大量涌入市场，几乎所有的网络公司的产品都支持 TCP/IP 协议。这就使得 TCP/IP 成为计算机网络事实上的国际标准。值得一提的是，各种计算机控制系统的高层网络有着向 Ethernet TCP/IP 统一的趋势发展。

6.4.1. TCP/IP 的基本情况

TCP/IP 是传输控制协议/网间协议的缩写，它规范了网络上的所有主机与主机之间的数据往来格式以及传送方式。IP 协议用来给各种不同的通信子网提供一个统一的互联平台，TCP 协议用来为应用程序提供端到端的通信和控制功能。

TCP/IP 的历史要追溯到 20 世纪 70 年代。为了实现异种网络之间的互联，当时美国国防部高级计划署 DARPA 与许多机构共同讨论并制订了开放的通信协议标准，即于 1977 年到 1979 年间推出的 TCP/IP 体系结构和协议。由 DARPA 所赞助的 ARPANET 网上的计算机开始逐步转向 TCP/IP 协议，这个转换于 1983 年全部结束。1984 年美国国防通信署 DCA 将 ARPANET 分解为两个独立的网络，一个称为 MILNET，用于军方的非机密通信，另一个仍叫 ARPANET，后来 ARPANET 成为 Internet 的主干网。

在随后的研究中，TCP/IP 协议被嵌入到当时最流行的 Unix 操作系统中，出现了许多廉价的 TCP/IP 的实现，使得 TCP/IP 协议被广为传播。

从 1985 年开始，美国国家科学基金会 NSF 开始涉足 TCP/IP 的研究与开发，并建成了基于 TCP/IP 的几乎覆盖了全美所有大学和科研机构的主干网 NSFNET，目前 NSFNET 已替代 ARPANET 成为 Internet 的主干网。

从以上的发展过程中可以看出，TCP/IP 和 Internet 是紧密连接在一起的，TCP/IP 的成功推动了 Internet 的发展，而 Internet 的日益壮大，又进一步巩固了 TCP/IP 的地位。另外，OSI 体系结构的推广缓慢也是造成 TCP/IP 比较流行的一个原因。尽管 OSI 的体系结构从理论上讲比较完整，但由于种种原因，完全符合 OSI 各层协议的商用产品却极少进入市场。在这种情况下，有众多用户基础的 TCP/IP 就得到了较大的发展。

6.4.2. TCP/IP 的层次结构

TCP/IP 这个术语并不是指一个协议，而是由 100 多个与之相关的协议和应用程序组成的一个协议族，TCP/IP 只是协议族中两个基本协议而已。

由图 6-15 可以看出，OSI 模型在网络分层的数量和复杂程度上都高于 TCP/IP 协议，TCP/IP 协议被划分为应用层、传输层、互联网层和网络接口层四个层次。TCP/IP 的多数应用协议将 OSI 模型中的应用层、表示层、会话层的功能合在一起，构成其应用层，如 HTTP、FTP、TELNET 等都属于典型的应用层协议；TCP/UDP 协议对应 OSI 的传输层，为上层数据提供传输保障；IP 协议对应 OSI 的网络层，它定义了众所周知的 IP 地址格式，作为互联网中查找路径的依据；TCP/IP 的最底层功能由网络接口层实现，相当于 OSI 的物理层和数据链路层，实际上 TCP/IP 对该层并未作严格定义，而是应用已有的底层网络实现传输，这也是它得以广泛应用的原因。

（1）应用层

应用层是所有用户所面向的应用程序的统称。TCP/IP 协议族在这一层面有着很多协议来支持不同的应用，如 WWW 访问用超文本传输 HTTP 协议、文件传输用 FTP 协议、电子邮件发送用 SMTP、域名的解析用 DNS 协议、远程登录用 Telnet 协议等等，如表 6-4 所示。严格说来，TCP/IP 体系结构只包含下面三层，以上各种协议只是用到了 TCP/IP，而不属于 TCP/IP 的一部分，用户完全可以在传输层之上建立自己的专用程序。

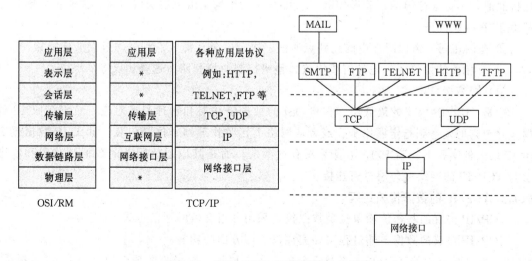

图 6-15　OSI 与 TCP/IP 模型的对应关系

表 6-4　TCP/IP 应用层的主要协议

协议名称	作　　用
超文本传输协议 HTTP	在 WWW 上获取主页等
文件传输协议 FTP	允许用户以文件操作的方式（文件的增、删、改、查、传送等）与另一主机相互通信
电子邮件协议 SMTP	为系统之间传送电子邮件，最初仅是一种文件传输，但后来为它提出了专门的协议
域名系统服务 DNS	域名指 IP 地址的文字表现形式，DNS 用于把主机名映射到网络地址
远程登录协议 Telnet	用来与远程主机建立仿真终端，用户可以登录到远程机器上并且进行工作

（2）传输层

传输层的功能主要是提供应用程序间的通信，在这一层定义了两个端到端的协议 TCP 和 UDP。

传送控制协议 TCP 是一个面向连接的协议，它可为用户进程提供可靠的全双工字节流传输服务。它要为用户进程提供虚电路服务，并为数据传输的可靠性进行检查，还要采取流量控制措施，以避免快速发送方向低速接收方发送过多的报文而使接收方无法处理。目前，Internet 上绝大多数网络服务都使用 TCP。

用户数据报协议 UDP 是一个不可靠的、无连接的协议，它提供灵活、高效的数据报传输。UDP 在数据传输前不需要事先建立连接，也不需要排序和流量控制。为此，UDP 传输效率相当高，但要求底层网络比较可靠。

（3）互联网层

互联网层是 TCP/IP 协议族中非常关键的一层，主要解决计算机与计算机的通信问题。TCP/IP 网络层的核心是网间协议 IP，它的功能是使主机可以把分组发往任何网络，并使分组独立地传向目标，也就是 IP 数据报传送及 IP 路由选择。

IP 协议具有两个非常重要的特点：

① IP 协议采用无连接的数据报传输机制，即只管对数据进行"尽力传递"，将分组传往目的地，不保证分组的正确顺序，一切可靠性工作均交由上层协议负责，如验证、确认等都由 TCP 协议处理；

② 提供在同一物理网络中的点到点通信，决定一条从源节点到目的节点的传输路径。

与 IP 相关的协议还有地址解析协议、差错控制协议和路由选择协议等。

（4）网络接口层

这是 TCP/IP 协议的最低层，它与 OSI 的数据链路层和物理层相对应，负责接收 IP 数据包并把它们发送到指定网络上，或者从网络上接收物理帧，拆除包装，抽出 IP 数据报交给 IP 层。但实际上，TCP/IP 本身并没有这两层，而是其他通信网上的数据链路层和物理层与 TCP/IP 的网络接口层进行连接。

6.4.3. TCP/IP 的数据传输过程

TCP/IP 协议的基本传输单位是数据报，采用分组交换的通信方式。

TCP/IP 协议的数据传输过程主要完成以下四方面的功能。

① 发送站点中的 TCP 层先把数据分成若干数据报，给每个数据报加上一个 TCP 报头，

并在报头中标识数据报的顺序编号、接收站点的地址等信息，以便在接收端把数据还原成原来的格式。

②发送站点中的 IP 层把每个从 TCP 层接收来的数据报进行分组，每个分组再加上 IP 报头，在报头中标识接收站点的地址，然后把各分组送给网络接口层并通过物理网络传送到接收站点。IP 协议还具有利用路由算法进行路由选择的功能。

③接收站点中的 IP 层接收由网络接口层发来的分组数据包，去除每个分组的 IP 报头，并把各分组数据包发送到更高层。需要说明的是，IP 协议只负责数据的传输，它不做任何关于数据包正确性的检查，因此 IP 数据包是不可靠的。

④接收站点中的 TCP 层负责数据的可靠传输，它需要对接收到的数据进行正确性检查、错误处理、重新排序等工作，必要时还可以请求发送端重发。

6.4.4. IP 协议

要使两台计算机彼此之间进行通信，必须使两台计算机使用同一种"语言"。互联网协议 IP 正像 Internet 网各计算机交换信息所使用的共同语言，它规定了在通信中所应共同遵守的约定。IP 协议提供了能适应各种各样网络硬件的灵活性，对底层网络硬件几乎没有任何要求，任何一个网络只要可以从一个地点向另一个地点传送二进制数据，就可以使用 IP 协议把全世界上所有愿意接入 Internet 的计算机局域网络连接起来，使得它们彼此之间都能够通信。

6.4.4.1. IP 地址

IP 地址是任何使用 TCP/IP 协议进行通信的基础，互联网络上每个节点，包括宿主机、网络部件(网关、路由器等)都要求有惟一的 IP 地址。信源机在发送的 IP 数据包中封装了信源机和信宿机的 IP 地址，信宿机可以使用发送方送来的 IP 地址进行应答。IP 地址独立于任何特定的网络硬件和网络配置，不管任何网络类型，它都有相同的格式。因此，利用它可以将数据包从一种类型的网络发送到另一类型的网络。

一个完整的 IP 地址有 4 字节(32 位)，中间用"."分开不同的字节。为了方便使用，IP 地址经常被写成 10 进制的形式，如 10.125.2.57。

每个 IP 地址包括两个标识码，即网络 ID 和主机 ID。网络 ID 用以标明具体的网络段，同一个物理网络上的所有主机都用同一个网络 ID。主机 ID 用以标明具体的节点，网络上的每一个主机(包括网络上工作站、服务器和路由器等)有一个主机 ID 与其对应。

在这 4 个字节的 IP 地址信息内有五种划分方式，这五种划分方法分别对应于 A，B，C，D 和 E 类 IP 地址，每种 IP 地址结构的网络 ID 长度和主机 ID 长度都不一样，参见表 6-5。其中，大量使用的仅为 A，B，C 三类，D 类专供多目传送用的多目地址，又称为组播地址，E 类地址保留。

表 6-5 IP 地址组成与类型

网络类型	特征地址位	起始地址	结束地址
A	0xxxxxxx. *. *. *	0.0.0.0	127.255.255.255
B	10xxxxxx. *. *. *	128.0.0.0	191.255.255.255
C	110xxxxx. *. *. *	192.0.0.0	223.255.255.255

如图 6-16 所示，A 类地址中第 1 个字节表示网络地址，其中的最高位是特征位，特征

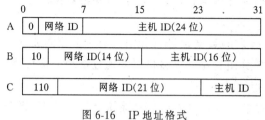

图 6-16　IP 地址格式

位标识为 "0"，网络 ID 的实际长度为 7 位；后 3 个字节表示网络内的主机 ID，有效长度为 24 位。B 类地址中的前两字节表示网络地址，其中的前 2 位是特征位，特征位标识为 "10"，网络 ID 的实际长度为 14 位；后 2 个字节表示网络内的主机 ID，有效长度为 16 位。C 类地址中的前三字节表示网络地址，其中的前 3 位是特征位，特征位标识为 "110"，网络 ID 的实际长度为 21 位；后 1 字节表示网络内的主机 ID，有效长度为 8 位。A 类地址用于非常巨大的计算机网络，B 类地址次之，C 类地址则用于小网络。

6.4.4.2. 子网掩码

除了由主机地址和网络类型决定的网络地址之外，IP 协议还支持用户根据自身的实际需要，把一个网络再细分成数个小网，每个小网称为子网。子网中一个最显著的特征就是具有子网掩码，它的作用就是对 IP 地址进行划分，形成扩展网络地址和主机地址两部分。子网掩码的长度也是 32 位，其表示格式与 IP 地址相同。一个有效的子网掩码由两部分组成，左边是扩展网络地址位（用 "1" 表示），右边是主机地址位（用 "0" 表示）。子网掩码必须结合 IP 地址一起使用。

假设某单位计划使用 130.5.0.0（B 类）建立公司内部网络，并且希望为不同的部门分配不同的网段，这就需要使用子网掩码对网络进行划分，通过子网掩码把主机地址分成子网地址和子网主机地址两个部分。如果网络中使用 24 位的子网掩码 255.255.255.0，就会创建 254 个新的子网络，而原先用于主机的地址位则会相应减少，每个子网中的子网主机地址变为 8 位。

例如：某主机的 IP 地址是 130.5.10.57，子网掩码为 255.255.255.0。

把 IP 地址 130.5.10.57 与子网掩码 255.255.255.0 进行 "与" 运算就可以得到扩展网络地址：130.5.10，其中 130.5 是主网地址，10 是子网地址。把 IP 地址 130.5.10.57 和子网掩码的反码 0.0.0.255 进行 "与" 运算，得到主机地址，因此 57 表示子网主机地址。

子网与网络地址相结合，不仅可以把位于不同物理位置的主机组合在一起，还可以通过分离关键设备或者优化数据传送等措施提高网络安全性能。此外，由于同一网络不同子网的网络号是一致的，所以 Internet 路由器到各个子网的路由是一致的，先由 Internet 路由器根据网络号定位到目的网络，再由内部的路由器根据扩展网络号进一步定位到目的网络中的子网络。子网在此就相当于分级寻址，可以防止路由信息的无限制增长。

6.4.4.3. IP 数据报格式

IP 数据报的格式如图 6-17 所示，与一般的数据分组格式一样，分为数据报报头和数据区两个部分。数据报报头由 IP 协议处理，数据区用于封装来自上层即传输层的数据。

IP 数据报中部分主要字段的含义叙述如下。

① 版本——占 4 位，表示当前所用 IP 协议的版本号，目前版本号为 4。

② 报头长——占 4 位，它以 32 位字长（4 字节）为单位描述报头长度。

③ 数据报总长——占 16 位，以字节为单位表示包括报头和数据的总长度。

④ 标识符——占 16 位，其值由信源机计数器产生，每产生一个数据报，计数器就加 1，信宿机可以利用标识符和信源地址判断数据报属于哪个分组，以便重组。

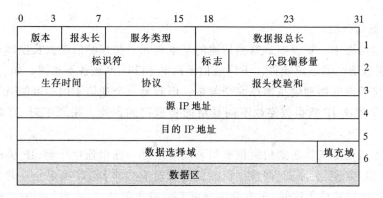

图 6-17　IP 数据报格式

⑤ 标志——占 3 位，用以控制分段，指明数据报是否分段以及分段完否。低位为 "0" 表示分段已完，"1" 表示分段未完；1 位为 "0" 表示分段，"1" 表示不分段；高位保留，必须置 "0"。

⑥ 分段偏移量——占 13 位，以 8 字节为单位，其值表示在数据报分段的情况下，当前数据报所包含在整个报文中所处的位置，信宿机利用分段偏移量进行重组。

⑦ 生存时间——占 8 位，以秒为单位表示数据报被丢弃前在网上的存留时间，它是一个递减的计数器的值，若该字段递减到零，表示必须丢弃该数据报，防止因种种因素造成数据报无限延迟。

⑧ 报头校验和——占 16 位，它是对数据报报头校验得出的值，以保证报头的完整性。IP 数据报只对报头校验，而对数据区不加理睬，以减少网关对数据报的处理时间，提高传输效率。

⑨ IP 地址——源 IP 地址和目的 IP 地址各占 32 位。

⑩ 填充域——用于确保数据报报头是 32 位的整数倍。

6.4.4.4. 数据报的传输

IP 协议向上提供的是面向无连接的服务，不存在建立通路、释放通路的问题。由于 IP 数据报分组是网络层数据，所以在网络中需要把 IP 数据报分组进一步封装在物理帧中，并通过下层的物理网来传输，整个传输路径可能要经过若干个物理网，当然这些物理网只能识别符合本网标准的数据帧。因此，选择合适的 IP 数据的大小，以适应互联网中不同的帧能力，是 IP 数据传输中首要考虑的问题。

（1）IP 数据的封装

图 6-18　IP 数据的封装

假如一个 IP 数据报能在一帧里传输，可以将它直接装入物理帧的数据区，作为一般数据传输，这种将 IP 数据报作为物理帧的数据直接封装在一个特定的物理帧的方式叫做数据封装。

在图 6-18 所示的 IP 数据封装格式中，IP 数据报（包括报头和数据区）全部被封装在物理帧的数据区，物理帧的帧头部分包含了数据报送往目的地的下一帧中继节点的物理地址。整个基本的传输过程可以归纳为：IP 数据报在信源机进行封装，并将物理帧传给下一中继节点，接收者从物理帧中的数据区提取数据报，丢掉帧头，然后采用下一个物理网络的帧格式进行封装，又传给下一中继节点，直至数据报送往信宿机。

（2）IP 数据的分段

在底层物理网络中，物理帧是数据传输的基本单元，物理帧的最大长度即最大传输单元 MTU 取决于通信子网的系统硬件，不同通信子网的 MTU 可能各不相同。如一个 IP 数据报分组在某个通信子网的物理帧里能被完全封装，但到另一个通信子网中可能就不一定了。为此，IP 协议为了解决 IP 数据报穿越不同规格的物理网的困难，采取了对 IP 数据报进行分段的技术。

由于数据报从信源机传送到信宿机中间可能要经过一连串通信子网，IP 协议在确定分组大小时，简单地以"方便"为原则，即根据信源机所在通信网的 MTU 确定分组的大小。当分组传送到 MTU 较小的通信子网时，再将分组分成若干较小部分，封装到不同帧里进行传送。

分段时，每个分段也必须要有自己的报头，除标志字段与偏移量字段外，格式内容完全从原来的数据报报头拷贝过来。分段方法及段格式如图 6-19 所示，该图说明了报头为 20 个字节，数据区长 1200 个字节的 IP 数据在 MTU 为 820 字节的通信子网中分段的情况。根据 IP 协议中在信源所在的网上"尽力封装"分段原则，1200 字节的数据报被分为 P11 和 P12 二段，其中 P11 的数据长度为 800 字节，P12 的数据长度为 400 字节。每个分段数据区的大小必须是 8 字节的倍数，否则无法描述偏移量。

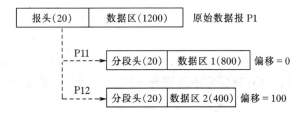

图 6-19　IP 数据的分段

IP 数据的分段是在传输路径中 MTU 不同的两个网络交界处，即路由器上进行的，如果整个数据传输路径经过若干个通信子网，则 IP 数据可以进行多次分段。图 6-20 描述了数据区长 1200 个字节的 IP 数据经过 MTU 分别为 820 字节、420 字节和 620 字节三个通信子网的分段情况。信源机发送数据长度为 1200 字节的数据报 P1，最终信宿机上收到的是 P111、P112 和 P12 三个分段。由此可见，IP 数据的这种方式也有它的缺点：分组一旦被较小 MTU 网络分段后接下去又经过较大 MTU 网，将导致带宽的浪费；分段越多，丢失概率就越大。

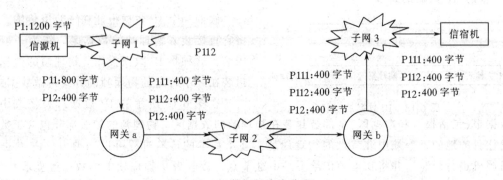

图 6-20　IP 数据的多次分段

218

（3）IP 数据的重组

IP 数据的重组就是对数据报的还原。如前所述，数据报报头中有三个字段用来控制数据报的分段和重组，它们是标识符字段、标志字段和分段偏移量字段。16 位的标识符给每个数据报一个惟一的值，不管需要将其分成多少段，每段中的这个值都是相同的。当信宿机对数据报重组时，凡是标识符相同的段都要重组在一个数据报中。

不难理解，所有 IP 数据报的重组只在信宿机上进行，而不在网关中进行。一旦数据报被分段，各段数据作为独立的分组进行传输，到达信宿机之前可能被多次分段，但重组则只有在信宿机上进行的一次。整个 IP 数据报的传输过程可以简单归纳如下：

① 在信源节点形成 IP 数据报，数据报长度由信源机所在通信子网的 MTU 决定；

② IP 模块对数据报进行路由选择，将数据报传送到下一个中继节点(路由器)；

③ 数据报每经过一个路由器，该路由器都要将数据报中的信宿 IP 地址与本机地址比较以判断数据报是否到达信宿机，计算数据报报头校验和并递减数据报生存时间 TTL 值，如数据报报头校验和和计算结果不一致或 TTL 值为零，则丢弃数据报并返回错误报文；

④ 如果数据报没有到达信宿机，还要根据 MTU 对数据报重新分段，接着路由器同信源端一样确定传输路径的下一个节点；

⑤ 数据报到达信宿机以后再进行校验和计算，同时检查是否还有其他分段，若有则等待其余分段，最后再根据标识符、标志和偏移量地址进行重组。

6.4.4.5. IPv6

前面介绍的 IP 协议是目前 Internet 上所使用的第四版本的 IP，即 IPv4，IPv4 的确是一个成功而优秀的协议。然而，随着 Internet 的飞速膨胀，IPv4 的 32 位地址长度已显得越来越不够用了；此外，为了提高数据包的传输效率，减小路由器在处理数据包头时所引起的延迟，也需要对 IPv4 数据报头标中的一些冗余或并不实用的功能进行简化。在这种情况下，新一代的 IP 协议——IPv6 应运而生了。IPv6 的开发始于 1992 年，经过两年多研究后，于 1994 年选定了 IPv6 作为下一代 IPng 的标准。

实际上，IPv4 是如此的优秀，以至于 IPv6 几乎继承了它的所有特点。IPv6 与沿用已久的 32 位 IP 地址(IPv4)的主要区别有：IP 地址由原来的 32 位扩展到 128 位，这将提供更多的 IP 地址，且取消了地址分类概念；为降低报文处理的开销和占用的网络带宽，IPv6 对 IPv4 的报文头进行了简化；为了处理实时服务，引入了流量标识位；还定义了实现协议认证、数据完整性和报文加密所需要的有关功能。同时 IPv6 将内建对即插即用的配置信息，增强 IP 地址使用的灵活性，新的分级功能将允许建造更复杂的网络。

6.4.5. TCP 和 UDP 协议

TCP 和 UDP 都是 TCP/IP 协议中的传输层协议，一般情况下，它们共存于一个互联网中。

6.4.5.1. 用户数据报协议

UDP 建立在 IP 协议之上，提供面向无连接的数据报传输。与 IP 不同的是，UDP 提供协议端口来保证进程通信。

UDP 是一个不可靠的传输层协议，除了可以通过校验和来判断数据的完整性之外，它不进行任何其他检查，它不能保证数据报的接收顺序同发送顺序相同，甚至也不能保证它们是否全部到达。因此，基于 UDP 的通信进程必须自己解决诸如报文丢失、报文重复、报文失序、流量控制等可靠性问题。即便如此，UDP 仍然是 TCP/IP 中一个非常重要的传输层协议，其原因就在于它的高效率。在实际应用过程中，UDP 主要适用于面向传输报文较少的交互式服务。如果为此建立面向连接的数据传输服务，则网络资源的开销太大，利用不可靠的UDP 进行数据传输，即使因报文出错而重传一次，也比面向连接的数据传输更为有效。

（1）UDP 报文及其封装

称为用户数据报的报文格式如图 6-21 所示，由 UDP 报头和 UDP 数据区两部分组成。在 UDP 报头中共包含 4 个域：源端口、目的端口、长度、校验和，每个域各占 16 位（2 字节）。

图 6-21　UDP 数据报格式

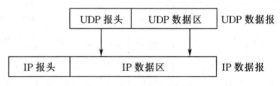

图 6-22　UDP 数据封装

端口号为不同的应用进程保留其各自的数据传输通道，UDP 和 TCP 协议正是采用这一机制实现对同一时刻内多项应用进程同时发送和接收数据的支持。数据发送一方将 UDP 数据报通过源端口发送出去，而数据接收一方则通过目标端口接收数据。UDP 报头使用两个字节存放端口号，所以端口号的有效范围是 0~65535。

数据报的长度是指包括 UDP 报头和数据区在内的总的字节数。因为 UDP 报头长度为固定的 8 个字节，所以该域主要被用来计算可变长度的数据区。从理论上说，包含报头在内的数据报的最大长度为 65535 字节，但一些实际应用往往会限制数据报的大小，有时会降低到8192 字节。

UDP 协议使用报头中的校验值来保证数据的安全。校验值首先在数据发送方通过特殊的算法计算得出，在传递到接收方之后，还需要再重新计算。如果某个数据报在传输过程受到损坏，发送和接收方的校验计算值将不会相符，由此 UDP 协议可以检测是否出错。

需要注意的是，UDP 数据报中没有涉及主机地址，主机地址的识别功能是由网络层的 IP 模块来完成的。由于 UDP 建立在 IP 之上，这也意味着整个 UDP 报文封装在 IP 数据报中传输，如图 6-22 所示。

（2）UDP 报文的传输

发送数据时，UDP 软件构造一个数据报，然后将它交给 IP 软件，便完成所有的工作。接收数据时，UDP 软件先要判断接收数据报的目的端口是否与当前使用的某个端口匹配。如果是，将数据报放入相应接收队列；否则，抛弃该数据报。另外，有时候虽然端口匹配成功，但如果相应端口缓冲区已满，UDP 也要抛弃该数据报。

6.4.5.2. 传输控制协议

传输控制协议 TCP 是一种面向连接、端对端、高可靠性的数据传输层协议，它建立在不可靠的 IP 协议之上，数据传输的可靠性完全由 TCP 自己保证。可以把 TCP 和 IP 形象地理解为有两个信封，要传递的信息被划分成若干段，每一段塞入一个 TCP 信封，并在该信封面上记录有分段号的信息，外层再套上 IP 大信封，发送上网。在接收端，TCP 软件包收集信封，抽出数据，按发送前的顺序还原，并加以校验，若发现差错，TCP 将会要求重发。因此，TCP/IP 几乎可以无差错地传送数据。

(1) TCP 数据报格式

TCP 可以从用户进程接受任意长的报文，然后将其划分成长度不超过 64K 字节的数据段。每个数据段前加上报头，就构成了 TCP 协议的报文。TCP 数据报格式如图 6-23 所示，它包含报头和数据区两部分。TCP 数据报头中各主要域的含义简单说明如下。

0	3	9	15 16	31
源端口(16)			目的端口(16)	
发送序号(32)				
确认号(32)				
报头长度(4)	保留(6)	标志(6) URG ACK PSH RST SYN FIN	窗口(16)	
校验和(16)			紧急指针(16)	
选项			填充字节	
数据区				

图 6-23　TCP 数据报格式

源端口、目的端口、检验和这三个域各占 16 位，它们的含义和 UDP 报文的对应域一样；报头长度占 4 位，它以 4 字节为单位描述 TCP 报头的长度，用于标识数据在区数据报中的起始位置；序列号占 32 位，表示数据部分第一个字节的序列号；确认号也占 32 位，它表示数据包的发送者希望拥有发送的下一个字节的序号；保留段的长度是 6 位，该域必须置 0；窗口占 16 位，它用来通告接收端接收缓冲区的大小，接收端通过设置窗口的大小，可以调节发送数据的速度，从而实现流控。

(2) TCP 数据报的传输

TCP 允许运行在不同主机上的应用程序相互交换数据流，TCP 将数据流分成小段叫做 TCP 数据段(TCPsegments)。在大多数情况下，每个 TCP 数据段装在一个 IP 数据报中进行发送。但如需要的话，TCP 将把数据段分成多个数据报。由于 IP 并不能保证接收数据报的先后顺序，TCP 会在接收端对各数据报进行重组，图 6-24 完整地给出了 TCP 数据的整个传输过程。

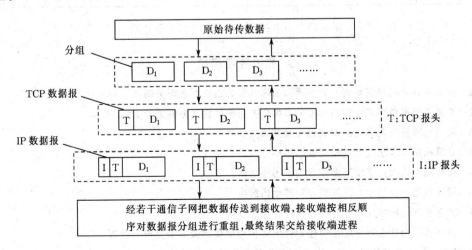

图 6-24　TCP 数据报的传输

（3）TCP 连接的建立和拆除

TCP 是一种面向连接的、可靠的传输层协议。面向连接是指一次正常的 TCP 传输需要通过在客户端和服务端建立特定的虚电路连接来完成，该过程通常被称为"三次握手"。

图 6-25 表示利用三次握手同步建立 TCP 连接的示意图。一次握手：TCP A（客户机）向 TCP B（服务器）发送连接请求，A 的初始报文中对同步序号 SYN 置位并发送初始化序号，SN＝100 表示它要使用序号 100；二次握手：B 收到 A 的请求报文以后，向 A 发出确认报文，其中 SN（200）表示 B 进程的初始序号，AN（101）表示对 A 初始序号的确认，即期待着 A 的带有序列号 101 的数据段，并在确认报文中对 SYN 和确认标志 ACK 置位；三次握手：A 给出 B 的确认，至此两进程连接成功，相互间可以进行全双工的数据交换。图中的第 4 次报文发送，也给出了确认，并发送了一些数据，但它的发送序号与第 3 次的一样，因为 ACK 信息不占用序列号空间内的序列号。

TCP A(Client)   TCP B(Server)

	Closed				Listen	
1	SYN-Sent	－－〉	〈SN＝100〉〈CTL＝SYN〉	－－〉	SYN-Received	SN：发送序号
2	Established	〈－－	〈SN＝200〉〈AN＝101〉〈CTL＝SYN,ACK〉	〈－－	SYN-Received	AN：确认号
3	Established		〈SN＝101〉〈AN＝201〉〈CTL＝ACK〉	－－〉	Established	
4	Established	－－〉	〈SN＝101〉〈AN＝201〉〈CTL＝ACK〉〈DATA〉	－－〉	Established	DATA：数据

图 6-25　TCP 连接的三次握手同步示意图

拆除连接同样用到三次握手机制，图 6-26 给出了 TCP 拆除的三次握手同步示意图。TCP A 发出拆除请求后并不立即断开连接，而要等待对方确认；对方收到请求后，发送确认报文；TCP A 收到 TCP B 的确认号后拆除连接。

TCP A(Client)   TCP B(Server)

	Established				Established
1	FIN-Wait	－－〉	〈SN＝100〉〈AN＝200〉〈CTL＝FIN,ACK〉	－－〉	Close-Wait
2	FIN-Wait	〈－－	〈SN＝200〉〈AN＝101〉〈CTL＝FIN,ACK〉	〈－－	Last-ACK
3	Closed	－－〉	〈SN＝101〉〈AN＝201〉〈CTL＝ACK〉	－－〉	Closed

图 6-26　TCP 拆除的三次握手同步示意图

思考题与习题

6-1　什么是计算机控制系统？它的硬件由哪几部分组成？各部分的作用是什么？

6-2　衡量系统硬件可靠性的指标通常有哪些？它们的含义分别是什么？

6-3　简述计算机控制系统的发展过程及其特点。

6-4　计算机控制系统的发展特征包括哪些方面？

6-5　操作站监控软件系统通常需要具备哪些功能？

6-6　简述现场总线技术对计算机控制产生的影响。

6-7　计算机网络的常用拓扑有哪些？各有什么特点？

6-8　网络协议为什么要分层？简述 OSI/RM 的分层体系及其信息流动过程。

6-9　DTE 和 DCE 的含义是什么？它们对应于哪些网络设备？

6-10　虚电路和数据报有什么区别？

6-11　通信子网和资源子网的功能是什么？各由哪些部分组成？

6-12　IP 数据报的传输包括哪几个过程？

6-13　TCP 协议和 UDP 协议的特点各是什么？

7. 可编程序控制器

7.1. 概述

可编程序控制器（Programmable Controller）通常也称为可编程控制器，由于其缩写 PC 早已成为个人计算机的代名词，而且在早期可编程序控制器主要应用于开关量的逻辑控制，因此为区别起见称之为可编程逻辑控制器（Programmable Logical Controller），简称 PLC。当然现代的 PLC 绝不意味着只有逻辑控制功能，它是以微处理器为基础，综合了计算机技术、自动控制技术和通信技术而发展起来的一种通用的工业自动控制装置；具有体积小、功能强、程序设计简单、灵活通用、维护方便等一系列的优点，特别是它的高可靠性和较强的适应恶劣工业环境的能力，使其广泛应用于各种工业领域。

7.1.1. PLC 的产生

在 PLC 问世以前，继电器控制在顺序控制领域中占有主导地位。但是由继电器构成的控制系统对于生产工艺变化的适应性很差，例如，在一个复杂的控制系统中，大量的继电器通过硬接线相连接，而一旦工艺发生变化，控制要求必然也要相应改变，这就需要改变控制柜内继电器系统的硬件结构，甚至需要重新设计新系统。

20 世纪 60 年代末期，美国的汽车工业发展非常迅速。为了满足汽车型号不断更新的市场要求，谋求在竞争激烈的汽车行业中的优势地位，1968 年美国通用汽车公司提出了多品种、小批量、更新快的战略，显然原有的工业控制装置——继电器控制装置不能适应这种发展战略。于是通用公司公开招标研制新型的工业控制装置，要求新的控制装置随着生产产品的改变能灵活方便地修改控制方案，以满足不同的要求，同时提出了 10 条具体的技术指标：

- 编程简单方便，可在现场修改程序；
- 硬件维护方便，最好是插件式结构；
- 可靠性要高于继电器控制装置；

- 体积小于继电器控制装置；
- 可将数据直接送入管理计算机；

- 成本上可与继电器竞争；
- 输入可以是交流 115V；
- 输出为交流 115V，2A 以上，能直接驱动电磁阀；

- 扩展时原有系统只需做很小的改动；
- 用户程序存储器容量至少可以扩展到 4KB。

1969 年美国数字设备公司 DEC 根据以上要求研制出了世界上第一台可编程序控制器 PDP-14，并在通用公司的汽车生产线上获得成功应用，取代了传统的继电器控制系统，PLC 由此而迅速地发展起来。

早期的 PLC 虽然采用了计算机的设计思想，但实际上它只能完成顺序控制，仅有逻辑运算、定时、计数等顺序控制功能。在经历了 30 年的发展后，现代 PLC 产品已经成为了名符其实的多功能控制器，如逻辑控制、过程控制、运动控制、数据处理等功能都得到了很大的加强和完善。与此同时，PLC 的网络通信功能也得到飞速发展，PLC 及 PLC 网络成为了工业企业中不可或缺的一类工业控制装置。

随着可编程序控制器的发展，国际电工委员会 IEC 也曾多次修订并颁布了可编程控制器标准，其中 1987 年 2 月颁布的第三稿草案中对可编程控制器的定义是："可编程控制器是一种进行数字运算操作的电子系统，是专为在工业环境下的应用而设计的工业控制器。它采用了可编程序的存储器，用来在其内部存储执行逻辑运算、顺序控制、定时、计数和算术运算等操作的指令，并通过数字式或模拟式的输入和输出，控制各种类型的机械设备或生产过程。可编程控制器及其有关外围设备，都按易于和工业系统联成一个整体、易于扩充功能的原则设计"。定义强调了可编程控制器是进行数字运算的电子系统，能直接应用于工业环境下的计算机；是以微处理器为基础，结合计算机技术、自动控制技术和通信技术，使用面向控制过程、面向用户的"自然语言"编程；是一种简单易懂、操作方便、可靠性高的新一代通用工业控制装置。

PLC 的发展过程大致分如下四个阶段。

从第一台可编程序控制器诞生到 20 世纪 70 年代初期是 PLC 发展的第一个阶段，其特点是：CPU 由中小规模集成电路组成，功能简单，主要能完成条件、定时、计数控制，没有成型的编程语言。PLC 开始成功地取代了继电器控制系统。

20 世纪 70 年代是 PLC 的崛起时期，其特点是：CPU 采用微处理器，存储器采用 E-PROM，在原有基础上增加了数值计算、数据处理、计算机接口和模拟量控制等功能，系统软件增加了自诊断功能；PLC 已开始在汽车制造业以外的其他工业领域推广发展开来。这一阶段的发展重点主要是硬件部分。

20 世纪 80 年代单片机、半导体存储器等大规模集成电路开始工业化生产，进一步推进了 PLC 走向成熟，使其演变成为专用的工业控制装置，并在工业控制领域奠定了不可动摇的地位。这一阶段 PLC 的特点是：CPU 采用 8 位或 16 位微处理器及多微处理器的结构形式，存储器采用 EPROM、CMOSRAM 等，PLC 的处理速度、通信功能、自诊断功能、容错技术得到了迅速增强，软件上实现了面向过程的梯形图语言、语句表等开发手段，增加了浮点数运算、三角函数等多种运算功能。这一阶段的发展重点主要是软件部分和通信网络部分。

到 20 世纪 90 年代随着大规模和超大规模集成电路技术的迅猛发展，以 16 位或 32 位微处理器构成的可编程序控制器得到了惊人的发展，RISC(精简指令系统 CPU)芯片在计算机行业大量使用，使之在概念上、设计上和性能价格比等方面有了重大的突破，同时 PLC 的联网通信能力也得到了进一步加强，这些都使得 PLC 的应用领域不断扩大。在软件设计上，PLC 具有了强大的数值运算、函数运算和批量数据处理能力。可以说这个时期的 PLC 是依据 CIMS 的发展趋向应运而生的，其系统特征是高速、多功能、高可靠性和开放性。

7.1.2. PLC 的特点

PLC 之所以取得高速发展和广泛应用，除了工业自动化的客观需要外，主要还是由于其本身具备许多独特的优点，较好地解决了工业控制领域中普遍关心的可靠、安全、灵活、方便、经济等问题。

（1）可靠性高、抗干扰能力强

可靠性是评价工业控制装置质量一个非常重要的指标，如何能在恶劣的工业应用环境下平稳、可靠地工作，将故障率降至最低，是各种工业控制装置必须具备的前提条件，如耐电磁干扰、低温、高温、潮湿、振动、灰尘等。为实现"专为适应恶劣的工业环境而设计"的要求，PLC 采取了以下有利的措施。

① PLC 采用的是微电子技术，大量的开关动作是由无触点的半导体电路来完成的，因此不会出现继电器控制系统中的接线老化、脱焊、触点电弧等现象，提高了可靠性。

② PLC 对采用的器件都进行了严格的筛选，尽可能地排除了因器件问题而造成的故障。

③ PLC 在硬件设计上采用屏蔽、滤波、隔离等措施。对 CPU 等主要部件，均采用严格的屏蔽措施，以防外界干扰；对电源部分及信号输入环节采用多种形式的滤波，如 LC、Ⅱ型滤波网络等，以消除或抑制高频干扰，也削弱了各种模块之间的相互影响；在输入输出模块上采用了隔离技术，有效地隔离了内部电路与外部系统之间电的联系，减少了故障和误动作；对有些模块还设置了联锁保护、自诊断电路等功能。对于某些大型的 PLC，还采用了双 CPU 构成的冗余系统，或三 CPU 构成的表决式系统，进一步增强了系统可靠性。

④ PLC 的系统软件包括了故障检测与诊断程序，PLC 在每个扫描周期定期检测运行环境，如掉电、欠电压、强干扰等，当出现故障时，立即保存运行状态并封闭存储器，禁止对其操作，待运行环境恢复正常后，再从故障发生前的状态继续原来的程序工作。

⑤ PLC 一般还设有 WDT 监视定时器，如果用户程序发生死循环或由于其他原因导致程序执行时间超过了 WDT 的规定时间，PLC 立即报警并终止程序执行。

由于采取了以上一些措施，可靠性高、抗干扰能力强成了 PLC 最重要的特点之一，一般 PLC 的平均无故障时间可达几十万小时以上。实践表明，PLC 系统在使用中发生的故障，绝大多数是由于 PLC 的外部开关、传感器、执行机构等装置的故障间接引起的。

（2）功能完善，通用灵活

现代 PLC 不仅具有逻辑运算、条件控制、计时、计数、步进等控制功能，而且还能完成 A/D 转换、D/A 转换、数字运算和数据处理以及网络通信等功能。因此，它既可对开关量进行控制，又可对模拟量进行控制；既可控制一条生产线，又可控制全部生产工艺过程；既可单机控制，又可以构成多级分布式控制系统。

现在的 PLC 产品都已形成系列化，基于各种齐全的 PLC 模块和配套部件，用户可以很方便地构成能满足不同要求的控制系统，系统的功能和规模可根据用户的实际需求进行配置，便于获取合理的性能价格比。在确定了 PLC 的硬件配置和 I/O 外部接线后，用户所做的工作只是程序设计而已；如果控制功能需要改变的话，则只需要修改程序以及改动极少量的接线。

（3）编程简单、使用方便

目前大多数 PLC 可采用梯形图语言的编程方式，既继承了继电器控制线路的清晰直观感，又考虑到一般电气技术人员的读图习惯，很容易被电气技术人员所接受。一些 PLC 还提供逻辑功能图、语句表指令、甚至高级语言等编程手段，进一步简化了编程工作，满足了不同用户的需要。

此外，PLC 还具有接线简单、系统设计周期短、体积小、重量轻、易于实现机电一体化等特点，使得 PLC 在设计、结构上具有其他许多控制器所无法相比的优越性。

7.1.3. PLC 的分类

自 DEC 公司研制成功了第一台 PLC 以来，PLC 已发展成为一个巨大的产业，目前 PLC 产品的产量、销量及用量在所有工业控制装置中居首位，据不完全统计，现在世界上生产 PLC 及其网络产品的厂家有 200 多家，生产大约 400 多个品种的 PLC 产品。

按地域范围 PLC 一般可分成三个流派：美国流派、欧洲流派和日本流派，这种划分方法虽然不很科学，但具有实用参考价值。一方面，美国 PLC 技术与欧洲 PLC 技术基本上是各自独立开发而成的，二者间表现出明显的差异性，而日本的 PLC 技术是由美国引进的，因此它对美国的 PLC 技术既有继承，更多的是发展，而且日本产品主要定位在小型 PLC 上；另一方面，同一地域的产品面临的市场相同，用户的要求接近，相互借鉴就比较多，技术渗透得比较深，这都使得同一地域的 PLC 产品表现出较多的相似性，而不同地域的 PLC 产品表现出明显的差异性。

按结构形式可以把 PLC 分为两类：一类是 CPU、电源、I/O 接口、通信接口等都集成在一个机壳内的一体化结构，如 OMRON 公司的 C20P，C20H，三菱公司的 F1 系列产品，图 7-1 是其结构示意图；另一类是电源模块、CPU 模块、I/O 模块、通信模块等在结构上是相互独立的，如图 7-2 所示，用户可根据具体的应用要求，选择合适的模块，安装固定在机架或导轨上，构成一个完整的 PLC 应用系统，如 OMRON 公司的 C1000H，SIEMENS 公司的 S7 系列 PLC 等。

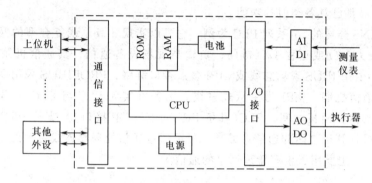

图 7-1 一体化 PLC 结构示意图

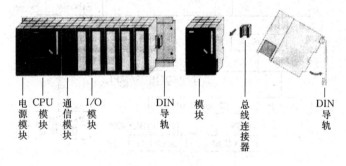

图 7-2 模块化 PLC 结构示意图

按 I/O 点数又可将 PLC 分为以下几种。

① 超小型 PLC：I/O 点数小于 64 点；

② 小型 PLC：I/O 点数在 65～128 点；

③ 中型 PLC：I/O 点数范围在 129～512 点；

④ 大型 PLC：I/O 点数范围在 512 点以上。

小型及超小型 PLC 在结构上一般是一体化形式，主要用于单机自动化及简单的控制对象；大、中型 PLC 除具有小型、超小型 PLC 的功能外，还增强了数据处理能力和网络通信能力，可构成大规模的综合控制系统，主要用于复杂程度较高的自动化控制，并在相当程度上替代 DCS 以实现更广泛的自动化功能。

7.1.4. PLC 的发展趋势

随着计算机综合技术的发展和工业自动化内涵的不断延伸，PLC 的结构和功能也在进行不断地完善和扩充。实现控制功能和管理功能的结合，以不同生产厂家的产品构成开放型的控制系统是主要的发展理念之一。长期以来 PLC 走的是专有化的道路，这使得其成功的同时也带来了许多制约因素。由于目前绝大多数 PLC 不属于开放系统,寻求开放型的硬件或软件平台成了当今 PLC 的主要发展目标。就 PLC 系统而言,现代 PLC 主要有以下两种发展趋势。

(1) 向大型网络化、综合化方向发展

由于现代工业自动化的内涵已不再局限于某些生产过程的自动化,而是实现信息管理和工业生产相结合的综合自动化,强化通信能力和网络化功能是 PLC 发展的一个重要方面,它主要表现在:向下将多个 PLC、远程 I/O 站点相连;向上与工业控制计算机、管理计算机等相连构成整个工厂的自动化控制系统。例如:A-B, SIEMENS, MODICON 等多数生产厂家的 PLC 产品都已具备类似的功能。

以 SIEMENS 公司的 S7 系列 PLC 为例,它可以实现 3 级总线复合型的网络结构,如图7-3 所示。底层为 I/O 或远程 I/O 链路,负责与现场设备通信,其通信机制为配置周期通信。中间层为 PROFIBUS 现场总线或 MPI 多点接口链路,PROFIBUS 采用令牌方式与主从方式相结合的通信机制,MPI 为主从式总线。二者可实现 PLC 与 PLC 之间、PLC 与计算机、编程器或操作员面板之间、PLC(具备 PROFIBUS-DP 接口)与支持 PROFIBUS 协议的现场总线仪表或计算机之间的通信。最高一层可通过通信处理器连成更大的、范围更广的网络,如 Ethernet,主要用于生产管理信息的通信。

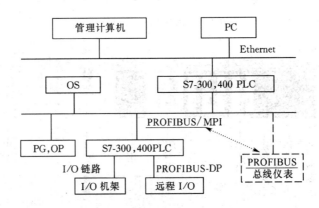

图 7-3 S7 系列 PLC 网络结构示意图

(2) 向体积小、速度快、功能强、价格低的小型化方向发展

随着应用范围的扩大,体积小、速度快、功能强、价格低的 PLC 广泛渗透到工业控制领域的各个层面。小型 PLC 将由整体化结构向模块化结构发展,系统配置的灵活性因此得到增强。小型化发展具体表现为:结构上的更新、物理尺寸的缩小、运算速度的提高、网络功能的加强、价格成本的降低,当前小型化 PLC 在工业控制领域具有不可替代的地位。

7.2. PLC 基本工作原理

PLC 的产品很多,不同型号、不同厂家的 PLC 在结构特点上各不相同,但绝大多数 PLC 的工作原理都基本相同。

7.2.1. PLC 的基本组成

PLC 的基本组成与一般的微机系统相类似,主要包括:CPU、RAM、EPROM、E^2PROM、通信接口、外设接口、I/O 接口等,按结构形式它分为一体化和模块化二类,当然后者的应用范围更广泛。

如图7-4，模块化PLC在系统配置上表现得更为方便灵活。CPU模块、通信接口模块、I/O模块、智能模块、电源模块等相互独立封装，用户可以根据系统规模和设计要求进行配置，模块与模块之间通过外部总线连接。

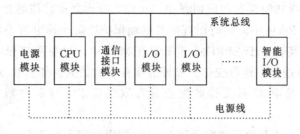

图7-4 模块化PLC结构示意图

一组基本的功能模块可以构成一个机架，CPU模块所在的机架通常称为中央机架，其他机架统称为扩展机架。根据安装位置的不同，机架的扩展方式又分为本地连接扩展和远程连接扩展两种。前者要求所有机架都集中安装在一起，一般是通过专用电缆实现机架间的连接，机架与机架间的连接距离通常在数米之内；后者一般通过光缆或通信电缆实现机架间的连接，连接距离可达几百米到数公里，通过中继环节还可以进一步延伸。因此，远程扩展机架也称为分布式I/O站点，这是一种介于模拟信号传输技术和现场总线技术的中间产品。

一个PLC所允许配置的机架数量以及每个机架所允许安装模块数量一般是有规定的，这主要取决于PLC的地址配置和寻址能力以及机架的结构和负载能力。例如，SIEMENS的S7-CPU315-2DP要求每个机架最多安装8个I/O模块，允许配置1个中央机架和3个本地连接扩展机架。通过CPU模块上的PROFIBUS-DP接口，用户还可以配置若干个远程连接的扩展机架，总寻址范围达1KB。

下面以模块化PLC为例介绍PLC的基本组成。

7.2.1.1.CPU模块

CPU模块是模块化PLC的核心部件，主要包括三个部分：中央处理单元CPU、存储器和通信部件。

（1）中央处理单元CPU

常用的CPU有三种：通用微处理器、单片机、位片式微处理器。通常小型PLC采用价格低通用性好的8位微处理器或单片机（如Intel 8085,8031等）；中型PLC采用16位微处理器或单片机（如Intel 8086、MSC96系列单片机等）；对于大型PLC，通常采用位片式微处理器；位片式微处理器不同于通用微处理器，它可以用多个位片式微处理器拼接，构成位数较多的处理器，并行处理多个任务，具有灵活性好、速度快、效率高等特点，代表性的位片为4位/片（如AMD2900系列等）。

另外，大中型的PLC很多采用双CPU或多CPU结构。例如，双CPU结构一般包括一个字处理器和一个位处理器。字处理器是PLC的主处理器，多采用8位或16位的通用微处理器，完成指令操作、总线控制、计数器、定时器、接口管理等功能。位处理器也称布尔处理器，它是PLC的从处理器，其主要作用是处理位操作指令，加快PLC的处理速度。

（2）存储器

常用的存储器主要有 ROM,EPROM,E²PROM,RAM 等几种，用于存放系统程序、用户程序和工作数据。

系统程序是指 PLC 的操作系统或监控程序，它与 PLC 的硬件相关，决定了 PLC 的功能，用户不能直接访问或修改，所以系统存储器一般为只读存储器 ROM 或 EPROM。用户程序是指用户根据系统功能编制的应用程序，在正式投运之前往往需要经常调试和改动，所以用户程序多存放于 RAM 中，同时配有后备电池保护以防止掉电后丢失程序；一旦用户程序调试完毕，可以将其转存于 EPROM 或 E²PROM 之中，以免用户程序被随意改动。工作数据是指 PLC 在工作过程中经常变化、需要经常存取的数据，如参数测量结果、运算结果、设定值……。为了满足 PLC 对工作数据经常存取的要求，这部分数据一般存放在 RAM 之中。

对于不同的 PLC，其存储器的容量随 PLC 的规模有较大的差别，大型 PLC 的用户工作程序存储器容量一般大于 40KB，而小型 PLC 的容量多小于 8KB，中型 PLC 的用户工作程序存储器容量则介于二者之间。

（3）通信部件

通信部件的作用是建立 CPU 模块与其他模块或外部设备的数据交换。例如：SIEMENS S7 系列 PLC 的 CPU 模块都集成了 MPI 通信接口，方便用户建立 MPI 网络；CPU315-2 DP 等 CPU 模块配置了 PROFIBUS-DP 现场总线接口，便于建立一个传输速率更高、规模更大的分布式自动化系统。

7.2.1.2. I/O 接口模块

PLC 最常用的 I/O 接口模块主要包括模拟量输入模块、模拟量输出模块、开关量输入模块和开关量输出模块。

（1）模拟量输入模块

模拟量输入模块用来把变送器输出的模拟信号（如 4～20mA）转换成 CPU 内部的数字信号，一般它由多路转换开关、前置放大器、采样保持器、ADC 等组成，图 7-5 是 A/D 转换原理图。按照 ADC 的转换原理，A/D 转换模块分为逐次比较型和双积分型两种转换类型。

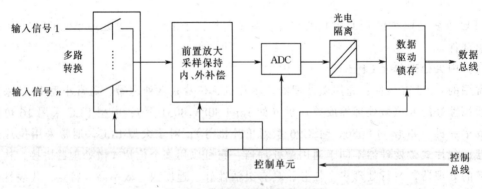

图 7-5　模拟量输入模块原理图

① 逐次比较型 A/D 转换器　逐次比较型 A/D 转换器的转换速率较快，分辨率一般为 8～13 位之间。整个转换过程可以描述为以下几个步骤。

a. 产生一个比较电压 U_C，$U_C = \dfrac{U_r}{2}$（U_r 为参考电压），然后把输入电压 U_i 与 U_C 进行比较：

· $U_i \geqslant U_C$ 时输出最高位为 1，U_C 保持不变进入下一次比较；

·$U_i < U_C$ 时输出最高位为 0,从 U_C 中减去参考电压的一半进入下一次比较。

b. 比较电压加上 1/4 的参考电压 $\left(U_C = U_C + \dfrac{U_r}{4}\right)$,$U_i$ 与 U_C 进行第 2 次比较:

·$U_i \geqslant U_C$ 时输出次高位为 1,U_C 保持不变进入下一次比较;

·$U_i < U_C$ 时输出次高位为 0,从 U_C 中减去 1/4 的参考电压进入下一次比较。

······

依次类推,逐次降低位数,直到最低位比较完毕。

逐次比较型 A/D 转换器的比较次数等于分辨率的位数。A/D 转换器的比较电压通常取决于如图 7-6 所示开关树、权开关状态和参考电压 U_r。由于 A/D 转换器多次比较 U_C 和 U_i,所以在整个转换周期内,U_i 必须保持不变。

② 双积分型 A/D 转换器 双积分型 A/D 转换器是一种中等转换速率且分辨率较高、抗干扰性强的转换器,如图 7-7 所示。它的工作原理可以概括为:输入电压 U_i 加到 A/D 内部的积分器上,该积分器从 0V 开始积分一个固定的时间 T,从而产生一积分输出 U_T,然后断开输入电压,在积分器上加上固定的负参考电压 U_r,使积分器开始反向积分,积分器输出不断下降,记录积分器输出从 U_T 降回到 0V 所需要的时间 T'(T' 由高精密计数器记录),即可得出 U_i 的数值,确定转换结果。

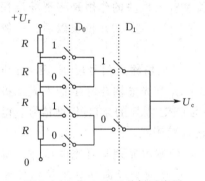

图 7-6 2 位 A/D 开关树示意图

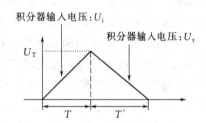

图 7-7 双积分 A/D 转换原理

③ 主要性能指标 在模拟量输入模块的选型时,需要注意的主要性能指标有以下几点。ⓐ分辨力——A/D 转换器的分辨力是指转换器输出变化一个 LSB(二进制最低有效位)时输入模拟量的最小变化量。例如:输入范围为 0～10V 的 12 位 A/D 转换器,其分辨力是 2.44mV。ⓑ线性误差——线性误差是指实际转换特性曲线与理想转换特性曲线之间的最大偏差,包括偏移误差(0 输入非 0 输出)、转换误差等,通常它以 LSB 的分数表示:如 $\pm\dfrac{1}{2}$LSB,±1LSB。ⓒ转换时间——转换时间指从启动到转换结束完成一次 A/D 转换所需要的时间。ⓓ其他指标还有 A/D 转换器的信号隔离措施、转换器包含的通道数以及输入信号类型等。

(2) 模拟量输出模块

模拟量输出模块的作用刚好与模拟量输入模块相反,它利用 DAC 转换接口,把用二进制表示的信号转换成相应的模拟电压或电流信号,如图 7-8 所示。DAC 接口一般由大规模集成电路芯片实现,在此不具体讲述 DAC 的工作原理。

在模拟量输出模块的选型时,需要注意的主要性能指标有以下几点。ⓐ分辨力——D/A 转换接口的分辨力是指二进制变化一个 LSB(最低有效位)时输出模拟量的最小变化量;ⓑ线性误差——线性误差是指实际转换特性曲线与理想转换特性曲线之间的最大偏差,一般也以

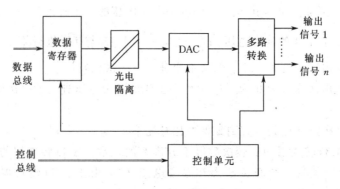

图 7-8　模拟量输出模块原理图

LSB 的分数表示：如 $\pm\frac{1}{2}$LSB，±1LSB 等；ⓒ建立时间——建立时间指从开始转换到输出的模拟信号稳定在相应的数值范围之内（如 $\pm0.5\times$LSB）所经历的时间；ⓓ其他指标还有：输出隔离措施、转换器包含的通道数以及输出信号类型等。

（3）开关量输入模块

现场过程来的数字量信号主要有交流电压、直流电压等信号类型，而 PLC 内部所能接收和处理的是 TTL 标准电平的二进制信号，所以开关量输入模块的作用是将现场过程来的数字量信号（"1"/"0"）转换成 PLC 内部的信号电平。输入信号进入 DI 模块以后，一般都经过光电隔离和滤波以后再进入输入缓冲区。

图 7-9(a)是直流电压输入单元。当开关 S 闭合以后，现场输入信号经 R_1，R_2 分压，使稳压二极管 DW 形成稳定的输入电压，输入指示二极管 D_1 和光电耦合器 T 的发光二极管点亮，并驱动光电三极管导通，把现场开关量信号转换为 CPU 需要的 TTL 标准信号。电容 C 和电阻 R_2 构成了输入滤波电路，可以滤除输入信号的高频干扰。

图 7-9(b)是交流电压输入单元。交流电压输入单元的基本原理与直流电压输入单元相类似，电容 C 为隔直电容，对交流信号相当于短路。D_1 是两个反向并联连接的发光二极管，实现输入信号指示；光电耦合器 T 的发光二极管也是通过两个发光二极管反向并联连接而成，所以该输入单元可以接收交流输入信号。

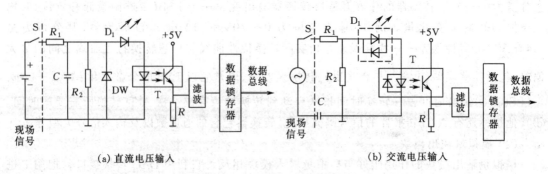

图 7-9　开关量输入模块原理图

（4）开关量输出模块

开关量输出模块是将 CPU 内部信号电平转换成过程所需要的外部信号，驱动电磁阀、继电器、接触器、指示灯、电机等各种负载设备。按输出开关器件它可分为晶体管输出、晶闸管输出和继电器输出三种类型，相应的输出信号为直流信号、交流信号和无源接点信号。

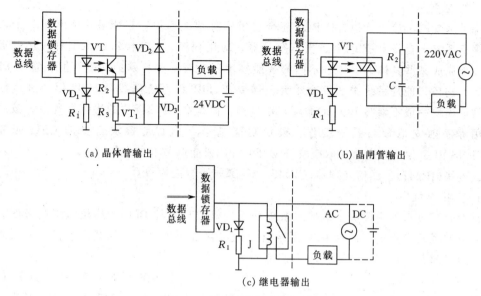

（a）晶体管输出　　　　　　　　　　　　　　　（b）晶闸管输出

（c）继电器输出

图 7-10　开关量输出模块原理图

图 7-10(a)是晶体管输出的直流电压输出单元。晶体管输出的负载电源为外接直流电源，VD_1 是输出指示二极管，VD_2 是负载续流二极管，VD_3 是保护二极管。当输出状态为"1"时，VD_1 点亮，光电耦合器 VT 导通，三极管 VT_1 饱和导通，负载电源接通；当输出状态为"0"时，VD_1 指示灯熄灭，VT，VT_1 均截止，负载电源断开。

图 7-10(b)是晶闸管输出的交流电压输出单元。晶闸管输出的电源为外接交流电源，VD_1 是输出指示二极管，R_2C 是阻容吸收电路，开关器件 VT 为双向光控晶闸管。当输出状态为"1"时，VD_1 点亮，光电耦合器 VT 导通，此时，外接电源交流电源可以双向导通，负载电源接通；反之，负载电源断开。

图 7-10(c)是继电器输出的无源节点输出单元。继电器输出是一对无源触点，负载及外部电源根据系统需要进行配置。图中的 VD_1 是输出指示二极管，J 是小型直流继电器。当输出状态为"1"时，VD_1 点亮，继电器 J 的线圈上电，继电器触点吸合，负载回路闭合；输出状态为"0"时，J 触点断开，负载回路断开。

从响应速度看，晶体管响应最快，继电器响应最慢；晶体管为无触点输出，使用寿命长，继电器触点的电气寿命有限，一般为 10 万～30 万次，在动作频繁的场合不宜选用继电器输出的 DO 模块；但从安全效果和应用灵活性的角度出发，以继电器触点输出最优，通常用户也可以在晶体管输出电路上外接继电器，如图 7-11。

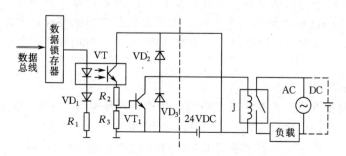

图 7-11　晶体管输出电路外接继电器连接原理图

7.2.1.3. 智能模块

除了基本的 I/O 单元以外，PLC 还会提供多种智能模块。智能模块通常是一个较独立的计算机系统，自身具有 CPU、数据存储器、应用程序、I/O 接口、系统总线接口等，可以独立地完成某些具体的工作，不同的智能模块还会有一些特殊的功能。但从整个 PLC 系统来看，它还只能是系统中的一个单元，需要通过 PLC 系统总线与 CPU 模块进行数据交换。智能模块一般不参与 PLC 的循环扫描过程，而是在 CPU 模块的协调管理下，按照自身的应用程序独立地参与系统工作，模块功能基本上由智能模块自身的 CPU 完成。以 SIEMENS PLC 为例，高速计数模块(FM350-1)、智能调节控制模块(FM355)、开环步进电机定位模块(IP247)、通信处理器(CP443-1)等都属于智能模块。

7.2.1.4. 接口模块

前面介绍过，采用模块化结构的系统是通过机架把各种 PLC 的模块组织起来的，根据应用对象的规模和要求，整套 PLC 系统有可能包含若干个机架。为此，接口模块用来把所有机架组织起来，构成一个完整的 PLC 系统。

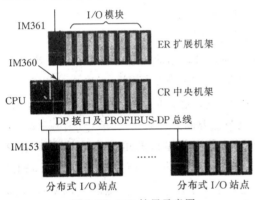

图 7-12　I/O 扩展示意图

图 7-12 是 SIEMENS S7-300 系列 PLC 的 I/O 扩展示意图，其中 IM360/IM361 是本地连接扩展的接口模块，IM153 是连接分布式 I/O 站点的接口模块。

7.2.1.5. 电源模块

PLC 一般配有工业用的开关式稳压电源供内部电路使用。与普通电源相比，开关电源的输入电压范围宽、稳定性好、体积小、重量轻、效率高、抗干扰能力强。例如：S7-300 和 S7-400 系列 PLC 都分别配有多种功率的专用开关式稳压电源模块 PS307 和 PS407。

7.2.1.6. 编程工具

编程工具的作用是编制和调试 PLC 的用户程序、设置 PLC 系统的运行环境、在线监视或修改运行状态和参数，主要有专用编程器和专用编程软件两类。

(1) 专用编程器

专用编程器一般由 PLC 生产厂家提供，只能适用于编制特定 PLC 软件的编程装置；主要有简易编程器和图形编程器两种。

简易编程器只能编辑语句表指令程序，不能直接编辑梯形图程序，使用简易编程器时必须把梯形图程序先转换为语句表指令程序。因此，简易编程器一般用于小型 PLC 的编程，或者用于 PLC 控制系统的现场调试和维修。图形编程器本质上是一台便携式专用计算机系统，通过图形编程器，用户可以在线也可以离线编制 PLC 应用程序，所能编辑的也不再局限于语句表指令。

(2) 专用编程软件

除了专用编程器以外，世界上各主要 PLC 生产厂家都提供了在 PC 机上运行的专用编程软件，借助于相应的通信接口装置，用户可以在 PC 机上通过专用编程软件来编辑和调试用户程序，而且专用编程软件一般可适用于一系列的 PLC 系统，例如 SIEMENS STEP7 V5.0 可以完成对 S7-300,S7-400 系列各种 PLC 的编程。很明显，专用编程软件具有功能强大、通用性强、升级方便、价格低等特点，是多数用户首选的编程装置。

7.2.2. PLC的基本工作原理

7.2.2.1. 循环扫描的工作过程

PLC的CPU采用分时操作的原理,其工作方式是一个不断循环的顺序扫描过程,它从用户程序的第一条指令开始顺序逐条地执行,直到用户程序结束,然后开始新一轮的扫描。如图7-13,PLC的整个扫描过程可以概括地归纳为上电初始化、一般处理扫描、数据I/O操作、用户程序的扫描、外设端口服务五个阶段。每一次扫描所用的时间称为一个工作周期或扫描周期,PLC的扫描周期与PLC的硬件特性和用户程序的长短有关,典型值一般为几十毫秒。

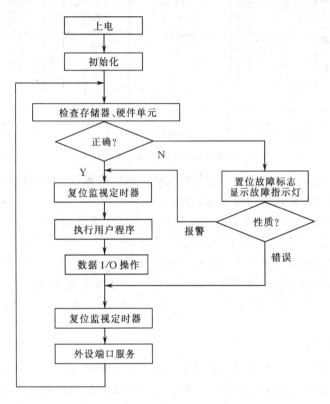

图 7-13 PLC 扫描过程示意图

（1）上电初始化

当PLC系统接通电源后，CPU首先对I/O、继电器、定时器进行清零或复位处理，消除各元件状态的随机性，检查I/O单元的连接，这个过程也就是上电初始化，它只在PLC刚刚上电运行时执行一次。

（2）一般处理扫描

一般处理扫描是在每个扫描周期前PLC进行的自检，如监视定时器的复位、I/O总线和用户存储器的检查，正常以后转入下一阶段的操作，否则PLC将根据错误的严重程度发出警告指示或停止PLC的运行。对于一般性故障，PLC只报警不停机，等待处理；若出现严重故障，PLC将停止运行用户程序，并切断一切输出联系。

（3）数据I/O操作

数据I/O实际上包括输入信号采样和输出信号更新两种操作，图7-14是I/O操作示意图。

PLC 的 CPU 单元不直接从外部端子上获取输入信号，现场仪表送到 PLC 输入端子上的输入信号，经过输入调理(隔离、滤波、电平转换、A/D 转换等)进入缓冲区等待采样。在 PLC 的存储器中，有一段与输入端子相对应的数据区，专门存放 I/O 数据，称为输入映像区。在每一个循环扫描周期，PLC 定时采集全部现场输入信号，存放在输入映像区。执行用户程序所需的现场信息都从输入映像区读取，而不是直接从输入端子上获取。

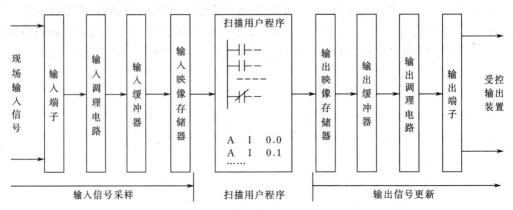

图 7-14 I/O 操作示意图

在非输入采样阶段，无论输入状态如何变化，输入映像区的内容保持不变，只有在采样时刻，输入缓冲区和映像区的内容才相一致。

同样，CPU 执行用户程序产生的控制信号也不直接送到输出端子去驱动负载，与输入缓冲区和输入映像区相对应的是输出缓冲区和输出映像区，PLC 执行用户程序产生的当前处理结果先存放在输出映像区，往往在用户程序全部执行结束后(或下次执行用户程序前)，PLC 才将输出映像区中的全部控制信息集中输出，经过输出调理(电平转换、D/A 转换、输出锁存、功率放大等)送到输出端子，驱动各种执行单元(电机、阀门等)，改变被控对象的状态。

(4) 扫描用户程序

基于用户程序指令，PLC 从输入映像区读取输入元件的状态，结合软元件（中间变量）状态进行逻辑运算或数值计算，运算产生的软元件状态和输出结果分别存储于软元件存储区和输出映像区，对于输出映像区来说，其内容将随着程序执行的进程而变化，这就是 PLC 扫描用户程序的基本机制。PLC 对用户程序指令根据先左后右、先上后下的顺序扫描执行，也可以有条件地利用各种跳转指令来决定程序的走向。

PLC 内部设置了一个俗称"看门狗"的监视定时器 WDT，用来监视程序执行是否正常。WDT 的定时时间间隔由用户设置，它将在每个扫描周期的一般处理扫描过程中被复位。在正常情况下，扫描周期小于 WDT 的时间间隔，WDT 不会动作。如果由于 PLC 程序进入死循环，或因某种干扰导致用户程序失控，扫描周期将超过 WDT 的时间间隔，这时 WDT 将发出超时报警信号，使程序开始重新运行。如果是偶然因素造成的超时，当偶然因素消失后，系统自动转入正常运行；对于不可恢复的故障造成的超时，系统则会自动切断外部负载，发出故障信号，停止执行用户程序，并等待处理。

(5) 外设端口服务

每次执行完用户程序后，开始外设操作请求服务，这一步主要完成与外设端口连接的外部设备(编程器、通信适配器等)的通信。如果没有外设请求，系统自动进入下一个周期的循环扫描。

7.2.2.2. I/O 响应滞后的分析

响应时间的定义是从输入端某个输入信号的发生变化，到输出端对该变化产生响应所需要的时间，也称为滞后时间。根据循环扫描的工作机制，PLC 存在着原理上的 I/O 响应滞后。

产生 I/O 响应滞后的原因除了循环扫描的工作机制之外，还有输入延迟(输入滤波的电路惯性)、输出延迟(继电器触点的机械滞后)、用户程序设计编排等因素。

图 7-15 是一个描述 I/O 滞后的简单例子，其中的梯形图表示：触点 X 闭合，触发 M 闭合。

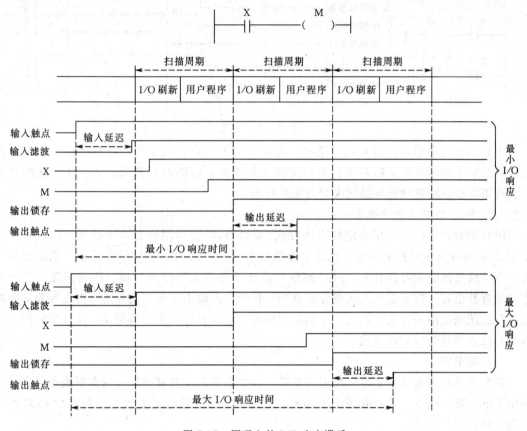

图 7-15　原理上的 I/O 响应滞后

如果在一个扫描周期结束前接收到输入信号，该信号将在随后的第一个 I/O 刷新阶段写入输入映像区，在同一个扫描周期内执行用户程序，并把输出信号写到输出映像区，输出映像区的内容在第二个 I/O 刷新阶段送到输出端子，驱动负载设备。这种情况的 I/O 响应时间最短，称为最小 I/O 响应时间

最小 I/O 响应时间 = 输入延迟时间 + 扫描周期 + 输出延迟时间

如果在第一个扫描周期开始后才接收到输入信号，那么输入信号在该周期内不会起作用，直到第二个 I/O 刷新阶段才写入输入映像区，更新输出信号，输出信号到第三个 I/O 刷新阶段才送到输出端子。这时的 I/O 响应时间最长，称为最大 I/O 响应时间

最大 I/O 响应时间 = 输入延迟时间 + 扫描周期×2 + 输出延迟时间

在 PLC 的用户程序中，语句的编排也会影响 I/O 响应时间。图 7-16 中 A,B 两个梯形图的功能是相同的，但两条指令的顺序不同。通过简单分析可以看出，同样的输入信号 X,B

图中 M 的输出响应要比 A 图中 M 的输出响应滞后一个扫描周期。所以，用户程序的优化设计可以减少因程序编排引起的 I/O 滞后。

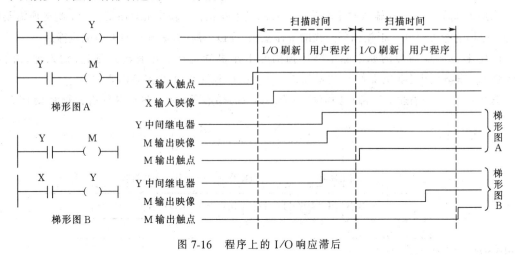

图 7-16　程序上的 I/O 响应滞后

PLC 典型的滞后时间只有几十毫秒，对于一般的工业控制系统，这种滞后是完全允许的。但是对于实时性很强的系统，用户应该充分考虑 I/O 的响应滞后，如采用快速响应模块、或采用中断处理功能等措施来缩短滞后时间。

7.2.2.3. PLC 的程序设计语言

PLC 的程序设计就是用特定的表达方式(编程语言)把控制任务描述出来，其内容体现了 PLC 的各种具体的控制功能。作为工业控制装置，PLC 的主要使用者是工厂现场技术人员，为了满足他们的习惯要求，PLC 的程序设计语言多采用面向现场、面向问题、简单而直观的自然语言，它能直接表达被控对象的动作及输入输出关系，通常是与电气控制线路或工艺流程图相似的语言表达形式。常见的程序设计语言有梯形图、语句表、逻辑功能图、计算机高级语言等几种表达形式。

（1）梯形图

梯形图是在继电器控制电气原理图基础上开发出来的一种直观形象的图形编程语言。它沿用了继电器、接点、串并联等术语和类似的图形符号，信号流向清楚，是多数 PLC 的第一用户语言。

不难看出图 7-17 中 A,B 两种梯形图表达的是同一思想：当常闭按钮 SB_2,SB_3 处于闭合状态时，按下常开按钮 SB_1，则继电器 C 的线圈通电，C 的常开触点闭合，该回路通过 C 的常开触点实现自锁；任意按下常闭按钮 SB_2 或 SB_3，继电器 C 的线圈断电。

PLC 梯形图的编程元素主要有：—| |—、—|/|—、—( )— 等，分别表示常开触点、常闭触点和继电器线圈。在 PLC 控制系统中，按钮、行程开关、接近开关等输入元件提供的输入信号，以及提供给电磁阀、继电器、接触器、指示灯等负载的输出信号，都只有完全相反的两种状态，如触点的闭合和断开、电平的高和低、电流的有和无，在 PLC 内部被表示为"1"和"0"。PLC 梯形图按从左到右、自上而下的顺序排列。

PLC 梯形图的特点体现在以下几个方面：

① 梯形图的符号(输入触点、输出线圈)不是实际的物理元件，而是与 I/O 映像区或内存区中的某一位相对应的；

② 梯形图不是硬接线系统，但可以借助"概念电流"来理解其逻辑运算功能；

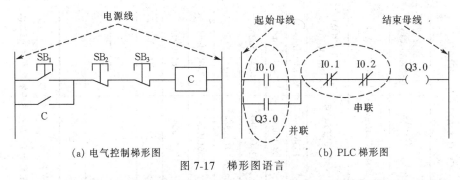

(a) 电气控制梯形图   (b) PLC 梯形图

图 7-17　梯形图语言

③ PLC 根据梯形图符号的排列顺序按照从左到右、自上而下的方式逐行扫描；前一逻辑行的解算结果，可被后面的程序所引用；

④ 每个梯形图符号的常开属性和常闭属性在用户程序中均可以被无限次的引用；

⑤ 只有在每个扫描周期的 I/O 操作阶段，PLC 根据输入触点信号刷新输入映像区的状态，输出映像区的状态通过输出接口更新输出信号。

（2）语句表

语句表是一种类似于汇编语言的助记符编程语言，语句是用户程序的基本单元，每种控制功能通过一条或多条语句来描述。语句表编程语言的特点是面向机器，编程灵活方便，尤其适用于模拟量的解算。

不同厂家的 PLC 往往采用不同的助记符号集，但语句表的基本指令格式是由操作码和操作数二部分组成。以 SIEMENS S7 系列 PLC 为例，对应于图 7-17 的语句表指令为

A　　（
0　　　I0.0
0　　　Q3.0
　）
AN　　I0.1
AN　　I0.2
=　　　Q3.0

（3）逻辑功能图

逻辑功能图是在数字逻辑电路基础上开发出的一种图形编程语言，它采用了数字电路的图符，用"与"、"或"、"非"等逻辑组合来描述控制功能，逻辑功能清晰，输入输出关系明确。图 7-17 对应的功能可以表示成图 7-18 所示的逻辑功能图。

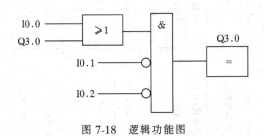

图 7-18　逻辑功能图

7.3. S7-300 PLC 及指令系统

PLC 产品的种类很多，但是各种型号的 PLC 在本质上都是相类似的。在这一节中，重点

表 7-1 CPU 单元的主要特性

<table>
<tr><th colspan="2">型号
特性</th><th>CPU312 IFM</th><th>CPU313</th><th>CPU314</th><th>CPU314IFM</th><th>CPU315</th><th>CPU315-2DP</th><th>CPU316-2DP</th><th>CPU318-2</th></tr>
<tr><td rowspan="5">存储器</td><td>工作存储器</td><td>6KB</td><td>12KB</td><td>24KB</td><td>32KB</td><td>48KB</td><td>64KB</td><td>128KB</td><td>256KB(数据)
256KB(代码)</td></tr>
<tr><td>内部装载存储器</td><td>20KB RAM
20KB EEPROM</td><td>20KB RAM</td><td>40KB RAM</td><td>48KB RAM
48KB FEPROM</td><td>80KB RAM</td><td>96KB RAM</td><td>192KB RAM</td><td>64KB RAM</td></tr>
<tr><td>扩展装载存储器</td><td>—</td><td>4MB FEPROM</td><td>4MB FEPROM</td><td>—</td><td>4MB FEPROM</td><td>4MB FEPROM</td><td>4MB FEPROM</td><td>4MB FEPROM
4MB RAM</td></tr>
<tr><td>本地数据堆栈(L栈)</td><td>512byte</td><td>1536byte</td><td>1536byte</td><td>1536byte</td><td>1536byte</td><td>1536byte</td><td>1536byte</td><td>8192byte</td></tr>
<tr><td>位存储器</td><td>1024bit</td><td>2048bit</td><td>2048bit</td><td>2048bit</td><td>2048bit</td><td>2048bit</td><td>2048bit</td><td>8192bit</td></tr>
<tr><td rowspan="4">最大I/O通道数</td><td>DI</td><td>256+10(集成)①</td><td>256</td><td>512</td><td>496+20(集成)</td><td>1024</td><td>1024(8192)</td><td>1024(16384)</td><td>1024(65536)</td></tr>
<tr><td>DO</td><td>256+6(集成)</td><td>256</td><td>512</td><td>496+16(集成)</td><td>1024</td><td>1024(8192)</td><td>1024(16384)</td><td>1024(65536)</td></tr>
<tr><td>AI</td><td>64</td><td>64</td><td>64</td><td>64+4(集成)</td><td>256</td><td>256(512)</td><td>256(1024)</td><td>256(4096)</td></tr>
<tr><td>AO</td><td>32</td><td>32</td><td>64</td><td>64+1(集成)</td><td>128</td><td>128(512)</td><td>128(1024)</td><td>128(4096)</td></tr>
<tr><td colspan="2">最大机架数(模块数)</td><td>1(8)</td><td>1(8)</td><td>4(32)</td><td>4(31)</td><td>4(32)</td><td>4(32)</td><td>4(32)</td><td>4(32)</td></tr>
<tr><td colspan="2">CPU集成DP接口②</td><td>—</td><td>—</td><td>—</td><td>—</td><td>—</td><td>1</td><td>1</td><td>2</td></tr>
<tr><td colspan="2">扩展DP接口CP342-5③</td><td>1</td><td>1</td><td>1</td><td>1</td><td>1</td><td>1</td><td>1</td><td>2</td></tr>
<tr><td colspan="2">CPU集成MPI接口④</td><td>√</td><td>√</td><td>√</td><td>√</td><td>√</td><td>√</td><td>√</td><td>√</td></tr>
</table>

① 在 CPU31x IFM 模块上集成有 I/O 接口。

② 集成于 CPU 单元的 PROFIBUS-DP 接口最多可连接 64 个分布式 I/O 站点，每个站点最多分配 122 字节的地址，两个相邻站点的最大距离与 DP 总线的传输速率有关（最大传输速率为 12Mbps）。

③ 通过 CP342-5 扩展的 DP 接口最多可以连接 32 个站点，所有 I/O 站点最多有 240 字节的输入地址和 240 字节的输出地址。

④ MPI 接口最多可连接 32 个站点，传输速率为 187.5kbps，最大距离为 50m（不采用中继器）。

以 SIEMENS S7-300 PLC 为例子来分析。

7.3.1. 系统组成

S7-300 PLC 主要有 CPU 模块、通信接口、I/O 模块、功能模块、电源模块、导轨等组成部分。它采用了模块化的安装结构，导轨是安装各类模块的机架。

如图 7-19 和图 7-12 所示，PLC 的系统总线都直接集成在各个模块上，它们采用总线连接器把各模块的总线从物理上和电气上连接起来。PLC 系统的工作电源由电源模块提供，电源模块输出的 24VDC 通过外接电缆连接到 CPU 模块及其他各种模块上，为它们提供工作电流。

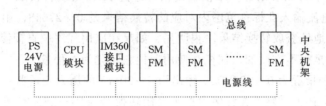

图 7-19　S7-300 PLC 模块连接框图

以下是对 S7 系列模块的简单介绍。

7.3.1.1　CPU 模块

参见表 7-1，S7-300 系列 PLC 有多种性能级别的 CPU，它们适用于不同规模的 PLC 系统。CPU 模块主要的性能指标包括执行速度、存储器容量、最大允许扩展的 I/O 点数等，一般来说这些性能指标都随着 CPU 序号的递增而增加。

此外，网络通信功能也是 CPU 模块的重要指标之一。S7 系列的各种 CPU 模块都集成了 MPI 多点接口，通过 MPI 接口可以很方便地在 PLC 站点、操作站 OS、编程器 PG、操作员面板 OP 等设备之间建立较小规模的通信联系，传输速率为 187.5kbps。CPU31x-2 还集成了 PROFIBUS-DP 接口，通过 DP 接口可组建更大范围的分布式自动化结构。

7.3.1.2. 模拟量输入模块

（1）输入模拟量值的表示方法

S7 系列的模拟量输入模块（SM331）允许输入的信号类型很多，它可以直接输入电压、电流、电阻等信号，表 7-2、表 7-3 和表 7-4 列出了常用的模拟量输入信号类型及对应的转换结果。

表 7-2　双极性电压、电流输入的数字化表示

量　程								十进制结果	范围
±80mV	±250mV	±500mV	±1V	±2.5V	±5V	±10V ±10mA	±20mA		
80.000 …… −80.000	250 …… −250	500 …… −500	1 …… −1	2.5 …… −2.5	5 …… −5	10 …… −10	20 …… −20	27648 …… −27648	标称范围

表 7-3　单极性电压、电流及电阻信号输入的数字化表示

量　程							十进制结果	范围
0~2V	1~5V	0~20mA	4~20mA	150Ω	300Ω	600Ω		
2 …… 0	5 …… 1	20 …… 0	20 …… 4	150 …… 0	300 …… 0	600 …… 0	27648 …… 0	标称范围

表 7-4　热电阻、热电偶的数字化表示

Pt100 热电阻		J 型热电偶		E 型热电偶		K 型热电偶		N 型热电偶		范围
测量范围	十进制结果	测量范围	十进制结果	测量范围	十进制结果	测量范围	十进制结果	测量范围	十进制结果	
850℃ …… −200℃	8500 …… −2000	1200℃ …… −210℃	12000 …… −2100	1000℃ …… −270℃	10000 …… −2700	1372℃ …… −270℃	13720 …… −2700	1300℃ …… −270℃	13000 …… −2700	标称范围

从以上的表格中可以看出，一个模拟量信号经过 A/D 模块转换成一定范围的十进制数据，如 4～20mA 电流输入在标称范围内对应的转换结果是 0～27648，用户程序可以根据输入通道对应的端口地址获取转换结果。很明显，如果在应用程序中直接使用从端口地址获取的十进制转换结果是很不方便的，往往在使用前把它转化为工程量。

例 7-1　有一个量程为 0～200kPa、输出为 4～20mA 的压力变送器，变送器的输出信号经 A/D 转换后送入 PLC，要求在程序中把十进制转换结果(0～27648)转化为以 kPa 为单位的工程量。

在 PLC 系统中，每个模拟量输入端口都有一个对应的端口地址，这里假设端口地址为400。4～20mA 经 A/D 模块转换成 12 位长度的十进制结果(占 2 个字节)，应用程序可以利用指令：L PIW 400 直接从过程输入缓冲区读取转换结果，然后利用转换程序把 0～27648转化为 0～200 的浮点数

```
L       PIW 400          //从端口地址 400 读入十进制转换结果
T       ♯ Dec_in         //存入临时变量 Dec_in
CALL    "SCALE"          //直接调用系统提供的转换函数,以下是输入输出参数
  IN_        : = ♯ Dec_in       //入口参数:十进制转换结果
  HI_LIM     : = 2.000000e + 002  //入口参数:工程量上限 200,单位 kPa
  LO_LIM     : = 0.000000e + 000  //入口参数:工程量下限 0
  BIPOLAR    : = FALSE            //入口参数:TRUE 为双极性,FALSE 为单极性
  RET_VAL : = ♯ret              //出口参数:返回值
  OUT        : = ♯ In_result     //出口参数:工程量转换结果
```

在上述程序中，直接调用了由系统提供的一个转换函数"SCALE"(FC105)，它完成的转换表达式是

$$OUT = [(IN - K_1)/(K_2 - K_1) * (HI\_LIM - LO\_LIM)] + LO\_LIM$$

上式中当 BIPOLAR = TRUE 时，$K_1 = -27648$，$K_2 = 27648$；BIPOLAR = FALSE 时，$K_1 = 0$，$K_2 = 27648$。

(2) 模块的设置

SM331 模块主要由 A/D 转换部件、模拟切换开关、补偿电路、恒流源、光电隔离部件、逻辑控制电路等组成，一个模拟量上所有输入通道共用一个 A/D 转换部件，即各输入通道利用模拟切换开关按顺序一个接一个地转换。表 7-5 给出了 SM331 的主要性能参数。

表 7-5　SM331 模块的主要性能参数

输入阻抗	电流	25Ω	输入总线隔离	是
	电压、电阻	10MΩ	积分时间	各通道可以设定
允许最大输入电压		20VDC	诊断中断	可编程
允许最大输入电流		40mA	诊断功能	指示灯指示，信息可读

SM331 采用的是积分式的 A/D 转换部件，积分时间可以设置，但积分时间的改变会直接影响转换时间和转换精度，转换时间和转换精度都是积分时间的正函数，也即积分时间越长，相应的转换时间越长、转换精度越高。SM331 可选的积分时间有四挡：2.5ms，16.6ms，20ms，100ms，相对应地以位表示的精度为9位，12位，12位，14位。每一种积分时间都有一个最佳的噪声抑制频率，以上四种积分时间所对应最佳的噪声抑制频率分别为400Hz，60Hz，50Hz 和10Hz。例如：把某一个通道的积分时间设为 20ms，则它的转换精度为 12 位，此时对频率为 50Hz 的噪声干扰有很强的抑制作用。在中国为了抑制工频及其谐波的干扰，一般选用 20ms 的积分时间。

目前 SM331 模块主要有 8 通道和 2 通道两种规格型号，它们都可以输入多种不同的信号类型，为了保证模块的硬件结构及相应的处理程序与实际输入信号类型相符合，在使用前需要同时对硬件和软件进行设置，或称为组态。

① 硬件设置　如图 7-20，在 SM331 模块上配置了若干个量程块，调整量程块的插入方位可改变模块的硬件结构。量程块是一个正方体的短接块，面上标有"A"，"B"，"C"，"D"四个标记，其中的一个标记将与模块上的标记相对应，不同的插入方式对应于不同的测量方法和测量范围(参见表 7-6)。模块上每两个相邻的输入通道共用一个量程块，构成一个通道组。因此，用户可以根据输入信号的类型，以通道组为单位调整量程块的位置。在图 7-20 中，0,1 通道的量程块被设定在"C"位置，它们可以输入四线制连接的电流信号；2,3 通道设定在"D"位置，用于输入二线制连接的电流信号。

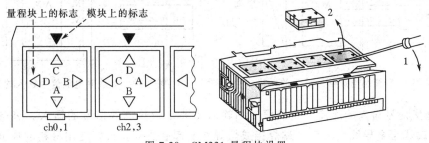

图 7-20　SM331 量程块设置

表 7-6　SM331 量程块设置对应关系

设置标记	对应的测量方式及范围	缺省设置
A	电　压：≤±1000mV 电　阻：150Ω、300Ω、600Ω、Pt100、Ni100 热电偶：N，E，J，K 等各型热电偶	电压：±1000mV
B	电　压：≤±10V	电压：±10V
C	电　流：≤±20mA（4 线制变送器输出）	电流：4～20mA（4 线制）
D	电　流：4～20mA（2 线制变送器输出）	电流：4～20mA（2 线制）

② 软件设置　设置好量程块的位置以后，下一步还需要通过软件来配置一些其他参数，例如：中断允许设置、限幅设置、积分时间设置以及信号类型和测量范围等。当 PLC 在 STOP 状态时，可以利用 STEP 7 组态软件进行组态，并在运行前把组态结果下载到 PLC；当 PLC 处于运行状态时，用户程序利用系统函数也可以动态设置部分参数。但是，软件设置必须确保与实际配置的硬件结构相对应，否则模块不能正常工作并发出模块故障信号。

(3) 模块与测量信号的连接

SM331 模块可以接入各种量程的电压、电流、毫伏、电阻等输入信号，其中输入每一路电压、电流或毫伏信号将占用一个输入通道，但输入一路电阻信号要占用一个通道组，即两个通道。对于 8 通道的 SM331 模块，它可以接入 8 路的电压、电流或毫伏信号，也可以接入 4 路电阻输入信号。

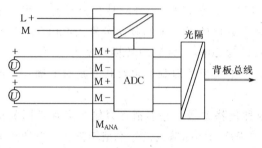

图 7-21　电压信号输入的连接

① 电压信号输入的连接　每一个电压输入信号占用一个模拟量输入通道。如果模块的某个通道组设置成电压输入形式，则相应通道的输入阻抗为 10MΩ，模块端口不提供电源，具体连接方式如图 7-21 所示。

② 电流信号输入的连接　每一个电流输入信号也占用一个模拟量输入通道，输入阻抗为 25Ω，电流信号输入可以有四线制和二线制两种不同的连接方式。如图 7-22，如果模块的某个通道组设置成四线制电流输入的形式，模块端口不提供电源，变送器的工作电源由外部电源提供。二线制连接的不同之处在于变送器工作电源通过模块端口提供，而不需要外加单独的电源，如图 7-23。

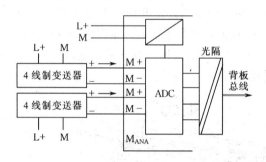

图 7-22　四线制电流信号输入的连接

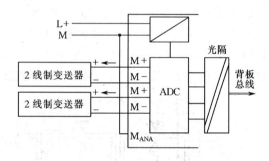

图 7-23　二线制电流信号输入的连接

③ 毫伏信号输入的连接　毫伏信号的输入主要是指热电偶信号的输入。热电偶是由两根不同金属或合金导线，将其一端焊接或熔焊在一起制成的。根据使用材料的成分，热电偶有若干个满足工业标准化的类型，例如 K,J,E,N 等型号的热电偶，所有这些热电偶的测量原理都是相同的，与类型没有关系。

热电偶信号输入的关键在于冷端补偿的选择，通常冷端温度可以选用内部补偿也可以选用外部补偿，分别如图 7-24 和图 7-25 所示。内部补偿是利用模块内部的补偿电路，把模块内部的温度作为参考温度实现补偿。外部补偿则通过补偿盒来补偿热电偶的冷端温度，补偿信

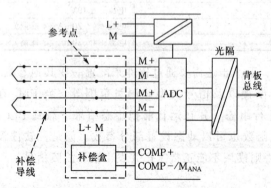

图 7-24　外部补偿热电偶信号输入的连接

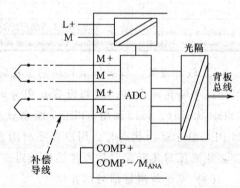

图 7-25　内部补偿热电偶信号输入的连接

号接到模块的 COMP 端子上。当参考点的温度
发生变化时，补偿盒内的热敏电路产生补偿电
压，并最终叠加到热电偶的热电势上。

④ 电阻信号输入的连接　电阻信号（如
Pt100）与 SM331 模块之间采用四线连接方式，
每一个电阻输入信号占用两个模拟量输入通
道。如图 7-26，其中一个通道 I_C+ 和 I_C- 向
热电阻 R_t 提供一个恒定的电流 I_{ref}，I_{ref} 流经
R_t 以后在电阻 R_t 两端产生一个输入电压：U_i
$= R_t \times I_{ref}$，U_i 通过另外一个通道 M＋，M－
接入 SM331 模块。四线连接方式能彻底克服
导线电阻、接触电阻的影响，可以获得很高的测量精度。

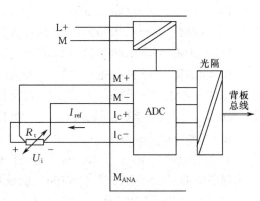

图 7-26　电阻信号输入的连接

7.3.1.3. 模拟量输出模块

SM332 是 12 位的模拟量输出模块，主要有 2 通道和 4 通道两种规格，除了通道数不同
以外，二者的工作原理和其他特性参数都完全相同，表 7-7 给出了 SM332 的主要性能参数。

表 7-7　SM332 模块的主要性能参数

输出信号类型和输出范围	0～10V，±10V，1～5V，4～20mA，±20 mA，0～20mA		电压输出开路电压	＜18V
			与背板总线隔离	是
输出阻抗	电流输出	＜0.5kΩ	CPU 停止时输出状态	各通道可以设定
	电压输出	＜1kΩ	诊断中断	可编程
电压输出短路保护	有，＜25mA		诊断功能	指示灯指示、信息可读

（1）输出模拟量值的表示方法

SM332 模块可以输出电压和电流两种类型的信号，从表 7-8 中可以看出，一个模拟量信
号的输出，需要把浮点数转换成 0～27648 或者 －27648～27648 范围的十进制结果，然后再
根据端口地址把十进制结果送到输出缓冲区。

表 7-8　模拟量输出信号的数字化表示

单极性输出					双极性输出		
输出信号标称范围				十进制结果	输出信号标称范围		十进制结果
0～20mA	4～20mA	0～10V	1～5V		±10V	±20mA	
20.000	20.000	10.000	5.0000	27648	10.0000	20.000	27648
……	……	……	……		……	……	
0	4.000	0	1.0000	0	－10.0000	－20.000	－27648

例 7-2　把 0～100％ 的阀位信号通过 SM332 模块转化为 4～20mA 的输出信号。

与模拟量输入过程相类似，每个模拟量输出端口也配置一个端口地址，假设阀位信号输
出的端口地址为 416。用户程序首先要把 0～100％ 的浮点数通过程序转化为相应的十进制
数，然后利用输出指令把十进制数送到输出端口地址完成 D/A 转换

CALL　　"UNSCALE"　　　　　//直接调用系统提供的转换函数，以下是输入输出参数

IN	:= #Out_val	//入口参数：阀位值 0~100% 浮点数

IN   : = #Out_val   //入口参数：阀位值 $0\sim100\%$ 浮点数

HI _ LIM   : = 1.000000e + 002   //入口参数：阀位上限 100

LO _ LIM   : = 0.000000e + 000   //入口参数：阀位下限 0

BIPOLAR   : = FALSE   //入口参数：TRUE 为双极性输出，FALSE 为单极性输出

RET _ VAL : = #ret   //出口参数：返回值

OUT   : = #Out_result   //出口参数：十进制转换结果存入临时变量

L   #Out_result

T   PQW   416   //十进制转换结果输出到过程输出缓冲区

程序中的 "UNSCALE" （FC106） 也是系统提供的转换函数，它完成的转换表达式是

$$OUT = [(IN - LI\_LIM)/(HI\_LIM - LO\_LIM) * (K_2 - K_1)] + K_1$$

其中，当 BIPOLAR = TRUE 时，$K_1 = -27648$，$K_2 = 27648$；BIPOLAR = FALSE 时，$K_1 = 0$，$K_2 = 27648$。

（2）模块设置

SM332 模块只需要进行软件组态，所要设置的参数包括中断允许、输出信号类型、输出范围、CPU 停止时的阀位输出状态等。类似于 SM331 模块的设置，SM332 模块可以通过组态工具进行离线设置，也可以调用系统函数进行动态设置。如果在 SM332 模块设置了诊断中断允许，并赋有适当参数时，模块将对相应通道的电流输出作断线检查，电压输出作短路检查，若出现故障和错误将产生诊断中断。

（3）输出信号与负载的连接

SM332 模块的输出信号与负载的连接如图 7-27 所示。SM332 在输出电压时，可以采用 2 线回路和 4 线回路两种方式与负载相连：2 线回路电压输出时，只需要把 QV 和 M_{ANA} 连接到负载两端；4 线回路电压输出不仅需要把 QV 和 M_{ANA} 连接到负载两端，还要把检测线 S+ 和 S- 也接到负载两端，在负载端直接测量并校准输出电压，以获得比较高的输出精度。在电流输出时，输出电流负载将直接连接到 QI 和 M_{ANA} 上即可，QI 和 QV 实际上是同一个端子。

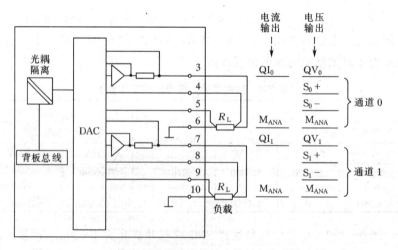

图 7-27   SM332 模块电器原理及其输出信号与负载的连接示意图

7.3.1.4. 开关量输入模块

开关量输入模块 SM321 主要有直流信号输入和交流信号输入两大类，每个输入通道有一个输入指示发光二极管，输入信号为逻辑 "1" 时点亮指示二极管。常见的型号规格参见

表 7-9。

表 7-9　部分 SM321 模块的主要性能参数

SM321 开关量输入模块		16×24VDC	32×24VDC	16×120VAC	8×120/230VAC
输入点数		16	32	16	8
输入电压	"1"	15～30VDC	15～30VDC	79～132VAC	79～264VAC
	"0"	−3～5VDC	−3～5VDC	0～20VAC	0～40VAC
与背板总线的隔离		光耦	光耦	光耦	光耦
"1"信号典型输入电流		7mA	7.5mA	6mA	6.5mA/11mA
典型输入延迟时间		1.2～4.8ms	1.2～4.8ms	25ms	25ms
诊断中断		某些型号具备	—	—	—
绝缘耐压测试		500VDC	500VDC	1500VAC	1500VAC

7.3.1.5. 开关量输出模块

如表 7-10，SM322 模块有晶体管、可控硅和继电器 3 种输出类型，晶体管输出通常用来驱动直流负载，可控硅输出用于驱动交流负载，继电器输出则根据需要既可以驱动直流负载也可以驱动交流负载。模块的每个输出通道有一个输出状态指示灯，输出逻辑状态"1"时点亮指示灯。

表 7-10　部分 SM322 模块的主要性能参数

SM322 开关量输出模块		晶体管输出			可控硅输出		继电器输出	
输出点数		8	16	32	8	16	8	16
额定电压		24VDC			120/230VAC	120VAC	230VAC/24VDC	
"1"信号最大输出电流		2A	0.5A	0.5A	1A	0.5A	—	
"0"信号最大输出电流		0.5mA			2mA	1mA	—	
与背板总线的隔离		光耦			光耦		光耦	
触点容量		—			—		2A	
触点开关频率	阻性负载	100Hz			10Hz		2Hz	
	感性负载	0.5Hz			0.5Hz		0.5Hz	
	灯负载	100Hz			1Hz		2Hz	
诊断		—			LED 指示		—	
绝缘耐压测试		500VDC			1500VAC		1500VAC	

7.3.2. 系统配置

7.3.2.1. 硬件结构配置

S7 系列 PLC 采用的是模块化的结构形式，根据应用对象的不同，用户可选择不同型号和不同数量的模块，并把这些模块安装在一个或多个机架（导轨）上。除了 CPU 模块、电源模块、通信接口模块之外，它规定每一个机架最多可以安装 8 个 I/O 信号模块，一个 PLC 系统的最大配置能力（包括 I/O 点数、机架数等）与 CPU 的型号直接相关，具体指标参见

表 7-1。

例 7-3 某控制系统需要输入 48 路 4～20mA 电流信号、4 路 PT100 电阻信号，输出 32 路 1～5V 电压信号，要求配置 S7 PLC 的 I/O 模块并选择合适的 CPU 模块。

根据前面对 I/O 模块的介绍，每一路 4～20mA 的输入信号需要占用 1 个 A/D 通道，每一路电阻输入信号需要占用 2 个 A/D 通道，因此系统至少要提供 56 个 A/D 通道，若不考虑通道的冗余，该系统可以配置 7 个 8 通道的 SM331 模块；另外，要实现 32 路电压信号的输出还要配置至少 8 个 4 通道的 SM332 模块。由于安装所有这 15 个 I/O 模块需要两个机架，根据表 7-1 中的性能参数，该系统可以选用 CPU315 或 CPU315 以上的型号。

PLC 模块的安装是有顺序要求的，每个机架从左到右划分为 11 个逻辑槽号，电源模块安装在最左边的 1# 槽，2# 槽安装 CPU 模块，3# 槽安装通信接口模块，4～11# 槽可自由分配 I/O 信号模块、功能模块或扩展通信模块。需要注意的是，槽号是相对的，机架上并不存在物理上的槽位限制。

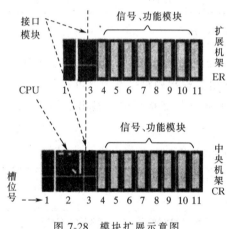

图 7-28　模块扩展示意图

当一个系统拥有多个机架的时候，通信接口模块实现了中央机架与各扩展机架之间的物理连接。常用的通信接口模块有 IM360，IM361，IM365，IM153 等。IM360，IM361，IM365 主要用于中央机架与本地扩展机架的连接，IM360/IM361 适用于较大系统的扩展，允许配置一个中央机架和最多三个本地连接的扩展机架。IM360 安装在 CR 3# 槽，IM361 安装在 ER 3# 槽，二者通过专用电缆相互连接。如果整个系统只需要两个机架，可选用比较经济的 IM365 接口模块对，两个 IM365 分别安装在 CR 3# 槽位和 ER 3# 槽位。接口模块主要性能参数见表 7-11。IM153 是通过 PROFIBUS-DP 总线连接 CPU 与分布式 I/O 站点(远程扩展机架)的接口模块，它可以对系统进行更大规模的扩展。同样，分布式 I/O 站点上的 1# 槽安装电源模块，3# 槽安装 IM153，4～11 号槽安装信号模块和功能模块。当然，这种扩展形式要求中央机架上配置有 PROFIBUS-DP 接口，整个系统允许配制的最大站点数量取决于各型号 CPU 的寻址能力，模块扩展示意图见图 7-28。

表 7-11　接口模块主要性能参数

接口模块的作用		扩展本地 I/O 机架		扩展本地 I/O 机架		扩展远程 I/O 机架
模块型号		IM365	IM365	IM360	IM361	IM153
安装位置		CR 3# 槽	ER 3# 槽	CR 3# 槽	ER 3# 槽	远程 I/O 机架 3# 槽位
允许配置的最大机架数		2		4		取决于 CPU 的寻址能力
相邻机架的最大连接距离		1m		10m		与传输介质、波特率有关
消耗电流	外部电源 24V	—	—	—	0.5A	0.65A
	内部总线 5V	100mA	100mA	350mA	供：0.8A	供：1A

7.3.2.2. 硬件地址配置

在整个 PLC 系统中，任何一个 I/O 通道都必须配置相应的 I/O 地址，I/O 地址通常由系统提供缺省配置，当然，也可以根据需要对 I/O 地址进行手动配置。

在系统的缺省配置中，每个开关量模块最多占 4byte 的地址，即每一个开关量通道对应其中的一位；每个模拟量模块最多占 16byte 的地址，即每个通道对应一个字地址 2byte。

IM361 (ER3)	96.0 ~ 99.7	100.0 ~ 103.7	104.0 ~ 107.7	108.0 ~ 111.7	112.0 ~ 115.7	116.0 ~ 119.7	120.0 ~ 123.7	124.0 ~ 127.7	IM361 (ER3)	640 ~ 655	656 ~ 671	672 ~ 687	688 ~ 703	704 ~ 719	720 ~ 735	736 ~ 751	752 ~ 767
IM361 (ER2)	64.0 ~ 67.7	68.0 ~ 71.7	72.0 ~ 75.7	76.0 ~ 79.7	80.0 ~ 83.7	84.0 ~ 87.7	88.0 ~ 91.7	92.0 ~ 95.7	IM361 (ER2)	512 ~ 527	528 ~ 543	544 ~ 559	560 ~ 575	576 ~ 591	592 ~ 607	608 ~ 623	624 ~ 639
IM361 (ER1)	32.0 ~ 35.7	36.0 ~ 39.7	40.0 ~ 43.7	44.0 ~ 47.7	48.0 ~ 51.7	52.0 ~ 55.7	56.0 ~ 59.7	60.0 ~ 63.7	IM361 (ER1)	384 ~ 399	400 ~ 415	416 ~ 431	432 ~ 447	448 ~ 463	464 ~ 479	480 ~ 495	496 ~ 511
IM360 (CR)	0.0 ~ 3.7	4.0 ~ 7.7	8.0 ~ 11.7	12.0 ~ 15.7	16.0 ~ 19.7	20.0 ~ 23.7	24.0 ~ 27.7	28.0 ~ 31.7	IM360 (CR)	256 ~ 271	272 ~ 287	288 ~ 303	304 ~ 319	320 ~ 335	336 ~ 351	352 ~ 367	368 ~ 383

DI/DO 默认地址　　　　　　　　　　　　　　　AI/AO 默认地址

图 7-29　缺省 I/O 地址配置

例 7-4　如图 7-30,设某系统配置有两个机架,其中中央机架 4# 槽安装 16 路 DI,5# 槽安装 8 路 AI;扩展机架 4# 槽安装 32 路 DO,5# 槽安装 4 路 AO,要求判断各模块的缺省 I/O 地址。

根据图 7-29 缺省 I/O 地址配置,如果在 CR 机架的 4# 槽安装开关量模块,则缺省分配的地址是 0.0~3.7,由于该系统安装的是 16 路 DI,因此这个模块只需要占用其中的 2 个低字节,即它的 I/O 地址是 0.0~1.7,模块上的第 0 通道对应地址 0.0,第 1 通道对应地址 0.1,……,第 15 通道对应地址 1.7。CR 5# 槽上安装的 8 路模拟量输入模块的缺省地址将占 16 字节,即 272~287,第 0 通道对

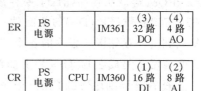

图 7-30　S7-300 模块配置示意图

应地址 272 和 273,第 1 通道对应地址 274 和 275……。同样,ER 上两个模块的缺省 I/O 地址分别是 32.0~35.7 和 400~407。如果机架上配置更多的 I/O 模块,或者系统配置了更多的机架,则所有模块的 I/O 地址将依此类推。

7.3.2.3. 内部寄存器

S7 系列 PLC 系统中用户常用的内部寄存器有 7 个,它们分别是:累加器 A1 和累加器 A2、状态字、地址寄存器 AR1 和地址寄存器 AR2、共享数据块地址寄存器和背景数据块地址寄存器。

累加器是用户用作处理字节、字、双字的通用寄存器,其中 A1 是主累加器,A2 是辅累加器,它们均为 32 位字长。状态字寄存器是一个 16 位的寄存器,状态字中包含的一些状态位可以被用户程序所引用。AR1 和 AR2 是两个 32 位的地址寄存器,它们用于存放寄存器间接寻址指令中的地址指针。两个 32 位字长的数据块地址寄存器是用来存放数据块的起始地址,它们分别称为共享数据块地址寄存器 DB 和背景数据块地址寄存器 DI。为此,系统在执行过程中,用户程序最多可以同时打开两个数据块:一是作为共享数据块,起始地址存放在 DB 寄存器中;另一个作为背景数据块,起始地址存放在 DI 寄存器中。

7.3.2.4. 存储区

S7 系列 PLC 的存储器主要有 RAM,ROM,E²PROM 等,主要分为三种基本类型:系统存储区、装载存储区和工作存储区,如图 7-31 所示。

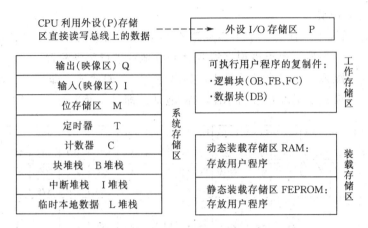

图 7-31　S7-300 存储区

系统存储区主要存放 CPU 的操作数据,如输入/输出映像区、位存储区、定时器、计数器、块堆栈(B 堆栈)、中断堆栈(I 堆栈)等,此外系统存储区还包括存放临时本地数据的存储区域,也称为 L 堆栈,L 堆栈主要是存放用户程序执行过程中需要保存的临时变量,系统存储区在物理上占用了 CPU 模块上的部分 RAM。装载存储区用来存放用户开发的应用程序,它在物理上可以是集成在 CPU 上的部分 RAM、内置 FEPROM、外置 RAM 或者外置 FEPROM 等。工作存储区主要存放 CPU 运行时,用户程序所需要执行的单元逻辑块(OB,FB,FC)和数据块(DB)的复制件。用户程序在调用之前,相应的单元逻辑块从装载存储区复制到工作存储区,程序的各个部分都是在工作存储区中被激活执行,工作存储区在物理上也是占用了集成在 CPU 模块上的部分 RAM,其存储区大小因 CPU 型号而异。

表 7-12 详细地列出了用户程序可以访问的各种存储区域以及各自的访问方式。例如,用户程序访问 I/O 数据有两种途径:一是访问外设输入/输出存储区,二是访问输入/输出映像表。

表 7-12　程序可以访问的存储区及功能

名　称	存储区	允许访问方式	标识符	存 储 区 功 能
输入(I)	输入映像区	位	I	每个扫描周期开始,操作系统从外部输入模块读取过程输入结果,把输入值记录到输入映像表,程序可以在它的运行周期中运用这些数值。 过程输入映像表是外设输入存储区的前 128 字节映像
		字节	IB	
		字	IW	
		双字	ID	
输出(Q)	过程输出映像表	位	Q	在用户程序的扫描执行过程中,CPU 经运算、决策产生的输出值放入输出映像表,待扫描周期结束前再把输出映像表中的内容送到输出端口。 输出映像表是外设输出存储区的前 128 字节映像
		字节	QB	
		字	QW	
		双字	QD	
外设输入存储区(PI)	I/O外设输入	字节	PIB	通过外设输入输出存储区,用户程序可以直接访问现场 I/O 设备,但不能以"位"方式访问
		字	PIW	
		双字	PID	
外设输出存储区(PQ)	I/O外设输入	字节	PQB	
		字	PQW	
		双字	PQD	
位存储区(M)		位	M	存放用户程序运行的中间结果
		字节	MB	
		字	MW	
		双字	MD	

名　称	存储区	允许访问方式	标识符	存储区功能
定时器（T）	定时器		T	为定时器提供存储区。计时时钟访问该存储区中的计时单元，定时器指令可以访问该存储区和计时单元
计数器（C）	计数器		C	为计数器提供存储区。计数器指令可以访问该存储区
临时本地数据存储区（L）	L堆栈	位	L	在FB，FC，OB块运行时，该存储区存放在块变量声明表中所声明的临时变量。当相应的逻辑块执行完成后，这些数据将丢失，相应的L堆栈被释放，控制权交还CPU，以待重新分配
		字节	LB	
		字	LW	
		双字	LD	
数据块	共享数据块DB	位	DBX	数据块是存放用户程序数据信息最主要的存储区，根据打开方式的不同分为：共享数据块和背景数据块。共享数据块：可被所有逻辑块访问，也可以被所有OP,PG等外部装置访问。背景数据块：根据规则它被FB块特定占用，其数据结构与相应FB块变量声明表中所声明的变量结构（除临时变量）完全相同。但背景数据块在本质上与共享数据块一样，也可被其他逻辑块及其OP,PG等外部装置访问
		字节	DBB	
		字	DBW	
		双字	DBD	
	背景数据块DI	位	DIX	
		字节	DIB	
		字	DIW	
		双字	DID	

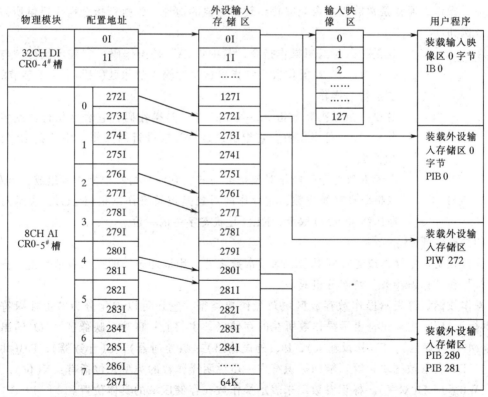

图7-32　读输入示意图

外设输入/输出存储区包括：外设输入（PI）和外设输出（PQ）两个部分，最大寻址范围为64KB，可以进行字节、字、双字方式访问，但不能以"位"方式访问。输入/输出映像表包括了输入映像区(I)和输出映像区(Q)两个部分，其最大寻址范围是128B，可以进行位、字节、字、双字方式访问。事实上，输入映像区就是对PI前128B的映像，输出映像区则是对 PQ 前 128byte 的映像。在每个循环扫描过程中，PI 的前 128byte 的内容被映射到输入映像区，输出映像区中的内容映射到外设输出存储区。图 7-32 演示了例 7-4 中 CPU 读输入数据的过程。

7.3.3. 指令系统简介

类似于一般的计算机系统，可编程序控制器的软件也是包括操作系统（或称系统程序），支持软件和用户程序等部分。操作系统由 PLC 的生产厂家提供，它支持用户程序的运行；用户程序是用户为完成特定的控制任务而编写的应用程序，STEP 7 是支持 S7 系列 PLC 开发用户程序的常用软件包。

S7 系列 PLC 的编程语言非常丰富，有 LAD（梯形图），STL（语句表），SCL（标准控制语言），GRAPH（顺序控制），HiGraPh（状态图），CFC（连续功能图），C for S7（C 语言）等，这些都是面向用户的编程语言，用户可以选择一种语言编程，也可混合使用几种语言编程。其中，语句表、梯形图和逻辑功能图是最常用的编程语言，由于在过程控制系统中，通常都会涉及模拟量及数值运算，所以这一节主要介绍适用于模拟量解算的 STL 指令系统。

7.3.3.1. 指令语句及其结构

（1）指令语句的组成

一条 STL 指令语句通常由一个操作码和一个操作数组成。操作码定义指令语句要执行的功能，操作数通常是常数或指令能够找到数据对象的地址，为执行指令操作提供所需要的信息。例如

A   I1.0   这是一条位逻辑操作指令，其中："A"是操作码，它表示执行"与"操作；"I1.0"是操作数，它指出这是对输入映像区（"I"）中第 1 字节的第 0 位进行与操作。

L   10   这是一条数据装载指令，其中："L"是操作码，它表示执行数据装载操作；"10"是操作数，它指出这是对常数进行的操作，将常数 10 装入累加器 1。

由于少数指令的操作对象是惟一的，它们只由一个操作码组成。例如

NOT   该指令没有操作数，它操作的对象是逻辑操作结果（RLO），表示对逻辑操作结果 RLO 取反，RLO 是状态字中的一位。

（2）操作数

操作数是指令操作或运算的对象，除了常数之外，用地址表示的操作数都是由"操作数标识符"和"标识参数"两部分组成。

操作数标识符表示操作数存放区域及操作数类型，它还可以细化分为"主标识符"和"辅助标识符"。主标识符表示操作数所在的存储区，主要有：I（输入映像区），Q（输出映像区），M（位存储区），PI（外设输入），PQ（外设输出），T（定时器），C（计数器），DB（共享数据块），DI（背景数据块）等。辅助标识符进一步说明操作数的类型，包括有：X（位），B（字节），W（字），D（双字）。标识参数用来表示操作数在存储区域的具体位置。

例如：MB10，其中的"M"是主标识符，它表示该操作数在位存储区；"B"是辅助标识，它表示操作数的类型是字节；"10"则是标识参数，它表示操作数在位存储区中的位置。因此，"MB10"的含义就是指位存储区中第 10 字节，参见图 7-33。

7.3.3.2. 寻址方式

所谓寻址方式就是指语句在执行时获取操作数的方式，S7 PLC 的寻址方式可以归纳为

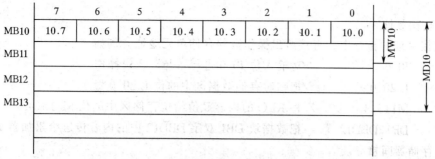

图 7-33 位存储区的操作数表示方式

四种类型：立即寻址、存储器直接寻址、存储器间接寻址和寄存器间接寻址。其最大寻址范围见表 7-13。

表 7-13 存储区最大寻址范围

存储区域	位	字节	字	双字
I/O 映像区	65535.7	65535	65534	65532
位存储区	255.7	255	254	252
外部输入、输出存储区		65535	65534	65532
数据块（DB、DI）	65535.7	65535	65534	65532
临时堆栈	65535.7	65535	65534	65532
定时器（T）	255			
计数器（C）	255			

（1）立即寻址

立即寻址主要是对常数或常量的寻址，操作数本身直接包含在指令中，例如

SET　　　　　　　　　//把 RLO（Result of Logic Operation）置"1"

OW　　W♯16♯A320　//将 16 进制常量 W♯16♯A320 与累加器 1"或"运算

L　　27　　　　　　 //把整数 27 装入累加器 1

立即寻址是一种最容易理解的寻址方式，根据需要可以把立即数表示成不同长度、不同数制的常数类型，常见的常数类型参见表 7-14。

表 7-14 常见的常数表示类型

类型	操作数标识符	L 指令示例	L 指令说明
16 位常整数	+, -	L　-3	累加器 1 中装入 16 位的常整数
32 位常整数	L♯+, L♯-	L　L♯+3	累加器 1 中装入 32 位的常整数
字节	B♯（……）	L　B♯（10, 20）	累加器 1 中装入 2 个独立的字节，将 20 装入 A1 低字中的低字节，将 10 装入 A1 低字中的高字节
		L　B♯（2, 3, 4, 5）	累加器 1 中装入 4 个独立的字节，将 5 装入 A1 低字中的低字节，将 2 装入 A1 高字中的高字节
16 进制数	16♯……	L　B♯16♯1A	累加器 1 中装入 8 位 16 进制常数
		L　W♯16♯1A2B	累加器 1 中装入 16 位 16 进制常数
		L　DW♯16♯1A2B3C4D	累加器 1 中装入 32 位 16 进制常数
2 进制数	2♯……	L　2♯10100001111	累加器 1 中装入 2 进制常数
字符		L　'A'	累加器 1 中装入 1 个字符
实数		L　1.2E-002	累加器 1 中装入 1 个实数（0.012）
地址指针	P♯……	L　P♯ I 1.0	累加器 1 中装入 32 位指向 I1.0 的指针
		L　P♯8.6	累加器 1 中装入 1 个地址指针，地址为 8.6

（2）直接寻址

在直接寻址的指令中，直接给出操作数的存储单元地址。例如

A	I0.0	//对输入位 I0.0 进行"与"逻辑操作
S	L 20.0	//把临时存储数据区中的位 L 20.0 置 1
=	M115.4	//将 RLO 的内容赋值给位存储区中的位 M115.4
L	DB1.DBD12	//把数据块 DB1 双字 DBD12 中的内容传送给累加器 1

（3）存储器间接寻址

在存储器间接寻址的指令中，标识参数由一个存储器给出，存储器的内容对应该标识参数的值，该值又称为地址指针。当程序执行时，这种寻址方式能动态改变操作数存储器的地址，这对程序的循环十分重要。例如

A　　I［MD 2］　　//对由 MD 2 指出的输入位进行"与"逻辑操作，如：MD 2 值
　　　　　　　　　　为 2#0000 0000 0000 0000 0000 0000 0101 0110 表示 I10.6

L　　IB［DID 4］　//将由双字 DID 4 指出的输入字节装入累加器 1，如：DID 4 值
　　　　　　　　　　为 2#0000 0000 0000 0000 0000 0000 0101 0000 表示对 IB10 操作

OPN DB［MW 2］　//打开由字 MW2 指出的数据块，如 MW2 为 3，则打开 DB3

从上面的例子中可以看到，寄存器间接寻址的地址格式既可以用字地址指针的形式给出，也可以用双字地址指针的形式给出，事实上它们是有区别的，如图 7-34 所示。

字地址指针的描述形式：

15		8	7		0
x x x x	x x x x		x x x x	x x x x	

字地址指针的描述范围：0～65535

双字地址指针的描述形式：

31		24	23		16	15		8	7		0
0000	0000		0000	0bbb		bbbb		bbbb		bbbb	bxxx

位 0-2(x)表示被寻址单元的"位编号"，编码范围 0～7
位 3-18(b)表示被寻址单元的"字节编号"，编码范围 0～65535
双字地址指针的描述范围：0.0～65535.7

图 7-34　存储器地址指针的描述

依据描述地址的需要（最大寻址范围），由于定时器(T)、计数器(C)、数据块(DB)、功能块(FB 或 FC)的编号范围在 0 到 65535 之内，所以用字指针描述就足够了，其他的地址如：输入位、输出位，则需要用到双字指针。

如图 7-34，双字指针的长度是 32 位，其中的第 0～2 位表示被寻址单元的"位编号"，第 3～18 位表示"字节编号"，因此双字指针可以描述的范围是 0.0～65535.7。如果要用双字格式的地址指针访问一个字、字节或双字存储器，必须保证指针中的"位编号"为 0。

下面的例子显示如何产生字和双字指针并用其寻址。

L　　+5　　　　　//将整数 +5 装入累加器 1

T　　MW0　　　　//将累加器 1 的内容传送给存储字 MW0，此时 MW0 内容为 5

OPN DB［MW0］//打开由 MW0 指出的数据块，即打开数据块 5（DB5）

L　　P#8.7　　　//将地址指针 2#0000 0000 0000 0000 0000 0000 0100 0111 装入 A1

T　　MD2　　　　//将累加器 1 的内容 P#8.7 传送给位存储区中的 MD2

L　　P#4.0　　　//将 2#0000 0000 0000 0000 0000 0000 0010 0000 装入 A1
　　　　　　　　　累加器 1 原内容 P#8.7 被装入累加器 2

+I　　　　　　　//将累加器 1 和累加器 2 内容整数相加，在累加器 1 中得到的"和"

为 2#0000 0000 0000 0000 0000 0000 0110 0111（P#12.7）

T　　MD6　　　　　//将累加器 1 的当前内容传送 MD6（12.7）

A　　I［MD2］　　//对输入位 I8.7 进行"与"逻辑操作，结果存放在 RLO 中

=　　Q［MD6］　　//将 RLO 赋值给输出位 Q12.7

（4）寄存器间接寻址

寄存器间接寻址是通过地址寄存器 AR1 或 AR2 的内容加上偏移量形成地址指针，访问各种存储单元。

如图 7-35，寄存器间接寻址也有两种格式的地址指针：第一种地址指针包括被寻址存储单元的"字节编号"和"位编号"，至于对哪个存储区寻址，则必须在指令中直接给出存储区域的标识位，这种格式的地址指针适用于在确定的存储区内寻址，也称为区域内寄存器间接寻址；第二种地址指针除了包括被寻址存储单元的"字节编号"和"位编号"以外，还包含

31	24	23	16	15	8	7	0
z000	0rrr	0000	0bbb	bbbb	bbbb	bbbb	bxxx

位 0-2（x）表示被寻址单元的"位编号"，编码范围 0～7
位 3-18（b）表示"字节编号"，编码范围 0～65535
位 24-26（r）表示存储区域标识位
位 31（z）：= 1 表示区域间寄存器间接寻址
　　　　　　= 0 区域内寄存器间接寻址

图 7-35　寄存器地址指针的描述

了存储区域的标识符，称为区域间寄存器间接寻址，参见表 7-15。由于寄存器地址指针的描述范围也是 0.0～65535.7，如果用寄存器间接寻址方式访问一个字节、字或双字的时候，必须保证地址指针中的"位编号"为 0。下面的例子分别说明如何使用这两种指针格式实现寄存器间接寻址。

表 7-15　存储区标识符

区域标识符	存储区	rrr（26 25 24 位）	区域标识符	存储区	rrr（26 25 24 位）
P	外设 I/O	000	DBX	数据块	100
I	输入映像区	001	DIX	数据块	101
Q	输出映像区	010	L	临时堆栈	111
M	位存储区	011			

/ * * * * * * * * * * * * * * 区域内寄存器间接寻址 * * * * * * * * * * * * * * * * /

L　　P#8.6　　　　　　//将 2#0000 0000 0000 0000 0000 0000 0100 0110 装入 A1

LAR1　　　　　　　　　//将 A1 的内容传送至地址寄存器 1

A　　I［AR1，P#0.0］　//AR1 + 偏移量 = 8.6

=　　Q［AR1，P#4.1］　//AR1 + 偏移量 = 12.7

L　　P#8.0　　　　　　//将 2#0000 0000 0000 0000 0000 0000 0100 0000 装入 A1

LAR2　　　　　　　　　//将累加器 1 的内容传送至地址寄存器 2

L　　IB［AR2，P#2.0］　//将输入字节 IB10 的内容装入累加器 1

T　　MB［AR2，P#200.0］//将累加器 1 的内容传送至存储字 MB208

/ * * * * * * * * * * * * * * 区域间寄存器间接寻址 * * * * * * * * * * * * * * * * /

L　　P#I8.6　　　　　　//将 2#1000 0001 0000 0000 0000 0000 0100 0110 装入 A1

LAR1　　　　　　　　　//将累加器 1 的内容传至地址寄存器 1

L　　P#Q8.6　　　　　　//将 2#1000 0010 0000 0000 0000 0000 0100 0110 装入 A1

LAR2　　　　　　　　　//将累加器 1 的内容传送至地址寄存器 2

A	[AR1, P♯0.0]	//对输入位I8.6进行"与"逻辑操作
=	[AR2, P♯4.1]	//赋给输出位Q12.7
L	P♯I8.0	//将I2.0的双字指针装入累加器1
LAR1		//将累加器1的内容传入地址寄存器1
L	P♯M8.0	//将存储位M8.0的双字指针装入累加器1
LAR2		//将累加器1的内容传入地址寄存器2
L	B[AR1, P♯2.0]	//AR1+偏移量=10,把IB10装入累加器1
T	B[AR2, P♯200.0]	//AR2+偏移量=208,把累加器1的内容装入MB208

7.3.3.3. 状态字

状态字包含了CPU执行指令时所产生的一些状态位,用户程序可以通过位逻辑指令或字逻辑指令访问和检测状态字,并根据状态字中的某些位来决定程序的走向和进程,状态字的描述形式如图7-36。

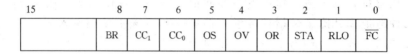

15		8	7	6	5	4	3	2	1	0
		BR	CC$_1$	CC$_0$	OS	OV	OR	STA	RLO	$\overline{\text{FC}}$

图7-36　状态字的描述

(1) 首次检测位($\overline{\text{FC}}$)

状态字中的第0位称为首次检测位$\overline{\text{FC}}$,CPU根据$\overline{\text{FC}}$来决定位逻辑操作指令中操作数的存放位置。若$\overline{\text{FC}}=0$,表明一个梯形逻辑网络的开始,或为首条逻辑串指令,CPU对首条逻辑串指令中操作数的检测结果称为首次检测结果,首次检测结果将直接保存在状态字的RLO位中,并把$\overline{\text{FC}}$置1。若$\overline{\text{FC}}=1$,则逻辑指令中操作数的检测结果与RLO进行逻辑运算,并把运算结果存放于RLO。当执行到输出指令(S,R,=)或与逻辑运算有关的转移指令表示逻辑串结束,将$\overline{\text{FC}}$清0。

(2) 逻辑操作结果(RLO)

状态字中的第1位称为逻辑操作结果RLO(Result of Logic Operation),它用来存放位逻辑指令或算术比较指令的运算结果。图7-37表示了CPU单元在执行一个逻辑串指令的过程中,$\overline{\text{FC}}$和RLO的变化过程。

语句表	实际状态	检测结果	RLO	$\overline{\text{FC}}$	说明
				0	$\overline{\text{FC}}=0$:下一条指令开始新逻辑串
A I0.0	1	1	1	1	首次检测结果存放RLO,$\overline{\text{FC}}$置1
AN I0.1	0	1	1	1	检测结果与RLO运算,结果存RLO
= Q1.0	1			0	RLO赋值给Q1.0,$\overline{\text{FC}}$清0

图7-37　RLO,$\overline{\text{FC}}$的变化示例

(3) 溢出位(OV)

状态字第4位称为溢出位。当执行一个算术运算或浮点数比较指令,出现溢出、非法操作、不规范格式等错误以后OV位被置1,若后面的指令执行结果正常则OV位就被清0。

(4) 溢出状态保持位(OS)

状态字第 5 位称为溢出状态保持位，或称为存储溢出位。当错误产生时 OV 和 OS 位一起被置 1，错误清除后 OV 被清 0 但 OS 仍保持，所以 OS 保存了 OV 位，用于指明在先前的一些指令执行中是否产生过错误。OS 位只有在执行下面的指令才被复位：

- JOS（OS=1 时跳转）；
- 块调用指令和块结束指令。

（5）条件码(CC1 和 CC0)

状态字第 7 位和第 6 位称为条件码 1 和条件码 0，这两位结合起来用于表示下面操作的结果或位的信息：算术操作的结果；比较操作的结果；移位指令；字逻辑指令等，如表7-16 所示。

表 7-16 算术运算、比较操作后的 CC1 和 CC0

CC1	CC0	算术运算（无溢出）	比较指令	CC1	CC0	算术运算（无溢出）	比较指令
0	0	结果=0	累加器 2=累加器 1	1	0	结果>0	累加器 2>累加器 1
0	1	结果<0	累加器 2<累加器 1	1	1	—	不规范（只用于浮点数比较）

7.3.3.4. 位逻辑运算指令

PLC 中的触点包括常开触点(动合触点)和常闭触点(动断触点)两种形式。按照 PLC 的规定：常开触点(动合触点)用操作数 "1" 表示触点 "动作"，即认为触点 "闭合"，操作数 "0" 表示触点 "不动作"，即触点断开；常闭触点(动断触点)的表示方式则相反。位逻辑运算指令主要包括 "与"、"或"、"异或"、赋值、置位、复位指令及其它们的组合，用来描述触点的状态、决定触点的动作或根据逻辑运算结果控制程序的进程。常用的位逻辑运算指令见表 7-17。

表 7-17 最常用的位逻辑运算指令一览表

逻辑运算功能	操作码	指令示例	说　　　　明
与	A	A I0.0	对信号状态进行 "1" 扫描并做逻辑 "与" 运算，当操作数的信号状态是 "1" 时，其扫描结果也是 "1"
与非	AN	AN I0.1	对信号状态进行 "0" 扫描并做逻辑 "与" 运算，当操作数的信号状态是 "0" 时，其扫描结果也是 "1"
或	O	O I0.2	对信号状态进行 "1" 扫描并做逻辑 "或" 运算
或非	ON	ON I0.3	对信号状态进行 "0" 扫描并做逻辑 "或" 运算
置位（静态赋值）	S	S Q0.0	RLO 为 1 则被寻址信号状态置 1，否则输出保持；$\overline{FC}$ 清 0
复位（静态赋值）	R	R Q0.1	RLO 为 1 则被寻址信号状态置 0，否则输出保持；$\overline{FC}$ 清 0
赋值（动态赋值）	=	= Q0.2	把 RLO 的值赋给指定的操作数，并把 $\overline{FC}$ 置 0 来结束一个逻辑串

例 7-5 把图 7-38 中的串联逻辑转化为 STL 语言，被扫描的操作数标在触点上方。

"与" 或 "与非" 指令用来表示梯形图中触点的串联逻辑，当串联回路里的所有触点都闭合的时候，该回路

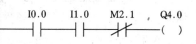

图 7-38 串联逻辑梯形图

就通"电"了。对应图 7-38，当 I0.0, I1.0 为"1"，M2.1 为"0"，则 Q4.0 输出置"1"（输出继电器接通）；如果有一个或多个触点是断开的，则输出 Q4.0 置"0"（输出继电器断开）。以下在表格中给出的 STL 语句就是对图 7-38 的完全表示。

语句表		信号状态	扫描结果	RLO	$\overline{FC}$	说　明
A	I0.0	1	1	1	1	首次扫描结果存放 RLO，$\overline{FC}$置 1
A	I1.0	1	1	1	1	I1.0 与 RLO 运算，结果存 RLO
AN	M2.1	0	1	1	1	M2.1 取非和 RLO 运算，结果存 RLO
=	Q4.0	1			0	RLO 赋值给 Q4.0，$\overline{FC}$清 0

例 7-6　把图 7-39 中的并联逻辑转化为 STL 语言。

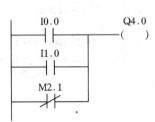

图 7-39　并联逻辑梯形图

梯形图中触点的并联逻辑主要用"或"和"或非"指令用来表示，如果在并联逻辑中有一个或一个以上的触点闭合，则输出继电器通"电"置"1"。因此，图 7-39 中 I0.0, I1.0, M2.1 三个触点只要有一个闭合，即 I0.0 为"1"或 I1.0 为"1"或 M2.1 为"0"，则输出 Q4.0 置"1"（输出继电器接通）；如果三个触点全部是断开的，则输出 Q4.0 为"0"（输出继电器断开）。以下的 STL 语句就是对图 7-39 的完全表示，各操作数被依次扫描，扫描的结果再进行"或"逻辑运算。

语句表		信号状态	扫描结果	RLO	$\overline{FC}$	说　明
O	I0.0	0	0	0	1	首次扫描结果存放 RLO，$\overline{FC}$置 1
O	I1.0	0	0	0	1	I1.0 与 RLO 运算，结果存 RLO
ON	M2.1	0	1	1	1	M2.1 取非和 RLO 运算，结果存 RLO
=	Q4.0	1			0	RLO 赋值给 Q4.0，$\overline{FC}$清 0

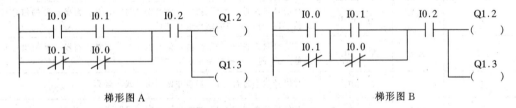

梯形图 A　　　　　　　　　　　　梯形图 B

图 7-40　串并联的复合逻辑梯形图及其对应的 STL 语句描述

例 7-7　把图 7-40 中的两个逻辑串分别转换为 STL 语言。

这个例子与前面的例题有所不同，A,B 两个逻辑串都是串并联的复合组合，而且每个逻辑串的逻辑运算结果要驱动多个输出元件。

CPU 对各触点是先"与"后"或"的顺序进行扫描，以下是对应于梯形图 A 的 STL 语句

A（

A　　　I0.0　//首次检测结果 I0.0 存放在 RLO

A　　　I0.1　//扫描 I0.1 并与 RLO 进行"与"逻辑运算，运算结果存放在 RLO 中

258

O   //把 RLO 拷贝到状态字中的"或位"(第 3 位 OR),结束上一个逻辑串

AN   I0.1   //首次检测结果 I0.1(取反)存放在 RLO

AN   I0.0   //取反扫描 I0.0 并与 RLO 进行"与"逻辑运算,运算结果存放在 RLO 中

)   //把当前的 RLO 与"或位"进行"或"运算,结果存放在 RLO

A   I0.2   //扫描 I0.2 并与 RLO 进行"与"逻辑运算,运算结果存放在 RLO

=   Q1.2   //把 RLO 输出到 Q1.2,$\overline{FC}$清 0

=   Q1.3   //把 RLO 输出到 Q1.3

梯形图 B 的逻辑串中嵌套了两个并联逻辑,为了保存逻辑运算的中间结果,它要涉及嵌套堆栈。嵌套堆栈是一个字节宽度的存储区域,当执行"A("、"O("等嵌套指令时,把当前的逻辑操作结果 RLO 存入嵌套堆栈并开始一个新的逻辑操作。以下是对应于梯形图 B 的 STL 语句

A (

O   I0.0   //首次检测结果 I0.0 存放在 RLO 中

ON   I0.1   //扫描 I0.1(取反)并与 RLO 进行"或"逻辑运算,运算结果存放在 RLO

)

A (//把当前的 RLO 拷贝到嵌套堆栈,并结束上一指令

O   I0.1   //首次检测结果 I0.1 存放在 RLO

ON   I0.0   //扫描 I0.0(取反)并与 RLO 进行"或"运算,运算结果存放在 RLO

)   //存放在嵌套堆栈中的 RLO 与当前的 RLO 进行"与"逻辑运算,结果存于 RLO

A   I0.2   //扫描 I0.2 并与 RLO 进行"与"逻辑运算

=   Q1.2   //把 RLO 输出到 Q1.2,$\overline{FC}$清 0

=   Q1.3   //把 RLO 输出到 Q1.3

7.3.3.5. 数值操作运算指令

数值操作运算指令是指按字节、字、双字对存储区访问并对其进行运算的指令,它包括装入和传送指令、比较指令、字逻辑运算指令及算术运算指令等,数值操作运算一般通过累加器进行。表 7-18 给出了常用的数值操作运算指令

表 7-18 常用的数值操作运算指令一览表

功能	操作码	指令示例	说　明
累加器装入和传送	L	L 20	把常数 20 装入累加器 1
	T	T MW0	把累加器 1 中内容传送到位存储区中的 MW0
地址寄存器装入和传送		LAR1 (LAR2)	将操作数的内容装入 AR1(AR2),可以是立即数,存储区或 AR2(AR1)中的内容。若在指令中没有给出操作数则将 A1 的内容装入 AR1(AR2)
		TAR1 (TAR2)	将 AR1(AR2)的内容传送给存储区或 AR2(AR1),若指令中没给出操作数则 AR1(AR2)的内容传送给累加器 1
		CAR	交换 AR1 和 AR2 的内容

功能	操作码	指令示例	说　明
比较指令	＝＝、＜＞ ＞、＜ ＞＝、＜＝	＞I ＞D ＞R	I 为整型数比较(累加器中低 16 位)、D 为长整数比较、R 为浮点数比较。 如 A2 中的内容大于 A1 中的内容，则 RLO 置"1"，否则 RLO 置"0"
整数运算 (16 位整数)	＋I －I ＊I ／I	A2 的整数＋A1 的整数，16 位结果→A1 低字 A2 的整数－A1 的整数，16 位结果→A1 低字 A2 的整数×A1 的整数，32 位结果→A1 A2 的整数÷A1 的整数，16 位商→A1 低字，余数→A1 高字
长整数运算 (32 位整数)	＋D －D ＊D ／D MOD ＋	A2 内容＋A1 内容，32 位和→A1 A2 内容－A1 内容，32 位差→A1 A2 内容×A1 内容，32 位积→A1 A2 内容÷A1 内容，32 位商→A1，余数不存在 A2 内容÷A1 内容，32 位余数→A1，商不存在 A1 内容（16 位或 32 位整数）＋整数常数，结果→A1
浮点数运算	＋R －R ＊R ／R ABS	A2 内容＋A1 内容，32 位和→A1 A2 内容－A1 内容，32 位差→A1 A2 内容×A1 内容，32 位积→A1 A2 内容÷A1 内容，32 位商→A1 对 A1 的 32 位实数取绝对值，32 位结果→A1
字逻辑运算	AW, OW, XOW AD, OD, XOD	A1 和 A2 中的字逐位进行"与"、"或"、"异或"逻辑运算，结果→A1 A1 和 A2 中的双字逐位进行"与"、"或"、"异或"逻辑运算，结果→A1 如果指令给出操作数(常数)，则 A1 与常数进行逻辑运算，结果→A1

（1）累加器的装入和传送指令

L 和 T 分别是累加器装入指令和累加器传送指令的操作码，它们可以对字节、字或双字数据进行操作。L 指令将源操作数装入累加器 1 中，而累加器 1 原有的数据移入累加器 2 中，累加器 2 原有的内容被覆盖；T 指令将累加器 1 中的内容写入目的存储区中，指令执行结束以后累加器 1 的内容保持不变。

（2）地址寄存器的装入和传送指令

地址寄存器的装入和传送指令可以交换地址寄存器间的数据内容，这类指令有立即寻址和直接寻址两种方式。立即寻址的操作数为常数寻址，直接寻址则是根据存储器或累加器的内容进行寻址。立即寻址的指令格式为

LAR1　P♯[存储区域]字节编码 [.位编码]

[…]中的内容可选　[存储区域]＝[I,Q,M,L,…]　字节编码＝0～65535　[位编码]＝[0～7]

　　例如：　LAR1　P♯IB0——将 IB0 的地址传送给 AR1

　　　　　　LAR2　P♯1.3——将二进制数 2♯0000 0000 0000 0000 0000 0000 0000 1011

　　　　　　　　　　装入 AR2

（3）比较指令

比较指令用于比较累加器 2 与累加器 1 中的数据大小，数据类型可以是整数 I（累加器中的 2 个低字节）、长整数 D 或实数 R，比较时应确保两个数的数据类型相同。比较指令的执行结果是一个二进制位，若比较的结果为真，则 RLO 为 1，否则 RLO 置 0。如果用相关指令来测试状态字有关位，还可以得到更详细的信息。

例 7-8　比较 MW0 和 DB1.DBW0 中的内容，如果 DB1.DBW0 中的内容大于 MW0 中的内容，则 Q0.0 置"1"，否则 Q0.0 置"0"。

这是对两个不同存储区中的整数进行的比较运算：

L   DB1.DBW0   //DB1.DBW0 的内容放入累加器 1

L   MW0   //累加器 1→累加器 2，MW10 的内容放入累加器 1

>I   //若 DB1.DBW0>MW10，则 RLO 置 "1"，否则 RLO 置 "0"

=   Q0.0   //RLO 输出至 Q0.0

（4）算术运算指令

算术运算指令包括对整数 I、长整数 D 和实数 R 进行加、减、乘、除等算术运算，算术运算指令在两个累加器中进行，算术运算的结果保存在累加器 1 中，累加器 1 原有的值被运算结果覆盖，累加器 2 中的值保持不变。

（5）字逻辑运算指令

字逻辑运算指令的作用是将两个字或两个双字逐位进行逻辑运算，其中一个数存放在累加器 1，另一个数可以由累加器 2 给出，或者在指令中以立即数的方式给出。

字逻辑运算指令的逻辑运算结果放在累加器 1 低字中，累加器 1 的高字和累加器 2 的内容保持不变；双字逻辑运算结果存放在累加器 1 中，累加器 2 的内容保持不变。

例 7-9　把 MW10 和 MW20 中的内容逐位进行 "与" 逻辑运算，把运算结果存放到 MW30。

L   MW10 //把 MW10 的内容装入 A1

L   MW20 //A1→A2，并把 MW20 的内容装入 A1

AW   //逐位进行 "与" 运算

T   MW30 //结果→MW30

7.3.3.6. 其他操作指令

除了以上介绍的指令以外，表 7-19 列举了 S7 PLC 的其他一些常用指令，其中多数指令的含义都比较明确，因此，这里不作过多的说明。

表 7-19　其他常用操作指令

指令	操作数	说　　明
TAK		累加器 1 和累加器 2 数据互换
PUSH		累加器 1 的内容移入累加器 2，累加器 2 原内容被覆盖
POP		累加器 2 的内容移入累加器 1，累加器 1 原内容被覆盖
INC	常数	累加器 1 低字节内容加上常数，常数范围 0~255
DEC	常数	累加器 1 低字节内容减去常数，常数范围 0~255
CAW		交换累加器 1 中 2 低字节顺序
CAD		交换累加器 1 中 4 个字节的顺序
+AR1		将累加器 1 中低字节内容加至地址寄存器 1
+AR2		将累加器 1 中低字节内容加至地址寄存器 2
+AR1	P#byte.bit	将指针常数加至地址寄存器 1，常数范围 0.0~4095.7
+AR2	P#byte.bit	将指针常数加至地址寄存器 2，常数范围 0.0~4095.7
OPN		打开数据块
NOP 0		空操作 0，不进行任何操作
NOP 1		空操作 1，不进行任何操作
BEU		块结束指令

7.3.4. 程序结构

PLC 的控制作用是由用户编制的应用程序决定的，如果 PLC 要完成一个复杂的控制任务，相应的应用程序也就复杂。如何把程序的各部分清晰地组织起来？选择并确定适合的程序结构很关键。STEP 7 提供了线性编程和结构化编程两种方法可供选用。

线性编程将整个用户程序指令逐条编写在一个连续的指令块中，CPU 线性或顺序地扫描程序中的每条指令，这种程序结构最初是模拟继电器梯形图模式，适用于比较简单的控制任务。

结构化编程方法适合编制并组织复杂的应用程序，它允许把整个应用程序划分成若干个模块，通过一个主程序来对这些模块进行组织和调用。当然，结构化编程方法还可以有效地利用一个函数来实现一组相同或相近的控制任务，这又可以大大地节省应用程序的开发工作。不难看出，结构化编程的优点是：程序结构层次清晰、部分程序通用化、标准化、易于程序的修改和调试。

在开发 S7 PLC 的应用程序时，通常都采用结构化的编程方法。一方面 STEP 7 编程软件本身向用户提供了丰富的通用功能块（SFB，SFC），另一方面用户可以根据实际需要编制一些特定的功能块（FB，FC），通过赋值相应的入口参数，用户程序可以反复调用这些指令块。为支持结构化程序设计，STEP 7 将用户程序的指令块分为 OB 组织块、FB 功能块和 FC 功能块等三种类型，用来存储执行用户程序时所需的数据区称为数据块（DB 或 DI）。

7.3.4.1. 数据块

数据块中存储的是用户程序运行所需的大量数据或变量，它也是实现各逻辑块之间交换、传递和共享数据的基础。在 S7 系列 PLC 的数据块中，除了可以定义位、字节、字、双字、浮点数等基本的数据类型以外，还可以定义数组、结构等复式数据类型。

根据控制程序的需要，S7 CPU 允许在存储器中建立不同大小的多个数据块，但不同的 CPU 对允许定义的数据块数量及数据总量是有限制的，例如 CPU314 允许定义用作数据块的存储器最多为 8Kbyte，用户定义的数据总量不能超出这个限制，而且对数据块必须遵循先定义后使用的原则，否则将造成系统错误。

（1）数据块定义

大多数数据块是在编程阶段用 STEP 7 开发软件包定义的。如图 7-41，一个数据块需要定义数据块号及数据块中的变量名、数据类型和变量初值等内容，它必须作为用户程序的一部分下载到 CPU 中以后才能使用。在用户程序的运行过程中，如果确实需要，还可以调用系统功能函数动态定义数据块，动态定义的数据块号是自动产生的，数据块在存储器中的位置也是动态分配的。如果定义的数据块数量或数据总量超过限制，则动态定义过程失败，因

Address	Name	Type	Start value	Comment
0.0		STRUCT		
+0.0	pump0	BOOL	TRUE	0#泵的开关状态
+0.1	pump1	BOOL	FALSE	1#泵的开关状态
+1.0	tmp0	BYTE	B#16#0	
+2.0	T0	REAL	0.000000e+000	温度
=6.0		END-STRUCT		

图 7-41　数据块的定义示例

此必须慎重使用这种定义方式。

（2）背景数据块和共享数据块

由于 S7 CPU 有 DB 和 DI 两个数据块地址寄存器，所以最多可同时打开两个数据块。一个作为背景数据块，数据块的起始地址存储在 DI 寄存器中；另一个作为共享数据块，数据块的起始地址存储在 DB 寄存器中。

背景数据块是逻辑功能块 FB 专用的工作存储区，存放 FB 运行时的一些"静态变量"，或者说是"局部变量"，每个背景数据块的数据结构被要求与相关的 FB 中所定义的变量数据结构相一致。当某个 FB 被用户程序调用时，指定的背景数据块被装载，FB 在运行过程中读写该背景数据块中的数据。一般情况下，只允许 FB 块访问存放在背景数据块中的数据。

相对背景数据块来说，共享数据块具有全局通用性，可以认为是"全局变量"，即共享数据块中的数据允许被任何的 FB，FC 或 OB 块进行读写访问。

事实上，背景数据块和共享数据块在 CPU 的存储器中是没有区别的，只是由于打开方式不同，才在打开时有背景数据块和共享数据块之分。原则上，任何一个数据块都可以当作共享数据块或背景数据块使用。

（3）数据块访问

由于在用户程序中可能定义了多个数据块，而每个数据块中又有许多不同类型的数据，因此在访问时需要明确数据块号、数据类型与数据块中的位置。

访问数据块的一种方式是把数据块号、数据类型与位置直接在访问指令中写明。假设图 7-41 中定义的数据块为 DB1，则在下面的示例指令中，DB1.DBD2 表示数据块 DB1 中从第 2 字节(DB 块以 0 字节起始)开始的一个浮点数。利用编程工具，还可以为数据块定义一个符号名称，用户程序也就可以用符号地址来标识操作数。设 DB_1 的符号名称是"Temp"，那"Temp".T0 表示了与 DB1.DBD2 相同的含义。需要说明的是，符号名称的定义只是便于程序开发人员的记忆和阅读，它对程序的编译结果不会产生任何影响。

L　　DB1.DBD2　　//块号——1，类型——双字，位置——数据块中 2~5 字节

A　　DB2.DBX0.2　　//块号——2，类型——位，位置——数据块中 0 字节第 2 位

L　　　"Temp".T0　　//符号地址

数据块的另一种访问方式是"先打开后访问"。在访问某数据块中之前，先用"OPN 数据块号"指令"打开"这个数据块，也就是将数据块的起始地址装入数据块寄存器，这样就可利用数据块起始地址加偏移量的方法来访问数据块中的数据。S7 PLC 没有专门的数据块关闭指令，在打开一个数据块的同时，先前打开的数据块自动关闭。

OPN　　　DB 1

L　　　　DBD 2　　　//块号——1，类型——双字，位置——数据块中 2~5 字节

OPN　　　DI 2

T　　　　DID 4　　　//块号——2，类型——双字，位置——数据块中 4~7 字节

7.3.4.2. 逻辑功能块

在采用结构化编程时，一个应用程序会由许多个逻辑功能块组成，它们分为 FB 和 FC 两种类型。逻辑功能块 FB 和 FC 可以理解为函数或子程序，它们多数是由用户自行开发、为了实现某些特定功能的程序段，FB 和 FC 可以相互调用(图 7-42)。同一类型的多个逻辑块通过序号加以区分，如 FC1，FC2，FC3，……。

（1）逻辑功能块的局部变量声明

逻辑功能块由两个主要部分组成：一是变量声明表；二是由逻辑指令组成的程序。

每个逻辑块最前端都有一个变量声明表，在变量声明表中定义在逻辑块中需要用到的数据，包括形参和局部变量两大类。

为保证逻辑功能块的通用性，在编制程序时可以利用抽象的地址参数来取代具体的存储区地址，这些抽象的地址参数称为形式参数，简称形参。形参又分为入口参数(in)、出口参数(out)、入口/出口参数(in_out)，它们实现了调用块和被调用块间的数据传递。在通过调用逻辑功能块实现某具体的控制任务时，必须将实际的存储区地址(简称实参)传递给被调用的逻辑功能块，被调用的逻辑功能块在运行时以实参取代形参，实现具体的控制功能。形参在变量声明表中定义，实参在调用功能块时给出，而且在功能块的不同调用处，可为形参提供不同的实参，但实参的数据类型必须与形参一致。参数的这种传递方式使得逻辑功能块具有通用性，它可被其他块调用，通过给形参赋值不同的实参以完成多个类似的控制任务。

局部变量包括静态变量(stat)和临时变量(temp)两种，静态变量和临时变量仅供逻辑块本身使用。静态变量定义在背景数据块中，当被调用块运行时，能读出或修改静态变量；被调用块运行结束后，静态变量保留在背景数据块中。临时变量仅在逻辑块运行时有效，为临时变量分配存储空间的是L堆栈，逻辑块结束时存储临时变量的内存被操作系统释放而另行分配。

那FB和FC这两种逻辑功能块有什么区别呢？通俗地讲，FB是一种"带记忆"的逻辑功能块，FC则是"不带记忆"的逻辑功能块。

之所以称FB是"带记忆"的逻辑功能块，是因为在调用FB时需要有一个数据结构与功能块的变量声明表(除临时变量)完全相同的背景数据块附属于它，该数据块随FB的调用而打开，随FB的结束而关闭。当FB开始执行时，背景数据块被映射到FB的参数表，所以，在FB的执行过程中对变量声明表中变量(除临时变量)的操作结果都将存放在背景数据块中继续保存。

因此，在逻辑功能块FB的变量声明表中可以声明包括in，out，in_out，stat和temp 5种类型的局部变量，操作系统为形参及静态变量分配的存储空间是背景数据块，它们在背景数据块中留有运行结果备份。虽然FB块也可以定义形参，但是在调用FB时并不一定要求为形参赋予实参，若在调用FB时没有提供实参，则FB使用背景数据块中的数值作为实参。FC功能块没有背景数据块，因此不能使用静态变量，在FC的参数表中可以声明包括in，out，in_out和temp 4种类型局部变量。FC块参数表中的所有参数，在块操作结束前应被使用或存放到特定位置，否则它们将不会被自动保存。

(2) 功能块调用的内存分配

当发生功能块的调用时，操作系统所涉及的内存区域有三块：L堆栈、I堆栈和B堆栈。

L堆栈也称为本地数据堆栈，它是用来为功能块临时变量分配存储空间。当发生块调用或更高优先级的中断时，CPU提供中断堆栈(I堆栈)和块堆栈(B堆栈)来保存被中断块的有关信息。

被中断块需要保存在B堆栈中的有关信息包括：块号，块类型，优先级，被中断块的返回地址；块寄存器DB，DI被中断前的内容；被中断块的L堆栈地址(临时变量的指针)。

被中断块需要保存的I堆栈中有关信息包括：累加器1和2的内容、地址寄存器1和2的内容、状态字、指向B堆栈中位置的指针等。

需要说明的是，用户可使用的 B 堆栈大小是有限制的，S7＿300 CPU 的 B 堆栈可以存储 8 个块的信息，因此在控制程序中最多可同时激活 8 个块。

7.3.4.3. 组织块

与逻辑功能块 FB 和 FC 不同，组织块 OB 是为用户创建在特定时间或对特定事件响应的程序，不同序号的 OB 块具有不同的作用，它们是由系统在运行过程中出现的具体事件触发执行的，用户程序不能调用组织块。例如：OB1 是基本组织块，它被循环扫描执行，可以理解为 C 语言中的 main（）主函数；而其他 OB 块的作用可以理解为特定的中断函数，如 OB35 为循环时间中断、

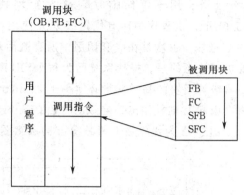

图 7-42　功能块的调用

OB80～OB87 为异步错误中断……。所有的组织块可以调用任何的逻辑功能块 FB 和 FC，当然也可以调用系统功能块 SFB 和 SFC，如图 7-42 所示。

组织块 OB 也是由变量声明表和逻辑指令程序两个部分组成。由于用户程序不能调用 OB，也不需要为 OB 传递参数，因此在 OB 的变量声明表没有形参，变量声明表中的前 20 字节是操作系统为每个 OB 声明的系统变量，紧随其后的是用户根据需要声明的临时变量，操作系统也是在 L 堆栈中给 OB 的临时变量分配存储空间。

按照"紧急的事件，优先处理"的原则，操作系统为每个组织块 OB 都赋予一个不同的优先级，较高优先级的 OB 可以中断较低优先级的 OB，最高优先级的 OB 最先执行，高优先级的 OB 执行完毕后，其他 OB 根据优先级依次执行。因为 OB1 是任何时候都需要的主循环块，所以它被分配为最低优先级，这就允许其他 OB 可以中断主程序的处理。另外，模块故障或 CPU 异常是最紧急的事件，因此对应的 OB 优先级也是最高的。表 7-20 列举了控制程序中常用的一些组织块和相应的优先级。

表 7-20　常用 OB 块的优先级

OB 块	说明	优先级
OB1 主循环	基本组织块，循环扫描	1（最低）
OB10 时间中断	根据设置的日期、时间定时启动	2
OB35 循环中断	根据特定的时间间隔允许	12
OB40 硬件中断	检测到外部模块的中断请求时允许	16
OB80～OB87 异步错误中断	检测到模块诊断错误或超时错误时启动	26
OB100 启动	当 CPU 从 STOP 状态到 RUN 状态时启动	27

（1）中断过程

CPU 的中断过程受操作系统的管理和控制，当 CPU 检测到一个中断请求，操作系统进行优先级比较，若与该中断请求源对应的 OB 比当前 OB 的优先级高，则当前指令结束后就响应该中断，调用中断请求源对应的 OB。

一个能中断其他优先级而执行的 OB，可按需要调用 FB 或 FC，每个优先级嵌套调用的最大数量由 CPU 型号决定，主要取决于 CPU 提供堆栈大小。被中断 OB 的断点现场信息，分别保存在 I 堆栈和 B 堆栈中。当诊断调用结束后，操作系统重新弹出中断堆栈的信息，并

恢复从断点开始的执行。

此外，用于存储临时变量的 L 堆栈空间也是有限的，如 CPU314 的 L 堆栈只有 1536byte，供程序中所有优先级划分使用。对于 CPU314，它允许每个优先级使用 256byte 的 L 堆栈，也就是在嵌套调用中所有激活块的临时变量所占空间总数不能超过 256byte。需要提请注意的是，操作系统已为每个 OB 声明了 20byte 的系统变量，事实上在每个优先级下所有被调用块的临时变量必须小于 236byte。因此，在多层嵌套调用时，临时变量定义不当将会引起 L 堆栈溢出，导致 CPU 由 RUN 模式变为 STOP 模式。

图 7-43 为优先级 L 堆栈分配的示意图。

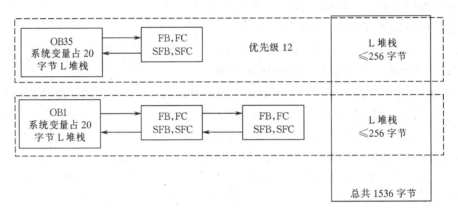

图 7-43　优先级 L 堆栈分配示意图

（2）主要 OB 的功能简介

① 启动初始化(OB100)　每当 CPU 的状态由停止态转入运行态时，操作系统首先调用的是 OB100，当 OB100 运行结束后，操作系统开始调用 OB1，利用 OB100 先于 OB1 执行的特性，可以在 OB100 中为用户主程序的运行准备环境变量或参数。

② 主循环块(OB1)　OB1 是最重要的组织块。当 PLC 从 STOP 状态切换到 RUN 状态后，首先调用 OB100 一次，其后操作系统开始周而复始地调用 OB1，这就称为扫描循环。调用 OB1 的时间间隔称为扫描周期，扫描周期的长短，主要由执行 OB1 程序所需的时间决定。为防止程序陷入死循环，CPU 设有监视定时器 WDT，WDT 的定时间隔可由软件设置，它确定了主循环扫描周期的最长时间。正常情况下的扫描周期应小于 WDT 的定时间隔，如果扫描周期大于设定的最大允许循环时间，操作系统调用循环时间超时的中断处理程序 OB80，如若 OB80 没有编写处理程序，则 CPU 将转入停止状态。

③ 日期时间中断(OB10)　日期时间中断允许 OB10 在特定的日期和时间运行一次；或从特定的日期、时间开始，以一定的频率(每分，每小时等)运行，用户根据需要可在 OB10 中编入相应程序。

④ 循环中断(OB35)　OB35 是一个以固定间隔运行的定时中断组织块，所有需要定时处理的内容可以通过 OB35 组织实现，如：定时采样、控制等，OB35 的定时时间间隔允许在 1ms～1min 的范围内设置。当控制系统允许循环中断以后，OB35 中的指令会以固定的间隔循环运行，但要求确保设置的定时时间间隔大于执行 OB35 所有指令所需的时间，否则将造成系统异常。

⑤ 硬件中断(OB40)　组织块 OB40 是用来响应来自不同模块(如 I/O 模块、CP 模块或 FM 模块)发出的过程警告或硬件中断请求信号。对于可修改参数的模拟量或数字量输入模

块，用编程工具中的模块配置属性表可以设定由哪个信号启动 OB40。

7.3.4.4. 逻辑块的调用关系

作为应用程序的组织块，OB 块可以根据需要调用包括 SFB,SFC,FB,FC 各种逻辑块，当然在 FB 块和 FC 块中也允许调用其他的 FB,FC 块，以及系统提供的所有系统功能函数。逻辑块间具体的调用关系参见图 7-44。

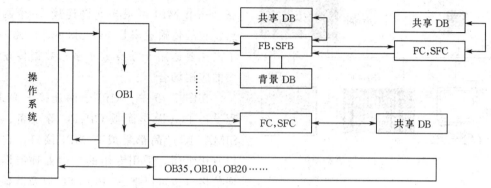

图 7-44　逻辑块的调用关系示意图

7.3.5. 网络通信

现代计算机控制系统已不再是自动化的"孤岛"，而是集过程控制、生产管理、网络通信、IT 技术等为一体的综合自动化系统，系统最主要的结构特征表现为一个多层次的网络体系。对于一个完整的工业控制网络，通常是根据系统的功能和物理结构把它划分为现场级、控制单元级、管理级等若干个网络层次，它们往往遵循不同的标准，具有不同的通信速度和数据处理能力。

S7 PLC 的网络功能很强，它可以适应不同控制需要构建不同的网络体系，并为各个网络层次提供互联模块或接口装置，通过通信子网把 PLC,PG,PC,OP 及其他控制设备互联起来。S7 PLC 可以提供 MPI(Multipoint Interface)，PROFIBUS-DP，Industrial Ethernet 等通信方式，每种通信方式都有各自的技术特点和不同的适应面，表 7-21 列出了这三种通信方式的一些主要特征。

表 7-21　通信子网的主要特征比较

通信子网 特征	MPI	PROFIBUS-DP	Industrial Ethernet 工业以太网
标准	SIEMENS	EN50170 Vol.2	IEEE802.3
介质访问技术	令牌环	令牌环 + 主从式	CSMA/CD
传输速率	187.5kbps	9.6kbps～12Mbps	10Mbps/100Mbps
常用传输介质	屏蔽 2 芯电缆 塑料光纤 玻璃光纤	屏蔽 2 芯电缆 塑料光纤 玻璃光纤	屏蔽双绞线 屏蔽同轴电缆 玻璃光纤
最大站点数	32	126	>1000
拓扑结构	总线型、树型、星型、环型		
通信服务	S7 函数、GD	S7 函数、DP、FDL 等	S7 函数、TCP/IP 等
适用范围	现场设备层、控制层		控制层、管理层

7.3.5.1. MPI 通信

（1）MPI 子网

MPI 子网是一种低成本的网络系统，其物理层符合 RS485 标准，具有多点通信的性质。由于所有 S7-300/S7-400 的 CPU 单元上都集成了 MPI 接口，用户可以很方便地用 MPI 接口把多个 PLC，PC，OP 等控制设备直接组成 MPI 网，实现网上各 PLC 间的数据共享。

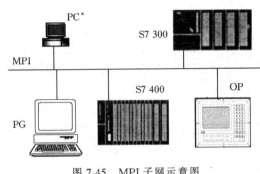

图 7-45　MPI 子网示意图

接入到 MPI 网的设备称为一个站点或节点，一个 MPI 网最多允许连接 32 个网络站点，它的传输速率是 187.5kbps，因此，MPI 子网主要适用于站点数不多、数据传输量不大的应用场合。

在图 7-45 中，MPI 子网连接了 PLC，编程设备 PG，操作面板 OP、PC 等设备，多数 SIMATIC 产品都集成有 MPI 接口，它们可以直接组网。采用专用的通信处理器模块或通信接口板可以把 S5 PLC，PC 以及其他没有 MPI 接口的外设连接到 MPI 网上。图中的 PC 是一类常用的控制设备，它可以作为操作站使用，也可以作为控制站使用，连接 PC 到 MPI 子网的通信接口见表 7-22。

表 7-22　PC 与 MPI，PROFIBUS 子网的通信接口

通信接口	模板格式	通信速率	通信服务
CP5412-A2	ISA	9.6kbps～12Mbps	S7 函数、GD
CP5411	ISA	9.6kbps～12Mbps	
CP5511	PCMCIA	38.4kbps	
CP5611	PCI	9.6kbps～12Mbps	

如图 7-46，在 MPI 子网上，各节点的连接距离是有限制的，从第一个节点到最后一个节点最长距离仅为 50m。对于一个要求较大区域的信号传输，采用两个中继器可以将 MPI 通信电缆最大长度延伸到 1100m，但是两个中继器之间不应再有其他节点。如果采用光纤传输，利用光学链路模块 OLM 还可以把通信距离延长到数千米。

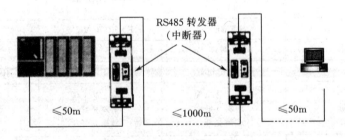

图 7-46　MPI 子网的扩展

（2）全局数据（GD）通信

MPI 子网上各节点之间的数据交换有 S7 函数和 GD 通信两种方法，前一种是通过调用系统提供的通信函数进行数据交换，这里仅讨论 GD 通信方法。

全局数据(GD)通信方式是为 MPI 子网上 PLC 之间循环地传送少量数据而设计的，GD 通信方式的作用只是实现两个或多个 PLC 间少量数据的共享，允许通过 GD 通信交换的数据量以及同时与 PLC 连接的活动站点数量都和 CPU 的型号有关，参见表 7-23。

表 7-23 部分 S7 系列 PLC 的全局数据通信能力

PLC CPU	S7-300	S7-400			
		CPU412-1	CPU413-1	CPU414-1	CPU416-1
GD 块数(块)	4	16	16	16	32
GD 容量(字节/块)	24	32	32	64	64
可连接的活动站点数	4	8	16	32	64

① GD 通信原理　在 MPI 子网上实现全局数据共享的两个或多个 CPU 中，至少有一个是数据的发送方，有一个或多个是数据的接收方。每个 CPU 既可以是数据的发送方，同时也可以是数据的接收方。发送或接收的数据称为全局数据，或者称为全局数据块。

图 7-47 定义了 3 个 CPU 之间的 GD 通信的过程示例。全局数据块分别定义在发送方和接收方的 CPU 存储器中，CPU1 中的 GD1 是发送数据块，它被 CPU2 中的 GD2 和 CPU3 中的 GD3 所接收，也即 GD1 被映射到 GD2 和 GD3。同样，CPU3 中的 GD5 也被映射到 CPU1 中的 GD4。不难理解，一组相互映射的 GD 块的数据结构应该是一样的，GD1, GD2 和 GD3 具有相同的数据结构，GD4 和 GD5 也具有相同的数据结构。

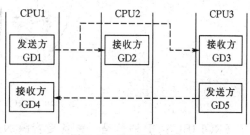

图 7-47　GD 通信原理

在 PLC 操作系统的控制下，发送 CPU 在它的扫描循环的末尾发送 GD，接收 CPU 在它的扫描循环的开头接收 GD。因此，对于接收方来说发送方的 GD 块数据是"透明的"，也就是说，发送方 GD 块中的信号状态会自动影响接收方的 GD 块，接收方对接收 GD 块的访问（读），相当于对发送 GD 块的访问（读）。

② GD 块的定义　GD 块由一系列的 GD 数据元素组成，它们可以是位、字节、字、双字或相关数组，GD 元素可以定义用户程序可以访问的任何存储区中，例如：I0.2(位)，QB2(字节)，MW2(字)，DB1.DBD0(双字)，MB0：10(数组)等都是一些合法的 GD 元素。其中，MB0：10 是指由 MB0，MB1，…，MB9 共连续 10 个位存储字节组成的数组，数组元素可以是位、字或双字。

一个 GD 块一般由一个或几个 GD 元素组成，但所有 GD 元素所占的数据容量不能超过 CPU 的允许值，例如：S7-300CPU 允许定义 4 个 GD 块，每个 GD 块的最大容量是 24byte，表 7-24 给出了各种 GD 元素对应的字节数。

表 7-24 GD 元素的字节数

元素类型	元素所占的字节数	示例
位	3 字节	I0.0——占 3 字节
字	3 字节	IB1——占 3 字节
字节	4 字节	MW0——占 4 字节
双字	6 字节	DB1.DBD0——占 6 字节
数组	数组长度 +2 字节的头部说明	MB0：10——占 12 字节

7.3.5.2. PROFIBUS-DP 通信

PROFIBUS-DP 是用于现场级或控制单元级的开放式、标准化高速现场总线系统，PROFIBUS-DP 总线存取协议是结合了令牌环技术和主从方式的混合介质存取技术。如图 7-48，主站之间采用令牌环技术，主要用于主站与主站之间、主站与高层设备之间中等数据量的高速数据通信，令牌环的传递顺序与各主站的地址编排有关。主站与从站之间采用主从方式，主要用于主站和现场设备之间少量数据的高速、循环通信。

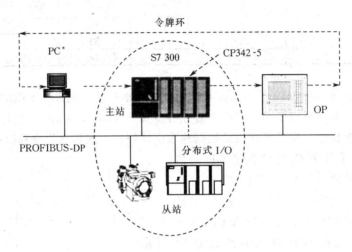

图 7-48   PROFIBUS-DP 子网示意图

PROFIBUS-DP 通信是一种备受青睐的组网方式，其传输速率可达 12Mbps，通常使用的传输介质是屏蔽双芯电缆或者是光缆，每一个网段可以挂接 126 个站点设备。在PROFIBUS-DP 总线上，站点之间的最大连接距离是与总线上的传输速率相关的，如果总线以 1.5Mbps 通过屏蔽双芯电缆通信，不加中继的网段最大距离是 200m，利用中继设备或采用光纤传输可以延伸通信距离。

利用 PROFIBUS-DP 总线组网的各种站点设备需要有 PROFIBUS-DP 接口。多数 S7 系列产品，如 PLC 中的 CPU31x-2，OP 等都具有内置的 DP 接口，它们可直接组网。不具备内置 DP 接口的站点设备，需要通过相关的通信接口设备进行扩展，如果图 7-48 中的 S7-300PLC 采用的是 CPU314 或 CPU315 等没有内置 DP 接口 CPU 单元，用户必须在机架上安装通信处理模块(CP342-5)以后才能组网(虚线连接)；PC 单元的接口模块可采用表 7-22 中的任何一种通信接口。

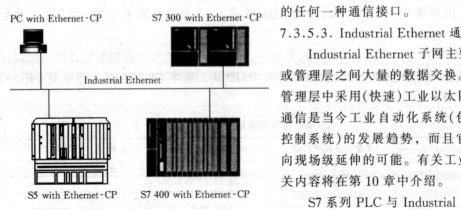

图 7-49   Industrial Ethernet 子网示意图

7.3.5.3. Industrial Ethernet 通信

Industrial Ethernet 子网主要用于控制层或管理层之间大量的数据交换。在控制层或管理层中采用(快速)工业以太网作为主干网通信是当今工业自动化系统(包括现场总线控制系统)的发展趋势，而且它还有进一步向现场级延伸的可能。有关工业以太网的有关内容将在第 10 章中介绍。

S7 系列 PLC 与 Industrial Ethernet 的组网示例如图 7-49，与前两种子网有所不同的是，Industrial Ethernet 子网上的多数站点设备需要安装 Ethernet-CP 来扩展网络接口。表7-25 所列的是 Industrial Ethernet 子网的通信接口模块。

表 7-25 Industrial Ethernet 子网通信接口模块

站点设备	通信接口模块	站点设备	通信接口模块
S5 115/135/155U	CP1430　CP1430 TCP	S7 400	CP443-1　CP443-1 TCP
S7 300	CP343-1　CP343-1 TCP	PC	CP1413(ISA)　CP1411(ISA) CP1511(PCMCIA)

7.4. 可编程控制器的应用

7.4.1. PLC 系统的基本设计内容

首先，简单分析一下 PLC 系统的设计原则。关于 PLC 系统的设计原则往往会涉及很多方面，其中最基本的设计原则可以归纳为四点：

① 最大限度地满足工业生产过程或机械设备的控制要求——完整性原则；

② 确保计算机控制系统的可靠性——可靠性原则；

③ 力求控制系统简单、实用、合理——经济性原则；

④ 适当考虑生产发展和工艺改进的需要，在 I/O 接口、通信能力等方面要留有余地——发展性原则。

很明显，这四条最基本的设计原则对其他类型的计算机控制系统设计也是适用的。

PLC 的种类很多，不同类型 PLC 的性能、适用领域是有差异的，它们在设计内容和设计方法上也会有所不同，通常还与设计人员习惯的设计规范及实践经验有关。但是，所有设计方法要解决的基本问题是相同的，下面是 PLC 系统设计所要完成的一般性内容：

① 分析被控对象的工艺特点和要求，拟定 PLC 系统的控制功能和设计目标；

② 细化 PLC 系统的技术要求，如 I/O 接口数量、结构形式、安装位置等等；

③ PLC 系统的选型，包括 CPU、I/O 模块、接口模块等等；

④ 编制 I/O 分配表和 PLC 系统及其与现场仪表的接线图；

⑤ 根据系统要求编制软件规格说明书，开发 PLC 应用软件；

⑥ 编写设计说明书和使用说明书；

⑦ 系统安装、调试和投运。

上述内容可以根据具体任务作适当调整。

7.4.2. PLC 系统的硬件设计

7.4.2.1. 了解工艺过程，分析系统要求

设计一个良好的控制系统，第一步就是需要对被控生产对象的工艺过程和特点做深入的了解，这也是现场仪表选型与安装、控制目标确定、系统配置的前提。一个复杂的生产工艺过程，通常可以分解为若干个工序，而每个工序往往又可分解为若干个具体步骤，这样做可以把复杂的控制任务明确化、简单化、清晰化，有助于明确系统中各 PLC 及 PLC 中 I/O 的配置，合理分配系统的软硬件资源。

PLC 的系统要求是在了解了工艺过程的基础上制定的，一般包括两个方面：一是为了保证设备和生产过程本身的正常运行所必须的控制功能，也就是 PLC 系统的主体部分，如

回路控制、联动控制、顺序控制等；二是为了提高系统可靠性、可操作性等因素制定的附属部分，如人机交互、紧急事件处理、信息管理等功能。PLC系统设计应围绕主体展开，同时也必须兼顾附属功能。

7.4.2.2. 创建设计任务书

设计任务书的创建实际上就是对技术要求的细化，把各部分必须具备的功能和实现方法以书面形式描述出来。设计任务书是进行设备选型、硬件配置、软件设计、系统调试的重要技术依据，若在PLC系统的开发过程中发现不合理的方面，需要及时进行修正。通常，设计任务书要包括以下各项内容：

① 数字量输入总点数及端口分配；

② 数字量输出总点数及端口分配；

③ 模拟量输入通道总数及端口分配；

④ 模拟量输出通道总数及端口分配；

⑤ 特殊功能总数及类型；

⑥ PLC功能的划分以及各PLC的分布与距离；

⑦ 对通信能力的要求及通信距离。

7.4.2.3. 硬件设备的选型

在满足控制要求的前提下，PLC硬件设备的选型应该追求最佳的性能价格比。

（1）CPU的选型

在选择CPU型号的时候，往往需要综合考虑CPU的基本性能、速度、存储器容量等因素。

① CPU基本性能　CPU的基本性能要与控制任务相适应，具体表现在三个方面。ⓐ最大允许配置的I/O点数。这个性能指标与CPU的寻址能力有关，如表7-1，不同型号的CPU允许配置的I/O上限是不一样的。ⓑ网络功能。当一个系统的控制功能需要由多个PLC完成的时候，组网能力和网络通信功能也是CPU选型所要考虑的关键。例如，在S7系列PLC中，CPU31x可以通过MPI接口直接组网，其通信速率为187.5kbps，每个网段最多允许连接32个站点，这种组网方式对多数中小型系统是可以适用的。如果站点之间的通信量很大或站点数很多，则需要选用CPU31x-2通过更高通信速率的PROFIBUS-DP总线组网。ⓒ复杂控制功能和先进控制功能。一般来说，小型PLC系统在这一方面是比较薄弱的。

② 响应速度　响应速度应满足系统的实时性要求，通常影响响应速度的因素主要包括：PLC固有的I/O响应滞后、CPU本身的指令处理速度以及应用程序的长短。因此，提高响应速度的途径相应的也有三种：采用高速响应模块、选择处理速度快的CPU、优化软件结构以缩短扫描周期。事实上，绝大多数PLC都能够满足一般的工业控制要求，只有少数需要有快速响应要求的系统，需要仔细考虑系统的实时性要求。

③ 存储器容量　存储器主要是用来保存应用程序以及系统运行所需的相关数据，而应用程序的大小是与系统规模、控制要求、实现方法及编程水平等许多因素有关，其中I/O点数在很大程度上可以反映PLC系统对存储器的要求。因此在工程实践中，存储器容量一般是通过I/O点数粗略估算的。根据统计经验，每个I/O接口及有关功能占用的内存可以大致估算如下：

开关量输入　总字节数＝总点数×10；

开关量输出　总字节数＝总点数×8；

模拟量输入/输出　总字节数＝通道数×100；

定时器/计数器　总字节数＝定时器/计数器个数×2；

通信接口　总字节数＝接口数量×300。

以上计算的结果只具有参考价值，在明确存储器容量时，还应对其进行修正。特别是对初学者来说，应该在估算值的基础上充分考虑余量。

（2）I/O 的配置

I/O 配置主要是根据控制要求选择合适的 I/O 模块，并把输入点（输入通道）与输入信号、输出点（输出通道）与输出控制信号一一对应编号，并以系统安装说明书或接线图的形式描述出来。I/O 的数量、信号类型以及输出信号的驱动能力是 I/O 配置的关键。

（3）I/O 站点的分配与通信接口模块的选择

根据 PLC 的要求，所有的 I/O 模块最终都将安装在一个或多个机架上，而通信接口模块则是把多个机架连接成一个整体。因此，在硬件配置中，需要根据机架的数量、机架的安装位置和安装方式来选择合适的通信接口模块。

（4）电源模块和其他附属硬件的选择

根据系统中各模块所消耗的电源总量及其实际的系统结构，最后还需要为 PLC 系统配置一个或多个电源模块。一般来说，电源模块提供的电流至少需要有 30% 的余量。此外，通信电缆、通信连接器、信号连接器等一些附属硬件的配备也是硬件设计的内容。

7.4.2.4. 安全回路的设计

安全回路是能够独立于 PLC 系统运行的应急控制回路或后备手操系统。安全回路一般以确保人身安全为第一目标、保证设备运行安全为第二目标进行设计，这在很多国家和国际组织发表的技术标准中均有明确的规定。一般来说，安全回路在以下几种情况下将发挥安全保护作用：设备发生紧急异常状态时；PLC 失控时；操作人员需要紧急干预时。

安全回路的典型设计，是将关键设备或回路中的执行器（包括阀门、电机等）以一定的方式连接到紧急处理装置上。在系统运行过程中，根据故障的性质，可以让安全回路中的后备系统来接管控制功能，或者通过安全回路实施紧急处理。

设计安全回路的一般性任务主要包括：

① 为 PLC 定义故障形式、紧急处理要求和重新启动特性；

② 确定控制回路与安全回路之间逻辑和操作上的互锁关系；

③ 设计后备手操回路以提供对过程中重要设备的手动安全性干预手段；

④ 确定其他与安全和完善运行有关的要求。

7.4.3. PLC 系统的软件设计

7.4.3.1. 前期工作

PLC 用户程序的设计过程如图 7-50 所示，首先需要制定控制方案、制定抗干扰措施、编制 I/O 分配表、确定程序结构和数据结构、定义软件模块的功能，然后编写应用软件的指令程序，最后进行软件的调试和投运。如果在实现每一项任务的过程中发现不合理的地方，要及时进行修正。

在软件设计过程中，前期工作内容往往会被设计人员所忽视，事实上这些工作对提高软件的开发效率、保证应用软件的可维护性、缩短调试周期都是非常必要的，特别是对较大规

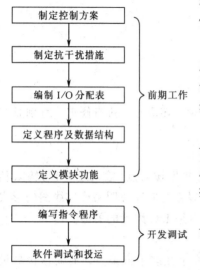

图 7-50 PLC 系统程序设计的基本过程

流程图中文字：
制定控制方案
制定抗干扰措施
编制 I/O 分配表 } 前期工作
定义程序及数据结构
定义模块功能

编写指令程序 } 开发调试
软件调试和投运

模的 PLC 系统更是如此。

7.4.3.2. 应用软件的开发和调试

根据功能的不同，PLC 应用软件可以分为基本控制程序、中断处理程序和通信服务程序三个部分。其中基本控制程序是整个应用软件的主体，它包括信号采集、信号滤波、控制运算、结果输出等内容。

对于整个应用软件来说，程序结构设计和数据结构设计是程序设计的主要内容。合理的程序结构不仅决定着应用程序的编程质量，而且还对编程周期、调试周期、可维护性都有很大的影响。

以 S7 PLC 系统为例，很典型的情况是一个应用软件可以选择多种结构形式。

① 把所有的指令按顺序放置在一个程序块中(通常为组织块 OB1)，CPU 周期性地逐条执行逻辑指令，这也就称为"线性程序结构"。线性程序结构的惟一优点是程序结构简单，而它的缺点是程序的可读性差、执行效率低，因此它只适用于一个人编写的、相对简单的控制程序。

② 对软件功能进行划分，实现每一个控制功能的逻辑指令放置在一个功能块中(通常为逻辑功能块 FC，相当于子程序)，然后通过组织块把各 FC 组织起来，这称为"部分模块化结构"。与前者相比，采用"部分模块化结构"的应用软件可以由多个程序员分工编写而不发生冲突，其编程效率、调试效率和可维护性都有所提高。

③ 把一组功能相同和相近的控制程序由一个功能块实现(通常为逻辑功能块 FB，相当于函数)，在运行中只需要为 FB 块赋予不同的实参，就能完成对不同设备的控制；对于一些单一的功能，也可以通过 FC 块完成。所有的 FB,FC 块最终由组织块协调，这种程序结构具有更高的编程效率和更广泛的适用面，称为"模块化程序结构"。

7.4.4. 应用实例分析

本节的例子选自于某啤酒厂的发酵罐群控制系统。在不影响系统完整性的前提下，具体叙述作了适当的简化处理。

7.4.4.1. 生产工艺和控制要求

(1) 工艺简介

啤酒酿造需要四种原料：麦芽、大米、酒花、酵母。概括地说，整套啤酒生产工艺分为糖化、发酵和灌装三大过程。其中，糖化过程包括了粉碎、糖化、糊化、过滤、煮沸等工序，其作用是把原料转化成啤酒发酵原液(麦汁)；发酵过程包括了啤酒发酵、修饰、清酒、过滤等工序，发酵过程出来的产品就是啤酒，它们经杀菌、灌装后成为成品啤酒。

毫无疑问，为了保证产品质量，必须对每个生产工序的工艺参数进行严格的控制。这里以 S7-300 为背景，抽取啤酒发酵工序作为被控生产过程来介绍 PLC 系统的应用。

(2) 被控对象和控制要求

假设被控对象如图 7-51，PLC 系统需要完成 1 个冷却器和 8 只大小相同的发酵罐的自动控制。糖化麦汁先经过冷却器把麦汁温度冷却到 8～9℃进入发酵罐发酵，每个发酵罐需要控制酒液的发酵温度和罐顶的压力。酒液温度通常采用自上而下的分段控制，分段数量视发酵罐大小和罐体结构而定。需要说明的是，本例仅包括了最基本的上、下两点温度控制和一点压力控制，没有涉及发酵过程中诸如酵母添加、麦汁冲氧、出酒、CIP等其他工序的控制内容。

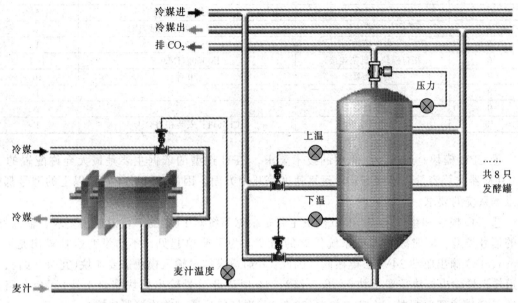

图 7-51　被控对象

7.4.4.2. 硬件设计

（1）明确控制任务

这是一个对控制任务进行明确、细化、分类的过程，分类结果是仪表选型、PLC 配置的依据。

在温度控制回路中，通过调节阀来控制进口的冷媒流量。因此，每个温度控制回路需要 1 只温度变送器、1 只调节阀，占用 1 个 AI 通道和 1 个 AO 通道。变送器的量程、调节阀的口径等仪表参数要根据实际的工艺参数来定。由于罐顶压力的控制要求较低，通过电磁阀实现开关量控制即可满足要求。因此，每个压力控制回路需要 1 只压力变送器和 1 只电磁阀，占用 1 个 AI 通道和 1 路 DO 通道。

现场仪表分类：

温度变送器数量——$1+2\times8=17$ 只；

压力变送器数量——$1\times8=8$ 只；

调节阀数量——$1+2\times8=17$ 只；

电磁阀数量——$1\times8=8$ 只。

如果需要，每一种现场仪表还必须根据量程、口径等参数作进一步的分类。

I/O 端口的分类：

AI 通道数量——17（温度变送器）+ 8（压力变送器）= 25；

AO 通道数量——17（调节阀）；

DO 通道数量——8（电磁阀）。

（2）PLC 硬件配置

根据前面对控制任务的分析结果，具体配置如表 7-26。

表 7-26　PLC 系统主要硬件配置一览表

序号	模块名称	说明	数量
1	CPU 模块	CPU 314	1
2	AI 模块	SM331：8 通道	4
3	AO 模块	SM332：4 通道	5
4	DO 模块	SM322：16 通道，24VDC	1
5	电源模块	PS307：5A	1
6	接口模块（机架连接）	IM360，IM361	各 1
7	前连接器	20 针	10
8	后备电池		1
9	导轨		2
10	操作站通信模块	CP5611：安装在 IPC 上	1

① CPU 模块　通过前面介绍的技术要求，CPU 选型的依据主要是最大允许配置的 I/O、存储器估算容量、组网方式、运算速度等几个方面，因此 CPU314 及其以上的型号都能满足本系统的要求。

② I/O 模块和接口模块　I/O 模块主要是根据系统对 PLC 的 I/O 总能力要求、输入/输出的信号类型，同时综合考虑系统扩展的需要。为了简单起见，不妨设变送器输出是 4～20mA，DO 输出驱动 24VDC 电磁阀。因此，8 通道模拟量输入模块需要 4 块(冗余 7 路)，4 通道模拟量输出模块需要 5 块(冗余 3 路)，16 通道开关量输出模块需要 1 块(冗余 8 路)。每个 I/O 模块还要配置一个前连接器(20 针)，现场信号通过前连接器连接。

下一步需要考虑机架的配置，该系统共有 10 个 SM 模块，也就需要 2 个机架(导轨)来安装。在确定接口模块时，主要考虑机架的安装位置。如果 2 个机架的安装距离较远(＞10m)，ER 可以选择 IM153 等接口模块与 CR 上的 DP 端口相连，这也就要求 CR 上必须具备 DP 端口。在多数情况下，I/O 机架都是集中安装的，这时接口模块可以选择 IM360/IM361，也可以选用 IM365/IM365。表 7-27 给出了机架配置及 I/O 分配。

表 7-27　机架配置及 I/O 分配

CR	PS307	CPU314	IM360	8 路 SM331	8 路 SM331	8 路 SM331	8 路 SM331	16 路 SM322
槽　号	1	2	3	4	5	6	7	8
缺省地址				256～271	272～287	288～303	304～319	16.0～17.7
I/O 分配				1-8# 上温	1-8# 下温	1-8# 压力	麦汁温度	24VDC 控制 1-8# 电磁阀
信号类型				4～20mA	4～20mA	4～20mA	4～20mA	
ER			IM361	4 路 SM332	4 路 SM332	4 路 SM332	4 路 SM332	4 路 SM332
槽　号	1	2	3	4	5	6	7	8
缺省地址				384～391	400～407	416～423	432～439	448～455
I/O 分配				1-4# 上温 调节阀	5-8# 上温 调节阀	1-4# 下温 调节阀	5-8# 下温 调节阀	冷却器 调节阀
信号类型				4～20mA	4～20mA	4～20mA	4～20mA	4～20mA

(3) 安全回路的设计

在过程控制系统中，最常用的安全回路是后备手操系统。

不难理解，后备手操系统要串接在原输出回路中，它至少包含手自动切换开关和手动操作部件。图 7-52(a)，当手自动切换开关打到自动状态"A"时，负载由 PLC 直接控制；当手自动切换开关打到手动状态"H"时，负载由手动操作按钮控制。图 7-52(b) 的原理也是一样，自动状态 $I_o = I_{OA}$，手动状态 $I_o = I_{OH}$，为简单起见，这里没有考虑诸如无扰动切换等其他因素。

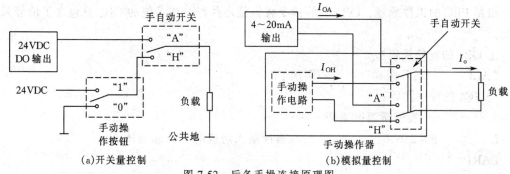

(a)开关量控制　　　　　　(b)模拟量控制

图 7-52　后备手操连接原理图

7.4.4.3. 软件设计

（1）软件结构分析

在这个例子中，有些功能是可以多次使用
的，例如：各个发酵罐的控制思想是相同的，
这些控制功能可以利用一个函数（也即 FB 块）来
完成，调用 FB 是只需要为它们赋予不同的数据
（即背景数据块）。对于仅使用一次的功能部件，
如：采样、麦汁温度控制等，它们可以根据功
能的划分做成若干个子程序的形式（即 FC）。所
有的 FB 和 FC 最终由 OB1 和 OB35 组织，这样
会使程序更加清晰，程序代码精练，并给调试
带来许多便利。

根据前面提出的要求，该系统需要的所有
程序块 OB,FB,FC 以及数据块 DB 列举在表 7-28
中，图 7-53 是应用程序的调用关系原理图。

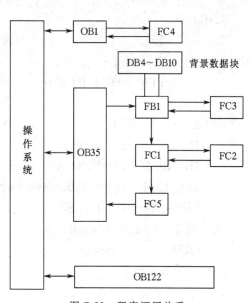

图 7-53　程序调用关系

表 7-28　OB,FB,FC 和 DB 一览表

Type	Object Name	Symbol Name	Language	Comment
组织块	OB1	循环执行程序	STL	
	OB35	定时中断程序	STL	控制周期：0.5s
	OB122	模块故障中断	STL	I/O 访问故障处理程序
逻辑功能块	FB1	发酵罐控制_T_P	STL	用于每只发酵罐温度、压力控制的函数
	FC1	麦汁温度控制	STL	用于麦汁温度控制
	FC2	罐温控制 PID 计算	STL	发酵罐温度控制回路的 PID 计算
	FC3	麦汁温度控制 PID 计算	STL	麦汁温度控制回路的 PID 计算
	FC4	信号采样	STL	从输入模块端口采集信号
	FC5	信号输出	STL	把控制结构输出到端口
数据块	DB1	模拟量信号	DB	存储所有模拟量输入信号
	DB2	开关量信号	DB	存储所有开关量输出信号
	DB3	麦汁温度（共享数据块）	DB	存储麦汁温度控制回路的控制参数和中间变量
	DB4～DB11	罐1～8背景块	DB	存储1～8#罐控制回路的控制参数和中间变量

（2）主循环块 OB1

根据 PLC 的工作原理，OB1 中的指令将被循环执行，该系统的 OB1 只包含了信号采样功能。

① OB1 的程序代码：

```
CALL      "信号采样"        //调用 FC4
```

② FC4 的程序代码：

```
//－－－－－发酵罐温度采集－－－－－//

L       P＃256.0              //温度输入通道的 I/O 起始地址
LAR1
L       P＃0.0                //DB1 温度起始地址
LAR2
L       16                   //通过循环采集 16 个温度信号
n1:  T       ＃loopjsq
L       PIW［AR1，P＃0.0］     //从过程输入存储区装入十进制结果
T       ＃cyzc
CALL      "SCALE"            //将十进制结果转化为工程量
   IN        ：=＃cyzc
   HI_LIM    ：=9.000000e＋001      //温度变送器量程－10～90℃
   LO_LIM    ：=－1.000000e＋001
   BIPOLAR   ：=FALSE
   RET_VAL   ：=＃jgfh
   OUT       ：=＃jg
OPN "模拟量信号"
L       ＃jg
T       DBD［AR2，P＃0.0］      //把工程量存储到 DB1
L       P＃2.0                //改变地址寄存器的值
＋AR1
L       P＃4.0
＋AR2
L       ＃loopjsq
LOOP    n1                   //发酵罐压力信号的采样原理与此相同，由于篇幅限制，
                            故这部分代码省略

//－－－－－麦汁温度－－－－－//

L       PIW   304            //麦汁温度对应的 I/O 地址
T       ＃cyzc
CALL      "SCALE"
   IN        ：=＃cyzc
   HI_LIM    ：=9.000000e＋001
   LO_LIM    ：=－1.000000e＋001
   BIPOLAR   ：=FALSE
```

```
    RET_VAL: = #jgfh
    OUT        := "麦汁温度（共享数据块）".mzwd
BEU             //该逻辑块的结束指令
```

（3）定时中断组织块 OB35

OB35 用于周期性地完成系统的控制功能，本例中把中断时间间隔设为 0.5s，也就相当于控制周期为 0.5s。需要再次提出的是，PLC 执行所有与 OB35 相关的指令所需要的时间必须小于 0.5s。

① OB35 的指令代码：

```
CALL "发酵罐控制_T_P"，"罐1背景块"  //1#发酵罐温度压力控制，相当于 CALL
                                      FB1，1#罐背景块

T1         := "模拟量信号".fjgsw_1
T2         := "模拟量信号".fjgxw_1
P          := "模拟量信号".fjgyl_1
T1_Out     := "模拟量信号".swfw_1
T2_Out     := "模拟量信号".xwfw_1
P_Out      := "开关量信号".ky_1
……                //2~8#罐的调用方式与1#罐相似
CALL   "麦汁温度控制"     //相当于调用 FC1
CALL   "信号输出"        //相当于调用 FC5
```

② FB1 的指令代码。

a. 背景数据块和 FB1 的变量声明表　背景数据块是由 FB 的变量声明表派生出来的，因此除了 FB 的临时变量以外，它们的结构是相同的，如表 7-29 所示。

表 7-29　背景数据块数据结构

地址	声明	名称	类型	说明
0.0	in	T1	REAL	上温测量值
4.0	in	T2	REAL	下温测量值
8.0	in	P	REAL	压力测量值
12.0	out	T1_out	REAL	上温控制阀位
16.0	out	T2_out	REAL	下温控制阀位
20.0	out	P_out	BOOL	压力控制阀位
22.0	stat	Sp_T1	REAL	上温设定值
26.0	stat	Sp_t2	REAL	下温设定值
30.0	stat	Sp_P	REAL	压力设定值
34.0	stat	Kp	REAL	
38.0	stat	Ti	REAL	PID 控制参数
42.0	stat	Td	REAL	
	stat			其他中间运算变量

b. FB1 指令代码：

```
CALL    "罐温控制 PID 计算"
    in _ Vn          : = ♯T1            //上温控制
    in _ sp          : = ♯Sp _ T1
    in _ kp          : = ♯kp
    in _ ti          : = ♯ti
    in _ td          : = 0.000000e + 000
    in _ fw          : = 1.000000e + 002
    out _ fwn        : = ♯T1 _ Out
    in _ out _ Vn _ 1 : = ♯vn _ 1 _ s
    in _ out _ Vn _ 2 : = ♯vn _ 2 _ s
    in _ out _ En _ 1 : = ♯en _ 1 _ s
    in _ out _ fwn _ 1: = ♯fn _ 1 _ s
……                    //下温控制
    L    ♯P           //压力控制
    L    ♯Sp-P
    － R
    L    － 2.000000e － 003
    ＜ R
    JC   gy2
    JU   gy4
gy2： R    ♯P _ Out
    JU   gyjs
gy4： CLR
    L    ♯P
    L    ♯Sp _ P
    － R
    I3.000000e － 003
    ＞ R
    JC   gy3
    JU   gyjs
gy3： S    ♯P _ Out
gyjs： BEU
```

由于这一节介绍的重点是程序的结构和相互调用关系，因此其他的逻辑功能块不再一一列举。

（4）故障中断处理程序

顾名思义，故障中断处理程序是在系统发生故障时决定 CPU 所要实现的功能或控制程序的进程。如果在相应的中断处理程序中没有编制处理程序代码，在故障发生以后系统有可能中断运行。而在实际的工业控制系统中，往往要求局部故障不影响系统主体的工作。在这里以如何处理信号模块访问故障为例加以简单的说明。

对于 S7 系列 PLC，当用户程序读写信号模块（SM）发生错误时，如读写直接地址错误

（由于模块坏或被拆卸）或访问不存在的 I/O 地址，操作系统调用 OB122。这时，用户程序可以在 OB122 中增加必要的处理指令以使程序继续正常运行，例如：处理 OB122 的启动信息，或者利用 SFC44 为异常的访问提供一个合理的替换值等。

假设某个程序的 OB1 中有输入指令：L PIB 0，并且当输入信号 PIB0 的值为 00010010（二进制）时，程序运行正常，否则会产生其他动作。如果在信号模块出现故障时，希望用户程序仍运行在正常状态。这时，就可以通过 OB122 调用 SFC44 来解决。OB122 的 STL 代码如下

```
L ♯OB122＿SW＿FLT        //OB122＿SW＿FLT 是 OB122 的错误代码临时变量，
                        B♯16♯42——读错误；B♯16♯43——写错误
L B♯16♯42
＝＝I
JCN Stop                //当判别为其他错误事件时，CPU 转入 STOP 状态
CALL "REPL＿VAL"
    VAL：＝DW♯16♯18      //SFC44 把错误替代值 "DW♯16♯18"＿"10010" 载入累
                        加器 1，代替 OB122 调用前的值
    RETVAL：＝♯Error
L ♯Error
L 0
＝＝I
BEC                     //当 SFC44 的返回值为 0 时，代表 SFC44 被成功运行，错
                        误替代值成功载入累加器 1，返回 OB1
Stop：CALL "STP"
```

另外，如果需要知道在程序中哪里产生的访问错误，可在程序中读取 OB122 的 OB122＿BLK＿TYPE,OB122＿BLK＿NUM,OB122＿PRG＿ADDR 等临时变量确定准确位置。

思考题与习题

7-1 PLC 的定义是什么？一体化 PLC 和模块化 PLC 各有什么特点？

7-2 什么是 PLC 的扫描周期？它与哪些因素有关？

7-3 PLC 采用的编程语言主要有哪些？

7-4 PLC 由哪几个部分组成？

7-5 PLC 的工作过程分为哪几个部分？各部分的作用分别是什么？

7-6 什么是 I/O 响应滞后？造成这种现象的原因是什么？

7-7 某差压变送器的量程是 0～40kPa，差压变送器的输出信号范围与 A/D 转换器的输入信号范围相同，要求分辨力为 50Pa，则 A/D 转换器的分辨率 n 至少为多少位？若 n 保持不变，差压变送器的量程变为 20～40kPa，此时系统对差压变化的分辨力是多少(不考虑变送器的误差)？

7-8 现有一个 16 点 24VDC 的开关量输入模块，如何用它来输入无源接点信号和 36VAC 开关量输入信号？

7-9 现有一个 16 点 24VDC 的开关量输出模块，如何用它来输出无源接点信号和 220VAC 开关量输出信号？

7-10 I/O 为什么需要强调总线隔离？

7-11 请写出图 7-54 对应的 STL 指令。

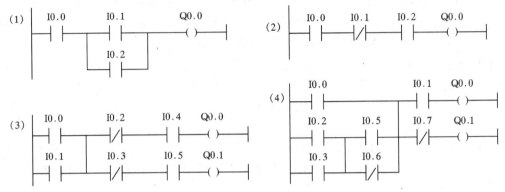

图 7-54 习题 7-11 图

7-12 有一个抢答显示系统，包括一个主席台和三个抢答台，主席台上有一个无自锁的复位按钮，抢答台上各有一个无自锁的抢答按钮和一个指示灯，其控制要求是：①参赛者在回答问题之前要抢先按下桌面上的抢答按钮，桌面上的指示灯点亮；此时，其他参赛者再按抢答按钮，则系统不作反应；②只有主持人按下复位按钮后指示灯才熄灭，进入下一轮抢答。请分别用 STEP7 梯形图和 STL 编写控制程序。

7-13 用 STEP7 STL 语言编制一个 PID 运算程序。

7-14 简述 S7-300PLC 的程序结构。逻辑功能块 FB 和 FC 各有什么特点，适用在什么场合？

7-15 什么是 L 堆栈？在 L 堆栈的使用时需要注意哪些问题？

7-16 假设某控制系统需要输入 21 路二线制连接的 4～20mA 电流信号、15 路四线制连接的 4～20mA 电流信号、3 路 1～5VDC 电压信号、4 路 Pt100 电阻信号，输出 7 路 24VDC 开关量信号、7 路 220VAC 开关量输出信号，输出 32 路 4～20mA 电流信号。要求：①配置 S7PLC 的 I/O 模块并选择合适的 CPU 单元；②根据可能出现的工艺情况，说明在确定系统结构时需要注意的问题。

7-17 用 STEP7 STL 语言编制一段程序：把连续存放在 DB1.DBD0～DB1.DBD36 中的 10 个阀位信号（0～100% 的模拟量）输出到 AO 端口，对应的端口地址是 400，402，…，418。

7-18 S7-300PLC 有哪几种网络组网方式？简述它们的特点。

7-19 简述 S7-300PLC GD 通信原理。

7-20 PLC 系统设计所要完成的一般性内容有哪些？

7-21 在 CPU 型号选择的时候通常需要注意哪些问题？

7-22 在计算机控制系统中，安全回路的作用是什么？

7-23 举例说明如何实现开关量控制回路的手自动切换和手动操作。

7-24 针对一个模拟量控制回路设计一个能实现手自动切换和手动操作的安全回路。如果要求实现自动跟踪手动，该安全回路又需要考虑一些什么问题？

7-25 以 S7-300PLC 为例，说明提高应用程序可靠性需要考虑哪些因素？

8．集散控制系统

8.1．概述

8.1.1．集散控制系统的基本概念

集散控制系统 DCS 是随着现代大型工业生产自动化的不断兴起和过程控制要求的日益复杂应运而生的综合控制系统。

DCS 英文直译为"分散控制系统"，"集散控制系统"是按中国人习惯理解而称谓的。集散控制系统的主要特征是它的集中管理和分散控制。它采用危险分散、控制分散，而操作和管理集中的基本设计思想，多层分级、合作自治的结构形式，同时也为正在发展的先进过程控制系统提供了必要的工具和手段。目前在电力、冶金、石油、化工、制药等行业，集散控制系统获得了广泛应用，在控制品质、系统安全可靠性等方面较传统的控制系统有明显的优势，显示了强大的生命力。

8.1.2．集散控制系统的特点

根据管理集中和控制分散的设计思想而设计的 DCS 的特点表现在以下几个方面。

（1）分级递阶结构

这种结构方案是从系统工程出发，考虑功能分散、危险分散、提高可靠性、强化系统应用灵活性、减少设备的复杂性与投资成本，并且便于维修和技术更新等优化选择而得出的。分级递阶结构通常为四级，如图 8-1 所示。每一级由若干子系统组成，形成金字塔结构。同一级的各决策子系统可同时对下级施加作用，同时又受上级的干预，子系统可通过上级互相交换信息。第一级为过程控制，根据上层决策直接控制生产过程，具体承担信号的变换、输入、运算和输出的分散控制任务；第二级为控制管理级，对生产过程实现集中操作和统一管理；第三级为生产管理级，承担全工厂或全公司的最优化；第四级为经营管理级，根据市场需求、各种与经营有关的信息因素和生产管理的信息，做出全面的综合性经营管理和决策。

图 8-1 DCS 的
结构层次

（2）采用微机智能技术

集散控制系统采用了以微处理器为基础的"智能技术"，凝聚了计算机的最先进技术，成为计算机应用最完善、最丰富的领域。这是集散控制系统有别于其他系统装置的最大特点。集散控制系统中的现场控制单元，过程输入输出接口，显示操作站和数据通信装置等均采用微处理器，有记忆、逻辑判断和数据运算功能，可以实现自适应、自诊断和自检测等"智能"。

（3）采用局部网络通信技术

集散控制系统的数据通信网络采用工业局部网络技术进行通信，传输实时控制信息，进行全系统信息综合管理，并对分散的现场控制单元、人机接口进行控制和操作管理。大多采用光纤传输媒质，通信的可靠性和安全性大为提高。通信协议已开始向标准化前进，如采用 IEEE802.3，IEEE802.4，IEEE802.5 和 MAP3.0 等。

（4）丰富的功能软件包

集散控制系统具有丰富的功能软件包。它能提供控制算法模块、控制程序软件包、过程监视软件包、显示软件包、报表打印和信息检索程序包等，并至少提供一种过程控制语言，供用户开发高级的应用软件，例如优化管理和控制软件。

(5) 采用高可靠性技术

可靠性是集散控制系统发展的生命，没有可靠性就没有今天的集散控制系统。当今大多数集散控制系统的 MTBF 达 50kh，MTTR 一般只有 5min 左右。保证这样的高可靠性，主要是硬件的工艺结构可靠，广泛采用表面安装技术与专用集成电路(ASIC)，同时对每一个元件、部件进行一系列可靠性测试和设计等。

保证高可靠性的另一条途径是采用冗余技术。集散控制系统各级人机接口、控制单元、过程接口、电源和控制用 I/O 接口插件均可采用冗余化配置；信息处理器、通信接口、内部通信总线和系统通信网络均采取冗余措施；在软件设计上，采用容错技术、故障的智能化自检和自诊断技术等。

8.1.3. 集散控制系统的发展趋势

随着计算机技术的发展及其在工业控制系统中的应用，DCS 表现出十分优越的性能，将工业过程自动化提高到一个新的水平。但是传统的 DCS 基于模拟仪表，而模拟仪表的单一功能，使得与工业生产过程打交道的过程监控站仍是集中的；现场信号的检测、传输与控制还是保留了与常规仪表相同的方式，即通过传感器或变送器检测物理信号并转换成标准的 4～20mA 信号以模拟方式进行传输。这种方式在检测环节方面存在的问题是精度低、动态补偿能力差、无自诊断功能；同时由于各 DCS 开发商生产自己的专用平台，使得不同厂商的 DCS 之间不兼容、互操作性差。

近年来，随着新技术、新器件、新方法、新应用的相互促进，在 DCS 关联领域有许多新进展，主要表现在如下一些方面。

(1) 向开放式系统发展

传统 DCS 的结构是封闭式的，使得不同制造商的 DCS 之间不兼容，基于 PC 机的 DCS 较好地解决了这一问题。由于 PC 机具有良好的兼容性、低廉的价格和丰富的软硬件资源，尤其是 OPC(OLE for Process Control)标准的制定，大大简化了 I/O 驱动程序的开发，并提高了操作界面系统的性能。用户可以根据自己的实际需要自由地选择不同开发商的产品，根据各软硬件厂商的特长，合理分工合作，避免重复开发，大大降低了系统的开发成本。如浙大中控(SUPCON)推出的一种开放式 DCS 系统 JX-300X，可集成现已广泛应用在工业企业的各种集散控制系统(如 SUPCON，Honeywell，Centum，Baily 等品牌的 DCS)、可编程控制器(如 SIEMENS，AB，MODICON 等品牌的 PLC)、智能化仪表(如 SUPCON JL 系列无纸记录仪等)、现场总线仪表(如符合 HART，FF 总线标准的各类变送器等)、数据采集与控制软件(如 SUPCON AdvanTrol，ARC PCVUE32，SIEMENS WinCC，Intellution FIX，PC-SOFT WizCon 等) 等智能自动化系统。又如美国国际系统公司推出的 DCS 系统 UCOS 在可靠性、维护性、开放性、技术先进性和价格等方面都具有较优异的性能。UCOS 含义为用户可配置开放系统，在软件方面，工程师站(EWS)、操作员站(OWS) 基于 WINDOW NT 操作系统，现场操作单元(FCU) 基于 QNX 实时操作系统；在硬件方面，FCU 采用工业级 PC 机，而现场 I/O 主要来自世界几大厂家如 AB 公司、GE 公司和西门子公司，系统中所有硬件都不是 CSI 公司生产，用户可自由选购，因此其可维护性大大优于单一厂家供货的 DCS，且有明显的价格优势。

（2）智能变送器、远程 I/O 和现场总线的发展，进一步使现场测控功能下移分散

随着微电子技术和通信技术的发展，过程控制的功能进一步分散下移，出现了各种智能现场仪表。这些智能变送器精度高、量程比宽、重复性好、可靠性高，而且具有双向通信和自诊断功能，操作使用非常方便，节省安装费用和工作量，维护工作量也极小。一些主要 DCS 和仪表厂家都推出了各自的智能现场仪表，例如：Honeywell 的 ST3000 系列智能变送器、Foxboro 的 860 系列智能变送器、横河的 EJA 系列智能变送器，SUPCON 的 1151 智能变送器。

这些智能现场仪表采用现场总线与 DCS 连接，目前大多沿用 HART 通信协议。智能远程 I/O 也是使 I/O 处理能力更接近现场的一项措施，诸多远程 I/O 也用现场总线与 DCS 的控制器相连，除作 I/O 处理外，还具有通信和自诊断功能，并可用手持监视器进行 I/O 组态，将 I/O 处理功能下移。

（3）DCS，PLC，PCCS 相互渗透融合，形成数字化、模块化、网络化的分布式控制系统

DCS 原本用于连续过程控制，PLC 则常用于逻辑/顺序控制，两者都是基于微处理器的数字控制设备。在实际应用时，有些较大的、复杂的生产过程既需要连续控制，也需要逻辑/顺序控制功能。于是有些 DCS 提供专门用于批量控制的控制器和相应的软件。有的 DCS 的控制器对连续控制、批量控制、逻辑/顺序控制等都适用，可由用户根据实际需要进行编程/组态。有的 PLC 也在扩展连续控制功能，近来还出现了应用软逻辑的趋势，即使用软件编程来取代逻辑控制硬件，这样便使得 DCS 和 PLC 的区别和界线变得比较模糊了。当 DCS 在大型装置日益占主导地位的同时，在中小型装置中基于 PC 的控制系统也逐渐得到越来越多的应用。经过多年的发展，出现了诸如 ABBK-T 的 Modcell 微机控制系统，它由 PC-30 工作站、MOD30 控制器、各种 I/O 单元以及通信网络组成，这与一些小型 DCS 已经差别不大了。

近年来，由于微电子学、信息科学和控制技术在工业控制领域得到深入广泛的应用，DCS，PLC，PCCS 正在相互渗透、融合地发展，相互补充又相互转化，趋向于形成数字化、模块化、网络化的分布式控制系统的较广泛的领域，都使用数字技术，采用模块化结构，如操作站/工作站、基本控制单元、应用运算模件、分布式 I/O、（智能）现场仪表，通过现场总线、控制局域网/数据总线和系统网络（如以太网）形成兼容可互联的过程控制系统。

（4）现场总线集成于 DCS 系统是现阶段控制网络的发展趋势

现场总线的出现促进了现场设备的数字化和网络化，并且使现场控制的功能更加强大。在现阶段使现场总线与传统的 DCS 系统尽可能地协同工作，这种集成方案能够灵活地系统组态，得到更广泛的、富于实用价值的应用。现场总线集成于 DCS 的方式可从三个方面来考虑。

① 现场总线于 DCS 系统 I/O 总线上的集成　通过一个现场总线接口卡挂在 DCS 的 I/O 总线上，实现现场总线系统中的数据信息映射成原有 DCS 的 I/O 总线上相对应的数据信息，如基本测量值、报警值或工艺设定值等，使得在 DCS 控制器所看到的现场总线来的信息就如同来自一个传统的 DCS 设备卡一样。这样便实现了在 I/O 总线上的现场总线技术集成。Fisher-Rosemount 公司推出的 DCS 系统 DeltaV 采用的就是此种集成方案。

② 现场总线于 DCS 系统网络层的集成　除了在 I/O 总线上的集成方案，还可以在更高一层——DCS 网络层（LAN）上集成现场总线系统。在这种方案中，现场总线控制执行信息、

测量以及现场仪表的控制功能均可在 DCS 操作站进行浏览并修改。它的优点是原来必须由 DCS 主计算机完成的一些控制和计算功能，现在可下放到现场仪表实现，并且可以在 DCS 操作员界面上得到相关的参数或数据信息；它的另一个优点是不需要对 DCS 控制站进行改动，对原有系统影响较小。这种集成方案在工程实际中也有应用。如 Smar 公司的 302 系列现场总线产品可以实现在 DCS 系统网络层集成其现场总线功能。

③ 现场总线通过网关与 DCS 系统并行集成　若在一个工厂中并行运行着 DCS 系统和现场总线系统，则还可以通过一个网关来网接两者，安装网关以完成 DCS 系统与现场总线高速网络之间的信息传递。现场总线与 DCS 的并行集成，完成整个工厂的控制系统和信息系统的集成统一，并可以通过 Web 服务器实现 Intranet 与 Internet 的互联。这种方案的优点是丰富了网络的信息内容，便于发挥数据信息和控制信息的综合优势；另外，在这种集成方案中现场总线系统与通过网关而集成在一起的 DCS 系统是相互独立的。如 SUPCON 的现场总线系统，利用 HART 协议网桥连接系统操作站和现场仪表，从而实现现场总线设备管理系统操作站与 HART 协议现场仪表之间的通信功能。

综上可以预见，未来的 DCS 将采用智能化仪表和现场总线技术，从而彻底实现分散控制，并可节约大量的布线费用，提高系统的易展性。OPC 标准的出现从根本上解决了控制系统的共享问题，使系统的集成更加方便，从而导致控制系统价格的下降。基于 PC 机的解决方案将使控制系统更具有开放性。Internet 技术在控制系统中的应用，将使操作界面更加友好、数据访问更加方便，并且 Window NT 将成为控制系统的优秀平台。总之，DCS 通过不断采用新技术将向标准化、开放化、通用化的方向发展。

8.2. DCS 的硬件体系结构

8.2.1. 概述

从 DCS 的层次结构考察硬件构成，最低级是与生产过程直接相连的过程控制级，如图 8-1 所示。在不同的 DCS 中，过程控制级所采用的装置结构形式大致相同，但名称各异，如过程控制单元、现场控制站、过程监测站、基本控制器、过程接口单元等，在这里，我们统称现场控制单元 FCU。

这一级实现了 DCS 的分散控制功能，所采用的装置又称分散控制装置，由安装在控制机柜内的标准化模件组装而成。生产过程的各种参数由传感器接受并转换送给现场控制单元作为控制和监测的依据，而各种操作通过现场控制单元送到各执行机构。有关信号的模拟量和数字量的转换、各类基本控制算法也在现场控制单元中完成。

DCS 的各级都以计算机为核心，其中生产管理级、经营管理级是由功能强大的计算机来实现，没有更多的硬件构成，这里不再详细阐述。过程管理级由工程师站、操作员站、管理计算机和显示装置组成直接完成对过程控制级的集中监视和管理，通常称为操作站。

DCS 的硬件和软件，都是按模块化结构设计的，所以 DCS 的开发实际上就是将系统提供的各种基本模块按实际的需要组合为一个系统，这个过程称为系统的组态。采用组态的方式构建系统可以极大限度地减少许多重复的工作，为 DCS 的推广应用提供了技术保证。DCS 的硬件组态就是根据实际系统的规模对计算机及其网络系统进行配置，选择适当的工程师站、操作员站和现场控制单元。

本节以典型的中小型集散控制系统 CENTUM-μXL 为例论述现场控制单元和操作站的

硬件构成，如图 8-2 所示。

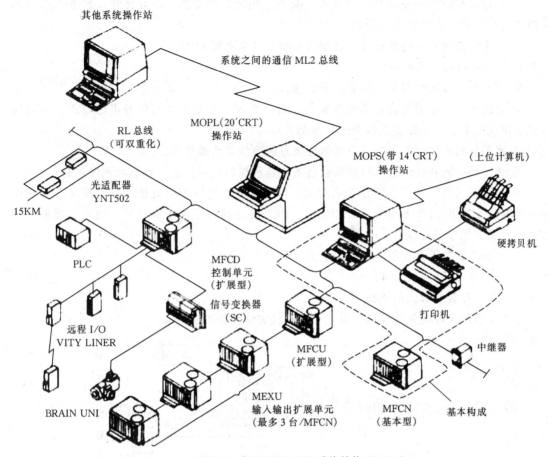

图 8-2 CENTUM-µXL 系统结构

8.2.2. 现场控制单元

现场控制单元一般远离控制中心，安装在靠近现场的地方，以消除长距离传输的干扰。其高度模块化结构可以根据过程监测和控制的需要配置成由几个监控点到数百个监控点的规模不等的过程控制单元。它的结构是许多功能分散的插板（或称模件）、插板箱，各箱又分层地插入机柜。

8.2.2.1. 机柜与电源

（1）机柜

现场控制单元的各种功能插板安装在由多层机架组成的机柜中。机柜常配有密封门、冷却扇和过滤器等，有时还配有温控开关，当机柜内温度超过正常范围时，发出报警信号。

（2）供电电源

DCS 的电路由直流稳压电源供电，常用的是 5V，±12V 和 ±24VDC，一般对现场控制单元的供电电源均要求与现场变送器或执行机构的供电电源互相隔离，以减少相互干扰。主电源（供柜内母线的 24VDC）单元采用 1:1 冗余，各层机架上的子电源所需的各种电压由主电源变换而来，可采用 1:1 或 N:1 冗余配置。所有电源均来自于 120VAC 或 220VAC 交流电网。为保证供给现场控制单元交流电源的稳定可靠，一般采取如下措施：

① 每一现场控制站均采用双相交流电源供电，两相互为冗余；

② 若电网电压波动严重，应采用交流稳压器；

③ 若附近有经常开关的大功率设备，要采用超级隔离变压器，并将初、次级线圈间的屏蔽层可靠接地，以隔离共模干扰；

④ 对连续控制要求高的场合，应配备不间断供电电源 UPS。

8.2.2.2. 现场控制单元的功能

在 DCS 中，现场控制单元具有如下功能：

① 完成来自变送器的信号的数据采集，有必要时，要对采集的信号进行校正、非线性补偿、单位换算、上下限报警以及累计量的计算等；

② 将采集和通过运算得到的中间数据通过网络传送给操作站；

③ 通过其中的软件组态，对现场设备实施各种控制，包括反馈控制和顺序控制；

④ 一般现场控制单元还设置手动功能，以实施对生产过程的直接操作和控制。现场控制单元通常不配备 CRT 显示器和操作键盘，但可备有袖珍型现场操作器，或在前面板上装备小型开关和数字显示设备；

⑤ 现场控制单元具有很强的自治能力，可单独运行。

8.2.2.3. 现场控制单元的结构

（1）基本型控制单元的构成

基本型控制单元与过程输入、输出设备连接方式如图 8-3 所示。

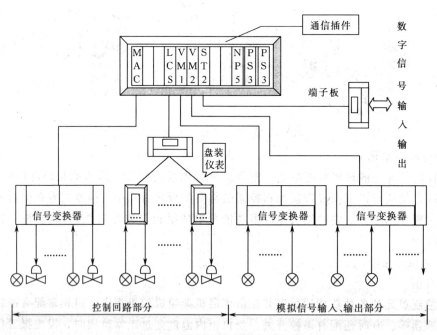

图 8-3　基本型控制单元的构成

基本型控制单元是宽度为 483mm，高度为 266mm，厚度为 336mm 的小型设备。用 4 个螺丝简单地安装在仪表架上或控制柜里。

在基本型控制单元上，可插入 12 块功能插件。其中右边的 4 块是通用插件，从右边起，有电源插件 PS3X、双重化时的电源插件 PS3X（在非双重化的情况下，此槽为空槽）、基本型 CPU 存储插件 NP5X 及 RL 总线通信插件（单个用或双重化用）。左侧的 8 块是输入、输出插件，和现场来的信号相配合，可以插入各种控制用的输入、输出插件。

（2）扩展型控制单元的构成

扩展型控制单元以及与它相连的输入、输出单元、过程输入、输出设备、分系统等的构成如图 8-4 所示。扩展型控制单元的外形、尺寸、安装方法、插入插件的块数、插件的插槽构成等，和基本控制单元一样。但是，带有输入、输出单元时，从右边数起第 5 个插槽内要插入 NE 总线通信插件。因此这时输入、输出插件的实际可插入数为 7 块。在扩展型控制单元的输入、输出插件的可插部位上，可以安装控制用输入、输出插件和 Basic 用输入、输出插件。可插部位最多可插入 8 块 Basic 用输入、输出插件。

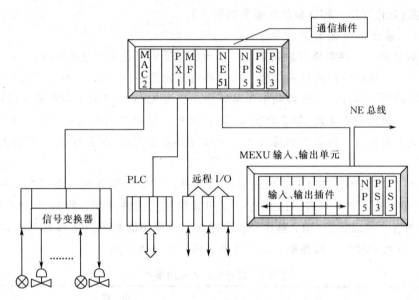

图 8-4　扩展型控制单元的构成

根据扩展型控制单元的需要，最多可连接 3 台输入、输出单元。扩展单元的插件箱由通用部(右侧的 4 块插件)和输入、输出插件安装部(左侧的 8 块插件)构成。另外，在通用部件右起第 1 槽内安装电源插件，在右起第 4 槽内安装 NE 总线连接器(右起第 2、第 3 插槽为空槽)。

在扩展型控制单元及输入、输出扩展单元上，可连接 PLC、远程 I/O 单元及其他系统，但扩展型控制单元要靠 Basic 语言功能去和它们连接。

8.2.2.4. 现场控制单元的部件

现场控制单元的部件插卡大致可分为公共部件卡和输入、输出 I/O 卡两类，详见表 8-1。

（1）公共部件卡

① 电源供应卡　所有电源供应卡具有产生时钟计时的功能，可用于控制 I/O 卡和测量电源故障间隔。

- 电源供应卡 PS31—安装在现场控制单元，并接收 24VDC 的输入电压，分别输出 24VDC 和 5VDC 且 DC/DC 转换器绝缘；
- 电源供应卡 PS32—安装在现场控制单元，并接收 90～125VAC 的输入，分别输出 24VDC 和 5VDC 且 AC/DC 转换器绝缘；
- 电源供应卡 PS35—安装在现场控制单元，并接收 200～245VAC 的输入，分别输出 24VDC 和 5VDC 且 AC/DC 转换器绝缘。

② 主机插卡(NP53/NP54) 主机插卡是现场控制单元的核心，它包括 CPU、存储器和寄存器等，它可完成反馈控制、顺序控制和运算功能。大多使用 32 位微处理器，配有浮点运算协处理器，为扩展更为复杂的控制算法，如自整定、模糊控制和预测控制等；只读存储器 ROM 一般有数百 K 字节，用来固化系统启动、自检、基本 I/O 驱动程序，各种控制、检测功能模块、所有固定参数及系统通信和系统管理模块等。有的系统还将用户组态的应用程序也固化在 ROM 中，一旦加电，控制单元就马上正常工作，使用更加方便可靠；随机存储器 RAM 约有数百 K 至数 M 字节，用来存储实时数据与计算中间结果、用户在线操作时需修改的参数(如设定值、PID 参数和报警界限等)。

（2）输入、输出 I/O 插卡

DCS 中数量最大、种类最多的就是 I/O 插卡，各插卡功能如表 8-1 所示。

控制用输入、输出插件的插入块数、槽位都有限制条件。MAC2,PAC 是为了实行 CRT 操作的 8 回路控制用插件。每台控制单元可以插入 2 块 MAC2(在第 1 槽及第 3 槽)，在双重化的情况下，可再多插入 2 块(第 2 及第 4 槽)。另外，每台显示单元可以插入 1 块 PAC 件(第 1 槽)，在双重化时，可以再多插入 1 块 PAC 件(第 2 槽)。在装有 PAC 插件时，MAC2 不能安装。

LCS 是为了和 YEWSERIES80 仪表连接的插件，最多可插 3 块，在第 2,4,6 槽。插入 LCS 插件左邻的槽一定要空着。LCS 也可以和其他控制插件并用，特别是通过和 MAC2, PAC 插件的组合，可以组成 CRT 操作和仪表操作混合使用的系统。LCU 是为了和回路显示单元(ULDU)连接的插件，装在第 1 及第 2 槽，最多可插入 2 块。

表 8-1 现场控制单元的部件

插卡	型号	功　能
电源供应卡	PS31/32/35	见上述
处理卡	NP53/54	见上述
NE-总线接口卡	NE53	MV-总线/NE-总线转换
模拟控制 I/O 卡	MAC2	8 路模拟量输入：1~5V DC；8 路模拟量输出：4~20mA
脉冲控制 I/O 卡	PAC	8 路脉冲量输入：0~6kHz；8 路模拟量输出：4~20mA
回路通信卡	LCU	可连接 4 个回路显示单元（ULDU）/LCU 卡
回路通信卡	LCS	可连接 8 个回路 YEWSERIES80 仪表/LCS 卡
多点状态 I/O 卡	ST2	16 个状态输入：接触器或 DC 电压（接触器 ON：200Ω 最大，OFF：100kΩ 最小；电压 ON：±1V DC，200Ω 最大，OFF：4.5~25V DC）；16 个状态输出：半导体接触器，<60V DC，200mA
多点状态输入卡	ST3	32 个状态输入：接触器或 DC 电压（同 ST2）
多点状态输出卡	ST4	32 个状态输出：半导体接触器，<60V DC，200mA
多点状态 I/O 卡	ST5	32 个状态输入：同 ST2；32 个状态输出：同 ST2
多点状态输入卡	ST6	64 个状态输入：接触器或 DC 电压（同 ST2）
多点状态输出卡	ST7	64 个状态输出：半导体接触器，<30V DC，100mA
多点按钮输入卡	PB5	16 个状态输入：接触器或 DC 电压（同 ST2）
多点脉冲输入卡	PM1	16 路脉冲量输入：0~6kHz
多点模拟输入卡	VM1	16 路模拟量输入：1~5V DC
多点模拟 I/O 卡	VM2	8 路模拟量输入：1~5V DC；8 路模拟量输出：1~5V DC

插卡	型号	功　能
多点模拟输出卡	VM4	16 路模拟量输出：1～5V DC
多点按钮输入卡	PB6	16 个状态输入：接触器或 DC 电压（同 ST2），可用 BASIC 语言控制
RS-232-C 接口卡	RS2	可接 4 个 RS-232-C 设备，可用 BASIC 语言控制
绝缘模拟输入卡	AN5	8 路模拟量输入。DC 电压：±10mV，±20mV，±40mV，±80mV，±1.25V、±2.5V、±5V、±10V 可选；热电偶：7 种热偶信号可选。可用 BASIC 语言控制
序列发生接口卡	PX1	双向通信，RS-232C 或 RS-485 标准可选，可用 BASIC 语言控制
GP-IB 接口卡	GB1	1 个 GP-IB 连接器，最多连 14 个 GP-IB 设备，可用 BASIC 语言控制
彩色 TV/开关输入卡	TV3	连接 1 个彩色或单色显示单元和 64 个开关量
通用串行接口卡	RS3	提供 2 个端口，RS-232C、RS-485 和 20mA 电流回路可选，可用 BASIC 语言控制
远程 I/O 接口卡	MF1	扩展远程 I/O 模块，可用 BASIC 语言控制

8.2.3. 操作站

操作站（MOPS/MOPL）显示并记录来自各控制单元的过程数据，是人与生产过程的操作接口。通过操作人/机接口，实现适当的信息处理和生产过程操作的集中化。

8.2.3.1. 操作站结构组成

典型的操作站包括主机系统、显示设备、键盘输入设备、信息存储设备和打印输出设备等。

（1）主机系统

操作站的主机系统主要实现集中监视、对现场直接操作、系统生成和诊断等功能，在同一系统中最多可连接 5 台操作站。采用多个操作站可提高操作性，实现功能的分担和后备作用。有的 DCS 配备一个工程师站，用来生成目标系统的参数等。多数系统的工程师站和操作员站合在一起，仅用一个工程师键盘，起到工程师站的作用。目前大多采用 32 位 CPU，RAM 为 2～4M 字节。

（2）显示设备

主要显示设备是彩色 CRT，有的还有指触屏 CRT。μXL 操作站带有 14″CRT 的台式（MOPS）和带 20″CRT 的落地式（MOPL）两个种类。

（3）键盘输入设备

键盘分为操作员键盘和工程师键盘两种。操作和监视用的操作员键盘，采用防水、防尘结构的平面键，键的排列也充分考虑机能的发挥，使操作直观、方便。工程师键盘提供系统工程师编程和组态用的，类似于 PC 机键盘。

（4）信息存储设备

有只读存储器、随机存储器、软盘、硬盘及磁带机等。

（5）打印输出设备

一般要配置两台打印机，分别用于打印生产记录报表、报警列表和拷贝流程画面。μXL 操作站用 CENTRONICS 接口，可连接 1 台彩色硬拷贝机或一台打印机，或用 RS-232C 接口连接一台打印机。

8.2.3.2. 操作站的功能

（1）显示功能

操作站的 CRT 是 DCS 和现场操作运行人员的主要界面，它有强大、丰富的显示功能。

① 模拟参数显示　可以模拟方式（棒图）、数字方式和趋势曲线方式显示过程量、设定值和控制输出量；对非控制变量也可用模拟或数字方式显示其数值和变化过程。

② 系统状态显示　以字符、模拟方式或图形颜色等方式显示工艺设备的有关开关状态（运行、停止、故障等）、控制回路的状态（手动、自动、串级等）以及顺序控制的执行状态。

③ 多种画面显示　可显示的画面如下：

- 总貌画面—显示全系统的工艺结构和重要状态信息；
- 分组画面—显示一组的详细状态，一个画面可以显示 8 个诸如内部仪表、顺序元件、报警器、开关仪表等；
- 控制回路画面——一个控制回路的详细数据显示，如图 8-5 为一个回路的反馈仪表图；

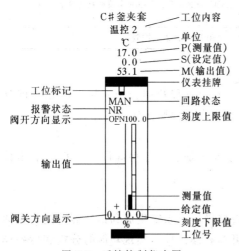

图 8-5　反馈控制仪表图

- 参数变化趋势画面—显示某些参数特别是控制回路的设定值、过程量和输出值的变化趋势；
- 流程图画面—用模拟图表示工艺过程和控制系统；
- 报警画面—显示报警信息和报警列表记录；
- DCS 本身状态画面—系统的组成结构、网络状态和工作站状态。

此外还可显示各类变量目录画面、操作指导画面、故障诊断画面、工程师维护画面和系统组态画面。

（2）报警功能

对操作站、现场控制单元和打印机等进行诊断，发生异常时，提供多种形式的报警功能，如利用画面灯光和模拟音响等方式实现报警。

（3）操作功能

DCS 的操作功能依靠操作员站实现，这些功能有：

- 对系统中控制回路进行操作管理—包括设定值和 PID 控制器参数设定、控制回路切换（手动、自动、串级）和手动控制回路输出等；
- 调节报警越限值—设定和改变过程参数的上下限报警值及报警方式；
- 紧急操作处理—操作员站提供对系统的有关操作功能，以便在紧急状态时进行操作处理。

（4）报表打印功能

DCS 的报表打印功能不但减轻了运行人员手工定时抄写报表的负担，而且生成的报表美观、丰富，极大地方便了生产过程的运行和管理。一般 DCS 的报表打印功能包括：根据生产过程的要求，定时打印各种报表；DCS 运行状态信息打印；操作信息打印，随时打印操作员的各种操作，以备需要时检查；故障状态打印，在生产过程发生故障时，自动打印故障前后一段时间的有关参数，作为故障分析的依据。

（5）组态和编程功能

系统的组态以及有关的程序编制也是在操作站完成的，这些工作包括数据库的生成、历史记录的创建、流程画面的生成、记录报表的生成、各种控制回路的组态以及对已有组态进行修改等。

8.3. DCS 的软件系统

8.3.1. 概述

DCS 的软件系统如图 8-6 所示。DCS 的系统软件为用户提供高可靠性实时运行环境和功能强大的开发工具。DCS 为用户提供相当丰富的功能软件模块和功能软件包，控制工程师利用 DCS 提供的组态软件，将各种功能软件进行适当的"组装连接"（即组态），极为方便地生成满足控制系统要求的各种应用软件，大大减少了用户的开发工作量。

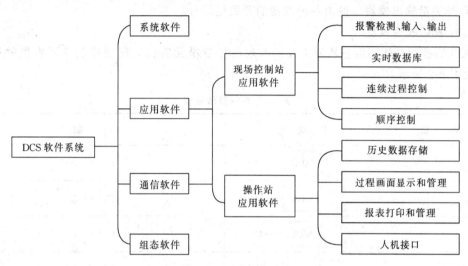

图 8-6　DCS 软件系统

8.3.2. 现场控制单元的软件系统

现场控制单元的软件可分为执行代码部分和数据部分，数据采集、输入输出和有关系统控制的软件的程序执行代码部分固化在现场控制单元的 EPROM 中，而相关的实时数据则存放在 RAM 中，在系统复位或开机时，这些数据的初始值从网络上装入。

执行代码有周期性和随机性两部分，如周期性的数据采集、转换处理、越限检查、控制算法、网络通信和状态检测等，这些周期性执行部分是由硬件时钟定时激活的；另一部分是随机执行部分，如系统故障信号处理、事件顺序信号处理和实时网络数据的接收等，是由硬件中断激活的。

8.3.2.1. 实时数据库

现场控制单元的 RAM 是一个实时数据库，起到中心环节的作用，在这里进行数据共享，各执行代码都与它交换数据，用来存储现场采集的数据、控制输出以及某些计算的中间结果和控制算法结构等方面的信息，如图 8-7 所示。

8.3.2.2. 输入输出软件

现场控制单元直接与现场设备进行数据交换，故配备齐全的输入输出软件，包括以下几部分。

① 开关量输入模块　它成组读入开关量输入数据，并进行故障连锁报警检测。

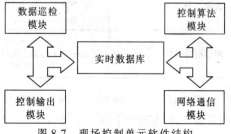

图 8-7　现场控制单元软件结构

② 模拟量输入模块　对采集的模拟量信号进行 A/D 转换，并根据需要，进行如下处理：

a. 信号的预处理—对信号实施各种功能数字滤波处理(如多点平均、移动平均和加权平均等)；

b. 信号转换—根据信号的物理性质和变送器的量程，将测量信号转换成工程单位信号；对用差压变送器测得的流量信号，实施开方运算；对热电偶信号进行冷端温度补偿和插值运算；并根据需要，对有关信号进行各种补偿。

③ 模拟量输出模块　按要求输出 4~20mA 或 1~5V 的模拟信号。

④ 开关量输出模块　输出各种规格的开关量信号。

8.3.2.3. 控制软件模块

DCS 的控制功能用组态软件生成，由现场控制单元实施。现场控制单元提供的控制算法模块表 8-2 所示。

表 8-2　控制算法模块表

算　法	模　块　图	功　能
加法	A─B─[ADD]─C	$C = A + B$
减法	A─B─[SUB]─C	$C = A - B$
乘法	A─B─[MUL]─C	$C = A * B$
除法	A─B─[DIV]─C	$C = A / B$
开方	A─[SQRT]─C	$C = \sqrt{A}$
比例控制器	A─B─[P]─C	$C = K_p(A - B)$
比例积分控制器	A─B─[PI]─C	$C = K_p(A - B) + K_i\int_0^t (A - B)dt$
比例积分微分控制器	A─B─[PID]─C	$C = K_p(A - B) + K_i\int_0^t (A - B)dt + K_d\dfrac{d}{dt}(A - B)$
高选通 HISEL	A─B─[HS]─C	IF A⩾B,Then C=A;Else C=B
低选通 LOSEL	A─B─[LS]─C	IF A⩽B,Then C=A;Else C=B
选通控制	L A─B─[TRS]─C	IF L=1,Then C=A; Else C=B
超前滞后补偿	A─[LEAD-LAG]─C	$\dfrac{C(s)}{A(s)} = \dfrac{K(T_d s + 1)}{T_i s + 1}$

表中仅列举了控制算法库中的基本算法模块，为了有效地实现各类工业对象的控制，控制算法库中还包括下列一些模块。

(1) 自动/手动切换模块

所有 DCS 中都具有此模块。它专门处理控制系统由自动状态向手动状态或由手动状态向自动状态的切换问题。基本的要求是在两种状态之间切换时，执行器接受的指令不能发生突变，即所谓的"无扰动切换"。所以自动/手动切换模块具有自动指令和手动指令的相互跟踪功能。

（2）线性插值模块

所有 DCS 中都要用到函数关系，最简单的函数关系是分段的线性函数，线性插值模块具有将已知的若干个点转换为一个分段线性函数的功能。

（3）非线性模块

限幅模块、死区模块、滞环模块和继电器模块均属于此种模块，它们是为了处理系统中存在的非线性特性而设置的。

（4）变型 PID 模块

为了满足工程的需要，在基本的 PID 算法的基础上衍生出一些变型的 PID 算法，如带前馈的 PID 算法、带死区的 PID 算法、积分分离 PID 算法和不完全微分的 PID 算法等。变型 PID 模块提供这些控制算法。

（5）平衡输出模块

在控制系统中经常遇到一个控制器需要对两个以上的执行器进行控制的情况，因此必须具有平衡输出模块，以便调节多个执行器之间的负荷分配。

（6）执行器模块

为了对控制器输出指令的幅值和速率进行限制和加入闭锁指令等，需要执行器模块实现这些功能。

（7）逻辑模块

控制系统不仅需要处理连续信号，而且还要处理逻辑信号。逻辑模块包括常用的基本逻辑运算，如"与"、"或"和"非"等基本的运算及"置位清零"等。

8.3.3. 操作站的软件系统

DCS 中的工程师站或操作员站必须完成系统的开发、生成、测试和运行等任务，这就需要相应的系统软件支持，这些软件包括操作系统、编程语言及各种工具软件等。

8.3.3.1. 操作系统

DCS 采用实时多任务操作系统，其显著特点是实时性和并行处理性。所谓实时性是指高速处理信号的能力，这是工业控制所必须的；而并行处理特性是指能够同时处理多种信息，它也是 DCS 中多种传感器信息、控制系统信息需同时处理的要求。此外，用于 DCS 的操作系统还应具有如下功能：按优先级占有处理机的任务调度方式、事件驱动、多级中断服务、任务之间的同步和信息交换、资源共享、设备管理、文件管理和网络通信等。

8.3.3.2. 操作站配置的应用软件

在实时多任务操作系统的支持下，DCS 系统配备的应用软件有：

① 编程语言——包括汇编、宏汇编以及 FORTRAN，ALGOL，PASCAL，COBOL，BASIC 等高级语言；

② 工具软件——包括加载程序、仿真器、编辑器、DEBUGER 和 LINKER 等；

③ 诊断软件——包括在线测试、离线测试和软件维护等。

8.3.3.3. 操作站上运行的应用软件

一套完善的 DCS，其操作站上运行的应用软件应完成如下功能：实时数据库、网络管理、历史数据库管理、图形管理、历史数据趋势管理、数据库详细显示与修改、记录报表生成与打印、人机接口控制、控制回路调节、参数列表、串行通信和各种组态等。

8.3.4. DCS 的组态(开发与生成)

DCS 的开发过程主要是采用系统组态软件依据控制系统的实际需要生成各类应用软件的过程。一个强大的组态软件，能够提供一个友好的用户界面，并已汉化，使用户只需用最简单的编程语言或图表作业方法而不需要编写代码程序便可生成自己需要的应用软件。

组态软件功能包括基本配置组态和应用软件组态。基本配置组态是给系统一个配置信息,如系统的各种站的个数、它们的索引标志、每个控制站的最大点数、最短执行周期和内存容量等。应用软件的组态则包括比较丰富的内容,下面对应用软件的几个主要内容进行说明。

8.3.4.1. 控制回路的组态

如前所述的各种控制算法模块存储在现场控制单元的 EPROM 中。利用这些基本模块,依靠软件组态可构成各种各样的实际控制系统。要实现一个满足实际需要的控制系统,需分两步进行。首先进行实际系统分析,对实际控制系统,按照组态的要求进行分析,找出其输入量、输出量以及需要用到的模块,确定各模块间的关系;然后生成需要的控制方案,利用DCS 提供的组态软件,从模块库中取出需要的模块,按照组态软件规定的方式,把它们连接成符合实际需要的控制系统,并赋予各模块需要的参数。

可见 DCS 中控制回路的实现采取了控制算法和参数分离的原则,即在组态时只需利用所需模块的名称或索引号构造控制回路,控制算法所需要的参数包含在组态后生成的数据文件中,这一数据文件下载到现场控制单元的 RAM 中,可以进行修改。这样控制算法库中的模块可应用于许多控制系统,对于不同的控制对象,仅修改数据文件即可。

在实时多任务操作系统中,各算法模块必须设计可重入的。即每次调用不会破坏前次调用的信息。此外,在多数 DCS 中,下载的控制参数一般放在带有后备电池的 RAM 中,即使系统掉电,加电复位后马上投入运行。

目前各种不同的 DCS 提供的组态方法各不相同,下面给出以流量控制系统为例的几种常用组态方式。

（1）指定运算模块连接方式

这是在工程师操作键盘上,通过触摸屏幕、鼠标或键盘等操作,调用各种独立的标准运算模块,用线条连接成多种多样的控制回路,然后由计算机读取屏幕组态图形中信息后自动生成软件,如图 8-8 所示。

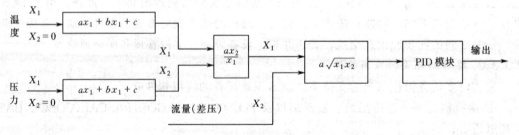

图 8-8　指定运算模块连接方式

（2）判定表方式

这是纯粹的填表形式,只要按照 CRT 画面上组态表格的要求,用工程师键盘逐项填入内容或回答问题即可。这种方式更有利于用户的组态操作,如表 8-3 所示。

表 8-3　判定表方式示例

控制站编号		= 01		
回路编号		= 23		
工位号	= F120		补偿计算	= YES
功能指定	= PID		温度输入	= T130
输入处理			温度设计值	= 15（℃）
量程上限	= 100.0		压力输入	= P540
量程下限	= 0		压力设计值	= 0.1MPa
工业单位	= M³/H		控制运算	
线性化	= $\sqrt{\ }$		控制周期	= 1s
积算指定	= YES		设定值跟踪	= YES
报警处理			输入/输出补偿	= NO
上下限报警	= YES		输出处理	
上下限报警灯输出	= NO		正/反动作	= R（反作用）
变化限报警	= YES		输出跟踪	= YES
变化限报警灯输出	= NO		输出变化限幅值	= 5%/次
偏差报警	= YES		备用操作器	= NO
偏差报警灯输出	= NO			

（3）步骤记入方式

这是一种面向过程的 POL 语言指令的编写方式，其编程自由度大，各种复杂功能都可通过一些技巧实现。但由于系统生成效率低，不适用大规模 DCS。步骤记入方式首先编制如表 8-4 所示的程序，然后用相应的组态键盘输入。

表 8-4　步骤记入方式示例

程序步	程　序		说　明
1	LD	X2	压力输入
2	LD	K2	读入系数
3	+		$K_2 + X_2$
4	LD	X3	温度输入
5	LD	K3	读入系数
6	+		$K_3 + X_3$
7	÷		$(K_2 + X_2) / (K_3 + X_3)$
8	LD	X1	差压输入
9	·		$X_1 \cdot (K_2 + X_2) / (K_3 + X_3)$
10	$\sqrt{\ }$		$\sqrt{X_1 \cdot (K_2 + X_2) / (K_3 + X_3)}$
11	LD	K1	读入系数
12	·		$\sqrt{K_1 \cdot X_1 \cdot (K_2 + X_2) / (K_3 + X_3)}$
13	PID		基本 PID 控制
14	ST	Y1	4～20mA 输出
15	LD	FL1	PH 报警
16	LD	FL2	PL 报警
17	LD	FL3	DV 报警
18	OR		FL3 与 FL2 的 OR
19	OR		FL3 与 FL2 与 FL1 的 OR
20	ST	DO1	报警节点输出
21	END		

8.3.4.2. 实时数据库生成

实时数据库是 DCS 最基本的信息资源，这些实时数据由实时数据库存储和管理。在

DCS中，建立和修改实时数据库记录的方法有多种，常用的方法是用通用数据库工具软件生成数据库文件，系统直接利用这种数据格式进行管理或采用某种方法将生成的数据文件转换为 DCS 所要求的格式。

实时数据库的内容主要包括以下几个方面。

① 站配置信息　包括站的型号、各功能板槽号。

② 模拟量输入数据　包括信号类型、工程单位、转换方式、量程、线性化方法、滤波方法、报警限和巡检周期等。对于热电偶和热电阻输入信号，还要附加测量元件型号、冷端名称(对热电偶)、桥路参数(对热电阻)等的有关说明。

③ 模拟量输出　包括名称、信号类型、单位、量程、通道号和巡检周期等。

④ 开关量输出　包括输出类型、通道号和巡检周期等。

⑤ 开关量输入　包括状态定义、加载时初值、通道号和巡检周期等。

⑥ 其他　有中断量、脉冲输入量、脉冲输出量以及数字输入量、数字输出量等。

8.3.4.3. 工业流程画面的生成

DCS 是一种综合控制系统，具有丰富的控制系统和检测系统画面显示功能。利用工业流程画面技术不仅实现模拟屏的显示功能，而且使多种仪表的显示功能集成于一个显示器。这样，采用若干台显示器即可显示整个工业过程的上百幅流程画面，达到纵览工业设备运行全貌的目的，而且可以逐层深入，细致入微地观察各个设备的细节。DCS 的流程画面技术支持各种趋势图、历史图和棒图等。

工业流程画面的显示内容分为两种，一种是反映生产工艺过程的背景图形(如各种容器的轮廓、各种管道、阀门等)和各种坐标及提示符等。这些图素一次显示出来，只要画面不切换，它是不改变的。另一种是随着实时数据的变化周期刷新的图形，如各种数据显示、棒图等。此外在各个流程画面上一般还设置一些激励点，它们作为热键使用，用来快速打开所对应的窗口。

8.3.4.4. 历史数据库的生成

所有 DCS 都支持历史数据存储和趋势显示功能，历史数据库的建立有多种方式，而较为先进的方式是采用生成方式。由用户在不需要编程的条件下，通过屏幕编辑编译技术生成一个数据文件，该文件定义了各历史数据记录的结构和范围。多数 DCS 提供方便的历史数据库生成手段，以实现历史数据库配置。生成时，可以一步生成目标记录，再下载到操作员站、现场控制单元或历史数据库管理站；或分为两步实现，首先编辑一个记录源文件，然后再对源文件进行编译，形成目标文件下载到目标站。无论采用何种方式，与实时数据库生成一样，历史数据库的生成是离线进行的。在线运行时，用户还可对个别参数进行适当修改。

历史数据包括模拟量、开关量和计算量，它们可分为如下三类：

① 短时数据　采样时间短、保留时间短的数据；

② 中时数据　采样时间中等、保留时间中等(例如24h 或48h)的数据；

③ 长时数据　采样时间长、保留时间长(例如长达一个月)的数据。

历史数据库中数据一般按组划分，每组内数据类型、采样时间一样。在生成时对各数据点的有关信息进行定义。

8.3.4.5. 报表生成

DCS 操作员站的报表打印功能通过组态软件中的报表生成部分进行组态，不同的 DCS在报表打印功能方面存在较大的差异。某些 DCS 具有很强的报表打印功能，但某些 DCS 仅仅提供基本的报表打印功能。一般来说，DCS 支持如下两类报表打印功能：

① 周期性报表打印　这种报表打印功能用来代替操作员的手工报表，打印生产过程中的操作记录和一般统计记录；

② 触发性报表打印　这类报表打印由某些特定事件触发，一旦事件发生，即打印事件发生前后的一段时间内的相关数据。

多数 DCS 提供一套报表生成软件，用户根据需要和喜好生成不同的报表形式。报表生成软件采用人机对话方式，在屏幕上生成一个表格再下载到操作员站上，系统在运行时就依此格式将信息输送到打印机上。在生成表格时不仅要编制表格本身，还要建立起与动态数据相关的信息。因此生成一张报表时，要确定的信息有各种表格都具有的公共信息，包括报表的种类、名称和格式等。对于周期性报表，还需有打印时间和周期、数据点名称、打印各点的取数间隔和打印点数等。对于触发性报表，还需有触发源、列表前后时间、数据点名称等。

8.3.5. DCS 中的先进控制技术

DCS 在控制上的最大特点是依靠运算单元和控制单元的灵活组态，可实现多样化的控制策略以满足不同情况下的需要，使得在单元组合仪表实现起来相当繁琐与复杂的命题变得简单，有些无法实现的系统得以实施，为先进控制技术在工业领域应用创造了条件。

8.3.5.1. PID 控制算法的改进

根据 DCS 的控制功能，在基本的 PID 算法基础上，可以开发各种改进算法。由于各种改进算法发展得比较成熟，且容易实现，一般计算机控制方面的书均有论述，在这里不再详述。

① 带有死区的 PID 控制　应用于某些要求控制作用尽量少变的场合。

② 积分分离的 PID 控制　应用于既要消除偏差，又要求有较快响应的控制系统。

③ 微分先行的 PID 控制　改善随动控制系统的动态特性。

④ 不完全微分的 PID 控制　防止因微分对高频波动的敏感性所造成系统剧烈震荡而降低执行机构的使用寿命。

⑤ 逻辑选择＋PID 控制　如测量信号的选择性控制以及能自动地在正常控制状态与"应急"控制状态切换的超驰控制，从而提高了系统的运行质量和稳定性。

8.3.5.2. 自整定控制算法

在实际过程控制系统中，基于 PID 控制技术的系统占 80％以上，PID 回路运用优劣在实现装置平稳、高效、优质运行中起到举足轻重的作用，各 DCS 厂商都以此作为抢占市场的有力砝码，开发出各自的 PID 自整定软件。

按 Ortega 与 Kelly 的分类，自整定 PID 控制有 3 种类型，即隐式极点配置 PID 自整定控制算法、显式极点配置 PID 自整定控制算法和依据显式判据最小化的 PID 自整定控制算法。不论显式还是隐式控制算法，通常以二阶系统的特性作为闭环特性。这里以隐式算法为例说明设计方法。

设系统如图 8-9 所示，为使系统无余差，数字控制器应有 $z=1$ 的极点，而是需要配置 $z=-\gamma$ 的极点，即

$$D(z) = \frac{\beta(z^{-1})}{(1-z^{-1})(1+\gamma z^{-1})} = \frac{\beta(z^{-1})}{\alpha(z^{-1})}$$

其中

$$\beta(z^{-1}) = \beta_0 + \beta_1 z^{-1} + \beta_2 z^{-2}$$

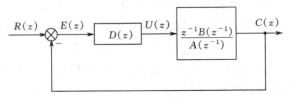

图 8-9　控制系统方框图

闭环特性为

$$\frac{C(z)}{R(z)} = \frac{\beta(z^{-1})B(z^{-1})}{\alpha(z^{-1})A(z^{-1}) + \beta(z^{-1})B(z^{-1})z^{-1}} \quad (8-1)$$

根据极点配置的要求,应有

$$C_d(z^{-1}) = \alpha(z^{-1})A(z^{-1}) + \beta(z^{-1})B(z^{-1})z^{-1} \quad (8-2)$$

系统的实际值由于无法得到,因此用辨识得到的估计值代入。不失一般性,可设

$$C_d(z^{-1}) = 1 + \sum C_i z^{-1} \quad (i = 1, \cdots, 4)$$

$$A(z^{-1}) = 1 + a_1 z^{-1} + a_2 z^{-2}, \quad B(z^{-1}) = b_0 + b_1 z^{-1}$$

代入式(8-2)可得以 $a_1, a_2, b_0, b_1, c_1, c_2, c_3, c_4$ 为参数的4个方程,并求得控制器参数 $\beta_0, \beta_1,$ β_2, γ 方程组是

$$\begin{pmatrix} b_0 & 0 & 0 & 1 \\ b_1 & b_0 & 0 & a_1 \\ 0 & b_1 & b_0 & a_2 - a_1 \\ 0 & 0 & b_1 & -a_2 \end{pmatrix} \begin{pmatrix} \beta_0 \\ \beta_1 \\ \beta_2 \\ \gamma \end{pmatrix} = \begin{pmatrix} c_1 - a_1 + 1 \\ c_2 - a_2 + a_1 \\ c_3 + a_2 \\ c_4 \end{pmatrix} \quad (8-3)$$

由此可得控制算法为

$$U(k) = (1 - \gamma)U(k-1) + \gamma U(k-2) + \beta_0 e(k) + \beta_1 e(k-1) + \beta_2 e(k-2) \quad (8-4)$$

可以看出,当 c_3, c_4 均为零时可按二阶系统来整定 PID 参数。研究表明当阻尼比 $\xi = 0.752$ 时单位阶跃信号作用下系统有最小的 ITAE 值,相应的超调量是 2.78%。

以最小性能指标整定的控制算法很多,在实际应用时 DCS 制造厂商又各有算法。例如 I/A S 51 随机带来的 PIDE 自整定软件采用的是自整定专家控制算法,其主要原理是通过对系统误差的模式识别,分别识别出过程响应曲线的超调量、衰减比、振荡周期等,然后与所期望曲线形状比较,在线调整 PID 参数,直至过程的响应曲线是某种指标下的最优曲线;TDC-3000 系统的 LOOPTUNE-Ⅱ 自整定软件采用临界比例度法,施加非线性环节产生临界振荡,由观测器测试极限环振幅和振荡周期,再根据有关公式整定控制器参数;此外,MASTER 系统带有根据最小方差设计的最小方差功能单元。

8.3.5.3. 基于非参数模型的预测控制算法

与传统的 PID 控制不同,基于非参数模型的预测控制算法是通过预测模型预估系统未来输出的状态,采用滚动优化策略计算当前控制器的输出。根据实施方案的不同,有各种算法,例如,内模控制、模型算法控制、动态矩阵控制等。它对数学模型要求不高,具有良好的跟踪性能,并对模型误差等具有较强的鲁棒性。由于这些特点更加符合工业过程的实际要求,得到了广泛的重视和应用。预测控制系统的结构如图 8-10 所示,它们的基本内容说明如下。

(1) 预测模型

常常采用非参数模型作为预测模型。模型输入输出关系式可表示为

$$C(k+1) = h_1 U(k) + h_2 U(k-1) + \cdots + h_n U(k-n+1) \qquad (8\text{-}5)$$

式中　$h_i = a_i - a_{i-1}$——过程脉冲响应系数；a_i 为过程阶跃响应系数；

　　　　n——一个较大的整数，能使过渡过程基本上得到完成。

它们可以由阶跃响应曲线或脉冲响应曲线求得。

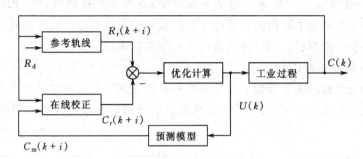

图 8-10　预测控制系统原理框图

（2）参考轨线

参考轨线是所希望的输出响应轨线。为使输出平滑过渡到设定值并且避免使控制器的输出剧烈变化，以一阶指数形式作为参考轨线，即有

$$R_r(k+i) = a^i C(k) + (1-a^i) R_d \qquad (8\text{-}6)$$

式中　　$C(k)$——系统输出；

　　　　R_d——设定值；

　　$R_r(k+i)$——参考轨线；

　　　　a^i——收敛系数，与参考轨线的收敛速度有关。

（3）在线校正

计算预测模型 p 步的模型输出 $C_m(k+j)$

$$C_m(k+j) = \sum_{i=1}^{n} h_i U(k+j-i) \qquad (i=1 \cdots n; j=1 \cdots p) \qquad (8\text{-}7)$$

根据现时刻系统输出值 $C(k)$ 与预期的输出估计值 $C_r(k)$ 的差，通过滤波确定预测输出的校正值。即

$$C_r(k+j) = C_m(k+j) + [C(k) - C_r(k)] \alpha_j \qquad (8\text{-}8)$$

式中　α_j——滤波系数。

（4）优化

用优化的方法计算控制器输出。它根据优化的目标函数，计算 p 步内优化后的控制器输出序列 $U(k), U(k+1), \cdots, U(k+M-1)$。目标函数的数学描述如下

$$\min_{U(k), U(k+1), \cdots U(k+M-1)} J = \sum_{j=1}^{p} (R_r(k+j) - C_r(k+j))^2 Q_j \qquad (8\text{-}9)$$

式中　Q_j——非负的加权系数；

　　　M——控制时域的长度。

（5）在线滚动实现方式

在实施控制时，只把 $U(k)$ 作用于系统，然后再重复上述预测过程。这种多步预测单步实施控制输出的滚动推进实现方式有利于及时克服系统干扰的影响，且有较强的鲁棒性。

由于预测控制算法采用了"模型-控制-优化"的控制策略，这类系统具有良好的鲁棒性，即使实际过程的特性与模型有一定的失配，仍能良好工作，在工业应用上颇为成功。实用预测控制算法已引入 DCS，其中最著名的是 IDCOM 控制算法软件包，广泛应用于实际工业过程，例如加氢裂化、催化裂化、常压蒸馏、石脑油催化重整等。此外还有霍尼韦尔公司开发了 HPC，横河公司的 PREDICTROL，山武霍尼韦尔公司在 TDC-3000LCN 系统中的应用模块(AM)上开发了用卡尔曼滤波器的预测控制器(即预测控制软件包 PREDIMAT)。这类预测控制器不是单纯把卡尔曼滤波器置于以往预测控制之前进行噪声滤波，而是把卡尔曼滤波器作为最优状态推测器，同时进行最优状态推测和噪声滤波。

8.3.5.4. 专家系统和模糊控制

以模糊数学为基础的人工智能、专家系统和模糊控制的有关理论日臻完善，在工业生产过程中的应用也得到飞速发展。图 8-11 是模糊控制系统的原理图，可知简单的模糊控制器由三部分组成。

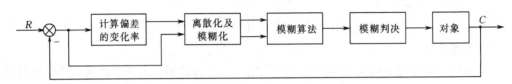

图 8-11　模糊控制系统原理图

（1）精确量的模糊化

根据偏差和偏差变化率及它们的变化范围，把精确量在它们的范围内模糊化，建立与这些变量相应模糊子集规定相适应的隶属函数。例如，把偏差分为 8 个模糊子集。偏差变化范围若为 $[a, b]$，精确量 x 的变化范围为 $[c, d]$，它转化为 $[a, b]$ 内的变量为 y，即

$$y = \frac{\left(x - \dfrac{c+d}{2}\right)(b-a)}{d-c} \tag{8-10}$$

建立各子集中相应元素的隶属度。如表 8-5 所示。

表 8-5　隶属度表

元素变量	-4	-3	-2	-1	0	1	2	3	4
负大	.0	.7	.1	0	0	0	0	0	0
负小	.2	.5	.0	.4	.2	0	0	0	0
零	0	0	.1	.6	0	.6	.2	0	0
正大	0	0	0	0	.1	.3	.0	.4	.2
正小	0	0	0	0	0	0	.2	.7	.0

（2）控制规律的确定

根据模糊推理合成规则，可以计算出与之等价的模糊关系矩阵，例如，对二输入单输出的结构，控制规则可写成

IF　E＝E_i　AND　C＝C_j　THEN　U＝U_{ij}

相应的模糊关系可由 $R = U(E_i \cdot C = C_j)U_{ij}$ 决定。

（3）输出量的模糊判决

根据输出的模糊子集判决出一个控制量的方法很多。常用的有最大隶属度法、加权平均

判决法等。

根据上述的分析和运算，最终得到模糊控制表。当把这些数据送入计算机后，可根据采样得到的数据，求得偏差和它的变化率，并从模糊表上查得所需的控制输出量。

当然，模糊控制的规则是根据人工操作的经验和专家的总结所合成。如果把这些规则称为知识库，把专家的判决称为推理，则这种系统就是专家系统。关于专家系统中知识库的结构、建立及推理等方法可参见有关的文献。

在 DCS 中，可以通过编程的方法建立模糊控制表。也可采用一些逻辑功能模块完成模糊控制表的建立。但是，表格的建立是在大量数据采集和分析的基础上完成的，过细或过粗的分解偏差的应用范围都是不利于控制的。

先进控制算法还有很多，但是，有些因为硬件的原因尚难在 DCS 上实施，例如，神经元网络的有关算法由于并行处理和价格的原因还难于在 DCS 上实现；又例如模型的辨识、优化等控制算法，它们在上层控制级，如优化、自学习和自组织级已被应用，但在分散控制级还较难实现。

8.3.6. OPC 概述

OPC(OLE for Process Control)是一项面向工业过程控制的数据交换软件技术。该项技术是从微软的 OLE 技术发展而来，提供了一种在数据源与客户端之间进行实时数据传输的通信机制。

作为一种新的软件技术标准，OPC 出现的时间并不长。其第一个版本(即 OPC 1.0)由 OPC 基金会于 1997 年 9 月发布，之后又于 1998 年 4 月发布了 OPC 2.0 版标准。尽管只有短短的 3 年多的时间，但 OPC 已为工控领域大多数供应厂商接受，并实际成为了工控软件技术标准——这与参与制订该标准的成员均为业界巨头(包括 Intellution, Fisher-Rosemount, Intuitive Technology, Opto 22, Rockwell Software 及微软等公司)不无关系。

从软件的角度来说，OPC 可以看成是一个"软件总线"的标准。首先，它提供了不同应用程序间(甚至可以是通过网络连接起来的不同工作站上的应用程序之间)实现实时数据传输的通道标准；其次，它还针对过程控制的需要定义了在此通道中进行传输的数据的交换格式。OPC 标准中的软件体系结构为客户/服务器(C/S)模式，即将软件分为 OPC 服务器(OPC Server)和 OPC 客户(OPC Client)。OPC 服务器软件应提供必要的 OPC 数据访问标准接口；OPC 客户软件应通过该标准接口来访问 OPC 数据。

运用 OPC 标准开发的软件由于都基于共同的数据及接口标准，因此相互之间具有很强的通用性。在工业控制领域中，这具有十分现实的意义。硬件供应商只需开发一个相对简单的 OPC 服务器软件，就能使其产品与任何支持 OPC 客户端协议的软件相连。同样的，软件供应商则只需将自己的软件加上 OPC 接口，即能从 OPC 服务器中取得数据，而不需关心底层的细节。

到目前为止，OPC 标准包含了三个规范，分别是：实时数据存取(OPC DA)规范、报警与事件(OPC AE)规范和历史数据存取(OPC HDA)规范。其中，实时数据存取(OPC DA)规范最为成熟，目前已发行了 2.0 版；报警与事件(OPC AE)规范和历史数据存取(OPC HDA)规范相对较新，目前多是来自于主要软件开发商的企业标准(或在此基础上的扩展版)。

目前的 OPC 软件产品分为两类：OPC 服务器端软件和 OPC 客户端应用软件。OPC 服务器软件与整个 DCS 系统的结构关系如图 8-12 所示。

从上图可以看出，OPC Server 软件的运行环境与监控软件基本一致。首先，两者都长

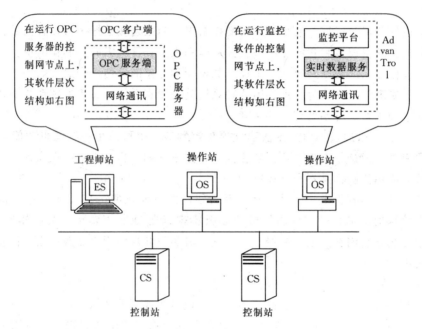

图 8-12 OPC 服务器软件与 DCS 的结构关系

时间不间断地运行于控制网的某个操作节点上，具有相似的硬件环境和运行方式。其次，两者的运行都需要读入系统组态信息，并且运用相同的网络通信模块。因此，可以认为 OPC Server 和监控软件是运行于同一层次上的软件。

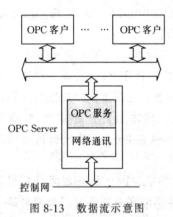

图 8-13　数据流示意图

OPC Server 软件作为一个标准的 OPC 服务器，具有其特定的数据服务功能。它提供了访问 DCS 系统实时数据的标准 OPC 接口，并定义了相应的 OPC 数据格式。同时，由于该软件仅仅是一个 OPC 服务器，因此在运行时没有任何操作界面，数据服务均为后台执行。从功能上说，OPC Server 就是将从控制网上取得的实时数据转化为 OPC 格式，并用标准 OPC 接口的方式提供给用户（即 OPC 客户）。图 8-13 为数据流示意图。

OPC 客户端的应用软件一般是按用户的要求制定的，因此难以从整个软件的结构来说明其开发设计的思路。但在调用 OPC 功能、建立与 OPC Server 的通信等方面基本采用相同的方法。

由于 OPC 服务器是基于第三方提供的 OPC-DA 接口封装模块开发的，因此在软件的编写过程中，还必须包含必要的 DLL 模块和相应的输出文件。

OPC 客户端软件的设计开发有两种操作的方法：一是用户委托 DCS 厂家开发；二是用户自己开发。由于 OPC 客户端软件涉及较多的软件技术，因此开发者应具备较强的软件设计能力。

8.4. 集散控制系统的应用

为具体说明如何应用集散控制系统，本节以 SUPCON JX-300X 系统在链条锅炉上的应用为例来说明集散控制系统应用的设计内容。

8.4.1. 工艺简介

链条锅炉工艺如图 8-14 所示。燃料自给煤料斗加到链条炉排上，链条炉中的炉排如同履带一样自前向后缓慢地运动。由于燃料层与炉排之间没有相对运动，燃料将随炉排一起运动。空气经由鼓风机吸入，再经由空预器加热后从炉排下方自下而上穿过炉排和其上的燃料相遇，和燃料一起燃烧。

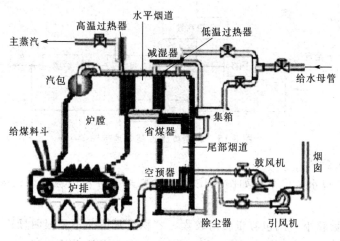

图 8-14　链条锅炉工艺流程图

燃烧过程中排放的高温烟气加热炉膛四周布满的水冷壁管道，然后经水平烟道加热过热器，再至尾部烟道加热省煤器、空预器后，温度降至 160℃ 以下，再经除尘器除尘后，最后通过引风机由烟囱排入大气。

水从给水母管经给水泵加压后，分为两路，一路送至省煤器加热后，至水冷壁管道继续加热送至汽包，在汽包内蒸发为蒸汽，然后经低温过热器被加热，再流至高温过热器继续被加热到额定温度和额定压力，最后送给蒸汽用户。

燃料量主要通过炉排转速的改变来控制，当负荷变化大或煤种改变时，调整炉闸门的高度来改变煤层厚度。控制送风保持合适的风煤比，控制引风量维持炉膛的负压。

8.4.2. 系统的主要控制要求

根据工艺要求，该系统主要要实现锅炉燃烧的自动控制、汽包水位控制、炉膛负压控制、除氧器水位控制和除氧器压力控制。其中，燃烧控制是锅炉控制系统中的重点，也是控制的难点。在燃烧过程中，任何一个物理参数(如温度、压力、流量、液位)的改变都会影响到其他物理参数的改变(这在控制理论中称之为耦合性)。如燃料量的改变，不仅会影响到主蒸汽流量的变化，也会影响到主蒸汽温度的变化，以及影响到主蒸汽压力的变化。且链条炉锅炉燃烧过程中，各被控设备的输出物理量对输入物理量的响应有较大的时间滞后特性，以及各被控设备的输出物理量与输入物理量之间的数学特性为非线性，使得控制运算变得复杂。

8.4.3. 系统控制方案

由于系统中要求控制的对象的工艺特性及要求不同，为了达到最佳控制效果，针对不同的对象，往往需要采用不同的控制方案。

(1) 炉膛负压控制

炉膛负压控制可采用单回路前馈控制方案。前馈控制可使被控变量连续的维持在恒定的给定值上,其本身不形成闭合反馈回路,不存在闭合稳定性问题,因而也就不存在控制精度与稳定性的矛盾,但它不存在被控变量的反馈,也即对于补偿的效果没有检验的手段,控制结果无法消除被控变量的偏差,系统无法获得这一信息而做出进一步的矫正,因此将反馈与之结合,保持了反馈控制能克服多种扰动及对被控变量最终校验的长处。控制原理框图如图 8-15 所示。

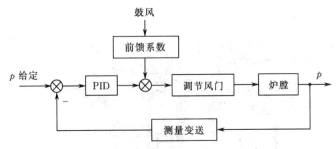

图 8-15　炉膛负压控制原理框图

（2）汽包水位控制

本系统中的汽包水位可采用如图 8-16 所示的常规三冲量串级控制,采用此种方案的先决条件是:

① 锅炉蒸发量较小,汽包容量相对较大,容积迟延情况不是很明显;

② 对于饱和蒸汽带来的虚假水位现象也较小,不存在很大的问题;

③ 对于负荷变化很剧烈的时候,可考虑采用变 PID(PID 规则库)方案。

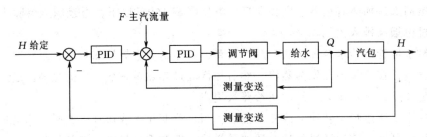

图 8-16　汽包水位控制原理框图

（3）燃烧控制

在燃烧系统中采用常规的单回路或串级控制一般是难以达到要求的,这里采用专家系统来实现其控制要求。燃烧控制实现的原则是:根据负荷来设定炉排转速——粗调;根据主汽压力来细调炉排转速;根据炉排转速来设定送风量(统计出送风量与炉排转速的对应关系 K);考虑到经济燃烧,必须确定合理的风煤比,一般来说是通过测烟气中的氧含量来判断。控制原理图如图 8-17 所示。

（4）除氧器压力控制

除氧器在运行中压力必须保持稳定,以保证它具有良好的除氧效果和安全经济性。其压力控制系统均采用除氧器内蒸汽空间压力作为被控变量,以改变加热蒸汽量作控制手段。除氧器压力对象是一个具有较大自平衡能力的对象,惯性很小,可近似认为是一个比例环节,这样控制通道的迟延和惯性比较小,用单回路控制系统即可以实现。结构图如图 8-18 所示。

（5）除氧器液位控制

除氧器水位被控对象是一个无自衡能力的对象,飞升速度很慢,通道迟延时间一般都比较大。控制通道的迟延时间,对于补充水直接进入除氧器的系统将较小,对补充水先送入凝

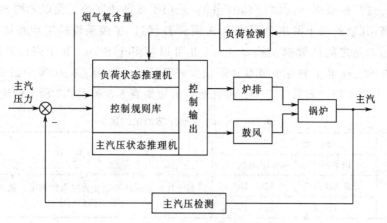

图 8-17　链条锅炉燃烧专家控制原理图

汽器进行真空除氧后再随凝结水进入除氧器的系统则较大，可达 60s，一般情况下也采用结构如图 8-18 所示的单回路控制系统可以满足控制要求。

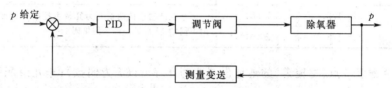

图 8-18　除氧器压力控制原理图

8.4.4. 控制方案在 DCS 上的实现

8.4.4.1. JX-300X 系统介绍

（1）系统概要

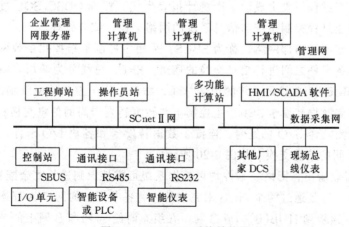

图 8-19　JX-300X 系统结构图

从网络结构看，JX-300X DCS 采用三层通信网络结构，如图 8-19 所示。最上层为信息管理网，采用以太网络，用于工厂级的信息传送和管理，是实现全厂综合管理的信息通道。该网络通过在多功能计算站上安装多重网络接口转接的方法，获取集散控制系统中过程参数和系统的运行信息，同时向下传送上层管理计算机的调度指令和生产指导信息。管理网采用大型网络数据库，实现信息共享，并可将各个装置的控制系统连入企业信息管理网，实现工厂级的综合管理、调度、统计、决策等。

中间层为过程控制网（名称为 SCnet Ⅱ），采用了双高速冗余工业以太网 SCnet Ⅱ 作为其过程控制网络（冗余的两个网络分别称为 A 网和 B 网），连接系统的工程师站、操作站和控制站，完成站与站之间的数据交换。SCnet Ⅱ 可以接多个 SCnet Ⅱ 子网，形成一种组合结构。对连接在 SCnet Ⅱ 上的各个节点必须设置好其地址，目前 JX-300X 中最多可配置 15 个控制站和 32 个操作站，故对 TCP/IP 协议地址采用如表 8-6 和表 8-7 所示的约定。

表 8-6 SCnet Ⅱ 操作站地址约定。

类　　别	地　址　范　围		备　　注
	网络码	IP 地址	
操作站地址	128.128.1	129～160	每个操作站包括两块互为冗余的网卡。两块网卡享用同一个 IP 地址，但应设置不同的网络码
	128.128.2	129～160	

表 8-7 SCnet Ⅱ 控制站地址约定

类　　别	地　址　范　围		备　　注
	网络码	IP 地址	
控制站地址	128.128.1	2～31	每个控制站包括两块互为冗余主控制卡。每块主控制卡享用不同的 IP 地址，两个网络码
	128.128.2	2～31	

互为冗余配置节点（主控卡）的地址设置应为 $I, I+1$（I 为偶数）；非冗余配置节点的地址只能定义为 I（I 为偶数），而地址 $I+1$（I 为偶数）应保留，不能再被别的节点设置。

与 SCnet Ⅱ 并行的还有过程控制数据采集网，该网可将现场的各类 DCS 及各种现场总线仪表连接起来，通过多功能计算站，可以实现企业网络环境下的实时数据采集、实时流程查看、实时趋势浏览、报警记录与查看、开关量变位记录与查看、报表数据存储、历史趋势存储与查看、生产过程报表生成、生产统计报表生成、标准 ODBC/SQL 过程数据接口等功能，从而实现企业过程控制系统与信息系统的网络集成、综合管理。

底层网络为控制站内部网络，称为 SBUS，采用主控制卡指挥式令牌网，存储转发通信协议，是控制站各卡件之间进行信息交换的通道。SBUS 总线分为两层。第一层为双重化总线 SBUS-S2。SBUS-S2 总线是系统的现场总线，物理上位于控制站所管辖的 I/O 机笼之间，连接了主控制卡和数据转发卡，用于主控制卡与数据转发卡间的信息交换；第二层为 SBUS-S1 总线。物理上位于各 I/O 机笼内，连接了数据转发卡和各块 I/O 卡件，用于数据转发卡与各块 I/O 卡件间的信息交换。如图 8-20 所示。

从图 8-20 可以看出，网络、卡件均可根据系统可靠性原则进行冗余配置。SCnet Ⅱ 网络冗余配置实现的方法是通过两个 HUB 来完成的，将各节点上的网口 A 都连接到 HUB(A) 构成 A 网，网口 B 连接到 HUB(B) 构成 B 网，在组态时给 A 网和 B 网上的节点分别设置不同的网络码。在冗余配置的情况下，发送站点（源）对传输数据包（报文）进行时间标识，接收站点（目标）进行出错检验和信息通道故障判断、拥挤情况判断等处理；若校验结果正确，按时间顺序等方法择优获取冗余的两个数据包中的一个，而滤去重复和错误的数据包。而当某一条信息通道出现故障，另一条信息通道将负责整个系统通信任务，使通信仍然畅通。

JX-300X DCS 控制站内部以机笼为单位。机笼固定在机柜的多层机架上，每只机柜最多配置 7 只机笼：1 只电源箱机笼和 6 只卡件机笼（可配置控制站各类卡件）。

卡件机笼根据内部所插卡件的型号分为两类：主控制机笼（配置主控制卡）和 I/O 机笼

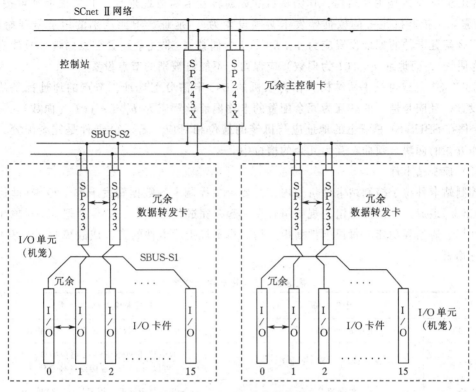

图 8-20　SBUS 总线结构图

(不配置主控制卡)。每类机笼最多可以配置 20 块卡件，即除了最多配置一对互为冗余的主控制卡和数据转发卡之外，还可以配置 16 块各类 I/O 卡件。

在一个控制站内，主控制卡通过 SBUS 总线可以挂接 8 个 I/O 单元或远程 I/O 单元(即 8 个机笼)，每个 I/O 机笼内必须装配一对(冗余)或一块(不冗余)数据转发卡来管理本机笼内的所有 I/O 卡件。主控制卡是控制站的核心，可以冗余配置，保证实时过程控制的完整性。主控制卡采用高度模件化结构，用简单的配置方法实现复杂的过程控制。

主控卡采用双 CPU 结构，其中的从 CPU 负责 SBUS 总线的管理和信息传输，通过接插件物理连接实现主控卡与机笼内母板之间的电气联接，将主控卡的 SBUS 总线引至主控机笼，机笼背部装有两个冗余的 SBUS 总线接口(DB9 芯插座)通过双重化串行通信线与其他 I/O 机笼背部的 SBUS 总线接口相连。

冗余中的两个主控卡均执行同样的应用程序，一个运行在工作模式，另一个运行在备用模式；工作模式下的主控卡执行数据采集和控制功能，监视其配对的备用卡件和过程控制网络的好坏，备用模式下的主控卡执行诊断和监视主控卡的好坏，通过周期查询运行中的主处理器的数据库存储器，接受工作机发送的全部运行信息，备用卡可随时保存最新的控制数据，包括过程点数据，控制算法中间值等，保证了工作/备用的无扰动故障切换。主控卡的切换有失电强制切换、干扰随机切换和故障自动切换等。

数据转发卡与 I/O 卡件间的通信是通过机笼内母板上的通信通道实现的。

数据转发卡的 SBUS 通信采用的是双冗余口同发同收的工作方式，在检测到两个通信口均正常的情况下，数据转发卡将任选一个通信口完成数据的接收，而当检测到某一通信口故障时，将自动选择工作正常的通信口接收，保证接收过程的连续。

SBUS-S2 总线是主从结构，作为从机的数据转发卡需分配地址，其通信地址可按 $0^{\#} \sim 15^{\#}$ 配置。主控制机笼中的数据转发卡必须设置为 $0^{\#}$ 地址，不能从别的地址号开始设置。互为冗余配置卡件的地址设置应为 I，$I+1$（I 为偶数）；非冗余配置节点的地址只能定义为 I（I 为偶数），而地址 $I+1$（I 为偶数）应保留，不能再被别的节点设置。

SBUS-S1 总线也是主从结构，作为从机的 I/O 卡需分配地址，节点的地址都是从"0"起始设置，且应是惟一的。互为冗余配置的卡件地址设置应为 I，$I+1$（I 为偶数）。所有的 I/O 卡件在 SBUS-S1 总线上的地址应与机笼的槽位相对应。若 I/O 卡件是冗余配置，则冗余工作方式的两块卡须插在互为冗余的槽位中。

（2）控制站卡件

控制站卡件位于控制站卡件机笼内，主要由主控制卡、数据转发卡和 I/O 卡（即信号输入/输出卡）组成。卡件按一定的规则组合在一起，完成信号采集、信号处理、信号输出、控制、计算、通信等功能，每块卡件面板上均有指示灯指示卡件的工作或故障状态。表 8-8 为卡件一览表。

表 8-8　控制站卡件一览表

型号	卡件名称	性能及输入/输出点数
SP243X	主控制卡（SCnet Ⅱ）	负责采集、控制和通信等，10Mbps
SP244	通信接口卡（SCnet Ⅱ）	RS232/RS485/RS422 通信接口，可以与 PLC、智能设备等通信
SP233	数据转发卡	SBUS 总线标准，用于扩展 I/O 单元
SP313X	电流信号输入卡	4 路输入，可配电，分组隔离，可冗余
SP314X	电压信号输入卡	4 路输入，分组隔离，可冗余
SP315X	应变信号输入卡	2 路输入，点点隔离
SP316X	热电阻信号输入卡	2 路输入，点点隔离，可冗余
SP317	热电阻信号输入卡（定制小量程）	2 路输入，点点隔离，可冗余
SP322X	模拟信号输出卡	4 路输出，点点隔离，可冗余
SP335	脉冲量输入卡	4 路输入，最高相应频率 10kHz
SP341	位置控制输出卡（PAT 卡）	1 路模入，2 路开出，2 路开入
SP363	触点型开关量输入卡	8 路输入，统一隔离
SP361	电平型开关量输入卡	8 路输入，统一隔离
SP362	晶体管触点开关量输出卡	8 路输出，统一隔离
SP364	继电器开关量输出卡	8 路输出，统一隔离
SP000	空卡	I/O 槽位保护板

（3）系统软件

JX-300X 系统软件基于中文 Windows NT 开发，主要有三部分组成：第一部分是组态软件包，包括基本组态软件 SCKey、流程图制作软件 SCDraw、报表制作软件 SCForm、用于控制站编程的编程语言 SCX、图形组态软件 SCControl 等；第二部分是用于过程实时监视、操作、记录、打印、事故报警等功能的实时监控软件包 AdvanTrol；第三部分是用于与管理信息网相连的软件，如 OPC 服务软件、APC-PIMS 软件等。此外，还有一些专用软件如 SOE 事件查看软件、故障分析软件、离线浏览器软件等等。

8.4.4.2. 控制系统配置

（1）I/O 的配置

根据系统监控要求，需要确定出系统中要检测的量和要控制的量（即 I/O 点），列出系统 I/O 测点清单并说明测点信号类型。在本系统中，可采用热电偶、热电阻等测温元件将要检测的炉膛温度、排烟温度等温度量转换成模拟电压、电阻信号输入到 DCS 中，采用压力变送器、差压变送器等将各种压力、水位、流量信号等转换成模拟电流信号输入到 DCS 中，利用模拟输出信号去控制各种调节阀来实现输出控制等等。表 8-9 为本系统中要用到的 I/O 点数及测点信号类型。

表 8-9　系统 I/O 点分布

信号类型		不冗余点数	冗余点数	总点数
AI	热电阻		4	4
	电流信号	8	20	28
	电压信号		8	8
AO（模拟量输出）			12	12
DI（开关量输入）		7		7
DO（开关量输出）		7		7

（2）硬件配置

根据控制方案所需的 I/O 点数及厂家的监控要求，结合 JX-300X 系统卡件特点，配置了一个控制站、一个工程师站和一个操作员站。控制站卡件配置如表 8-10 所示，控制站卡件布置图如图 8-21 所示。

表 8-10　控制站卡件配置表

卡件名称	卡件代码	卡件数量	卡件名称	卡件代码	卡件数量
主控卡	SP243X	2	热电阻信号输入卡	SP316X	4
数据转发卡	SP233	4	模拟信号输出卡	SP322X	6
电流信号输入卡	SP313X	12	触点型开关量输入卡	SP363	1
电压信号输入卡	SP314X	4	继电器开关量输出卡	SP364	1

（3）软件配置

工程师站配置 SCkey 组态软件包和 AdvanTrol 监控软件包。

操作站配置 AdvanTrol 监控软件包。

8.4.4.3. 系统组态

由于 DCS 系统的通用性和复杂性，系统的许多功能及匹配参数需要根据具体场合由用户设定。例如：系统采集什么样的信号、采用何种控制方案、怎样控制、操作时需显示什么数据、如何操作等等。另外，为适应各种特定的需要，集散系统备有丰富的 I/O 卡件、各种控制模块及多种操作平台，用户一般根据自身的要求选择硬件设备，有关系统的硬件设备的配置情况也需要用户提供给系统。当系统需要与另外系统进行数据通信时，用户还需要将

1＃机笼卡件布置图

0	1	2	3	4	5	6	7	8	9	10	11	12	13	14	15	16	17	18	19
冗余		冗余		冗余		冗余		冗余		冗余		冗余				冗余		冗余	
SP243X	SP243X	SP233	SP233	SP313X	SP313X	SP313X	SP313X	SP313X	SP313X	SP313X	SP313X	SP313X	SP313X	SP313X	SP313X	SP314X	SP314X	SP314X	SP314X

2＃机笼卡件布置图

0	1	2	3	4	5	6	7	8	9	10	11	12	13	14	15	16	17	18	19
		冗余		冗余		冗余		冗余		冗余		冗余							
		SP233	SP233	SP316X	SP316X	SP316X	SP316X	SP322X	SP322X	SP322X	SP322X	SP322X	SP322X	SP363	SP364				

图 8-21　控制站内部卡件布置图

系统所采用的协议、使用的端口告诉控制系统。以上需要用户为系统设定各项参数的操作即所谓的"系统组态"。

系统组态通常是在工程师站上利用组态软件 SCkey 完成，然后下载到控制站执行。组态的主要内容如图 8-22 所示，组态次序可按照组态图从上到下，从左到右的原则进行。

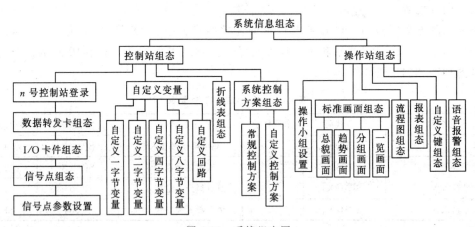

图 8-22　系统组态图

（1）系统组态

首先根据前面给出的系统硬件配置组态控制站和操作站，并确定好其地址，组态步骤为：

① 启动 SCkey 组态软件；

② 点击"总体信息"菜单下的"主机设置"，进入控制站和操作站组态画面；

③ 选择"操作站"，增加两个操作站，在地址一栏中填上 IP 地址，在类型选择时一个指定为操作员站，另一个指定为工程师站；

④ 选择"主控卡"，增加一个控制站，填上 IP 地址，并在冗余一栏中选中冗余。

（2）控制站组态

312

控制站组态主要包括硬件组态、自定义变量组态、折线表组态、系统控制方案组态等，其任务是要确定控制站组成情况及所要执行的程序和所用的参量。

① 硬件组态　根据控制站卡件布置图及卡件端子接线图，对各卡件及信号点进行组态。卡件组态的内容有卡件地址、卡件型号、冗余与否，信号点组态的内容有位号、地址、类型（AI，AO，DI，DO 等），信号点参数设置应确定测点信号类型等。具体组态步骤如下：

a. 点击"控制站"下拉菜单中的"I/O 组态"即进入系统的 I/O 组态环境；

b. 按卡件布置图组态数据转发卡 SP233；

c. 按卡件布置图组态各类 I/O 卡件；

d. 按测点清单进行信号点组态，并进行信号点参数设置。

② 自定义变量组态　自定义变量的作用是在上下位机之间建立交流的途径，上下位机均可读可写。点击"控制站"下拉菜单中的"自定义变量"即可进入自定义变量组态画面，根据监控的要求将相应的变量名填入位号一栏。

③ 折线表组态　PID 控制是一种线性运算函数，折线表是用折线近似的方法将信号曲线分段线性化以达到对非线性信号的线性化处理。折线表可分为一维折线表和二维折线表，一维折线表是将整条折线的 X 轴坐标等分成 16 等份，其对应的 Y 轴坐标值依次填入表格中，对 X 轴上各点则做归一化处理。二维折线表则是将非线性处理折线不均匀地分成 10 段，系统把原始信号 x 通过线性插值转换为 y，将折点的 X 轴、Y 轴坐标依次填入表格中。

点击"控制站"下拉菜单中的"折线表定义"进入折线表定义窗口，根据控制方案和测点信号的情况在类型一栏中选择一维或二维折线表，再点击"设置"后输入 x，y 值。

④ 系统控制方案组态　系统控制方案组态可分为常规控制方案组态和自定义控制方案组态。

常规控制方案组态在组态窗口中进行，表 8-11 列出了 JX-300X 系统支持的 8 种常用的典型控制方案。对常规控制方案组态时只需在对话框中填入相应的输入输出位号及回路位号就可实现相应的运算，而无需编制程序。

表 8-11　常规控制方案

控制方案	回路数	控制方案	回路数
手操器	单回路	串级前馈	双回路
单回路	单回路	单回路比值	单回路
串级控制	双回路	串级变比值—乘法器	双回路
单回路前馈	单回路	采样控制	单回路

以汽包水位控制为例，若汽包水位高度位号为 LC201，给水流量位号为 FI302，给水调节阀位号为 LZ2011，前馈控制的主汽流量位号为 FI301，给水流量回路位号为 S02-L000，汽包水位高度回路位号为 S02-L001，则在组态时可按如下步骤进行：

a. 点击"控制站"菜单下的"常规控制方案组态"，进入"常规回路"画面；

b. 在"控制方案"中选择"串级前馈"；

c. 点击"设置"即可对参数进行设置，如图 8-23 所示；

d. PID 参数是在监控画面中设置的。

前述的炉膛负压控制(单回路前馈)、汽包水位控制(串级前馈)、除氧器压力控制(单回路)、除氧器液位控制(单回路)都可以直接组态。

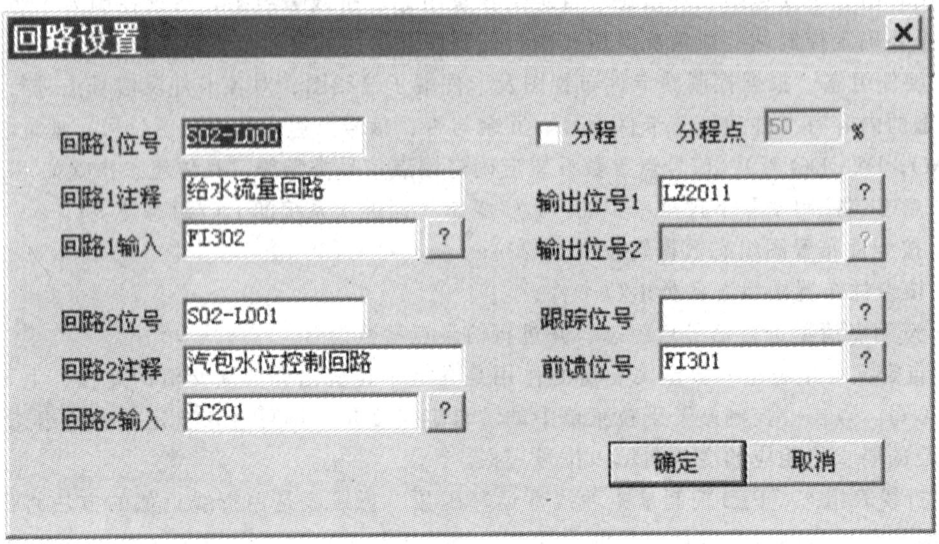

图 8-23 串级前馈控制方案组态设置

对一些有特殊要求的控制，必须根据实际需要自己定义控制方案，自定义控制方案可通过 SCX 语言编程和图形化编程两种方式实现，下面以炉膛负压控制方案为例说明如何利用 SCX 语言进行编程。

首先在｛控制站｝\｛自定义变量｝\｛自定义回路｝中定义一个单回路作为炉膛负压控制回路，其回路编号为 0，且炉膛负压测量值位号为 PI-106，风门控制器位号为 PV-106，鼓风机风量位号为 PI-107 均已组态，则或编程实现如下

```
Void   NegPressure( )        //炉膛负压控制
   {
   g _ bsc(0).OA = _ TAG("TI-107")*K; //给输出补偿 OA 赋值，K 为前馈系数
   TAG("PV-106") = bsc((_ TAG("PI-106"),0); //利用库函数进行运算并赋值给输出
   }
```

注意：P，I，D 参数是在监控画面中设置的。

(3) 操作站组态

操作站组态是对系统操作站上操作画面和监控画面的组态，是面向操作人员的 PC 操作平台的定义。它主要包括操作小组设置、标准画面组态、流程图、报表、自定义键、语音报警等六部分。在进行操作站组态前，必须先进行系统的单元登录及系统控制站组态，只有当这些组态信息已经存在，系统的操作站组态才有意义。

① 操作小组设置   不同的操作小组可观察、设置、修改不同的标准画面、流程图、报表、自定义键。所有这些操作站组态内容并不是每个操作站都需要查看，在组态时选定操作小组后，在各操作站组态画面中设定该操作站关心的内容，这些内容可以在不同的操作小组中重复选择。

选中"操作站"下拉菜单中的"操作小组设置"，即可打开操作小组设置窗口，在窗口中可设置操作小组的序号、名称、切换等级、报警级别范围。切换等级分为观察、操作员、工程师、特权四个等级，不同等级修改参数的权限不同。

② 标准画面组态   标准画面组态是指对系统已定义格式的标准操作画面进行组态，其

314

中包括总貌画面、趋势曲线、控制分组、数据一览等四种操作画面的组态。四种操作画面将在实时监控画面中以不同的形式显示测点实时数据及变化趋势，便于监控。

③ 流程图登录　流程图可以客观形象地反映生产工艺过程及主要控制点的实时数据。选定"操作站"下拉菜单中的"流程图"即可进入流程图登录窗口，通过流程图登录窗口进入流程图制作画面，进行流程图制作和动态数据的设置。在登录窗口可进行流程图的管理，只有从登录窗口登录的流程图才能进入系统组态文件中。

④ 报表登录　选定"操作站"下拉菜单中的"报表"即可进入报表登录窗口，在窗口中点击"编辑"按钮即可启动报表制作软件，进行报表编辑。在报表编辑时可进行测点记录条件的设定和报表输出周期的设定等。

⑤ 系统自定义键组态　自定义键组态即设置操作员键盘上自定义键功能，自定义键的语句类型包括按键(KEY)、翻页(PAGE)、位号赋值(TAG)三种。"自定义键"在"操作站"下拉菜单中。

⑥ 系统语音报警组态　通过语音报警组态窗口可设置需要语音报警的位号、报警类型、发音条件、优先级、声音文件等等。点击"操作站"下拉菜单中的"语音报警"即可进入语音报警组态窗口。

（4）编译、下载

系统组态完毕之后，必须通过编译命令将组态保存信息转化为控制站（控制卡）和操作站识别的信息，再通过下载命令将组态传送到控制站执行。

思考题与习题

8-1　简述 DCS 的特点及其发展趋势。

8-2　DCS 的硬件体系主要包括哪几部分？

8-3　DCS 的现场控制单元一般应具备哪些功能？

8-4　DCS 操作站的典型功能一般包括哪些方面？

8-5　DCS 软件系统包括哪些部分？各部分的主要功能是什么？

8-6　简述关于先进控制技术在计算机控制系统中的作用。

8-7　简述基于非参数模型的预测控制算法的基本原理。

8-8　什么是 OPC 技术？OPC 技术应用在工控领域起到哪些作用？

8-9　简述 JX-300X DCS 的通信网络结构及其特点。

8-10　DCS 的应用过程主要包括哪几个步骤？

8-11　简述 JX-300X DCS 的主控制卡的结构和功能。

8-12　JX-300X DCS 的操作小组设置有什么作用？

9. 现场总线控制系统

现场总线(Fieldbus)是顺应智能现场仪表而发展起来的一种开放型的数字通信技术，其发展的初衷是用数字通信代替 4~20mA 模拟传输技术，把数字通信网络延伸到工业过程现场。随着现场总线技术与智能仪表管控一体化(仪表调校、控制组态、诊断、报警、记录)的发展，这种开放型的工厂底层控制网络构造了新一代的网络集成式全分布计算机控制系统，即现场总线控制系统(Fieldbus Control System，简称 FCS)。

现场总线控制系统兴起于 20 世纪 90 年代，它采用现场总线作为系统的底层控制网络，沟通生产过程中现场仪表、控制设备及其与更高控制管理层次之间的联系，相互间可以直接进行数字通信。作为新一代控制系统，一方面 FCS 突破了 DCS 采用专用通信网络的局限，采用了基于开放式、标准化的通信技术，克服了封闭系统所造成的缺陷；另一方面 FCS 进一步变革了 DCS 中"集散"系统结构，形成了全分布式系统构架，把控制功能彻底下放到现场。需要提醒的是，DCS 以其成熟的发展、完备的功能及广泛的应用，在目前的工业控制领域内仍然扮演着极其重要的角色。

9.1. 现场总线概述

9.1.1. 什么是现场总线

在传统的计算机控制系统中，现场层设备与控制器之间采用一对一的(一个 I/O 点对应于设备的一个测控点)所谓 I/O 连接方式，传输信号采用 4~20mA 等的模拟量信号或 24VDC 等的开关量信号。从 20 世纪 80 年代开始，由于大规模集成电路的发展，导致含有微处理器的智能变送器、数字控制器等智能现场设备的普遍应用。这些智能化的现场设备可以直接完成许多控制功能，也具备了直接进行数字通信的能力。例如，智能化变送器除了具有常规意义上的信号测量和变送功能以外，往往它还具有自诊断、报警、在线标定甚至 PID 运算等功能，因此，智能现场设备与主机系统间待传输的信息量急剧增加，原有的 4~20mA 模拟传输技术已成为当前控制系统发展的主要瓶颈。设想全部或大部分现场设备都具有直接进行通信的能力并具有统一的通信协议，只需一根通信电缆就可将分散的现场设备连接起来，完成对现场设备的监控——这就是现场总线技术的初始想法。

1985 年，国际电工技术委员会 IEC 开始着手制订国际性的智能化现场设备和控制室自动化设备之间的通信标准，并命名为"现场总线"(Fieldbus，简称 FB)。根据 IEC 和美国仪表协会 ISA 的定义，现场总线是连接智能现场设备和自动化系统的数字式、双向传输、多分支结构的通信网络，它的关键标志是能支持双向、多节点、总线式的全数字通信。

不难理解，现场总线技术是综合运用微处理器技术、网络技术、通信技术和自动控制技术的产物，它把专用微处理器引入传统的现场仪表，使它们各自都具备数字计算和数字通信能力，成为能独立承担某些控制、通信任务的网络节点。现场总线允许将包括 IPC、PLC 以及各种智能化的现场控制设备作为节点构成一个网络系统，各种智能化的现场仪表都基于统一、规范的通信协议，通过同一总线实现相互间的数据传输与信息共享。这不仅提高了信号的测量、控制和传输精度，同时也为增强现场仪表的功能，实现控制功能的彻底分散创造了条件。

从计算机网络体系结构的角度来看，现场总线位于生产控制和网络结构的底层，与工厂现场设备直接连接。一方面将现场测控设备互连为通信网络，实现不同网段、不同现场设备之间的信息共享，另一方面又可以进一步与上层管理控制网络联接并实现信息沟通。

简而言之，现场总线将把全厂范围内的最基础的现场控制设备变成网络节点连接起来，与控制系统实现全数字化通信。它给自动化领域带来的变化是把自控系统与设备带到了信息网络的行列，把企业信息沟通的覆盖范围延伸到了工业现场。因此，现场总线可以认为是通信总线在现场设备中的延伸。

由于现场总线顺应了工业控制系统向分散化、网络化、智能化的方向发展，它一经产生便成为全球工业自动化技术的热点，受到全世界的普遍关注，被认为是 21 世纪自动控制系统的基础。它的出现和应用将使传统的自动控制系统产生一系列重大变革，例如变革传统的信号标准、通信标准、系统标准；变革现有自动控制系统的体系结构、产品结构；变革惯用的设计、安装、调试、维护方法等等。

9.1.2. 现场总线的结构特点

现场总线控制系统打破了传统计算机控制系统的结构形式。在如图 9-1 所示的传统计算机控制系统中，广泛使用了模拟仪表系统中的传感器、变送器和执行机构等现场仪表设备，现场仪表和位于控制室的控制器之间均采用一对一的物理连接，一只现场仪表需要由一对传输线来单向传送一个模拟信号，所有这些输入或输出的模拟量信号都要通过 I/O 组件进行信号转换。这种传输方法一方面要使用大量的信号线缆，给现场安装、调试及维护带来困难；另一方面模拟信号的传输精度和抗干扰能力较低，而且不能对现场仪表进行在线参数整定和故障诊断，主控室的工作人员无法实时掌握现场仪表的实际情况，使得处于最底层的模拟变送器和执行器成了计算机控制系统中最薄弱的环节。

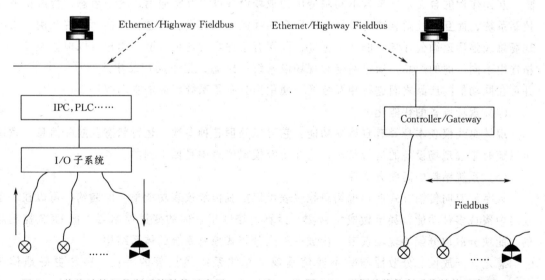

图 9-1　传统计算机控制系统结构示意图　　　图 9-2　现场总线控制系统结构示意图

现场总线系统的拓扑结构则更为简单，如图 9-2。由于采用数字信号传输取代模拟信号传输，现场总线允许在一条通信线缆上挂接多个现场设备，而不再需要 A/D D/A 等 I/O 组件。当需要增加现场控制设备时，现场仪表可就近连接在原有的通信线上，无需增设其他组件，与传统的一对一连接方式相比，现场总线可节省大量的线缆、桥架和连接件。此外，现场总线在为总线上的现场设备传送数字信号的同时，还可以为总线上的现场仪表提供电源，这不仅可以简化系统的结构，更主要的是它可以满足工业生产现场的本质安全防爆要求。

从结构上看，DCS 实际上是"半分散"、"半数字"的系统，而 FCS 采用的是一个完全分散的控制方式。在一般的 FCS 系统中，遵循特定现场总线协议的现场仪表可以组成控制回路，使控制站的部分控制功能下移分散到各个现场仪表中，各种控制设备本身能够进行相互通信，从而减轻了控制站负担，使得控制站可以专职于执行复杂的高层次的控制算法。对于简单的控制应用，甚至可以把控制站取消，在控制站的位置代之以起连接现场总线作用的网桥和集线器，操作站直接与现场仪表相连，构成分布式控制系统。

9.1.3. 现场总线的技术特征

现场总线的技术特征可以归纳为以下几个方面。

（1）全数字化通信

在现场总线控制系统中，现场信号都保持着数字特性，所有现场控制设备采用全数字化通信。许多总线在通信介质、信息检验、信息纠错、重复地址检测等方面都有严格的规定，从而确保总线通信快速、完全可靠的进行。

（2）开放型的互联网络

开放的概念主要是指通信协议公开，也就是指对相关标准的一致性、公开性，强调对标准的共识与遵从。一个开放系统，它可以与任何遵守相同标准的其他设备或系统相连。现场总线就是要致力于建立一个开放型的工厂底层网络。

（3）互操作性与互用性

互操作性的含义是指来自不同制造厂的现场设备可以互相通信、统一组态，构成所需的控制系统；而互用性则意味着不同生产厂家的性能类似的设备可进行互换而实现互用。由于现场总线强调遵循公开统一的技术标准，因而有条件实现这种可能。用户可以根据性能、价格选用不同厂商的产品，通过网络对现场设备统一组态，把不同产品集成在同一个系统内，并可在同功能的产品之间进行相互替换，使用户具有了系统集成的主动权。

（4）现场设备的智能化

现场总线仪表本身具有自诊断功能，它可以处理各种参数、运行状态及故障信息，系统可以随时掌握现场设备的运行状态，这在传统模拟仪表中是做不到的。

（5）系统结构的高度分散性

数字、双向传输方式使得现场总线仪表可以摆脱传统仪表功能单一的制约，可以在一个仪表中集成多种功能，甚至做成集检测、运算、控制于一体的变送控制器，把 DCS 控制站的功能块分散地分配给现场仪表，构成一种全分布式控制系统的体系结构。

总之，开放性、分散性与数字通信是现场总线系统最显著的特征，FCS 更好地体现了"信息集中，控制分散"的思想。首先，FCS 系统具有高度的分散性，它可以由现场设备组成自治的控制回路，现场仪表或设备具有高度的智能化与功能自主性，可完成控制的基本功能，也使其可靠性得到提高。其次，FCS 具有开放性，而开放性又决定了它具有互操作性和互用性。另外，由于结构上的改变，使用 FCS 可以减少大量的隔离器、端子柜、

I/O接口和信号传输电缆，这可以简化系统安装、维护和管理，降低系统的投资和运行成本。

9.1.4. 现场总线国际标准化概况

现场总线技术自20世纪90年代初开始发展以来，一直是世界各国关注和发展的热点，目前具有一定规模的现场总线已有数十种之多，为了开发应用以及争夺市场的需要，世界各国所采用的技术路线基本上都是在开发研究的过程中同步制订了各自的国家标准（或协会标准），同时力求将自己的协议标准转化成各区域标准化组织的标准。

由于现场总线是以开放的、全数字化的双向多变量通信代替传统的模拟传输技术，因此现场总线标准化是该领域的重点课题。国际电工委员会、国际标准化组织、各大公司及世界各国的标准化组织对于现场总线的标准化工作都给予了极大的关注，现场总线技术在历经了群雄并起，分散割据的初始阶段后，尽管已有一定范围的磋商合并，但由于行业与地域发展等历史原因，加上各公司和企业集团受自身利益的驱使，致使现场总线的标准化工作进展缓慢，至今尚未形成完整统一的国际标准，直至1999年形成了一个由8个类型组成的IEC 61158现场总线国际标准。

IEC 61158包括的8个组成部分分别是：IEC 61158原先的技术报告，ControlNet，PROFIBUS，P-Net，FF-HSE，SwiftNet，WorldFIP和Interbus，如图9-3所示。IEC 61158国际标准只是一种模式，它既不改变原IEC技术报告的内容，也不改变各组织专有的行规，各组织按照IEC技术报告Type1的框架组织各自的行规。IEC标准的8种类型都是平等的，其中Type 2～Type 8需要对Type1提供接口，而标准本身不要求Type 2～Type 8之内提供接口，用户在应用各类型时仍可使用各自的行规，其目的就是为了保护各自的利益。

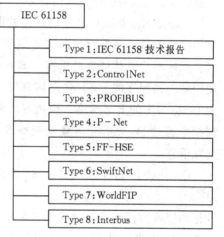

图9-3　IEC 61158采用的8种类型

（1）IEC 61158 Type1现场总线

IEC 61158 Type1是IEC推荐的现场总线标准，它的网络协议由物理层、数据链路层、应用层，以及考虑到现场装置的控制功能和具体应用而增加的用户层组成。

物理层提供机械、电气、功能性和规程性功能，以便在数据链路实体之间建立、维护和拆除物理连接。物理层通过物理连接在数据链路实体之间提供透明的位流传输，传输媒体有双绞线、同轴电缆、光纤和无线传输，按照传输速率和功能又分为低速现场总线 H_1 和高速现场总线 H_2。H_1 总线的传输速率为31.25kbps，主要用于现场级，它能够通过总线为现场仪表供电，并支持带总线供电设备的本质安全。H_2 总线主要面向过程控制级、远程I/O和其他高速数据传输的应用，其传输速率可以达到100Mbps。

数据链路层负责实现链路活动调度，数据的接收发送，活动状态的响应，总线上各设备间的链路时间同步等。这里，总线访问控制采用链路活动调度器LAS方式，LAS拥有总线上所有设备的清单，由它来掌管总线段上各设备对总线的操作。

应用层包括应用进程、应用进程对象、应用实体和应用服务元素等，主要提供通信功能、特殊功能以及管理控制功能。现场总线用户层具有标准功能块FB和装置描述DD功能。

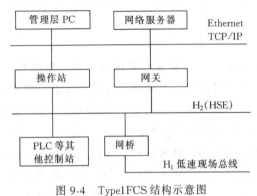

图 9-4　Type1FCS 结构示意图

标准规定 32 种功能块，现场装置使用这些功能块完成控制策略。由于装置描述功能包括描述装置通信所需的所有信息，并且与主站无关，所以可使现场装置实现真正的互操作性。

由 Type1 现场总线构成的 FCS 结构如图 9-4 所示。

（2）IEC 61158 Type2 现场总线

ControlNet 是被国际标准化组织规定为第二种类型的现场总线标准，它的基础技术是在 Rockwell Automation 长期研究过程中发展起来的，最早于 1995 年面世。

Rockwell 自动化网络总称 Netlinx，它对传统的工业网络的五层结构（工厂、中心、单元、站、设备）进行简化，形成了具有 Rockwell 特点的三层网络结构：信息层（Ethernet）、控制层（ControlNet）和设备层（DeviceNet），其中的控制层就是 IEC 61158 的一个部分。

ControlNet 是一种高速确定性的网络，传输速率 5Mbps，它在同一根电缆上支持两种类型的信息传输：一是对时间有苛刻要求的控制信息和 I/O 数据，它们被授予了最高的优先级，保证不受其他信息的干扰，具有确定性和可重复性；二是对响应时间没有特殊要求的报文传输，如程序的上/下载及信息发送，ControlNet 授予它们较低的优先级。ControlNet 作为 DeviceNet 的上层网络，担负着从多个 DeviceNet 网段上采集数据并实现信息共享，把控制指令通过 DeviceNet 下载到现场设备。另外，ControlNet 还需要与它的上层网络 Ethernet 交互信息。

ControlNet 总线采用了一种新的通信模式，即生产者/客户模式（Producer/Consumer Model），这一模式是理解 ControlNet 通信的基础。这里的生产者是数据的发送方，客户是数据的接收方。在这一模式中，每个数据都有一个特定的识别器，传输信息是一个发向网络上众多节点的信息段，它包含一个或一组数据。节点观察生产者传送的 Connection IDs（CIDs），一旦识别了 CIDs，该节点便将这一信息接收并转变成客户，每一个报文可以拥有众多的客户，每一节点都可成为生产者或客户。因此，生产者/客户模式允许网络上的所有节点，在同一时间从同一个数据源存取相同的数据，这种模式最主要的特点是可确保各节点同步，同时还可提高带宽利用率，提高确定性和可重复性。

（3）IEC 61158 Type 3 现场总线

Type 3 现场总线得到 PROFIBUS 用户组织的支持，德国西门子公司则是 PROFIBUS 产品的主要供应商，PROFIBUS 总线已成为欧洲 EN50170 标准的第二部分。

PROFIBUS 是一种用于车间级监控和现场设备层数据通信的现场总线技术，可实现从现场设备层到车间级监控的分散式数字控制和现场通信网络。PROFIBUS 由三个兼容部分组成：PROFIBUS-DP（Decentralized Periphery），PROFIBUS-FMS（Fieldbus Message Specification）和 PROFIBUS-PA（Process Automation）。PROFIBUS-DP 是一种高速低成本的通信连接，专门用于控制系统与设备级分散的 I/O 之间的通信，以取代 4～20mA 等传统的模拟信号传输。FMS 是指现场信息规范，PROFIBUS-FMS 是一个令牌结构、实时多主数据传输网络，主要用来解决车间级通用性通信任务，也可用于大范围和复杂的通信系统，目前它有被

PROFINet 所取代的趋势。PROFIBUS-DP 和 FMS 均采用 RS485 通信标准，传输速率为 9.6kbps～12Mbps，最大传输距离（不加中继器）从 1200m 到 100m（与传输速率有关）。PROFIBUS-PA 则是专为过程自动化低速数据传输使用的总线类型，可使传感器和执行机构连接在一根共用的总线上，其基本特性类似于 FF 的 H_1 总线。利用 PROFIBUS 总线构成的系统体系结构大致也可以分为现场级、车间级和工厂级三层，现场一级采用 PROFIBUS-DP 或 PROFIBUS-PA 现场总线，车间单元一级采用 PROFIBUS-FMS 总线，工厂一级使用 Industrial Ethernet。

与其他现场总线系统相比，PROFIBUS 是一种比较成熟的总线，在工程上的应用十分广泛。经过 10 多年的开发、生产和应用，PROFIBUS 现场总线已形成系列产品，并在各个自动化控制领域得到广泛应用。近年来，PROFIBUS 在众多的现场总线中占据首位，在德国和欧洲市场中 PROFIBUS 占开放性工业现场总线系统超过 40％的市场。

（4）IEC 61158 Type4 现场总线

Type 4 现场总线得到了 P-NET（Process automation NET）用户组织的支持。P-NET 是丹麦 Process-Data Sikebory Aps 从 1983 年开始开发，主要应用于啤酒、食品、农业和饲养业，现已成为 EN 50170 欧洲标准的第 1 部分。

P-NET 为带多网络和多端口功能的多主总线，允许在几个总线区直接寻址，是一种多网络结构，该总线通信协议包括第 1，2，3，4 和 7 层，并利用信道结构定义用户层。通信采用虚拟令牌（virtual token）传递方式。主节点发送一个请求，被寻址的从节点在 $390\mu s$ 内立即返回一个响应，只有存放到从节点内存中的数据才可被访问。每个节点含有一个通用的单芯片微处理器，配套 2KB EPROM 不仅可用作通信，而且可用于测量、标定、转换和应用功能。P-NET 接口芯片执行数据链路层的所有功能，第 3 层和第 4 层的功能由宿主处理器中的软件解决。该总线物理层基于 RS-485 标准，使用屏蔽双绞线电缆，传输距离 1.2km，采用 NRZ 编码异步传输。

（5）IEC 61158 Type 5 现场总线

Type 5 现场总线即为 IEC 定义的 H_2 总线，它由 Fieldbus Foundation 现场总线基金会组织负责开发，并于 1998 年决定全面采用已广泛应用于 IT 产业的高速以太网 HSE（High Speed Ethernet）标准。

HSE 使用框架式以太网技术，传输速率可达 100Mbps 或以更高的速度运行。HSE 完全支持 Type1 现场总线的各项功能，诸如功能块和装置描述语言等，H_1 和 HSE 可通过网桥互连。连接到 H_1 上的现场设备无需主系统的干预，可以与系统中连接在 H_1 总线（包括其他 H_1 总线）上所有其他现场设备进行对等层直接通信。HSE 总线成功地采用 CSMA/CD 链路控制协议和 TCP/IP 传输协议，并使用了高速以太网 IEEE802.3μ 标准的最新技术。HSE 的推出也标志着 Ethernet 技术开始全面进入工业自动化领域。

（6）IEC 61158 Type 6 现场总线

SwiftNet 是 IEC 61158 中的第 6 种现场总线国际标准，它由美国 SHIP STAR 协会主持制定，得到美国波音公司的支持，主要用于航空和航天等领域。该总线的特点是结构简单、实时性高，通信协议仅包括了物理层和数据链路层，在标准中没有定义应用层。

（7）IEC 61158 Type 7 现场总线

成立于 1987 年的 WorldFIP 协会制定并大力推广 Type 7 现场总线，WorldFIP 协议已成为欧洲 EN 50170 标准的第 3 部分，物理层采用 IEC 61158.2 标准。

WorldFIP 现场总线构成的系统分为三级，即过程级、控制级和监控级。它能满足用户的各种需要，适合于各种类型的应用结构，集中型、分散型和主站/从站型。DWF 总线（Device WorldFIP）是一种低成本的装置级的总线标准，能很好适应工业现场的各种恶劣环境，并具有本质安全防爆性能，可以实现多主站与从站的通信。

(8) IEC 61158 Type 8 现场总线

Interbus 现场总线由德国 Phoenix Contact 公司开发，得到了 Interbus 俱乐部支持。它是一种串行总线系统，适用于分散输入/输出，以及不同类型控制系统间的数据传输。协议包括物理层、数据链路层和应用层。目前，它已成为德国 DIN 19258 标准。

(9) 其他现场总线简介

以上 8 种现场总线同时成为了 IEC 61158 现场总线标准的子集，相互间存在市场的交叉和竞争，同时也存在性能的互补。有些没有成为国际标准的现场总线也具有相当的影响，如 Lonworks、CAN 等，它们同样可能在某些领域占有主导地位。

① HART(Highway Addressable Remote Transducer)　应该说 HART 并不是一种真正的现场总线，它是用于现场智能仪表和控制室设备间通信的一种开放协议，属于模拟系统向数字系统转变过程中过渡性产品。HART 协议最早由 Rosemount 公司开发并得到 E + H，Moor Produts，Allen-Bradly，Siemens，Smar，Arcom 和横河公司等许多著名仪表公司的支持，它们于 1993 年成立了 HART 通信基金会。这种被称为可寻址远程传感器高速通道的开放通信协议，其特点是在现有模拟信号传输线上实现数字信号通信，因而在当前的过渡时期具有较强的市场竞争能力，在智能仪表市场上占有很大的份额。有关 HART 的详细内容参见第 3 章。

② LonWorks(Local Operating Network)　LonWorks 技术是美国 ECHELON 公司开发，并与 Motorola 和东芝公司共同倡导的现场总线技术。它采用了 OSI 参考模型全部的七层协议结构。LonWorks 技术的核心是具备通信和控制功能的 Neuron 芯片，它实现了完整的 LonWorks 的 LonTalk 通信协议，由神经芯片构成的节点之间可以进行对等通信。神经上集成有介质访问处理器、网络处理器和应用处理器三个 8 位 CPU：介质访问处理器实现了 OSI 模型第一和第二层的功能，实现介质访问的控制与处理；网络处理器进行网络变量寻址、路径选择、网络通信管理等；应用处理器用于运行操作系统与用户代码。为了实现 CPU 之间的信息传递，在 Neuron 芯片中还具有存储信息缓冲区，作为网络缓冲区和应用缓冲区。如 Motorola 公司生产的神经元集成芯片 MC143120E2 就包含了 2KRAM 和 $2KE^2PROM$。

LonWorks 支持双绞线、同轴电缆、光纤、红外线、电源线等多种通信介质，并支持多种拓扑结构。对多种介质的透明支持是 LonWorks 技术的独特能力，它使开发者能选择最适合他们需要的介质和通信方法。对多种介质的支持通过路由器才可能，路由器也能用于控制网络业务量，将网络分段，抑制从其他部分来的数据流量，从而增加了网络总通过量和容量。LonWorks 采用了面向对象的组网方式，通过网络变量把网络通信设计简化为参数设置，一个测控网络上的节点数可以达到 32000 个，其通信速率范围是 300～1.5Mbps，直接通信距离可达到 2700m（78kbps，双绞线）。为此，LonWorks 在组建分布式监控网络方面有较优越的性能，被誉为通用控制网络，广泛应用于楼宇自动化、家庭自动化、保安系统、办公设备、交通运输以及工业过程控制等行业。

③ CAN（Controller Area Network） 控制局域网 CAN 最早是由德国 Bosch 公司推出，用于汽车内部测量与执行部件之间的数据通信协议。得到了 Motorola，Intel，Philips、NEC 等公司的支持，已广泛应用于离散控制领域。CAN 协议也是以 OSI 开放系统互连模型为基础，采用了其中的物理层、数据链路层和应用层，并提高了实时性。

CAN 协议中的信号传输介质为双绞线，通信速率与总线长度有关，通信速率最高可达 1Mbps/40m，直接传输距离最远可达 10km/5kbps，可挂接设备数最多可达 110 个。CAN 采用了总线仲裁技术，对每个通信节点都有优先级设定，当出现几个节点同时在网络上传输信息时，优先级高的节点可继续传输数据，而优先级低的节点则主动停止发送，从而避免了总线冲突。CAN 支持多主方式工作，网络上任何节点均可在任意时刻主动向其他节点发送信息，支持点对点、一点对多点和广播式通信，各节点可随时发送消息。CAN 总线采用短消息报文，每一帧为 8 个有效字节数，在传输过程中降低了受干扰的概率。当总线式的节点出现严重错误时，可以自动切断节点与总线的联系，使总线上的其他节点的通信不受影响，具有较强的抗干扰能力和较高的可靠性。

目前，已有多家公司开发生产了符合 CAN 协议的通信芯片，如 Motorola 的 MC68HC05X4，Intel 公司的 82527，Philips 公司的 82C250 等。还有插在 PC 机上的 CAN 总线接口卡，具有接口简单、编程方便、开发系统价格便宜等优点。

对于以上所介绍的各种现场总线，P-Net 和 SwiftNet 是用于有限领域的专用现场总线，它们总线的功能相对比较简单。ControlNet，PROFIBUS，WorldFIP 和 Interbus 是由 PLC 为基础的控制系统发展起来的现场总线，其中的 ControlNet 是监控级的现场总线，Interbus 是现场设备级的现场总线，PROFIBUS 和 WorldFIP 总线则包括了监控级和现场设备级两个层次。IEC 和 FF HSE 是由传统 DCS 发展起来的现场总线，总线功能较为复杂和全面，它们是 IEC 推荐的国际现场总线标准。

目前在楼宇自控领域，LonWorks 和 CAN 总线具有一定的优势。在过程自动化领域，主要有过渡型的 HART 协议，它将是近期内智能化仪表主要的过渡通信协议。FF 和 PROFIBUS 是过程自动化领域中最具竞争力的现场总线，它们得到了众多著名自动化仪表设备厂商的支持，也具有相当广泛的应用基础。

9.2. 基金会现场总线

基金会现场总线简称 FF 总线，它的前身是可操作系统协议 ISP 和世界工厂仪表协议 WorldFIP 标准。

按照基金会总线组织的定义，FF 总线是一种全数字的、串行的、双向传输的通信系统，是一种能连接现场各种传感器、控制器、执行单元的信号传输系统。FF 总线最根本的特点是专门针对工业过程自动化而开发的，在满足要求苛刻的使用环境、本质安全、总线供电等方面都有完善的措施。FF 采用了标准功能块和 DDL 设备描述技术，确保不同厂家的产品有良好的互换性和互操作性。为此，有人称 FF 总线是专门为过程控制设计的现场总线。

在起初的 FF 协议标准中，FF 分为低速 H_1 总线和高速 H_2 总线。低速总线协议 H_1 主要用于过程自动化，其传输速率为 31.25kbps，传输距离可达 1900m，可采用中继器延长传输距离，并可支持总线供电，支持本质安全防爆环境。H_1 协议标准已于 1996 年发表，目前已经进入实用阶段。高速总线协议 H_2 主要用于制造自动化，传输速率分为 1Mbps 和 2.5Mbps

两种，通信距离分别为 750m 和 500m。但原来规划的 H_2 高速总线标准现在已经被现场总线基金会所放弃，取而代之的是基于 EtherNet 的高速总线技术规范 HSE。

9.2.1. FF 总线的通信模型

基金会现场总线的核心部分之一是实现现场总线信号的数字通信。为了实现通信系统的开放性，其通信模型参考了 ISO/OSI 参考模型，并在此基础上根据自动化系统的特点进行演变后得到的，如图 9-5 所示。

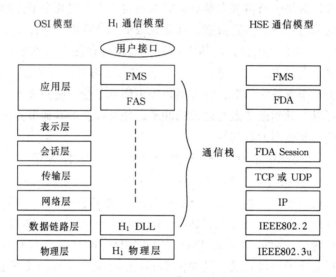

图 9-5 FF 通信模型

9.2.1.1. H_1 总线

H_1 总线的通信模型以 ISO/OSI 开放系统模型为基础，采用了物理层、数据链路层、应用层，并在其上增加了用户层，各厂家的产品在用户层的基础上实现。该通信模型省去了中间的 3~6 层，即不具备网络层、传输层、会话层与表示层。其中，H_1 总线的物理层采用了 IEC 61158-2 的协议规范；数据链路层 DLL 规定如何在设备间共享网络和调度通信，支持面向连接和非连接的数据通信，通过链路活动调度器 LAS 来管理现场总线的访问；应用层则规定了在设备间交换数据、命令、事件信息以及请求应答中的信息格式。按照现场总线的实际要求，H_1 把应用层划分为两个子层——总线访问子层 FAS 与总线报文规范子层 FMS，功能块应用进程只使用 FMS，并不直接访问 FAS，FAS 负责把 FMS 映射到 DLL。用户层则用于组成用户所需要的应用程序，如规定标准的功能块、设备描述，实现网络管理、系统管理等。不过，在相应软硬件开发的过程中，往往把数据链路层和应用层看做一个整体，统称为通信栈。这时，现场总线的通信参考模型可简单地视为三层。

9.2.1.2. 高速以太网 HSE

2000 年 3 月现场总线基金会公布了高速以太网的技术规范 HSE，取代原先规划的 H_2 高速总线标准。HSE 采用了基于 EtherNet 和 TCP/IP 的六层协议结构的通信模型，如图 9-5 所示。其中，1~4 层为标准的 Internet 协议；第 5 层是现场设备访问会话 FDAS，为现场设备访问代理 FDAA 提供会话组织和同步服务；第 7 层是应用层，它也划分为 FMS 和现场设备访问 FDA 两个子层，其中的 FDA 的作用与 H_1 中的 FAS 相类似，也是基于虚拟通信关系 VCR 为 FMS 提供通信服务。

HSE 充分利用了低成本和成熟可用的以太网技术，以太网作为高速主干网，传输速率为 100Mbps 到 1Gbps，或以更高的速度运行，主要用于复杂控制、子系统集成、数据服务器的组网等。HSE 和 H_1 两个网络都符合 IEC 61158 标准，HSE 支持所有的 H_1 总线的功能，支持 H_1 设备通过链接设备接口与基于以太网设备的连接。与链接设备连接的 H_1 设备之间可以进行点对点通信，一个链接上的 H_1 设备还可以直接与另一个链接上的 H_1 设备通信，无需主机的干涉。此外，HSE 现场设备支持标准的 FOUNDATION 功能模块，例如 AI，AO 和 PID 以及一些新的、具体应用于离散控制和 I/O 子系统集成的"柔性功能模块" FFB。

9.2.2. H_1 总线协议数据的构成

类似于 OSI 模型中的报文形成过程，H_1 总线协议数据经过模型中的每一层都会加上或去除附加的控制信息，图 9-6 表示出了 H_1 总线报文信息的整个形成过程，各层上传输的数据以 8 位字节为单位，括弧中数字表示字节数。如用户要将数据通过现场总线发往其他设备，首先在用户层形成用户数据，并把它们送往总线报文规范层处理，每帧最多可发送 251 个字节的用户数据信息；用户数据信息在 FAS,FMS,DLL 各层分别加上各层的协议控制信息，在数据链路层加上帧校验信息后，送往物理层将数据打包，在帧前帧后分别加上起始和结束定界码，并在起始定界码之前再加上用于时钟同步的前导码。信息帧形成之后，还要通过物理层转换为符合规范的物理信号，在网络系统的管理控制下，发送到现场总线网段上。

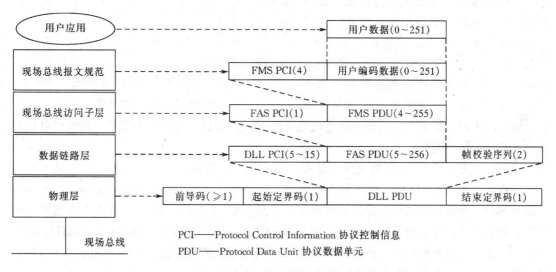

PCI——Protocol Control Information 协议控制信息
PDU——Protocol Data Unit 协议数据单元

图 9-6 H_1 总线协议数据的构成

9.2.3. FF 总线协议

9.2.3.1. 物理层

物理层用于实现现场物理设备与总线之间的连接，为现场设备与通信传输媒体的连接提供机械和电气接口，为现场设备对总线的发送或接收提供合乎规范的物理信号：接收来自数据链路层的信息，把它转换为物理信号，并传送到现场总线的传输媒体上，起到发送驱动器的作用；反之，把来自总线传输媒体的物理信号转换为信息送往数据链路层，起到接收器的作用。

H_1 总线的物理层根据国际电工委员会 IEC 和国际测量与控制学会 ISA 批准的标准定义，符合 ISA S50.02 ISA 物理层标准、IEC1158-2 物理层标准以及 FF-816 31.25kbps 物理层行规规范。

当物理层从通信栈接收报文时，需按基金会现场总线的技术规范，对数据帧加上前导码与定界码，并对其实行数据编码，再经过发送驱动器，把所产生的物理信号传送到总线的传输媒体上。相反，当它从总线上接收来自其他设备的物理信号时，需要去除前导码、定界码，并进行解码后，把数据信息送往通信栈。

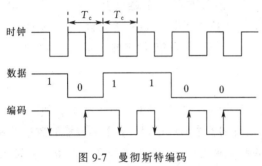

图 9-7　曼彻斯特编码

基金会现场总线采用曼彻斯特编码技术将数据编码加载到直流电压或电流上形成物理信号，该信号被称为"同步串行信号"，是因为在串行数据流中包含了同步时钟信息。如图 9-7 所示，现场总线信号由数据与时钟信号混合形成。现场总线信号接收器把在一个时钟周期 T_c 中间的正跳变作为逻辑"0"，负跳变作为逻辑"1"。

如图 9-8 所示，前导码是一个 8 位的数字信号 10101010，如果采用中继器的话，前导码可以多于一个字节。收信端的接收器采用这一信号与正在接收的现场总线信号同步其内部时钟。起始定界码标明了现场总线信息的起点，其长度为 8 个时钟周期。结束定界码标志着现场总线信息的终止，其长度也为 8 个时钟周期。二者都是由"0"，"1"，"N＋"、"N－"按规定的顺序组成，其中"N＋"在整个时钟周期都保持高电平，"N－"在整个时钟周期都保持低电平。接收设备用起始定界码找到现场总线报文的起点，在找到起始定界码后，接收设备接收数据直至收到结束定界码为止。

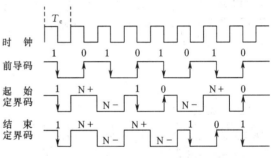

图 9-8　前导码和定界码

图 9-9(a) 表示了 H₁ 总线对现场设备的配置，主干电缆的两端分别连接一个终端器，每个终端器由 100Ω 的电阻和一个电容串联组成，形成对 31.25kHz 信号的通带电路，其等效电阻为 50Ω。现场总线网络所配置的电源电压范围为 9～32VDC，对于本质安全应用场合的允许电源电压应由安全栅额定值给定。图 9-9(b) 中发送设备产生的信号是 31.25kHz、峰峰值为 15～20mA 的电流信号，传送给相当于 50Ω 的等效负载，产生了一个调制在 9～32V 直流电源电压上的 0.75～1V 峰峰值的电压信号，如图 9-9(c) 所示。

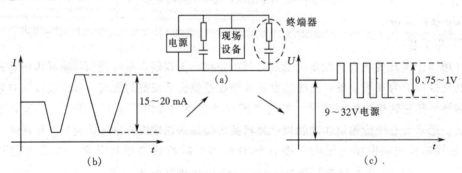

图 9-9　H₁ 总线上的信号波形

基金会现场总线支持多种传输介质，双绞线是 H_1 总线使用较广泛的一种电缆。H_1 支持总线供电和非总线供电两种方式。如果在危险区域，系统应该具备本质安全性能，应在安全区域的设备和危险区域的本质安全设备之间加上本质安全栅。表 9-1 列出了低速总线 H_1 的基本特性。

表 9-1　低速总线 H_1 的基本特性

传输速率	31.25kbps	31.25kbps	31.25kbps
信号类型	电压		
拓扑结构	总线型、树型等		
最大传输距离	1900m（屏蔽双绞线）		
分支距离	120m		
供电方式	非总线	总线	总线
本质安全	不支持	不支持	支持
设备数/段	2～32	1～12	2～6

9.2.3.2. 通信栈

通信栈包括数据链路层 DLL、现场总线访问子层 FAS 和现场总线报文规范 FMS 三部分。

（1）数据链路层

数据链路层位于物理层与总线访问子层之间，为系统管理内核和总线访问子层访问总线媒体提供服务。概括地说，DLL 最主要的功能是对总线访问的调度。

DLL 通过链路活动调度器 LAS 来管理总线的访问，每个总线段上有一个 LAS。LAS 拥有总线上所有设备的清单，由它来掌管总线段上各设备对总线的操作。总线段上的其他通信设备只有得到 LAS 的许可，才能向总线上传输数据。按照设备的通信能力，FF 定义了三种设备类型：可成为 LAS 的链路主设备、不可成为 LAS 的基本设备和网桥。基本设备只能接收令牌并做出响应，即只具备最基本的通信功能。当网络中几个总线段进行扩展连接时，用于两个总线段之间的连接设备称为网桥。由于网桥需要对它下游总线段的数据链路时间和应用时钟进行再分配，因而它属于链路主设备。如图 9-10，在一个总线段上可以连接多种通信设备，也可以挂接多个链路主设备，但在同一时刻只能有一个链路主设备成为链路活动调度器 LAS，没有成为 LAS 的链路主设备起着后备 LAS 的作用。如果当前的 LAS 失效，其他链路主设备中的一台将成为 LAS。

H_1 总线的通信分为受调度/周期性通信（Scheduled/Cyclic）和非调度/非周期性通信

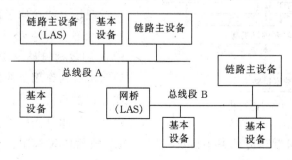

图 9-10　通信设备与 LAS

（Unscheduled/Acyclic）两类，如图 9-11 所示。

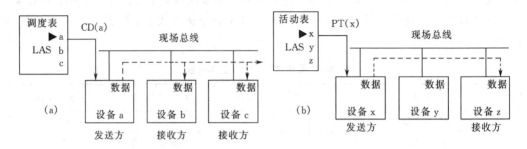

图 9-11　调度通信和非调度通信

对于受调度的通信来说，LAS 中有一张预定的调度时刻表，这张时刻表对所有需要周期性传输的设备中的数据起缓冲器作用，LAS 按预定时刻表周期性依次发起通信活动。当设备发送缓冲区数据的时刻到来时，LAS 向该设备发出一个强制性数据 CD。一旦收到 CD，该设备将缓冲区中的数据发布到现场总线上的所有设备，这批数据被所有组态为"接收方"（subscriber）的设备接受。现场总线系统中这种受调度通信一般用于在设备间周期性地传送测量和控制数据，这也是 LAS 执行的最高优先级的活动，其他操作只在受调度传输之间进行。

在现场总线上的所有设备都有机会在调度报文传送之间发送"非调度"报文。非调度通信在预定调度时间表之外的时间进行，LAS 按活动表发布一个传输令牌 PT 给一个设备，得到这个令牌的设备就被允许发送信息，直到它发送完毕或到"最大令牌持有时间"为止。LAS 活动表记录了所有响应传输令牌 PT 的设备清单。非调度通信通常用来传输组态信息、诊断/维护信息、报警事件等内容。

除了 CD 的调度和令牌传递之外，LAS 还负责活动表的维护和数据链路的时间同步。LAS 周期性地在总线上发布节点探测报文，若探测到新的通信设备，LAS 就把新设备加到活动表中，因此各种新的通信设备可以随时加到现场总线上。相反，如果设备没有使用令牌或连续三次试验仍未将令牌立即返回给 LAS，则 LAS 将把该设备从活动表中撤走。无论在活动表中加入或撤除一个通信设备，LAS 都会向所有设备广播该活动表的改变，这使每一台设备可保存一个当前活动表的副本。LAS 还周期性的在总线上广播一个时间发布报文，使所有设备正确的拥有相同的数据链路时间。

（2）现场总线访问子层

现场总线访问子层 FAS 属于 FF 应用层的一部分，它处于现场总线报文规范 FMS 和数据链路层 DLL 之间，现场总线访问子层的作用是使用数据链路层的调度和非调度特点，为 FMS 和应用进程提供报文传递服务。FAS 的协议机制可以划为

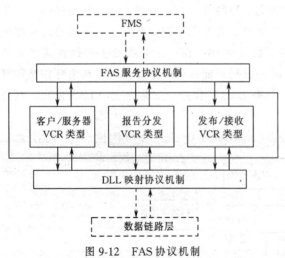

图 9-12　FAS 协议机制

三层：FAS 服务协议机制、应用关系协议机制、DLL 映射协议机制，它们之间及其与相邻层的关系如图 9-12 所示。

① FAS 服务协议机制　总线访问子层的服务协议机制是 FMS 和应用关系端点之间的接口。它负责把服务用户发来的信息转换为 FAS 的内部协议格式，并根据应用关系端点参数，为该服务选择一个合适的应用关系协议机制。反之，根据应用关系端点的特征参数，把 FAS 的内部协议格式转换成用户可接受的格式，并传送给上层。

② 应用关系协议机制　应用关系协议机制是 FAS 层的中心，它包括三种由虚拟通信关系 VCR 来描述的服务类型：客户/服务器、报告分发和发布/接收三种 VCR 类型，它们的区别主要在于 FAS 如何应用数据链路层进行报文传输。

客户/服务器 VCR 类型是实现现场总线设备间排队的、非调度的、用户触发的、一对一的通信，主要用于诸如设定值改变、整定参数的上载/下载等操作员的请求，这种服务类型的报文是按优先级及先后次序进行传输的。当一台设备从 LAS 收到一个传输令牌 PT 时，它可以发送一请求报文给现场总线上的另一台设备，请求者称为"客户"，被请求者称为"服务器"。待服务器收到传输令牌 PT 后，向客户端发送相应的响应。

报告分发 VCR 类型是排队的、非调度的、用户触发的、一对多的通信，主要用于现场总线设备发送报警信息给操作员站。当一台设备从 LAS 收到一个传输令牌 PT 时，它可以把报文发送给由该 VCR 定义的一个"组地址"，这个"组地址"包含了所有要接收该报文的设备。

发布方/接收方 VCR 类型是指缓冲式的、一对多的通信。当设备收到强制数据 CD 以后，它可以向现场总线上的所有设备"发布"或广播它的报文，那些希望接收公布报文的设备被称为"接收方"。发布方/接收方 VCR 类型常用于周期性的、受调度的输入/输出信号，如过程变量的测量值、控制结果的输出值等。

③ DLL 映射协议机制　数据链路层映射协议机制是对下层即数据链路层的接口。它将来自应用关系协议机制的 FAS 内部协议格式转换成数据链路层 DLL 可接受的服务格式，并送给 DLL，反之亦然。

（3）现场总线报文规范

现场总线报文规范层 FMS 是应用层中的另一个子层，它描述了用户应用所需要的通信服务、信息格式和建立报文所必需的协议行为等。针对不同的对象类型，FMS 定义了相应的 FMS 通信服务，用户应用可采用标准的报文格式集在现场总线上相互发送报文。

FMS 把对象描述收集在一起，形成对象字典 OD。应用进程中的网络可视对象和相应的 OD 在 FMS 中称为虚拟现场设备 VFD。由通信伙伴看来，虚拟现场设备 VFD 是一个自动化系统的数据和行为的抽象模型，它用于远距离查看对象字典中定义过的本地设备的数据。

9.2.3.3. 用户层

基金会现场总线在应用层之上增加了一个内容广泛的用户层，它定义了标准的基于模块的用户应用，从而使得设备与系统的集成与互操作更加易于实现。用户层由功能块和设备描述语言两个重要的部分组成。

（1）功能块与功能块应用进程

FF 提供一种通用结构，把分散在控制系统或现场的各种功能(如模拟输入、模拟输出、PID 控制、离散输入、离散输出、偏置等)封装为相应的功能块 FB，使其公共特征标准化，规定它们各自的输入、输出、算法条件、参数与块控制图，并把它们组成为可在某个现场设备中执行的功能块应用进程 FBAP。

在现场设备中，如一台压力变送器可以包含一个模拟量输入功能块，一台控制阀可以包含一个 PID 控制功能块和一个模拟量输出功能块，这样由变送器和控制阀就可以构成一个完整的回路。

功能块的通用结构是实现开放系统架构的基础，也是实现各种网络功能与自动化功能的基础。简单一致的功能块配置，可使功能块分散在不同制造商产品中，经集成、无缝的方式执行。定义一致的信息可通过通信自由传递，避免了麻烦的映射和接口。功能块应用进程作为用户层的重要组成部分，用于完成 FF 总线中的自动化系统功能，它们使得不同制造商产品的混合组态和调用更加容易方便。

（2）设备描述

设备描述 DD 是 FF 总线为实现设备间的可互操作性、支持标准的功能块操作而采用的一项重要内容。它为 VFD 的每个对象提供了扩展描述，包括参数标签、工程单位、要显示的十进制数、参数关系、量程与诊断菜单等。DD 类似于 PC 机中用来与操作打印机联系的驱动程序，由设备描述语言 DLL 实现，采用设备描述编译器，把 DDL 编写的 DD 源程序转化为机器可读的输出文件。只要有设备的 DD，任何与现场总线兼容的控制系统或主机就可识别和操作该设备。

FF 为所有标准功能块提供 DD，供应商通常根据标准的 DD 做一些扩充，在扩充的 DD 中附加描述供应商特定的特性，如标定和诊断程序等。

9.2.4. 网络拓扑和设备连接

FF 现场总线的网络拓扑比较灵活，如图 9-13 所示，通常包括点到点型拓扑、总线型拓扑、菊花链型拓扑、树型拓扑以及多种拓扑组合在一起构成的混合型结构。其中，总线型和树型拓扑在工程中使用较多。

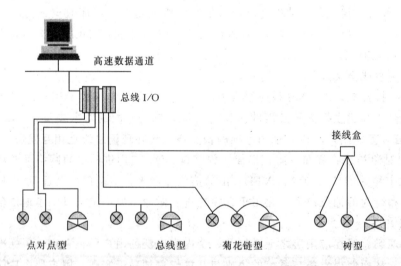

图 9-13 基金会现场总线常见的网络拓扑

在总线型结构中，现场总线设备通过一段称为支线的电缆连接到总线段上，支线长度一般小于 120m。它适应于现场设备物理分布比较分散、设备密度较低的应用场合，分支上现场设备的拆装对其他设备不会产生影响。

在树型结构中，现场总线上的设备都是被独立连接到公共的接线盒、端子、仪表板或 I/O 卡。它适应于现场设备局部比较集中的应用场合。树型结构还必须考虑支线的最大长度。

9.2.4.1. H₁ 总线的连接

图 9-14 表示 H₁ 现场设备与 H₁ 总线连接的基本结构，图中的 FF 接口可以是 PLC、IPC、网桥等链路主设备。现场设备与 H₁ 总线的连接需要注意以下三个方面的问题：

① 在 H₁ 主干总线的两端要各安装一个终端器，每个终端器由 100Ω 的电阻和一个电容串联组成，形成对 31.25kHz 信号的通带；

② 每一个 H₁ 总线段上最多允许安装 32 个 H₁ 现场设备（非总线供电），其中只能有一个链路活动调度器 LAS；

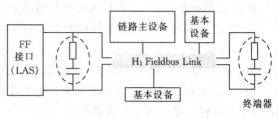

图 9-14　H₁ 总线上的设备连接

③ 总线长度等于主干总线的长度加上所有分支总线的长度，它不能超过 H₁ 总线所允许的最大长度。总线的最大长度与通信电缆的具体型号有关，如果实际的 H₁ 总线超过规定的长度范围，用户可以采用中继器进行扩展，一个总线段最多允许连接 4 个中继器。例如：H₁ 总线采用带屏蔽的双绞线作为通信电缆，不加中继器的最大允许长度是 1900m，如果连接 4 个中继器，则 H₁ 总线的长度可以扩展到 9500m。

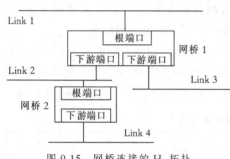

图 9-15　网桥连接的 H₁ 拓扑

通信速度不同或传输介质不同的网段之间需要采用网桥连接，如图 9-15 所示。每个网桥包含一个根端口（Root Port）、一个或几个下游端口（Downstream Port），每个端口可以连接一个网段。根端口连向于主网段，下游端口则相反。在 FF 网络中的网桥需要对它下游总线段提供数据的转发、数据链路时间再分配和应用时钟再分配等功能，为此网桥必须是下游网段的 LAS。图中网桥 1 是 Link 2 和 Link 3 的 LAS，网桥 2 是 Link 4 的 LAS。

9.2.4.2. HSE 的网络拓扑

图 9-16 是 HSE 的网络拓扑，图中共有 4 种典型的 HSE 设备。

① 主设备（Host Device）　主设备一般指安装有网卡和组态软件、具有通信功能的计算机类设备。

② HSE 现场设备（HSE Field Device）　HSE 现场设备本身支持 TCP/IP 的通信协议，它们由现场设备访问代理提供 TCP 和 UDP 的访问。

③ HSE 连接设备（HSE Linking Device）　HSE 连接设备的作用是实现 H₁ 与 HSE 的协议转换，把 H₁ 连接到

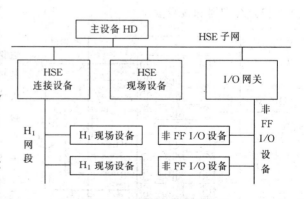

图 9-16　HSE 设备连接示意图

HSE 上，提供 UDP/TCP 的协议方式来访问 H₁ 现场设备。HSE 连接设备是利用现场设备访问代理（FDA Agent）和虚拟现场设备 VFD，通过 H₁ 栈对具体的 H₁ 现场设备进行的存取操作。HSE 连接设备上的每一个 H₁ 栈都包括整个的 H₁ 总线协议：FMS,FAS,DLL,PHY,

NMA,SMK。

④ I/O网关（I/O Gateway） I/O网关用于把非 FF 的 I/O 装置连接到 HSE 上，提供 UDP/TCP 的协议方式来对它们进行访问，并能够把外部的 I/O 映像到功能模块中去，这就允许把诸如 PROFIBUS，DeviceNet 等其他标准网络系统与 HSE 网络连接在一起。

从 HSE 设备连接示意图上可以看出，基于以太网的高速总线可以把各种 HSE 设备连接在一起，组成任意复杂的 Internet。但用于过程自动化的 HSE 总线系统在实际应用中不宜过分的复杂，一般以比较清晰的 1~2 个层次为宜。HSE 网络系统可以充分利用基于 COTS（Commercial off-the-shelf，指低成本商业化的普通计算机硬件这一范畴）的计算机网络设备，如 HUB、网桥、路由器、防火墙等。

9.2.4.3. 常用部件和特性

（1）电缆

有多种型号的电缆可用于 FF 总线，表9-2 所列的是 IEC/ISA 物理层标准中指定的几种电缆类型。

A 型电缆是指带屏蔽的双绞线电缆，其截面积为 $0.8mm^2$。它是符合 IEC/ISA 物理层一致性测试的首选电缆，在新建项目中被推荐使用。

B 型电缆是指带屏蔽的多股双绞线电缆，其截面积为 $0.32mm^2$。它可以看做为 A 型电缆的替代产品，它更适用于需要有多条现场总线在同一个区域中运行的情况。

C 型电缆是指不带屏蔽的多股双绞线电缆，其截面积为 $0.13mm^2$。由于 C 型电缆不带屏蔽层，故在实际系统中较少使用。最少使用的是 D 型电缆，它是多芯、带屏蔽、非双绞线电缆。由于 C 型电缆和 D 型电缆在总线长度等多个方面会受到限制，一般不推荐采用。

表 9-2 现场总线电缆类型和最大长度

类型	电缆说明	尺寸	最大长度（无中继）	类型	电缆说明	尺寸	最大长度（无中继）
A	带屏蔽、双绞线	#18AWG 0.8mm²	1900m	C	不带屏蔽、多股双绞线	#26AWG 0.13mm²	400m
B	带屏蔽、多股双绞线	#22AWG 0.32mm²	1200m	D	多芯、带屏蔽、非双绞线	#16AWG 1.25mm²	200m

（2）终端器和接线盒

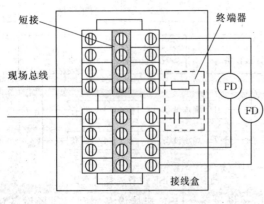

图 9-17 终端器在接线盒中的连接

成以下 3 种类型。

终端器是安装在传输线的每个末端或附近的阻抗匹配模块，每个现场总线段需要安装两只，其作用是实现信号调制并防止信号失真和衰减。图 9-17 给出了一种常用的连接方式，它可以把多个现场设备连接到现场总线上，如果接线盒的物理位置处于总线的末端，则把终端器连接到总线上以终结这个总线段。对于需要频繁拆装的现场设备建议用标准的总线接头连接。

（3）电源装置

按照 FF 物理层行规规范，电源被设计

① 131 型电源　131 型是为本安防爆栅供电而设计的，属于非本安型电源。其输出电压取决于防爆栅的功率。

② 132 型电源　132 型也属于非本安电源，但它不用于本安防爆栅供电。输出电压最大值为 32VDC。

③ 133 型电源　133 电源属于本安电源，符合推荐的本安参数。

为了保证现场总线的正常运行，电源的阻抗必须与网络匹配。无论是内置或外置的现场总线电源，这个网络都是电阻或电感网络。

（4）特殊通信设备

特殊通信设备主要指中继器、网桥和网关，每种设备都具备总线供电和非总线供电两种方式。中继器用于扩展现场总线的长度，网桥用于连接不同通信速率或不同传输介质（如电缆、光纤等）的现场总线网段，网关则用于把不同通信标准的网段（如 RS232、PROFIBUS 等）连接到 FF 系统中去。

9.3. PROFIBUS 现场总线

PROFIBUS 是在 1987 年由 SIEMENS 等 13 家企业和 5 家研究机构联合研制开发的开放式现场总线标准，共包括 PROFIBUS-FMS，PROFIBUS-DP 和 PROFIBUS-PA 三个兼容系列。1989 年该协议被批准成为德国标准 DIN19245（PROFIBUS-FMS/-DP），经应用完善后于 1996 年 3 月被欧洲电工委员会批准列为欧洲标准 EN50170（PROFIBUS-FMS/-DP），1998 年 PROFIBUS-PA 批准纳入 EN50170 （PROFIBUS-FMS/-DP/-PA），1999 年 PROFIBUS 成为国际标准 IEC 61158 的组成部分。目前在 20 多个国家和地区建立了地区性组织，中国的 PROFIBUS 组织 CPO 成立于 1997 年 7 月。

9.3.1. PROFIBUS 总线的技术特征

9.3.1.1. 协议结构

PROFIBUS 协议结构是根据 ISO7498 国际标准，以 7 层开放式系统互联网络作为参考模型的，各系列的协议结构如图 9-18 所示。

		PROFIBUS-FMS	PROFIBUS-DP	PROFIBUS-PA
用户接口		FMS 行规	DP 行规	PA 行规
			DP 扩展功能	DP 扩展功能
			DP 基本功能	
OSI（ISO7498）	应用层(7)	FMS	没有定义	没有定义
	表示层(6)	没有定义		
	会话层(5)			
	传输层(4)			
	网络层(3)			
	数据链路层(2)	现场总线数据链路（FDL）		IEC 接口
	物理层(1)	RS485, 光纤		IEC1158-2

图 9-18　PROFIBUS 协议结构

PROFIBUS-FMS 定义了物理层、数据链路层和应用层和用户接口，3~6 层未加描述。

FMS 协议中的物理层提供了光纤和 RS485 两种传输技术，数据链路层完成总线的存取控制并保证数据的可靠性，应用层定义了低层接口 LLI 和现场总线信息规范 FMS。LLI 的作用是协调不同的通信关系并提供不依赖设备的第 2 层访问接口，FMS 提供了范围广泛的功能来保证它的普遍应用。在不同的应用领域中，具体需要的功能范围必须与具体应用要求相适应，这些适应性定义称之为行规。行规提供了设备的可互换性，保证不同厂商生产的设备具有相同的通信功能。FMS 在用户接口中规定了相应的用户及系统以及不同设备可调用的应用功能，定义了现场设备行为的行规。

PROFIBUS-DP 定义了物理层、数据链路层和用户接口，3~7 层未加描述，这种结构是为了确保数据传输的快速有效地进行。DP 中的物理层和数据链路层与 FMS 中的定义完全相同，二者采用了相同的传输技术（光纤或 RS485 传输）和统一的总线控制协议（报文格式），直接数据链路映像 DDLM 为用户接口的数据链路层之间的信息交换提供了方便。用户接口规定了用户及系统以及不同设备可调用的应用功能，并详细说明了各种不同 DP 行规。

PROFIBUS-PA 主要应用于过程控制领域，可以把测量变送器、阀门、执行机构用同一根总线连接起来。PROFIBUS-PA 数据传输采用扩展的 PROFIBUS-DP 协议，只是在上层增加了描述现场设备行为的 PA 行规。简单地说，PROFIBUS-PA 就相当于 PROFIBUS-DP 通信协议加上最适合现场仪表的传输协议 IEC1158-2。根据 IEC1158-2 标准，PA 可通过总线给现场设备供电，并可确保数据传输的本质安全性。当使用分段耦合器时，PA 装置能很方便的连接到 PROFIBUS-DP 网络。

PROFIBUS 现场总线是世界上应用最广泛的现场总线技术之一，DP 和 PA 的完美结合使得 PROFIBUS 现场总线在结构和性能上优越于其他现场总线。PROFIBUS 既适合于自动化系统与现场 I/O 单元的通信，也可用于直接连接带有接口的变送器、执行器、传动装置和其他现场仪表及设备，对现场信号进行采集和监控，并且用一对双绞线替代了传统的大量的传输电缆，大大节省了电缆的费用，也相应节省了施工调试以及系统投运后的维护时间和费用。

9.3.1.2. 数据传输技术

现场总线系统的应用在很大程度上取决于选择哪种传输技术。除了传输可靠性、传输速率、传输距离等通用的要求以外，考虑一些使用的灵活性及其他一些机电因素也十分重要。例如，当应用于过程自动化时，特别是涉及本质安全防爆的应用场合，数据和电源在同一根总线上传输就很有必要。由于单一的传输技术不可能满足所有要求，因此 PROFIBUS 提供了 RS485 传输、IEC1158-2 传输和光纤传输三种类型。

（1）RS485 传输技术

RS485 传输用于 PROFIBUS-DP/-FMS，总线电缆在 EN50170 标准中规定为 A 型双绞铜芯电缆，其最大允许的长度与数据传输速率是直接相关的。RS485 传输技术的基本特征、A 型导线的特性参数以及传输速率与总线长度的关系分别如表 9-3、表 9-4、表 9-5 所示。

表 9-3 RS485 传输的基本特征

网络拓扑	线型总线，两端安装有源的总线终端电阻
传输介质	双绞电缆，可根据现场环境选择和取消屏蔽
站点数	不带中继每分段可带 32 个站，带中继最多可带 126 个站
连接插头	最好使用 9 针 D 型插头

表 9-4 A 型导线的特性参数

参数	A 型导线
阻抗	135~165Ω
电容	<30 pF/km
回路电阻	110Ω/km
线芯直径	0.64 mm
线芯截面	>0.34 mm²

表 9-5　传输速率与总线长度的关系

传输速率/kbps	9.6	19.2	93.75	187.5	500	1500	12000
最大允许总线长度/m	1200	1200	1200	1000	400	200	100

若使用 EN50170 标准规定的 A 型电缆，需要在总线的 2 个终结端匹配终端电阻，以保证总线的空载状态电位。总线终端电阻如图 9-19 所示。

按照 EN50170 标准，PROFIBUS 的总线连接器是 9 针 SUB D 型插头，每个站点必须保证提供 V_P（+5V）和 GND 到针脚 5 和 6，这样总线可以用终端电阻终止。图 9-20 为有进入和引出数据线，并集成终端电阻的 9 针连接器示意图。

在过去，有时可以用短接线来连接网络节点。当传输速率大于 1500kbps 时，所有可能的线段应使用总线连接器连接，避免使用短接线段，以此补偿总线上的干扰，而且总线插头连接可在任何时候接通或断开而并不中断其他站的数据通信，一个站点的故障不会影响到总线上其他站点，在总线上增加或减少站点也不会影响其他站点的操作。

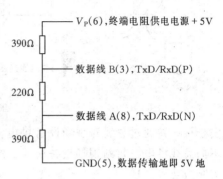

图 9-19　A 型导线的终端电阻

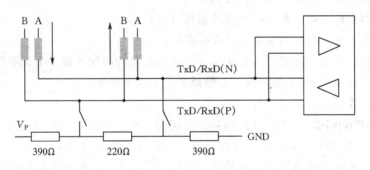

图 9-20　总线连接器的结构示意图

在一个 PROFIBUS 系统中最大可连接 126 个站，总线系统分为若干个段，每个分段最多可以连接 32 个站（主站和从站），每段的头尾都需要一个永远有源的总线连接器，标准的总线连接器用一个开关来控制终端电阻。如果总线上超过 32 个站点，各个总线分支段之间用中继器（线路放大器）连接，中继器也计数为其中的一个站点。作为被动的总线站，中继器的作用是保证能明确识别与之连接站点之间所交换的数据。如果 PROFIBUS 总线要覆盖更长的距离，中间可建立连接段，如图 9-21，连接段内不挂接任何站点。一般情况下，建议使用的中继器不超过 3 个。

为了在高电磁辐射环境下获得良好的抗干扰性能，可以使用带屏蔽的数据传输电缆。屏蔽电缆两端的屏蔽编织线或屏蔽箔必须与保护接地线连接，并通过尽可能大面积的屏蔽接线来覆盖。此外，在线缆的敷设过程中建议把数据线和高压线隔离。

（2）IEC1158-2 传输技术

数据 IEC1158-2 的传输技术用于 PROFIBUS-PA，是一种位同步协议，它可保持其本质

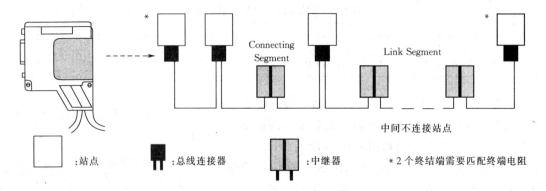

:站点　　　　:总线连接器　　　　:中继器　　　　*2个终结端需要匹配终端电阻

图 9-21　总线的连接

安全性，并通过总线对现场设备供电，每段只有一个电源作为供电装置，当站收发信息时，不向总线供电，每站现场设备所消耗的为常量稳态基本电流，现场设备其作用如同无源的电流吸收装置。IEC1158-2 传输技术的主要特性有：

- 数据传输　数字式，位同步，曼彻斯特编码；
- 数据信号　通过 ±9mA 对基本电流(约 10mA)的调制；
- 传输速率　31.25kbps，电压式；
- 数据可靠性　前同步信号，采用起始和终止定界符避免误差；
- 电缆　双绞线，屏蔽式或非屏蔽式；
- 远程电源供电　可选附件，通过数据线供电；
- 防爆功能　能进行本质及非本质安全操作；
- 拓扑结构　线型、树型或两者相结合，总线电缆的两端各有一个无源终端器；
- 站点数　每段最多 32 个站点，总数最多为 126 个站点；
- 中继器　最多可扩展至 4 台。

图 9-22 为 PROFIBUS-DP 与 PA 的典型结构图。基于 IEC1158-2 传输技术总线段与基于 RS485 传输技术总线段可以通过耦合装置相连，耦合器使 RS485 信号和 IEC1158-2 信号相适配。每段通常配一个电源装置，电源装置经耦合器和 PA 总线为现场设备提供电源，这种供电方式可以限制 IEC1158-2 总线段上的电流和电压。如果需要外接电源设备，必须用适当的隔离装置，将总线供电设备与外接电源设备连接在本质安全总线上。

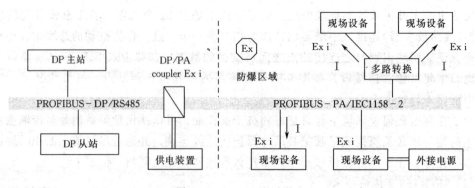

图 9-22　DP/PA 的连接

PROFIBUS-PA 的网络拓扑可以是总线型、树型和两种拓扑的混合。线型结构沿着总线电缆连接各个站点，树型结构允许现场设备并联地接在现场配电箱上。混合拓扑结构适合多数实际系统的要求，它可以使总线的结构和长度趋于最优。PROFIBUS-PA 使用的传输介质是双绞线电缆，建议使用表 9-6 中所列的 IEC1158-2 传输技术的参考电缆规格，也可以使用更粗截面导体的其他电缆。

连接到一个端的站点数量最多限于 32 个。如果使用本质安全型总线供电方式，总线上的最大供电电压和最大供电电流均具有明确的规定。按防爆等级和总线供电装置，总线上的站点数量也将受到限制。如表 9-7 所示。PROFIBUS-PA 总线段的设计应遵循：ⓐ根据现场仪表的型号和数量初步计算所需要的电流；ⓑ根据现场的防爆要求和电源装置的功率要求选择合适的电源装置；ⓒ根据现场对总线长度的要求确定电缆类型。

表 9-6　参考电缆规格

电缆设计	双绞线屏蔽电缆
额定导线面积	$0.8mm^2$
回路电阻	$44\Omega/km$
阻抗（31.25kHz）	$100\Omega\pm20\%$
39 kHz 衰减	3dB/km
电容不平衡度	2nF/km

表 9-7　电源装置的特性参数和传输介质的长度

电源装置型号	Ⅰ型	Ⅱ型	Ⅲ型	Ⅳ型
使用领域	EEx ia/ib IIC	EEx ia/ib IIC	EEx ia/ib IIB	非本质安全
供电电压/V	13.5	13.5	13.5	24
最大供电电流/mV	110	110	250	500
典型站点数①	8	8	22	32
0.8mm 电缆长度/m	≤900	≤900	≤400	≤650
1.5mm 电缆长度/m	≤1000	≤1500	≤500	≤1900

① 表中的站点数依据每个设备耗电 10mA 计算。

（3）光纤传输技术

PROFIBUS 系统要桥接更长的距离或在电磁干扰很大的环境下应用时，可使用光纤导体（塑料和玻璃）传输。光链路插头可以实现 RS485 信号和光纤导体信号的相互转换，价格低廉的塑料纤维导体适用于 50m 以内的信号传输，玻璃纤维导体供距离小于 1km 情况下使用。为此，用户可十分方便地在 PROFIBUS 系统同时使用 RS485 传输技术和光纤传输技术。

9.3.1.3. 总线存取协议

PROFIBUS 总线包括的三个兼容系列 PROFIBUS-DP，PROFIBUS-FMS 和 PROFIBUS-PA 均使用一致的总线存取协议，该协议通过 OSI 参考模型的第 2 层来实现。

在 PROFIBUS 中的第 2 层称为现场总线数据链路层 FDL，它描述了数据传输中报文的一般格式、安全机制和可用的传输服务。介质存取控制 MAC 具体控制数据传输的程序，它必须确保在任何一个时刻只能有一个站点有权发送数据。PROFIBUS 协议的设计旨在满足介质存取控制的两个基本要求：ⓐ在复杂的自动化系统（主站）间通信，必须保证在确切限定的时间间隔中，任何一个站点要有足够的时间来完成通信任务；ⓑ在复杂的程序控制器和简单的 I/O 设备（从站）间通信，应尽可能快速又简单地完成数据的实时传输。因此，PROFIBUS 总线存取协议是一种混合的协议，包括主站之间的令牌传递方式和主站与从站之间的主从方式。

令牌环是所有主站的组织链，按照它们的地址构成逻辑环。令牌信息是一条特殊的报文，它在主站之间传递总线存取权，令牌传递程序保证了每个主站在一个确切规定的时间内得到总线存取权。在令牌环中，令牌在逻辑环中循环一周的最长时间是事先规定的，令牌需要在规定的时间内按照地址的升序在各主站中依次传递。

在 PROFIBUS 中，主从方式允许主站在得到总线存取令牌时与从站进行通信，每个主站均可向从站发送或索取信息。当某主站得到令牌报文后，该主站可在一定时间内执行主站工作。在这段时间内，它可依照主-从关系表与所有从站通信，也可依照主-主关系表与所有主站通信。图 9-23 为 2 个主站和 4 个从站的系统示意图。主站 1 处理从站 1～3 的数据通信，然后传递令牌到主站 2，主站 2 只读取从站 4 的数据，再传递令牌给主站 1，如此周而复始。

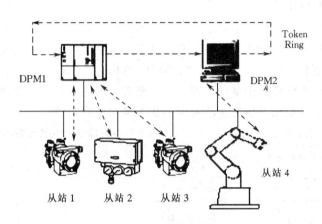

图 9-23　总线存储协议

在总线系统初建时，主站介质存取控制 MAC 的任务是制定总线上的站点分配并建立逻辑环。在总线运行期间，MAC 保证令牌按地址升序依次在各主站间传送，断电或损坏的主站必须从环中排除，新上电的主站必须加入逻辑环。另外，PROFIBUS 介质存取控制还可监测传输介质及收发器是否有故障，检查站点地址以及令牌错误。

PROFIBUS 现场总线数据链路是按照非连接的模式操作，除提供点对点逻辑数据传输外，还提供广播或有选择广播的多点通信功能。

9.3.2. PROFIBUS-DP

PROFIBUS-DP 主要应用于现场设备级的高速数据传输。PROFIBUS-DP 除了安装简单之外，它具有很高的传输速率、多种网络拓扑结构(总线型、星型、环型等)以及可选的光纤双环冗余。在这一级，中央控制器(主站)通过高速串行线同分散的现场设备(从站)进行通信。主站与分散的从站进行数据交换采用循环通信方式，循环通信功能由 PROFIBUS-DP 的基本功能所规定。对智能化现场设备进行的组态、诊断和报警则采用非循环的通信方式，这些非循环的通信功能由 PROFIBUS-DP 的扩展功能所规定。

9.3.2.1. 基本 DP 功能

主站循环地读取从站的输入信息并周期地向从站发送输出信息，总线循环时间必须要比中央控制器的程序循环时间为短，在很多应用场合，程序循环时间约为 10ms。PROFIBUS-DP 主要的基本功能有：

- 传输技术　RS485 传输，传输介质可以是双绞线、双线电缆或光缆；
- 传输速率　9.6kbps～12Mbps；
- MAC 协议　主站之间是令牌传递，主站和从站之间是主从传递；
- 从站报文最大有效长度　246 字节；
- 站地址　0～126，其中 126 只能用于投运目的，不可用于数据交换；
- 数据传输　点对点方式循环传输；
- 控制命令传输　广播方式(或有选择的广播方式)；
- 总线冗余　采用光学链路模块 OLM 和光纤构成双环冗余。

9.3.2.2. 设备类型

PROFIBUS具体说明了串行现场总统的技术和功能特性，它可使分散式数字化控制器从现场底层到车间级网络化，该系统分为主站和从站。主站决定总线的数据通信，当主站得到总线控制权(令牌)时，不用外界请求就可以主动发送信息，它又分为 DPM1 和 DPM2。

① 一类 DP 主站 DPM1 DPM1 相当于完成自动化控制的中央控制器，如 PLC,PC, VME 系统等。当 DPM1 取得令牌时，在规定的信息周期内可依据通信关系表进行主-从或主-主通信，可周期性地通过循环和非循环与分散的从站交换信息。

② 二类 DP 主站 DPM2 DPM2 是可进行编程、组态、诊断的设备，如编程器、操作面板等，DPM2 主要用于系统组态、调试和监视目的，它们可以通过非循环与 DPM1 和从站交换数据。

③ DP 从站 DP 从站是支持 DP 协议的智能现场仪表或智能型 I/O 设备，它们没有总线控制权，仅对接收到的信息给予确认或当主站发出请求时向主站发送信息，从站只需总线协议的一小部分。

PROFIBUS 可支持单主站系统(图 9-24)，也支持多主站系统(图 9-25)。单主站系统在总线系统的运行阶段，只有一个活动的一类 DP 主站，它可以获得最短的总线循环时间。多主站系统的总线上连有多个主站，各主站与各自从站构成相互独立的子系统，每个子系统包括 DPM1、若干从站及可能的 DPM2 设备。任何一个主站均可读取 DP 从站的输入/输出映像，但同时只有一个主站允许对从站写入数据。

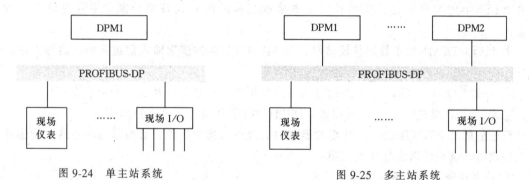

图 9-24　单主站系统　　　　　　　　图 9-25　多主站系统

9.3.2.3. 扩展 DP 功能

DP 扩展功能是对 DP 基本功能的补充，它与 DP 基本功能兼容。

DP 扩展功能是面向连接的数据通信技术，它允许主从站之间非循环的通信功能，图 9-26 表示主从站之间报文通信的基本顺序。在过程自动化系统中，除了周期性的高速数据传输以外，许多信息往往只在需要时才进行数据交换，如 DPM2 非循环存取现场控制设备的参数和测量值等，DP 扩展功能满足了过程自动化系统中非周期性的数据传输要求。相对于循环的用户数据传输而言，非循环的数据传输具有较低的优先权。

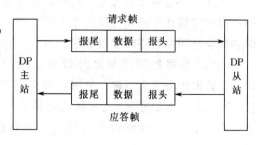

图 9-26　报文通信的基本顺序

（1）DPM1 与 DP 从站间扩展的数据通信

在这种数据通信的服务顺序中，DPM1 与 DP 从站间先建立链接，该链接称为 MSAC-C1，它与主从站之间的循环数据传输紧密连接在一起。当链接成功建立以后，DPM1 就可以通过 MSCY-C1 链接来执行循环数据传输，也可以通过 MSAC-C1 链接来执行非循环数据传输。

① 带直接数据链路映像的非循环读/写功能　直接数据链路映像 DDLM 提供的用户接口，使得对数据链路层的存取变得简单方便，该功能用来读写从站上任何希望数据。当主站发送了 DDLM 读写请求之后，主站用有应答数据的 SRD 查询，直到 DDLM 读写响应出现。如果数据读写成功，则 DP 从站给出实际的读写响应；否则，DP 从站给出否定的应答。

② 报警响应　DP 基本功能允许 DP 从站用诊断信息向主站自发地传输事件，而新增的 DDLM-ALAM-ACK 功能被用来直接响应从 DP 从站上接收的报警数据。

（2）DPM2 与从站间的非循环的数据传输

DP 扩展功能允许一个或几个诊断或操作员控制设备(DPM2)对 DP 从站的任何数据块进行非循环读/写服务。这也是一种面向链接的通信功能，称为 MSAC-C2。新的 DDLM-Initiate 服务用于在用户数据传输开始之前建立连接，从站用确认应答 DDLM-Initiate. res 确认连接成功。连接成功以后，在通过 DDLM 读写服务的过程中，允许任何长度的间歇。如果连接监视器监测到故障，将自动终止主站和从站的连接。

9.3.2.4. 行为模式和诊断功能

PROFIBUS-DP 规范包括了对系统行为的详细描述以保证设备的互换性，系统行为主要取决于 DPM1 的操作状态，这些状态由本地或总体的配置设备所控制，主要有以下三种状态：

① 运行　DPM1 处于数据传输阶段，DPM1 从 DP 从站读取输入信息并向从站写入输出信息；

② 清除　DPM1 读取 DP 从站的输入信息并使输出信息保持在故障安全状态；

③ 停止　只能进行主-主数据传送，DPM1 和 DP 从站之间没有数据传送。

经过扩展的 PROFIBUS-DP 诊断功能是对故障进行快速定位，诊断信息在总线上传输并由主站收集，这些诊断信息分为三类：

① 站点诊断　诊断站点设备的故障；

② 模块诊断　诊断站点中具体 I/O 模块的故障；

③ 通道诊断　诊断一个单独 I/O 通道的故障。

此外，为达到安全可靠的目的，有必要对 PROFIBUS-DP 系统提供有效的保护功能，以防止出现参数化差错或传输设备发生故障。在 DP 主站和 DP 从站中均带有监视定时器，定时器间隔时间在组态时加以确定。

DPM1 使用数据控制定时器对从站的数据传输进行监视。在规定的监视时间间隔中，如数据传输发生差错，定时器就会超时，用户 DPM1 将根据用户设定的错误自动反应功能决定下一步的处理。DP 从站使用看门狗控制器(WDT)检测主站和传输线路的故障。如果在一定的时间间隔内发现没有与主站的数据通信，从站自动将其输出进入故障安全状态。

9.3.2.5. 电子设备数据文件 GSD

为了要明确识别 PROFIBUS 产品，生产厂家必须以电子设备数据库文件 GSD 方式将

DP 主站和 DP 从站的功能参数(如 I/O 点数、诊断信息、波特率、时间监视等)描述出来，使用根据 GSD 所作的组态工具可以将不同厂商生产的设备集成在同一总线系统中。GSD 文件可分为三个部分。ⓐ一般规范：包括了生产厂商和设备名称、硬件和软件版本、波特率、监视时间间隔、总线插头的信号分配。ⓑ与 DP 有关的规范：包括适用于主站的各项参数，如允许连接从站的个数、上装/下装能力。ⓒ与 DP 从站有关的规范：包括了与从站有关的一切规范，如输入/输出通道数、类型、诊断数据等。

PROFIBUS 精确地规定 GSD 文件，它基于欧洲洲际标准 EN50170，并在 PROFIBUS 导则 2.041 中叙述。

9.3.2.6. PROFIBUS-DP 行规

PROFIBUS-DP 协议明确规定了用户数据怎样在总线各站之间传递，但与应用有关的用户数据的含义是在 PROFIBUS 行规中具体说明的。另外，行规还具体规定了 PROFIBUS-DP 如何用于应用领域。使用行规可使用户享受互换不同厂商生产设备的利益，互换使用不同厂商所生产的不同设备，而用户无须关心两者之间的差异。下面是 PROFIBUS-DP 行规，括弧中数字是文件编号：

① NC/RC 行规(3.052)　描述不同型号的数控机床、机器人如何用 PROFIBUS-DP 控制等；

② 编码器行规(3.062)　描述单圈和多圈分辨率的回转式、角转式、线性编码器与 PROFIBUS-DP 的连接等；

③ 变速传动行规(3.071)　描述在转速控制的传动中如何进行参数化，以及设定值与实际测量值如何进行传送等内容；

④ 操作员控制和过程监视行规(HMI)　HMI 行规具体说明了通过 PROFIBUS-DP 把这些设备与更高一级的自动化部件的连接，行规使用了扩展的 PROFIBUS-DP 功能来进行通信。

9.3.3. PROFIBUS-PA

PROFIBUS-PA 是专为过程自动化而设计的，它是在保持 PROFIBUS-DP 通信协议的条件下，增加了对现场仪表实现总线供电的 IEC1158-2 的传输技术，使 PROFIBUS 也可以应用于本质安全领域，同时也保证 PROFIBUS-DP 总线系统的通用性。图 9-27(a)和图 9-27(b)分别表示在常规计算机控制系统和 PROFIBUS-PA 总线系统中现场仪表与主控系统的连接示意图。

在常规系统中，现场仪表与主控系统的 I/O 模块之间采用一对一的连接方式。PA 总线可以延伸到控制现场，使用 PA 只需要一根与 IEC1158-2 技术相同的数据传输电缆就可以完成所有现场仪表的信息传送，还可以通过传输电缆在传送信息的同时向现场设备直接供电，总线上的电源来自单一的供电装置，现场仪表与控制室之间无需附加隔离装置，即使在本质安全地区也

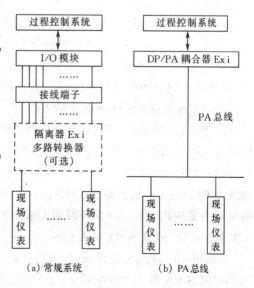

(a) 常规系统　　(b) PA 总线

图 9-27　现场仪表与主控系统的连接

如此。由于 PROFIBUS-PA 的开发是专门针对过程控制领域进行的，为此 PA 总线还具有以下几个重要的特征：

① PA 描述了适合过程自动化应用的各种行规，这些行规使不同厂家生产的现场设备具有互换性；

② PA 允许设备在操作过程中进行维修，增加或去除总线站点，即使在本质安全地区也不会影响到其他站点。

9.3.3.1. PROFIBUS-PA 传输协议

PROFIBUS-PA 采用 PROFIBUS-DP 的基本功能来传送测量值和状态，用 PROFIBUS-DP 的扩展功能来进行现场设备的参数化和操作。PROFIBUS-PA 第 1 层采用 IEC 1158-2 技术，第 2 层总线存取协议和第 1 层之间的接口在 DIN19245 系列标准的第 4 部分做了规定。

9.3.3.2. PA/DP 的连接

PA 与 DP 总线段之间通过链接器或耦合器连接，以实现两个不同总线段的透明通信，在本质安全地区可使用防爆型 PA/DP 耦合器或 PA/DP 链接器，如图 9-28。

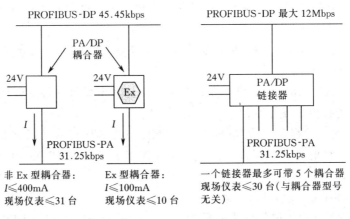

图 9-28　PA/DP 的连接示意图

① PA/DP 耦合器　PA/DP 耦合器的作用是把传输速率为 31.25kbps 的 PA 总线段和传输速率为 45.45kbps 的 DP 总线段连接起来，PA 总线还可以为现场仪表提供电源。PA/DP 耦合器分为两类：本质安全型(Ex 型)和非本质安全型(非 Ex 型)。通过 Ex 型耦合器连接的 PA 总线最大的输出电流是 100mA，它可以为 10 台现场仪表提供电源；通过非 Ex 型耦合器连接的 PA 总线最大的输出电流是 400mA，最多可为 31 台现场仪表提供电源。

② PA/DP 链接器　PA/DP 链接器最多由 5 个 Ex 型或非 Ex 型 PA/DP 耦合器组成，它们通过一块主板作为一个工作站连接到 PROFIBUS-DP 总线上。通过一个 PA/DP 链接器允许连接不超过 30 台现场仪表，这个限制与所使用的耦合器类型无关。PA/DP 链接器的上位总线(DP)的最大传输速率是 12Mbps，下位总线(PA)的传输速率是 31.25kbps，因此 PA/DP 链接器主要应用于对总线循环时间要求高和设备连接数量大的场合。

9.3.3.3. PROFIBUS-PA 仪表行规

PROFIBUS-PA 行规保证了不同厂商所生产的现场设备的互换性和互操作性，它是 PROFIBUS-PA 的一个组成部分。PA 行规的任务是选用各种类型现场设备真正需要通信的功能，并提供这些设备功能和设备行为的一切必要规格。目前，PA 行规已对所有通用的测量变送器和其他选择的一些设备类型作了具体规定，例如：压力、液位、温度和流量的变送器，数字量输入和输出，模拟量输入和输出，阀门，定位器等。图 9-29 所示为一类现场仪表的行规示例。

一台现场仪表中的行规参数可分为三组：ⓐ过程参数——指测量值或输出阀位及有关状态；ⓑ工作参数——它包括量程、滤波时间、报警（报告、报警与警告权限）等参数；ⓒ生产厂特定参数——如专用诊断信息等，它们多用于仪表的诊断和维护。

各个主站系统可以通过 PROFIBUS-PA 从所有现场仪表中读/写已在 PA 行规中定义的仪表功能参数，从而影响已在 PA

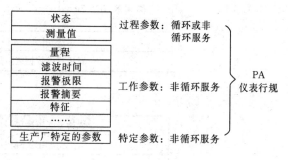

图 9-29 PA 仪表行规示意图

行规中定义的仪表功能，这也就体现了可互操作的特点。如果使用 PA 行规中定义的功能，在更换现场仪表后能够保持性能不变，现场仪表具有互换性。

9.3.4. PROFIBUS-FMS

PROFIBUS-FMS 主要用来解决车间级通用性通信任务，因此更大量的数据传送功能和各种高级功能比通信的实时性更为重要。

9.3.4.1. PROFIBUS-FMS 应用层

PROFIBUS-FMS 应用层向用户提供了包括访问变量、程序传递、事件控制等通信服务，它由现场总线信息规范 FMS 和低层接口 LLI 两个部分构成：ⓐFMS 描述了通信对象，向用户提供了可广泛选用的强有力的通信服务；ⓑLLI 协调不同的通信关系并向 FMS 提供不依赖设备访问的数据链路层。

9.3.4.2. PROFIBUS-FMS 服务

FMS 服务项目是 ISO 9506 制造信息规范 MMS 服务项目的子集。应用层到数据链路层映射由 LLI 来解决，其主要任务包括数据流控制和连接监视。用户通过称之为通信关系的逻辑通道与其他应用过程进行通信。FMS 设备的全部通信关系都列入通信关系表 CRL，CRL 中包含了通信索引和数据链路层及 LLI 地址间的关系。概括地说，FMS 服务分为面向连接的确认服务和无需连接的非确认服务（图 9-30）。

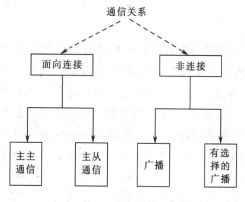

图 9-30 各种可能的通信服务表

面向连接的通信关系表示两个应用过程之间的点对点逻辑连接，面向连接的确认服务的执行顺序如图 9-31 所示。在传送数据之前，首先必须用"初始化服务"建立连接。建立成功后，连接受到保护，防止第三者非授权的存取并传送数据。如果该建立的连接已不再需要了，则可用"退出服务"来中断连接。对面向连接的通信关系，LLI 允许时间控制的连接监视。

非连接的通信关系允许一台设备使用非确认服务同时与好几个站进行通信。在广播通信关系中，FMS 非确认服务可同时发送到其他所有站。在有选择的广播通信关系中，FMS 非确认服务可同时发送给预选定的站组。

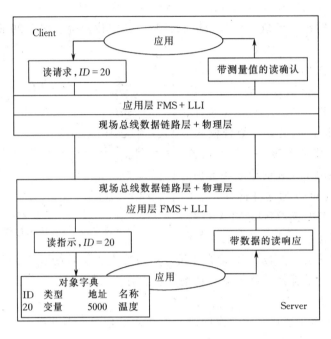

图 9-31　FMS 确认服务

9.3.4.3. PROFIBUS-FMS 行规

FMS 提供了范围广泛的功能来保证它的普遍应用，具体的应用领域在 FMS 行规中规定。FMS 对行规做了以下一些规定（括号中的数字是文件编号）：

① 控制间的通信(3.002)　定义了用于可编程控制器(PLC)之间通信的 FMS 服务；

② 楼宇自动化(3.011)　该行规对楼宇自动化系统使用 FMS 进行监视、闭环和开环控制、操作控制、报警处理及系统档案管理做了描述；

③ 低压开关设备(3.032)　具体说明了通过 FMS 在通信过程中低压开关设备的应用行为。

9.3.5. PROFINet 简介

作为一种可靠的、经过考验的现场总线技术，PROFIBUS 为各领域的自动化控制提供了一致的、协调的通信解决方案，无论是在控制器与分布式 I/O 之间交换自动化信息，还是在智能化现场仪表和各种控制设备间的全数字化通信，无论是在普通场合，还是在本质安全区域，它都能为用户的各种应用提供优化统一的技术标准。由于当前的工业网络已不仅仅是为了满足自动化控制的需要，它已逐渐向高层 IT 系统的融合甚至通过因特网实现全球化联网的趋势发展，这也推动着现场总线技术向纵向集成的方向扩展。PROFINet 正是体现了现场总线技术纵向集成的一种透明性理念。

为了保持与自动化系统较高层的一致性，PROFINet 选用以太网作为通信媒介，一方面它可以把基于通用的 PROFIBUS 技术的系统无缝地集成到整个系统中，另一方面它也可以通过代理服务器 proxy 实现 PROFIBUS-DP 及其他现场总线系统与 PROFINet 系统的简单集成。

在整个协议构架中，独立于制造商的工程设计系统对象 ES-Object 模型和开放的、面向对象的 PROFINet 运行期(runtime)模型是 PROFINet 定义的两个关键模型。

9.3.5.1. 工程设计系统对象模型

工程设计系统对象模型用于对多制造商工程设计方案做出规定，提供用户友好的 PROFINet 系统的组态(见图 9-32)。

PROFINet 自动化解决方案包含在运行期进行通信的自动化对象中，即运行期自动化对象 RT-AUTO。RT-AUTO 是在 PROFINet 物理设备上运行的软件部件，它们之间的相互连接必须用组态工具进行规定。在组态工具中，与 RT-AUTO 相对应的是工程系统自动化对象 ES-AUTO，它包含整个组态过程所需要的所有信息。当编译和装载应用时，就从每个 ES-AUTO 创建与之相匹配的 RT-AUTO，组态工具

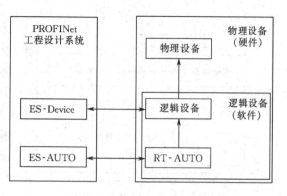

图 9-32　PROFINet 的对象模型

将知道该自动化对象是哪台设备上的，也就可获得该对象的对应物，即工程系统设备 ES-Device。严格地说，ES-Device 对应于逻辑设备 LDev，逻辑设备和物理设备之间有一种分配关系，多数情况是 1:1 的分配关系，也就是说相对于每一个硬件或物理设备就有一个固件精确地与之相对应。

工程设计系统对象 ES-Object 包括了用户在组态期间检测和控制的所有对象，ES-Object 的实例、相互连接和参数化构成了自动化解决方案的实际模型，然后通过下载激活，就可以建立以工程设计模型为基础的运行期软件。PROFINet 规范描述了应用 ES-Object 约定支撑的对象模型。

对设计者而言，无需关注以太网方面的通信细节。对用户而言，PROFINet 组态工具的基本功能只是定义对象的通信连接，接口之间彼此相连接以后，把互连信息下载到设备中，全部的功能已包含在运行期核内，接收方或消费者仅根据互连信息就可建立与数据或事件的生产者的连接并请求组态的数据。

另外，PROFINet 还引入了"页面"(facet)的概念，它起到了两方面的作用。一是为用户提供一种可视化的方式来表达对象。页面执行一组专用的 ES-Object 的功能或子功能，相互连接的页面仅处理该对象与其他对象的通信连接，用户可利用设备分配页面将一个自动化对象分配给一台物理设备，通过下载页面将相互连接信息装载到该设备上。二是用来定义专用的功能扩展。有些页面是由 PROFINet 标准定义的，其他的页面是专用的，不同制造商可在它们的自动化对象上定义自己类型的页面。例如：以最佳方式提供设备非常专用的诊断信息的诊断页面；对设备的一些特殊功能进行测试的测试页面等。

PROFINet 在工程设计领域，一旦无需对通信进行编程而只需很方便地进行组态，创建自动化解决方案就变得相当简单。

9.3.5.2. 运行期模型

PROFINet 指定了一种开放的、面向对象的运行期(runtime)概念，它以具有以太网标准机制的通信功能为基础(如 TCP，UDP/IP)，基本机制的上层提供了一种优化的 DCOM 机制，作为用于硬实时通信性能的应用领域的一种选择。PROFINet 部件以对象的形式出现，这些对象之间的通信由上面提到的机制提供，PROFINet 站之间通信连接的建立以及它们之间的数据交换由已组态的相互连接提供。

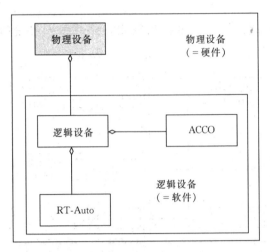

图 9-33　PROFINet 运行期模型

图 9-33 是 PROFINet 设备必须实现的运行期对象模型，图中可以看到该模型主要有以下几方面。

① 物理设备(PDev)　PDev 代表设备整体并作为其他设备的入口点，也就是说用此设备建立与 PROFINet 设备的最初联系。在每台硬件设备部件上确实有一个物理设备的实例（如 PLC，PC，驱动器）与之对应。

② 逻辑设备(LDev)　LDev 代表实际的程序媒介，也就是代表实际 PROFINet 节点设备的那些部分，它是具有扫描运行状态、时/日、组和详细的诊断信息的接口。在嵌入式设备中，通常没有必要区分物理设备和逻辑设备；然而，若在 PC 的运行期系统上，这种区分很重要，因为两台 SoftPLC 可运行在同一台 PC 上。这种情况下，PC 是物理设备，而每台 SoftPLC 则是逻辑设备。

③ 运行期自动化对象(RT-Auto)　RT-Auto 代表该设备的实际技术功能。

④ 活动控制连接对象(ACCO)　Ldev 或 RT-Auto 的代理服务器在工程模型中是 ES-Device 或 ES-Auto，与其他 PROFINet 设备发生相关作用的最重要的对象是 ACCO，它可以建立相互间的通信连接并自动地处理数据交换(包括通信故障的处理)。

9.3.5.3. PROFINet 数据通信

要实现 PROFINet 方案，设备制造商必须在他们的设备上实现 PROFINet 运行期模型。为此目的，PNO 提供了 PROFINet 栈作为原始资料。这使得设备制造商方便地将 PROFINet 运行期模型集成到他们的设备中。同时，这也确保了不同制造商以相同的方式实现 PROFINet 方案，使不能互操作的问题降至最小。

一般而言，控制器上 PROFINet 运行期模型的结构如图 9-34 所示。从通信的角度看，这将产生 PROFINet 设备的如下基本方案。

① DCOM 机制(通过 TCP)　DCOM 的传输是由事件驱动的，较低的那些层提供连接的安全性。

② 以太网上的实时通信　按照 UDP/IP，生产数据应采用(在动态资源的开销方面)尽可能小的协议传输。所要求的传输确定性是可调的并且在运行期必须监视其确定性。该解决方案可用标准的网络部件实现。

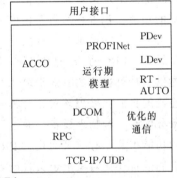

图 9-34　PROFINet 设备的
一般软件结构

图 9-35 代表了 PROFINet 设备的通信结构体系。在所有情况下，PROFINet 应用可通过 DCOM 进行彼此间的通信，DCOM 的下面还有诸如 TCP 协议和实时优化的 UDP 协议，PROFINet 设备可根据它们各自的实时要求决定使用这些层中的哪种协议。

9.3.5.4. PROFINet 的集成

那么，PROFINet 是否就是以太网上的 PROFIBUS？答案是否定的，就 PROFINet 而

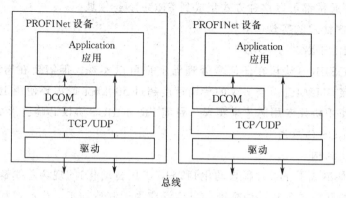

图 9-35　PROFINet 设备的通信结构体系

言，它不使用 PROFIBUS 专用的通信机制，而采用开放的标准。对 PROFIBUS 组织而言，重要的是将 PROFIBUS 系统无需修改地集成到 PROFINet 系统，以最大限度地保护了现有 PROFIBUS 系统的投资。对最终用户而言，更关心的可能是 PROFINet 对现有的、运行的装置进行的无缝集成，PROFINet 为这些应用提供了两种集成方案。

（1）使现有的装备具备 PROFINet 能力

对于和 PROFINet 通信的现有装备，现场总线的主站首先必须具备 PROFINet 的能力，这可通过以下两种实现方式中的任一种实现。

① 将以太网接口和 PROFINet 运行期软件的端口直接集成到现场总线主站的 CPU 中。如图 9-36 中的 PLC 控制器，这种方法需要一种新版本的模块，但 PLC 上的实际用户程序可以完全保持不变。

② 用 PROFINet 运行期软件替代以太网接口模块，这种方法则必须增加新的模块，在此模块上执行 PROFINet 软件，PLC 用户程序基本保持不变。

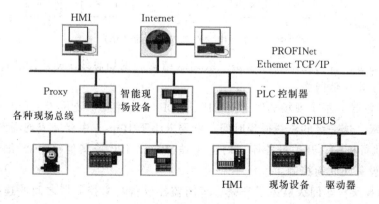

图 9-36　PROFINet 的连接

（2）通过代理服务器

代理服务器 Proxy 实现了 PROFINet 从"外部"观察现场设备，Proxy 不是由现场设备本身实现，而是由现场总线主站实现。这不影响现场设备或现场总线协议。

假设某 PROFIBUS-DP 总线系统通过 Proxy 集成到 PROFINet 上，不影响原总线上主/从站之间的数据传输，这些数据通过代理服务器还可在工程系统中与其他 PROFINet 站的数据互连。但是，代理服务器的概念并不限于 PROFIBUS-DP，原则上其他的现场总线如 FF，

CAN，Interbus 等通常都可以这种方式集成到 PROFINet 领域。

9.3.6. PROFIBUS 协议的实现

9.3.6.1. PROFIBUS 协议的实现

原则上，PROFIBUS 协议在任何微处理器上都可以实现，但需要在微处理器内部或外部安装异步串行接口 UART。当协议的传输速度超过 500kbps 或需要使用 IEC1158-2 传输技术时，一般推荐使用协议专用芯片来实现，目前 PROFIBUS 协议芯片已形成广泛系列。

9.3.6.2. PROFIBUS 的应用

（1）系统层次结构

PROFIBUS 是集成了 H_1（过程自动化）和 H_2（工厂自动化）的现场总线解决方案，它是一种不依赖于厂家的开放式现场总线标准，可广泛应用于制造加工、生产过程自动化、楼宇自动化等领域。图 9-37 是 PROFIBUS 的应用示意图。

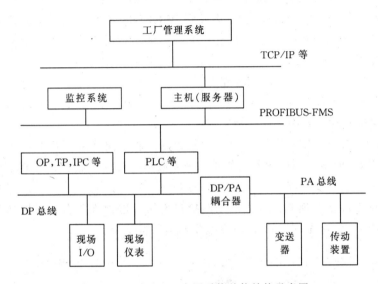

图 9-37　PROFIBUS 应用系统总体结构示意图

一个典型的工厂自动化系统应该是三级网络结构。现场总线 PROFIBUS 是面向现场级与车间级的数字化通信网络。

① 现场设备层　基于现场总线 PROFIBUS-DP/-PA 控制系统位于工厂自动化系统中的底层，即现场级，这一级的总线循环时间一般要求小于 10ms，主要完成现场设备（如现场 I/O、变送器、执行机构、开关设备等）和 DP 主站（PLC，IPC 或其他控制器）的连接，完成现场设备控制及设备间联锁控制。

② 车间监控层　车间级监控用来完成车间监控设备与主控制器之间的连接，完成包括生产设备状态在线监控、设备故障报警等功能，通常还具有诸如生产统计、生产调度等车间级生产管理功能。车间级监控网络可采用 PROFIBUS-FMS，这一级的总线循环时间一般在100ms 左右。需要提醒的是，PROFIBUS-FMS 将被基于工业以太网的 PROFINet 所取代。

③ 工厂管理层　工厂管理层通常采用 Ethernet TCP/IP 的通信协议标准来实现车间监控设备与工厂管理系统连接，完成更高一层的自动化功能。管理层的总线循环时间可以在1000ms 左右。

（2）现场仪表与 DP 主站的连接

根据现场仪表的具体功能，它与 DP 主站之间有如图 9-38 所示的两种连接方式。

① 总线连接 现场仪表与主控制器之间采用单一的总线连接，是现场总线技术最完全的体现，这种连接方式可以实现完全的分布式结构，总线连接要求所有的现场仪表都具备 PROFIBUS 接口。就目前来看，单一的总线连接更适用于新开发的系统，而且现场仪表成本会较高。

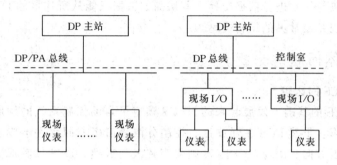

图 9-38 现场仪表与 DP 主站的连接

② 分布式现场 I/O 连接 如果现场仪表不具备 PROFIBUS 接口，可以采用分布式 I/O 作为总线接口与现场仪表连接，I/O 接口安装在生产现场。分布式现场 I/O 可作为通用的现场总线接口，它对现场仪表没有额外的功能要求。这种形式更适用于现场总线技术初期的推广应用以及对旧系统的技术改造。

在实际系统中，部分现场仪表具备 PROFIBUS 接口将是一种相当普遍的情况，混合采用总线连接和分布式 I/O 连接毫无疑问是一种理想灵活的集成方案。全部使用单一总线连接，无论在改造系统还是在新开发系统中都是不多的，分布式现场 I/O 可作为通用的现场总线接口。

（3）现场级常见的结构类型

在图 9-39(a)、(b) 中不设监控站，只包括了一类主站 DPM1，由 DPM1 完成总线通信管理、从站数据读写、从站远程参数化工作。图 (a) 以 PLC 做一类主站，这种结构类型在调试阶段往往需要配置一台编程设备，完成系统的基本配置和初始化。图 (b) 使用 IPC 加 PROFIBUS 网卡做一类主站，这种结构类型往往可以实现监控站与 DPM1 一体化。由于通信厂商通常只提供一个模板的驱动程序，因此 IPC 上的总线控制、从站远程参数化设置、

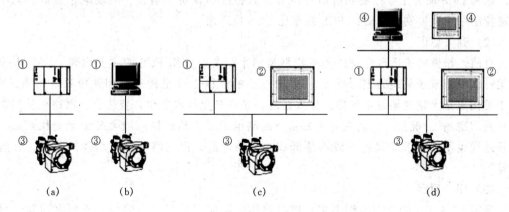

图 9-39 现场级常见的结构类型

①—一类主站 DPM1；②—二类主站 DPM2；③—DP 从站；④—监控站

系统监控等各种程序可能都要由用户自行开发。

在图 9-39(c)中，DPM1 和作为监控站的 DPM2 都连接在 PROIBUS 总线上，DPM2 可完成远程编程、参数化及在线监控功能。DPM1 可以是 PLC，IPC 和其他控制器，监控站可以是操作面板 OP、触摸屏 TP 和其他监控站。

图 9-39(d)采用了二级网络结构。这种结构类型的监控站不连接在 PROFIBUS 网上，因此监控站不能直接与从站进行数据交换，其所需的数据只能从所连接的 DP 主站读取。这种网络结构是工业现场最常见的结构类型。

9.4. 几个具体问题的分析

9.4.1. FCS 与 DCS 的比较

FCS 是在 DCS 的基础上发展起来的，FCS 顺应了自动控制系统的发展潮流，这已是业内人士的基本共识。虽然 FCS 在开放性、控制分散等诸多方面都优于传统 DCS，代表着自动控制系统的发展方向与潮流。但 DCS 则代表传统与成熟，DCS 以其成熟的发展、完备的功能及广泛的应用而占据着一个尚不可完全替代的地位。影响 FCS 的发展，制约 FCS 的应用的原因主要在以下三个方面。

（1）技术原因

首先，现阶段现场总线标准本身尚在发展中，尚没有统一的国际标准，这给现场总线的产品开发带来难度，相关的产品单一而且价格昂贵，致使现场总线的各种优越性在当前还难以得到全部的发挥。再者，由于软硬件水平的限制，FCS 还无法提供 DCS 已有的控制功能，用现场仪表还只能组成一般的控制回路如单回路、串级、比例控制等，对于复杂的、先进的控制算法还无法在仪表中实现，对于复杂控制缺乏好的解决方案。此外，DCS 多层网络结构在 FCS 中被扁平化，FCS 实现了控制功能的下移，强调设备间的数据交换，FCS 的数据处理能力和控制的灵活性得到了加强。如果同层的设备过于独立，相互间需要交换的数据量也会大大增加，容易导致数据网络的堵塞。DCS 通常拥有大型控制柜用以协调各个设备，它更强调的是层与层之间的数据传输。由此可见，DCS 和 FCS 是各具优势的，为使 FCS 的控制方式和手段完善化，是有必要借鉴 DCS 的一些控制思想的。另外，FCS 将逐步取代DCS 主导控制系统地位，但并不意味 DCS 消亡。在大系统中它的优越性明显，更适用于较快的数据传输速率，以及更灵活的处理数据，而在小型开关量模拟量混合控制系统中则不明显。这和 DCS 成为主导控制系统后并没有使其他控制设备"消亡"的现象相类似，在小型回路控制中回路控制器可能比 FCS 甚至比 DCS 更适用。

（2）商务原因

目前，昂贵的价格也是制约企业特别是中小型企业应用 FCS 的主要因素，节省电缆及相关材料只是现场总线的表层优点，DCS/PLC 的远程 I/O 也能达到相似效果。然而，FCS 的本质优点是大量现场设备的信息进入系统，是信息化，数字化，智能化，网络化从控制室扩展到"现场"。况且，任何更先进的新产品刚推出时，其价格一般会高于老一代产品，对现场总线也不应苛求。现场总线不是低成本简易产品，但它将导致"总体的节省，长远的效益"。

（3）用户原因

目前 FCS 成功的应用实例不多，难以评估实际应用效果，习惯势力不愿冒风险。许多诸如石化等大型企业从自身利益出发，并不愿意 FCS 过早取代 DCS。现场总线的根本优势是良好的互操作性、结构简单、控制功能彻底分散、灵活可靠、现场信息丰富以及可维护性好。然而这些优势是建立在 FCS 系统初装的前提下，倘若企业建立有完善的 DCS，现在要向 FCS 过渡，则必须仔细考虑现有投资对已有投资的回报率，承担由 DCS 向 FCS 过渡的代价和风险。为此，充分利用已有的 DCS 设施，基于现有 DCS 的系统以及成熟的 DCS 控制管理方式来实现 FCS 不失为当前的应选之途。

由于以上这些原因，FCS 取代 DCS 将是一个逐渐的过程。在这一过程中，会出现一些过渡型的系统结构。如在 DCS 中以 FCS 取代 DCS 中的某些子系统，用户将现场总线设备连接到独立的现场总线网络服务器，服务器配有 DCS 中连接操作站的上层网络接口，与操作站直接通信，在 DCS 的软件系统中可增添相应的通信与管理软件，这样不需要对原有控制系统作结构上的重大变动。

9.4.2. 现场总线技术与计算机通信技术的比较

现场总线的定义说明：现场总线是用于现场仪表和控制室系统之间的一种全数字化、双向、多分支结构的计算机通信系统，计算机通信技术的发展会从各个方面影响现场总线的发展。但是，现场总线又不等同于一般的计算机通信，二者在基本功能、信号传输要求和网络结构上均有所不同。

（1）基本功能

一般计算机通信的基本功能是可靠地传递信息。现场总线的功能则是包括了更多的内容：高效、低成本地实现现场仪表及自控设备之间的全数字化通信，以体现其经济性；解决现场装置的总线供电问题，实现现场总线的本质安全规范，以体现其安全性；解决现场总线的环境适应性问题，如电磁干扰、环境温度、湿度、振动等因素，以体现其可靠性；现场仪表及现场控制装置要尽可能地就地处理信息，不要将信息过多地在网络上往返传递，以体现现场总线技术发展趋势——信息处理现场化。

（2）信号传输要求

一般的计算机通信和现场总线在速度要求上是一致的，但现场总线不仅要求传输速度快，还要求响应快，即需要满足控制系统的实时性要求。虽然一般通信系统也会有实时性的要求，但这是一种"软"的要求，即只要大部分时间满足要求就行了。过程控制对实时性的要求是"硬"的，因为它往往涉及安全，必须在任何时间都及时响应，不允许有不确定性。现场总线的实时性主要包括响应时间和循环周期两个方面。

响应时间是指系统发生特殊请求或发生突发事件时，仪表将信息传输到主控设备或其他现场仪表所需的时间。这往往需要涉及现场设备的中断和处理能力、传输时间、优先级控制等多种因素。过程控制系统通常并不要求这个时间达到最短，但它要求最大值是预先可知的。

过程控制系统通常需要周期性地与现场控制设备进行信息交流，循环周期是指系统与所有现场控制设备都至少完成一次通信所需的时间。这个时间往往具有一定的随机性，过程控制系统同样希望其最大值是可预知的。

现场总线的实时性与通信协议有着很密切的关系，通常采用以下两种技术来保证其实时性。一是简化技术。简化网络结构，现场总线一般将网络形式简化成线形；简化通信模型，一般只利用了 OSI/RM 中的 2～3 层；简化节点信息，通常简化到只有几字节。经过以上简化，可以极大地提高通信传递速度。二是采用网络管理技术来实现实时性并保证其可预知性。例如采用主-从访问方式，只要限制网络的规模，就可以将响应时间控制在指定的时间内。总而言之，实时性要求是现场总线区别一般计算机通信的主要因素，改善现场总线的实时性，减少响应时间的不确定性是现场总线的重要发展趋势。

（3）网络结构

一般计算机通信系统的结构是网络状的，节点与节点间的通信路径是不固定的。而大部分现场总线的结构是线状的，节点与节点间的通信路径是比较固定的。不难理解，如果线状结构的现场总线上某支路断开了以后，这条支路就可能完全瘫痪，而一般的网络系统则没有这种问题，信息还可以通过选择其他路由进行传递。

现场总线之所以采用线状结构，其原因主要有两方面。一是容易实现对现场仪表的总线供电。很显然，在线状结构时一条现场总线支路的电源负载是确定的，沿总线电源电压的变化也是可以预料的。二是容易实现本安防爆规范。目前的本安防爆主导理论还是认为，电缆的分布电感、电容是随着电缆的长度而增加，由于电磁感应产生的火花能量，也是随着电缆的长度而增加。现场总线由于限制电缆的长度和总线上负载的数量，可以较好的解决本安防爆问题，同时这也对现场总线的应用产生了一定的限制，但要解决网状结构的本安防爆问题具有相当的困难。

综上所述，现场总线并不仅仅是一项通信技术，它是通信技术、仪表智能化技术及自动控制技术的结合产物。目前并不是所有的现场总线都满足了上述要求，但这些要求是用于过程控制的现场总线所追求的目标。虽然现在已经有一些直接通过因特网访问现场仪表的例子，但这都是一些对控制和实时性没有严格要求的检测系统。

9.4.3. 现场总线技术的发展趋势

如果从工程应用的角度分析，现场总线技术需要在网络性能、智能化现场设备和系统软件等方面做进一步的发展。改善网络性能主要是在保证数据传输的可靠性和性能价格比的基础上，增加网络传输带宽，加大网络传输距离，实现多主网络结构，通过总线向现场仪表供电，提高本质安全性能。现场设备品种单一、价格昂贵和产品的不成熟也是阻碍现场总线应用的客观事实，在中国这些问题显得尤为突出。另外，要使用现场总线系统，需要对现场总线具有相当的认识，否则很难把系统组态到最佳状态。显然，这对现场总线的应用是一个很大的制约，系统软件的发展目标将是实现组态的"傻瓜化"。

如果从现场总线技术本身来分析，它有两个明显的发展趋势：一是寻求统一的现场总线国际标准，二是 Industrial Ethernet 走向工业控制网络。

（1）发展统一的现场总线国际标准

现有的各种现场总线采用了完全不同的通信协议。以 IEC 61158 中包含的 8 种类型现场总线标准为例，虽然它们都基于 ISO/OSI 参考模型来划分和定义通信协议的层次结构，但结果各不相同，特别是在介质访问控制 MAC 上的差别则更加明显。

IEC 推荐的第一种类型的总线采用 LAS 方式和发布/接收模式（Publisher/Subscriber），ControlNet 的 MAC 使用 CIDMA 方式和生产者/客户模式（Producer/Consumer），PROFIBUS 采用了令牌环和主/从站方式的介质访问控制协议，第四种类型的 P-NET 总线采用虚拟令牌传递方式，FF HSE 的 MAC 沿用了 Ethernet 中的 CSMA/ CD 方式，SwiftNET 总线使用 TDMA 多路存取方式，WorldFIP 使用的是总线裁决方式，以及 Interbus 则采用整体帧协议。由此可见，要实现这些总线的相互兼容和互操作，几乎是不可能的。

对于单元组合仪表来说，由于使用了统一的标准信号制，任何厂家的产品都可以实现互联和互操作，这不仅给用户带来方便，同时也使单元组合仪表本身得到了健康发展。自从DCS出现以后，人所皆知的兼容性和互操作性问题一直伴随着DCS的整个发展过程。由于生产厂出于各自利益的考虑，尽可能控制市场份额，各自开发专用的数据公路，致使DCS和PLC系统没有一个统一的标准，给用户带来很大麻烦，在某种程度上降低了用户的投资效益。虽然，现场总线技术的标准化得到了一定的发展，但要实现标准的真正统一肯定也是一个漫长的过程。

在今后的一段时期内，还将是多种现场总线共存，甚至在一个控制系统中有多种异构网络互联通信的局面。发展共同遵从的国际现场总线标准规范，真正形成开放式互联系统，是大势所趋。

（2）现场总线技术和工业以太网的结合

实践证明，统一、开放的TCP/IP Ethernet是20多年来发展最成功的网络技术，它从最初的10Mbps发展到100Mbps快速以太网和交换式以太网，今天它已发展到了1000Mbps以太网和光纤以太网。Ethernet的快速发展和广泛应用有力地推动了高技术芯片和系统开发，从而大大提高了网络性能和降低了系统成本。

过去一直认为，Ethernet是为IT领域应用而开发的，它与工业网络在实时性、环境适应性、总线供电等许多方面的要求存在差距，在工业自动化领域只能得到有限应用。事实上，这些问题正在迅速得到解决，国内的EPA技术（Ethernet for Process Automation）也取得了很大的进展。为了促进Ethernet在工业领域的应用，国际上成立了工业以太网协会（Industrial Ethernet Association），并与其他相关机构合作开展工业以太网关键技术的研究。

为了解决在无间断的工业应用领域，网络在极端条件下稳定地工作，美国Synergetic Micro System公司和德国Hirschmann公司专门开发和生产导轨式收发器、集线器和交换机系列产品，它们安装在标准DIN导轨上，并有冗余电源供电。美国NET silicon公司研制的工业以太网通信接口芯片，每片价格已降至10~15美元，与各种现场总线芯片相比，价格具有极大优势。

目前，有些公司在研究一种称做管道（tunnel）的简单传递机构，现场装置保持不变的情况下，只需一个专用的Ethernet网络接口完成与以太网的连接，使用Ethernet网络传送它们的报文。随着FF HSE的成功开发以及PROFINet（基于Ethernet TCP/IP）的推广应用，可以预见Ethernet技术将会十分迅速地进入工业控制系统的各级网络。

与此同时，美国电气工程师协会IEEE正着手制定现场装置与Ethernet通信的新标准，该标准能够使网络直接"看到"对象，为Ethernet进入工业自动化的现场级打下基础。

思考题与习题

9-1　什么是现场总线和现场总线控制系统？

9-2　现场总线的技术特征主要有哪些？请阐述一下FCS"全数字、全分散"的特点。

9-3　IEC 61158现场总线国际标准主要由哪几个部分组成？各部分的特点是什么？

9-4　什么是H_1总线？它主要适用于什么场合？

9-5　什么是H_2总线？它适用于什么场合？

9-6　简述FF现场总线的通信模型以及H_1总线协议的数据构成。

9-7　现场总线终端器的作用是什么？

9-8　H_1 和 HSE 的介质访问协议分别是什么?

9-9　简述 FF 现场总线的网络拓扑。

9-10　PROFIBUS 总线由哪几部分组成? 每部分的特点和适用范围分别是什么?

9-11　PROFIBUS-DP 和 PROFIBUS-PA 的物理层有什么不同? 它们是如何实现互连的?

9-12　PROFINet 与 PROFIBUS-FMS 有什么不同? PROFINet 是如何实现与 PROFIBUS-DP 及其他现场总线系统集成的?

9-13　简述 Profibus 现场总线几种常见的结构形式。

9-14　请阐述一下 FCS 和 DCS、现场总线和常规计算机通信、现场总线和 EtherNet 的相互关系。

10. 工业以太网

顾名思义,工业以太网(Industrial Ethernet)是指应用于工业控制系统中的以太网技术,它与人们熟知的商用以太网技术密切相关。以太网最初是为办公自动化而发展起来的,这种商用主流的通信技术发展至今已具有应用广泛、价格低廉、传输速率高、软硬件资源丰富等技术优势。相比之下,一般的以太网技术除了通信的吞吐量要求较高以外,对其他性能没会特殊的要求;而工业控制现场由于其环境的特殊性,对工业以太网的实时性、可靠性、网络生存性、安全性等均有很高的要求。

推动工业以太网技术发展最直接的原因主要有两方面:一方面是计算机控制系统在不同层次间传送的信息已变得越来越复杂,对工业网络在开放性、互连性、带宽等方面提出了更高的要求;另一方面是以"全数字化特性"著称的现场总线技术至今还没有统一的标准,还无法实现工业企业综合自动化系统中自上(如信息管理层、控制层)而下(如现场设备层)真正透明的信息互访和集成。

目前,在很多控制系统中,把以太网技术用于监控层的数据交换,尽管这些系统在底层互相间还不能实现互操作,但通过以太网,控制系统监控层之间、各种控制系统之间、以及控制系统与企业经营决策管理信息系统之间的数据交换与共享已经变得非常方便、快速。因此,以太网在控制系统监控层的应用,不仅消除了控制系统数据传输的瓶颈,而且消除了企业内部各种自动化系统之间的"信息化孤岛",基本体现出了这些控制系统的开放性。

10.1. 以太网(Ethernet)体系结构简介

Ethernet 最初是由美国 Xerox 公司于 1975 年推出的一种局域网,它以无源电缆作为总线来传送数据,并以曾经在历史上表示传播电磁波的以太(Ether)来命名。1980 年 9 月,DEC,Intel,Xerox 合作公布了 Ethernet 物理层和数据链路层的规范,称为 DIX 规范。IEEE802.3 是由美国电气与电子工程师协会 IEEE 在 DIX 规范基础上进行了修改而制定的标准,并由国际标准化组织 ISO 接受而成为 ISO8802-3 标准。严格来讲,以太网与 IEEE802.3 标准并不完全相同,但人们通常都将 IEEE802.3 就认为是以太网标准。目前它是国际上最流行的局域网标准之一。

10.1.1. 物理层

在 802.3 标准中,将物理层分为物理信令 PLS 子层和物理媒体连接件 PMA 子层,PLS 子层向 MAC 子层提供服务,并负责比特流的曼彻斯特编码(发送时)与译码(接收时)和载波监听的功能。PMA 子层向 PLS 子层提供服务,它完成冲突检测、超长控制以及发送和接收串行比特流的功能。

802.3 标准规定,物理层的 PMA 与 PLS 子层可在不同设备中实现,如 PLS 在网卡中实现,而 PMA 在收发器中实现。对 PLS 和 PMA 不在同一设备中实现的情形,PLS 就要用连接件单元 AUI 连接到媒体连接件单元 MAU。MAU 相当于收发器电缆,它定义了将 MAU 与 PLS 子层相连的电缆及连接器的机械和电气特性,同时还定义了通过这个接口所交换的信号的特性。MDI 与传输媒体的特定形式有关,它定义了连接器以及电缆两端的终端负载的特性。

若 PLS 与 PMA 同处于一个设备中，就不需要 AUI 和 MAU，但设备与总线的接口部件 MDI 还是需要的。

所以，802.3 以太网具有如图 10-1 所示的两种结构。它们的区别就在于物理层的 PMA 与 PLS 子层是否在不同设备中实现。

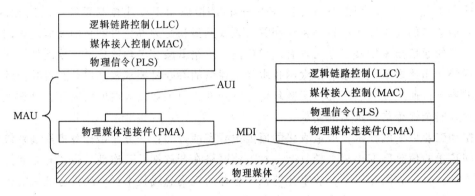

图 10-1 802.3 以太网的两种体系结构

10.1.2. MAC 层

802.3 以太网 MAC 的帧格式如图 10-2 所示，它由五个字段组成，前两个字段分别为目的地址字段和源地址字段，第三个字段为长度字段，它指出后面的数据字段的字节长度，数据字段就是 LLC 层交下来的 LLC 帧，最后一个字段为帧校验序列 FCS，它对前四个字段进行 CRC 校验。MAC 帧传到物理层时，必须加上一个前同步码，它是 7 个字节的 1，0 交叉序列，即 101010……，供接收方进行比特同步之用。紧跟前同步码的是 MAC 帧的起始界符，它占一个字节，为 10101011，接收方一旦接收到两个连接的 1 后，后面的数据即是 MAC 帧。

图 10-2 802.3 以太网帧的结构

10.1.3. 介质访问控制协议 CSMA/CD

在 802.3 以太网 MAC 层中，对介质的访问控制采用了载波监听多路访问/冲突检测协议 CSMA/CD，其主要思想可用"先听后说，边说边听"来形象的表示。

"先听后说"是指在发送数据之前先监听总线的状态。在以太网上，每个设备可以在任何时候发送数据。发送站在发送数据之前先要检测通信信道中的载波信号，如果没有检测到载波信号，说明没有其他站在发送数据，或者说信道上没有数据，该站可以发送。否则，说明信道上有数据，等待一个随机的时间后再重复检测，直到能够发送数据为止。当信号在传送时，每个站均检查数据帧中的目的地址字段，并依此判定是接收该帧还是忽略该帧。

由于数据在网中的传输需要时间，总线上可能会出现两个和两个以上的站点监听到总线上没有数据而发送数据帧，因此就会发生冲突，"边说边听"就是指在发送数据过程的同时检测总线上的冲突。冲突检测最基本的思想是一边将信息输送到传输介质上，一边从传输介

356

质上接收信息，然后将发送出去的信息和接收的信息进行按位比较。如果两者一致，说明没有冲突；如果两者不一致，则说明总线上发生了冲突。一旦检出冲突以后，不必把数据帧全部发完，CSMA/CD立即停止数据帧的发送，并向总线发送一串阻塞信号，让总线上其他各站均能感知冲突已经发生，如图10-4所示。总线上各站点"听"到阻塞信号以后，均等待一段随机的时间，然后再去重发受冲突影响的数据帧。这一段随机的时间通常由网卡中的一个算法来决定。

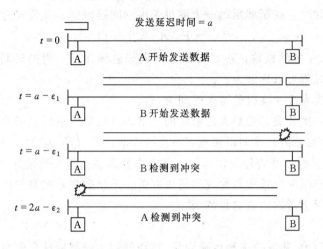

图 10-3　检测冲突的时序

　　CSMA/CD的优势在于站点无需依靠中心控制就能进行数据发送。当网络通信量较小的时候，冲突很少发生，这种介质访问控制方式是快速而有效的。当网络负载较重的时候，就容易出现冲突，网络性能也相应降低。如图10-3，对于基带总线而言，冲突的检测时间不会超过任意两个站之间最大的传输延迟时间的2倍。

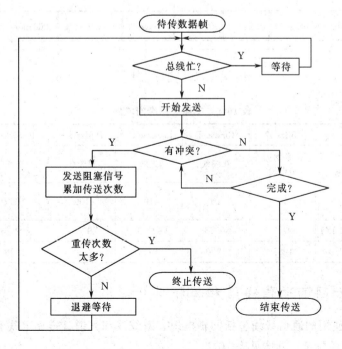

图 10-4　CSMA/CD 的传送流程

10.1.4. 冲突退避算法

在802.3以太网中，当冲突检测出来以后，就要重发原来的数据帧。冲突过的数据帧的重发又可能再次引起冲突。为避免这种情况的发生，经常采用错开各站的重发时间的办法来解决，重发时间的控制问题就是冲突退避算法问题。

最常用的计算重发时间间隔的算法就是二进制指数退避算法（Binary Exponential Back off Algorithm），它本质上是根据冲突的历史估计网上信息量而决定本次应等待的时间。按此算法，当发生冲突时，控制器延迟一个随机长度的间隔时间，其公式为

$$T_N = R^* A^* (2^N - 1)$$

式中，R 为 0~1 的随机数，A 是时间片（可选总线循环一周的时间），N 是连续冲突的次数。整个算法过程可以理解为：

- 每个帧在首次发生冲突时的退避时间为 T_1；
- 当重复发生一次冲突，则最大退避时间加倍，然后组织重传数据帧；
- 在 10 次碰撞发生后，该间距将被冻结在最大时间片（即 1023）上；
- 16 次碰撞后，控制器将停止发送并向节点微处理器回报失败信息。

这个算法中等待时间的长短与冲突的历史有关，一个数据帧遭遇的冲突次数越多，则等待时间越长，说明网上传输的数据量越大。

10.1.5. 传输介质

在802.3以太网中，能支持多种传输介质，在物理层为每种传输介质制定了相应的技术规范，这些标准主要有：10Base-5，10Base-2，10Base-T，10Base-F，100Base-T，1000Base-X，……如图10-5所示，它们的特点参见表10-1。

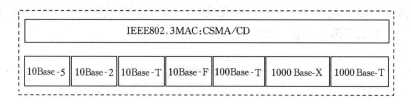

图 10-5 IEEE802.3 标准

表 10-1 物理层标准的发展

物理层标准	10Base-5	10Base-2	10Base-T	10Base-F	100Base-T	1000Base-X	1000Base-T
物理层介质	基带粗同轴电缆	基带细同轴电缆	双绞线	光纤	双绞线	光纤	双绞线
传输速率/Mbps	10	10	10	10	100	1000	1000
IEEE 编号	802.3（DIX）	802.3a	802.3i	802.3j	802.3u	802.3z	802.3ab
时间/年	1982	1985	1990	1993	1995	1998	1999

10.2. 工业以太网的通信线缆和连接件

工业以太网中使用的通信线缆包括同轴电缆、双绞线和光缆，遵循电气和电子工程师协会（IEEE）制定的相关标准，具体见表10-2。

表 10-2　工业以太网通信线缆选用

链　路	标　准	介　质		距　离	连接方式
功能单元设备接入链路	Ethernet IEEE802.3	10Base-2	同轴电缆	185m	BNC
		10Base-5	同轴电缆	500m	N
		10Base-T	5类双绞线	100m	RJ-45
		10Base-FL	62.5μm, 50μm 多膜光纤 850nm	>2000m	BFOC/ST
a. 功能单元上游链路 b. 核心层链路 c. 服务器和监控计算机链路	Fast Ethernet IEEE 802.3u	100Base-TX	5类双绞线	100m	RJ-45
		100Base-FX	62.5μm, 50μm 多膜光纤 1300nm, HDX	412m	双 SC
			62.5μm, 单膜光纤 1300nm, FDX	>2000m	双 SC
			10μm, 50μm 多膜光纤 1300nm, FDX	>2000m	双 SC
a. 大型工业以太网网络核心层链路 b. 需集成监控视频和语音数据	Gigabit Ethernet IEEE 802.3ab IEEE 802.3z	1000Base-TX	5类双绞线（100Ω）	100m	RJ-45
		1000Base-CX	5类双绞线（150Ω）	25m	RJ-45
		1000Base-SX	62.5μm, 多膜光纤 850nm, FDX	260m	SC
			50μm, 多膜光纤 850nm, FDX	550m	SC
		1000Base-LX	62.5μm, 多膜光纤 1300nm, FDX	440m	SC
			50μm, 多膜光纤 1300nm, FDX	550m	SC
			9μm, 多膜光纤 1300nm, FDX	>5000m	SC

　　对于商业网络(办公自动化和民用网)，国际标准 ISO/IEC 11801 和欧洲标准 EN 50173 在以太网系统设计和电缆敷设上都取得了很大的成功；根据国外相关研究资料表明，将上述标准与工业环境要求比较，其主要区别在于网络结构设计和连接部件的额外保护方面，而与通信相关的参数则可以保留不变。

　　根据工业环境的状况，工业以太网对环境的适应性要比传统的商业以太网更强，包括设备、通信缆、连接件等在内的防爆性、抗腐蚀性、机械强度、电磁兼容性等。但目前尚无关于以太网在工业环境下的相关标准。在研究国外相关资料并参考了国际和欧洲相关工业标准的前提下，本节给出了表 10-3、表 10-4 和表 10-5，作为工业以太网中通信线缆和连接器件为满足工业防护要求，所应采用或参考的技术标准。

表 10-3　工业以太网防护总体要求

分　项	标准/参数		备　注
	轻 工 况	重 工 况	
环境温度	0…+55℃		
机械冲击	15G, 11ms EN 60068-2-27 IEC 60068-2-27		
振动	5g @ 10…150Hz EN 60068-2-6 IEC 60068-2-6, 规范 A		
电缆接地	EN 50310：2000		
电缆级别（最低要求）	EN 50173：2002 或 ISO/IEC 11801, 分类 D		
工业保护级别	IP 20 IEC60529, EN60529	IP 67 IEC60529, EN60529	

表 10-4 工业以太网通信电缆防护要求

分项		标准/参数		备注
		轻工况	重工况	
铜缆	分类（最小要求，最大长度）	EN 50288-2-1，100Hz		
		EN 50173：2002 或 ISO/IEC 11801，分类 5		
	固定配线			
	电缆对数	2 或 4 对		2 对用于普通配线结构
	导线交叉区	AWG 22/1～AWG 24/1		
	横截面 min/max	0.5～0.22mm^2		
	导体类型	实心导线		
	最大电缆长度	100m		
	扭转			不允许
	电缆护层	交织护层		可分别加护层
	电缆外直径	2 对：5～7mm	2 对：6～8mm	
		4 对：6～8.5mm	4 对：7～9.5mm	
	灵活配线			
	电缆对数	2 或 4 对		2 对用于普通配线结构
	导线交叉区	AWG 26/7		
	横截面 min/max	0.14mm^2		
	导体类型	绞合导线		
	最大电缆长度	约 60m		根据计算可更长
	扭转			
	电缆外直径	2 对：4～5mm	2 对：5～6mm	
		4 对：5～6mm	4 对：6～7mm	
	电缆护层	最外层交织护层		可分别加护层，再加外护层
	最小弯曲度	EN 50173：2002 或 ISO/IEC 11801		
	色标	EIA568 A & B		
	可燃性	IEC 60332-1（DIN VDE0472 Teil804 Prüfart B）		
	无卤素	IEC 60754-2，IEC 1034		
光缆	玻璃纤维	IEC 60793-2		
	单膜	SI 9/125		长距离
	多膜	GI 50/125，2km		中距离
		可选用 GI 62.5/125，2km		
	聚合物纤维（POF）	SI 980/1000		短距离
		10Mbps：50m		
		100Mbps：35m		
	连接件主动配件		可用	

表 10-5 工业以太网连接件防护要求

分项	标准/参数		备注
	轻工况	重工况	
总体要求			
现场中断点	是		
装配位置	可呈直线排列插入插座		
外拉力（连接件-插座）	200N		
疲劳释放（电缆-连接件-插座）	50N		
断开保护	是		
编码	否		
极化	是		
腐蚀应力	DIN EN 60068，IEC 68-2-60		

分　项		标准/参数		备　注
		轻　工　况	重　工　况	
静止端负载		DIN EN 60512-5，IEC 60512-5		
标记		ISO/IEC 14763-1，EN 50174-2		
锁定机制		是		
抗侵蚀		否	二氧化硫 潮湿环境： DIN 50018-KWF 1，0 S 盐雾：DIN 50021-SS 露天储藏： EN 50262：1998 紫外线储藏： DIN 53387：1989	
铜制连接件	直角和弯角	是		
	电缆断头	支持线对护层		
	针脚镀层	金		只用于信号针脚
	导线交叉区 （min/max）	AWG 26/7 至 AWG 22/1		一个连接件不需支持所用规格
	导体类型	实心或绞合线		
	额定电压	60V		根据 IEEE802.3af（DTE power over MDI）要求
	PE 连接	否		
	额定浪涌	IEC 60038		
	抗电磁	是		
	类型	配对接口，兼容于 IEC60603-7（RJ-45）	IEC 61076-2-101（M12） 或配对接口，兼容于 IEC60603-7（RJ-45）	
铜制连接件	配对线圈	750 EN 60603-7	100 DIN VDE 0627	IEC F-DIS 制定中
	接口类型	EN 50173 或 ISO/IEC 11801		
	针脚数	8	4（M12）或 8（RJ-45）	
	针脚分配	ISO/IEC 8802-3		
	电缆直径	4-8.5mm	5-9.5mm	
	污染级别	IEC 625-1 grade 2 （VDE 0110）	IEC 625-1 grade 2 （VDE 0110）密封接头	
光缆连接件	POF980/100， HCS 200/230	F-SMA 或其他		
	直角和弯角	直角		
	光纤数/连接件	1 或 2		
	光纤分配	EN 50173 或 ISO/IEC 11801		
	防尘护盖	必须		
	激光安全度	EN 60825-2		
	性能	IEC 61753-1-1 草案（光纤被动组件性能标准）		
	接口 类型	SI 9/125，GI50/125，GI62.5/125 EN 6087-19［SC］ 或 IEC 60874-10-3［BFOC，"ST"］		10Mbps 以太网仍使用 BFOC 连接件

10.3. 以太网应用于工业现场的关键技术

正是由于以太网具有前面所述的诸多优势，使得它在工业控制领域受到了越来越多的关注。但如何利用COTS技术来满足工业控制需要，是目前迫切需要解决的问题，这些问题包括通信实时性、网络生存性、网络安全、现场设备的总线供电、本质安全、远距离通信、可互操作性等，这些技术是直接影响以太网在现场设备中的应用。

10.3.1. 工业以太网通信的实时性

为满足工业过程控制要求，工业以太网必须具有很高的实时性。但是，长期以来，Ethernet通信响应的"不确定性"是它在工业现场设备中应用的致命弱点和主要障碍之一。

众所周知，以太网采用冲突检测载波监听多点访问CSMA/CD机制解决通讯介质层的竞争，其工作原理是：当站点欲传输数据时，首先侦听电缆；如果链路正被其他站点使用，该站点就等到链路空闲为止，否则就立即传输。如果两个或多个站点同时在空闲的链路上开始传输，就发生冲突；于是所有冲突站点终止传输，运行二进制后退算法，等待一个随机的时间后，再重复上述过程。由此可见，以太网本质上的确是不确定性的。这里的"不确定"是指数据传输的响应和时延的"不可预测和再现"。

但随着以太网带宽的迅速增加(10/100/1000Mbps)，冲突几率大大减小，加之相关技术的应用，数据传输的实时性不断提高，也使以太网逐渐趋于确定性；因而，有些国外自控专家认为：基于良好设计的以太网系统是确定性的实时通信系统。经研究表明，经过精心的设计，工业以太网的响应时间小于4ms，可满足几乎所有工业过程控制要求。

在工业以太网中，实现实时性的机制主要包括如下几个方面：

① 采用交换式集线器；

② 使用全双工(Full-Duplex)通信模式；

③ 采用虚拟局域网(VLAN)技术；

④ 质量服务(QoS)。

10.3.1.1. 以太网交换技术

以太网诞生之初，10Mbps的传输速率远远超出了当时计算机的需要和性能，所以在传统以太网上的各个站点共享同一个带宽(这样的结构也称为共享式以太网)。在同一时刻，网络上最多只允许两个站点之间通信，其他站点必须等待。如图10-6，如果WS1和WS2，WS3和WS4相互之间分别需要传输数据，则各自通过CSMA/CD来竞争总线的使用权，若使用权被前者获得，则WS1和WS2进行数据交换，后者需要等待，至少等前者通信结束以后才有机

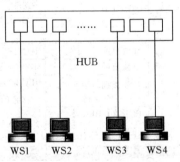

图10-6 传统以太网的连接

会获得总线的使用权。假设10Mbps以太网上有10个站点，由于共享带宽，每个站分到的平均带宽为1Mbps，再加上冲突影响，每个站分到的平均带宽就更少了。

而在交换式以太网中所采用的交换式集线器，也称以太网交换机。它与由传统集线器(即共享式集线器)构成的以太网系统相比，虽然两者在形式上均属于星型结构(如图10-7所示)，但它们有着本质的区别。由于共享式集线器的结构和功能仅仅是一种物理层中继器，因此在逻辑上仍旧可以认为是具有多个连接点的公共总线。也就是说，逻辑上，连接到公共总线上的各节点遵循着CSMA/CD介质访问控制方式进行发送和接收报文，因此还会发生

碰撞。

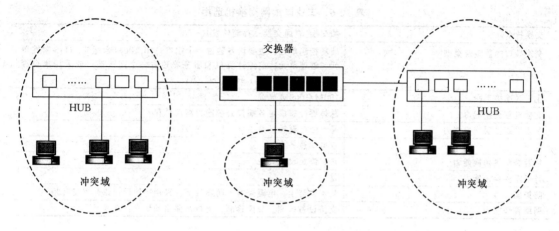

图 10-7 以太网混合的连接

一般来说，交换式集线器可以认为是一个受控制的多端口开关矩阵，如图 10-8 所示。一个具有 5 个端口的物理交换机，2 个不同端口之间看似具有一个逻辑开关，该开关受控接通或断开，这样，在交换机上可以存在 20 个逻辑开关，控制着 20 个数据通道，每个数据通道在实际上反映了一个端口发送帧和另一个端口接收帧的逻辑现象。显然，正常工作时，1 个端口同时不能向 1 个以上端口发送帧(广播或组播除外)，1 个通道上也不能同时进行双向的数据传输(全双工数据传输除外)。从逻辑机理图上也可以看到，各端口的信息流是被隔离的，两端口之间的通信通道一经建立，就可以交互。

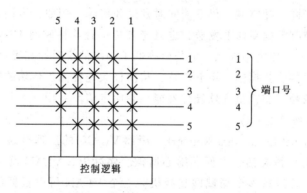

图 10-8 以太网交换机工作的逻辑机理

由此可见，在以太网交换机组成的系统中，每个端口就是一个冲突域，各个冲突域通过交换机进行隔离，实现了系统中冲突域的连接和数据帧的交换。这样，交换机各端口之间同时可以形成多个数据通道，正在工作的端口上的信息流不会在其他端口上广播，端口之间报文帧的输入和输出已不再受到 CSMA/CD 介质访问控制协议的约束。

因此，一个 10Mbps 的共享式以太网上有 40 个站点，那么每一个站点所能分配到的平均带宽是 0.25Mbps。如果把这 40 个站点通过以太网交换器平均分割成 8 个网段，每个网段上有 5 个站点通过共享式集线器相连，此时这 5 个网段将分别占有 10Mbps 的带宽，每一个站点的平均带宽相应地增加到了 2Mbps，它是共享式以太网的 8 倍。因此，交换式以太网的网络性能得到了很大的提高。

工业以太网交换机应兼容于商业以太网交换机，此外还要考虑诸多方面，以满足工业实际需求，见表 10-6。

表 10-6　工业以太网交换机选用

交换技术	帧交换(直通交换、存储转发)
交换端口的数量及类型	现场控制单元：主要设备独占一个端口；10/100M 自适应/RJ45 监控单元和管理单元：监控计算机和服务器独占一个高速端口或采用集合端口；100M，1000M；RJ45/SC, ST
主干线连接手段	100M/1000M 光缆
交换机总交换能力	总体吞吐率满足各端口处理能力需求总和
是否需要三层交换能力	是，或配置辅助路由器，以实现 VLAN
电源	双电源热备
是否需要热切换能力	是，满足设备冗余
是否需要容错能力	是
防护能力	防水、防尘、电磁兼容、防腐蚀等；采用防护设计或外置安装柜
网络管理能力	支持设备检测、故障诊断；支持链路主动切换自恢复

10.3.1.2. 全双工(Full-Duplex)通信模式

常规的共享介质以太网遵循 1-坚持的 CSMA/CD，对所有的用户，共享式以太网都依赖单条共享介质，因此在技术上不可能同时发送和接收，否则就引起冲突，只能以半双工模式工作；网络在同一时间要么发送数据，要么接收数据，即不能同时双向通信。

全双工支持同时发送和接收，但只能点点通信，也不再使用 CSMA/CD 的介质访问方式，故不存在冲突问题。全双工在理论上可以使传输速率翻一番，例如，全双工 10Mbps 以太网链路，在理论上可达到 20Mbps 的传输速率。

交换机的每个端口都是独立的冲突域，在半双工下，即使只连接一台设备，由于设备端口和交换机端口属于同一冲突域，仍不能同时发送和接收。例如，当设备在接收交换机端口传来的数据时，即使有数据要向上发送，也只能等待，且等待时间不固定(随数据帧长度而定)，尽管这种情况下，冲突率很低，但仍然降低了网络的实时性和确定性。如采用全双工，设备可在发送的同时接收数据帧，不需等待，从而极大地提高了传输的实时性；而且，此时数据传输延迟主要依赖于交换机的软硬件性能，趋向定值。

10.3.1.3. 虚拟局域网(VLAN)

虚拟局域网(Virtual Local Aera Network，简称 VLAN)的出现打破了传统网络的许多固有观念，使网络结构变得灵活、方便、随心所欲。实际上，VLAN 就是一个广播域，它不受地理位置的限制，可以跨多个局域网交换机。一个 VLAN 可以根据部门职能、对象组及应用等因素将不同地理位置的网络用户划分为一个逻辑网段。

对于局域网交换机，其每一个端口只能标记一个 VLAN，同一个 VLAN 中的所有端口拥有一个广播域，而不同 VLAN 之间广播信息是相互隔离的，这样就避免了广播风暴的产生。所以说，VLAN 提供了网段和机构的弹性组合机制。

虚拟局域网(VLAN)结构如图 10-9 所示。隶属不同交换机的主机和服务器可以属于同一逻辑子网——VLAN(如 m,n 属于 VLAN 1)；每个 VLAN 都是独立的广播域，即 VLAN 1 中的广播不会发往 VLAN2，3 中。VLAN 1 中的两台主机之间可以自由通信，如果 VLAN 1 中的主机要与 VLAN 2 中的主机通信，数据包要经过三层交换机 A 路由。交换机 A,B 之间以 100M Fast Ethernet 链路充当主干(Trunk)，同时传输 VLAN 1,2,3 的数据。

工业以太网无论在通信协议上，还是在网络结构上都是开放的；对于网络本身而言，现场控制单元、监控单元、管理单元都是对等的，受到相同的服务。但基于工业过程控制的要

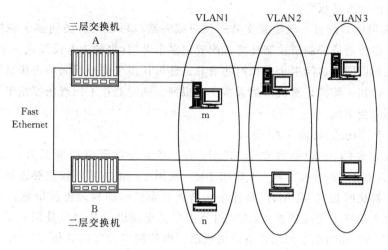

图 10-9 VLAN 结构示意图

求，控制层单元在数据传输实时性和安全性方面都要与普通单元区别开，因而采用虚拟局域网在工业以太网的开放平台上做逻辑分割。VLAN 在工业以太网的作用在于以下几方面。

① 分割功能层　VLAN 可以有效的将管理层与控制层、不同功能单元在逻辑上分割开，使底层控制域的过程控制免受管理层的广播数据包的影响，保证了带宽。同时为了上下层可直接进行必要的通信，可以在 OSI 参考模型第三层(Network Layer)设备上使用"过滤器"，实现上下层之间的"无缝"连接；而传统方式是通过主控计算机实现"代理"功能，因为上下层网络属异种网，无法直接通信。

② 分割部门　当不同部门和车间处于同一广播域(子网)时，通过 VLAN 划分功能单元，各自的单元子网不受其他网段的影响，每个单元都成为一个实时通信域，保证了本部门(车间)网络的实时性。

③ 提高网络的整体安全性　当工业以太网根据需要划分了 VLAN，不同 VLAN 之间通信必须经过第三层路由；此时，可以在核心层交换机配置路由访问列表，控制用户访问权限和数据流向，达到安全的目的。

④ 简化网络管理　对于交换式以太网，如果对某些终端重新进行网段分配，需要网管员对网络系统的物理结构重新进行调整，甚至需要追加网络设备，增大网络管理的工作量。而对于采用 VLAN 技术的网络来说，只需网管人员在网管中心进行 VLAN 网段的重新分配即可。节省了投资，降低运营成本。

通常虚拟局域网的划分形式有三种。

① 静态端口分配　静态虚拟网的划分通常是网管人员使用网管软件或直接设置交换机的端口，使其直接从属某个虚拟网。这些端口一直保持这些从属性，除非网管人员重新设置。这种方法虽然比较麻烦，但比较安全，容易配置和维护，比较适用于对安全要求高且结构变动小的工业环境。

② 动态虚拟网　支持动态虚拟网的端口，可以借助智能管理软件自动确定它们的从属。端口是通过借助网络包的 MAC 地址、逻辑地址或协议类型来确定虚拟网的从属。当一网络节点刚连接入网时，交换机端口还未分配，于是交换机通过读取网络节点的 MAC 地址动态地将该端口划入某个虚拟网。这样一旦网管人员配置好后，用户的计算机可以灵活地改变交换机端口，而不会改变该用户的虚拟网的从属性，而且如果网络中出现未定义的 MAC 地

址，则可以向网管人员报警。

③ 多虚拟网端口配置　该配置支持一用户或一端口可以同时访问多个虚拟网。这样可以将一台网络服务器或控制层控制计算机配置成多个部门(每种业务设置成一个虚拟网)都可同时访问，也可以同时访问多个虚拟网的资源，还可让多个虚拟网间的连接只需一个路由端口即可完成。例如，监控计算机可配置多个虚拟网，同时监控不同现场控制单元，但不同单元之间彼此不会受影响。

10.3.1.4. 主干(Trunk)连接方式

主干连接方式(Trunk)是独立于 VLAN 的、将多条物理链路模拟为一条逻辑链路的 VLAN 与 VLAN 之间的连接方式(见图 10-10)。采用 Trunk 方式不仅能够连接不同的 VLAN 或跨越多个交换机的相同 VLAN，而且还能增加交换机间的物理连接带宽，增强网络设备间的冗余。由于在基于交换机的 VLAN 划分当中，交换机的各端口分别属于各 VLAN 段，如果将某一 VLAN 端口用于网络设备间的级联，则该网络设备的其他 VLAN 中的网络终端就无法与隶属于其他网络设备的 VLAN 网络终端进行通信。有鉴于此，网络设备间的级联必须采用 Trunk 方式，使得该端口不隶属于任何 VLAN，也就是说该端口所建成的网络设备间的级联链路是所有 VLAN 进行通信的公用通道。

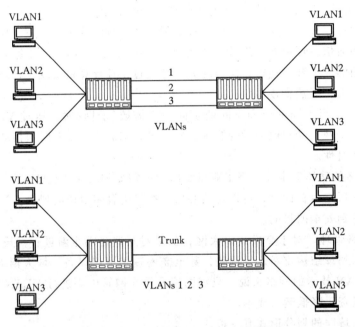

图 10-10　交换机之间 VLAN 连接方式

10.3.2. 工业以太网质量服务(QoS)

10.3.2.1. 质量服务的定义

IP QoS 是指 IP 的服务质量(Quality of Service)，也是指 IP 数据流通过网络时的性能。它的目的就是向用户提供端到端的服务质量保证。它有一套度量指标，包括业务可用性、延迟、可变延迟、吞吐量和丢包率等。

QoS 是网络的一种安全机制。在正常情况下并不需要 QoS，但是当出现对精心设计的网络也能造成性能影响的事件时就十分必要。在工业以太网中采用 QoS 技术，可以为工业控制数据的实时通信提供一种保障机制；当网络过载或拥塞时，QoS 能确保重要控制数据传输不受延迟或丢弃，同时保证网络的高效运行。

对于传统的现场总线，信息层和控制层、设备层充分隔离，底层网络承载的数据不会与信息层数据竞争带宽；同时，底层网络的数据量小，故无需使用 QoS。工业以太网的出现，很重要的一点就是要实现从信息层到设备层的"无缝"集成，满足 ERP（企业资源规划）、SCM（供应链管理）等应用对管理信息层直接访问现场设备能力的需求。此时，控制域数据必须比其他数据类型得到优先服务，才能保证工业控制的实时性。

拥有 QoS 的网络是一种智能网络，它可以区分实时-非实时数据。在工业以太网中，可以使用 QoS 识别来自控制层的拥有较高优先级的采样数据和控制数据，优先得到处理并转发；而其他拥有较低优先级的数据，如管理层的应用类通信，则相对被延后。智能网络还有能力制止对网络的非法使用，譬如非法访问控制层现场控制单元和监控单元的终端等，这对于工业以太网的完全性提升有重要作用。

为了实现这种智能，具有 QoS 的网络应包含三个过程。

• 分类　具有 QoS 的网络能够识别哪种应用，产生哪种分组。没有分类，网络就不能确定对特殊分组要进行的处理。

• 标记化　在识别分组之后，要对它进行标注，因此其他网络设备才可以方便地识别这种数据。

• 优先级　一旦网络可以区分控制域的数据，优先级处理就可以确保工业过程控制的采集数据和控制数据在网络发生突发高负载时，仍能优先得到转发而不至于产生延迟。

（1）数据分类

所有应用都会在分组上留下可以用来识别源应用标志。分类就是检查这些标志，识别分组是由哪个应用产生的。

常见的分类方法有以下几种。

① TCP 和 UDP 端口号码　许多应用都采用一些 TCP 或 UDP 端口进行通信。譬如HTTP 采用 TCP 端口 80。通过检查 IP 分组的端口号码，智能网络可以确定分组是由哪类应用产生的（这种方法也称为第四层交换，原因是 TCP 和 UDP 都位于 OSI 模型的第四层）。

② 源 IP 地址　许多应用都是通过其源 IP 地址进行识别的。分析分组的源 IP 地址可以识别该分组是否由现场级的终端设备产生，从而决定其分组类别是否可以得到更好的服务。当交换机与监控计算机或服务器不直接相连，而且控制数据和普通数据流都到达该交换机时，这种方法就非常有用。

③ 物理端口号码　与源 IP 地址类似，物理端口号码可以指示哪台设备正在发送数据。这种方法取决于交换机物理端口和应用终端的映射关系。这是最简单的分类形式，终端设备直接与交换机的端口相连，比较适合现场设备独占交换机的情况。

（2）标记化

识别应用之后就必须对其分组进行标记处理，以便确保网络上的交换机可以对该应用进行优先级处理。通过采纳对数据标注的两种行业标准之一，就可以确保多厂商网络设备能够对该业务进行优先级处理。

① IEEE 802.1p　该标准现已集成在 IEEE 802.1D 桥接标准之内，IEEE 802.1p 方案为每个分组分配一个从 0 到 7 之间的优先级。IEEE 802.1p 是在 LAN 环境中最广泛使用的优先级方案，较适合控制层。其特点为：

• IEEE 802.1p 要求增加一个 4 字节的标签，该标签由 IEEE 802.1Q 标准定义，但是它在以太网中是可选的；

- 由于 IEEE 802.1Q 标签在分组通过路由器时要去掉，因此它只在 LAN 中有效。

② 差异化服务编码点（DSCP） DSCP 是一种第三层标注方案，它采用 IP 报头存储分组优先级。DSCP 相对 IEEE 802.1p 的主要优点是不要求在其分组中增加标签，因为该分组采用 IP 报头，优先级在整个因特网上都是保留的。DSCP 采用 64 种值，对应用户定义的不同服务级别。

在选择交换机时，一定要确保它可以识别两种标记方案。虽然 DSCP 可以替换在 LAN 环境下主导的标注方案 IEEE 802.1p，但是与 IEEE 802.1p 相比，实施 DSCP 还是有一定的局限性。在一定时期内，与 IEEE 802.1p 设备的兼容性将十分重要。作为一种过渡机制，需选择可以从一种方案向另一种方案转换的交换机。

以上两种标记方法的分类主要考虑商用目的。在工业以太网应用中，必须对数据的优先级别做新的定义，符合工业控制的实际需求，但目前还没有统一的标准。

（3）优先级

在 LAN 交换机中，多种业务队列允许分组优先级存在。较高优先级的业务可以在不受较低优先级业务的影响下通过交换机，减少对控制实时数据等业务的延迟事故。较高优先级的数据总能在没有任何延迟的情况下超越所有其他业务。

为了提供优先级，交换机的每个端口必须至少有两个队列。虽然每个端口有更多队列可以提供更为精细的优先级粒度，但是在工业以太网环境中，每个端口需要四个以上队列的可能性不大。

当每个分组到达交换机时，都要根据其优先级别分配到适当的队列。然后该交换机再从每个队列转发分组。该交换机通过其排队机制确定下一步要服务的队列。

① 严格优先队列（SPQ） 这是一种最简单的排队方式，它首先为最高优先级队列进行服务，直到该队列为空为止，然后是对下一个次高优先级队列服务，依此类推。这种方法的优势是高优先级业务总是在低优先级业务之前处理。但是，低优先级业务有可能被高优先级业务完全阻塞。

② 加权循环（WRR） 这种方法为所有业务队列服务，并且将优先权分配给较高优先级队列。在大多数情况下，相对低优先级，WRR 将首先处理高优先级，但是当高优先级业务超出链路容量时，较低优先级的业务并没有被完全阻塞。

10.3.2.2. 设计 QoS 网络的策略

通过下列几个简单规则，便可以更加方便地在工业以太网中设计 QoS。

① 在工业以太网中使用交换机或基于硬件的路由器（三层交换机）。集线器不能对业务量进行优先处理，而基于软件的路由器可能导致瓶颈。

② 采用 QoS 并不能取代对充足带宽的要求。对大多数网络的建议配置都是 10M 交换现场设备，100M/1000M 连接至监控计算机、服务器和无阻塞的骨干网。

③ 确保网络中的所有设备都可以支持 QoS。如果数据通路上有一段不支持 QoS，那么该段就有可能成为瓶颈，导致通信减速，虽然在网络支持 QoS 的部分可以观察到性能改善。

④ 确保所有 QoS 设备的配置方式相同。不匹配的配置将导致同一业务量在一段被优先化，而在另一段却没有。可采用 QoS 管理软件包，同时配置网络中的所有设备，并且检查差错。

⑤ 在业务量一进入网络时就进行分类。如果业务量在抵达核心层设备时才进行分类，

那么就不可能保证端到端的优先级。对业务量进行分类的理想地点是在配线交换机处完成分类。

⑥ 观察每个端口的业务队列数。如果该交换机只有一个队列，那么它就不能对业务量进行优先级处理。商业环境下，两个队列就足够了，而工业环境下，可以考虑设置更多队列。

10.3.3. 工业以太网的网络生存性

10.3.3.1. 什么是网络生存性

所谓网络生存性，是指以太网应用于工业现场控制时，必须具备较强的网络可用性，即任何一个系统组件发生故障，不管它是硬件还是软件，都会导致操作系统、网络、控制器和应用程序以至于整个系统的瘫痪，则说明该系统的网络生存能力非常弱。因此，为了使网络正常运行时间最大化，需要一个可靠的技术来保证在网络维护和改进时，系统不发生中断。

工业以太网的生存性或高可用性包括以下几个方面的内容。

① 可靠性　由于办公自动化对环境要求不太高，因此对网络设备的可靠性要求也不太高，网络出现故障不会引起太大的损失。而当这些以太网设备应用于工业现场时，却往往会经常发生故障，并导致系统的瘫痪，这是因为工业现场的机械、气候(包括温度、湿度)、尘埃等条件非常恶劣，因此对设备的可靠性提出了更高的要求。

在基于以太网的控制系统中，网络成了相关装置的核心，从 I/O 功能模块到控制器中的任何硬件都是网络的一部分。网络硬件把内部系统总线和外部世界连成一体，同时网络软件驱动程序为程序的应用提供必要的逻辑通道。系统和网络的结合使得可靠性成了自动化设备制造商的设计重点。

② 可恢复性　所谓可恢复性，是指当以太网系统中任一设备或网段发生故障而不能正常工作时，系统能依靠事先设计的自动恢复程序将断开的网络连接重点链接起来，并将故障进行隔离，以使任一局部故障不会影响整个系统的正常运行，也不会影响生产装置的正常生产。同时，系统能自动定位故障，以使故障能够得到及时修复。

可恢复性不仅仅是网络节点和通信信道具有的功能，通过网络界面和软件驱动程序，网络可恢复性以各种方式扩展到其子系统。一般来讲，网络系统的可恢复性取决于网络装置和基础组件的组合情况。

③ 可管理性　可管理性和可维护性也是高可用性系统最受关注的焦点之一。通过对系统和网络的在线管理，可以及时的发现紧急情况，并使得故障能够得到及时的处理。可管理性一般包括性能管理、配置管理、变化管理等过程。

10.3.3.2. 工业以太网的故障探测与自恢复机制——IEEE 802.1D 生成树协议

在工业以太网中，网络的可靠性非常重要，需要采取冗余设计，同时还必须有一个快速的故障探测和自恢复机制以保障网络的可用性。与普通的"办公用"网络不同，实时性网络对故障探测和自恢复有着更高的要求。首先，故障探测和自恢复机制必须是快速响应的，如果网络的恢复时间过长，就不能保证网络的实时性。其次，必须限制网络故障的传播，将其对其他传输设备和网段的影响最小化，即除故障点外，其他网段仍能正常工作。

在透明的交换式以太网中，数据链路层负责建立和维护网络的 MAC(介质访问控制层，数据链路层的子层)拓扑结构；故障探测和自恢复工作实际上就是在该层重新建立拓扑结构，以实现交换机在 MAC 层的路由功能。目前普遍使用是 IEEE802.1D 标准。在局域网内的交换机执行了生成树算法以后，会组成一个动态的生成树拓扑结构，该拓扑结构使局域网内任意两个工作站之间不存在回路，以防止由此产生的局域网广播风暴，同时，生成树算法还负责监测物理拓扑结构的变化，并能在拓扑结构发生变化之后建立新的生成树。例如当一个交换机出现故障或某一条链路断了后，能提供一定的容错能力而重新配置生成树的拓扑结构。交换机根据生成树动态拓扑结构的状态信息来维护和更新 MAC 路由表，最终实现 MAC 层的路由。

（1）IEEE 802.1D 简介

IEEE 802.1D 生成树协议基于以下几点。ⓐ有一个惟一的组地址（01-80-C2-00-00-00），标识一个特定 LAN 上的所有的交换机。这个组地址能被所有的交换机识别。ⓑ每个交换机有一个惟一的标识(Bridge Identifier)。ⓒ每个交换机的端口有一个惟一的端口标识(Port Identifier)。对生成树的配置进行管理还需要：对每个交换机调配一个相对的优先级；对每个交换机的每个端口调配一个相对的优先级；对每个端口调配一个路径花费。

在运行生成树算法时，交换机使用统一的组地址 01-80-C2-00-00-00 作为目的 MAC 地址发送数据帧，该数据被称为 BPDU(桥协议数据单元)。BPDU 中携带了实现生成树算法的有关信息。在实现生成树算法时，从端口接收上来 BPDU，由 LLC 层的服务进程将其传给交换机协议实体。在执行了生成树算法以后，交换机的协议实体将根据算法的结果更新端口的状态信息并更新过滤数据库，以决定交换机端口的工作状态(阻塞或转发等)，从而建立生成树拓扑结构。

具有最高优先级的交换机被称为根(root)交换机。每个交换机端口都有一个根路径花费，根路径花费是该交换机到根交换机所经过的各个路段的路径花费的总和。一个交换机中根路径花费的值为最低的端口称为根端口，若有多个端口具有相同的根路径花费，则具有最高优先级的端口为根端口。

在每个 LAN 中都有一个交换机被称为选取(designated)交换机，它属于该 LAN 中根路径花费最少的交换机。把 LAN 和选取交换机连接起来的端口就是 LAN 的选取端口(designated port)。如果选取交换机中有两个以上的端口连在这个 LAN 上，则具有最高优先级的端口被选为选取端口。拓扑结构如图 10-11 所示。

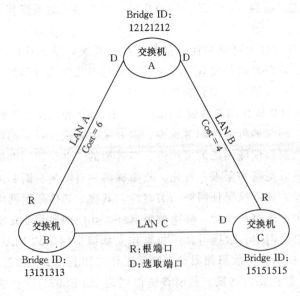

图 10-11　拓扑结构

由于交换机 A 具有最高优先级(桥标识最低)，被选为根交换机，所以交换机 A 是 LAN A 和 LAN B 的选取交换机；假设交换机 B 的根路径花费为 6，交换机 C 的根路径花费为 4，那么交换机 C 被选为 LAN C 的选取交换机，亦即 LAN C 与交换机 A 之间的消息通过交换机 C 转发，而不是通过交换机 B。LAN C 与交换机 B 之间的链路是一条冗余链路。

(2) BPDU 编码

交换机之间定期发送 BPDU 包，交换生成树配置信息，以便能够对网络的拓扑、花费或优先级的变化做出及时的响应。BPDU 分为两种类型，包含配置信息的 BPDU 包称为配置 BPDU(Configuration BPDU)，当检测到网络拓扑结构变化时则要发送拓扑变化通知 BPDU (Topology Change Notification BPDU)。配置 BPDU 编码如图 10-12 所示。

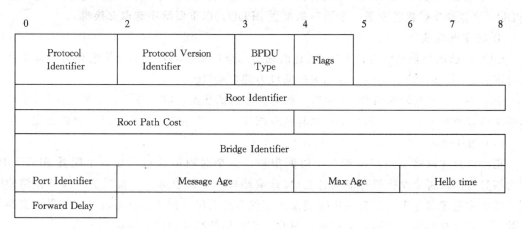

图 10-12　配置 BPDU 的格式

拓扑变化通知 BPDU 编码如图 10-13 所示。

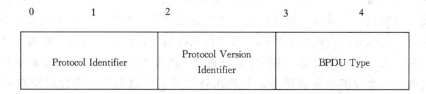

图 10-13　拓扑变化通知 BPDU 的格式

对于配置 BPDU，超过 35 个字节以外的字节将被忽略掉；对于拓扑变化通知 BPDU，超过 4 个字节以外的字节将被忽略掉。

(3) 生成树确定步骤

① 决定根交换机：

a. 最开始所有的交换机都认为自己是根交换机；

b. 交换机向与之相连的 LAN 广播发送配置 BPDU，其 root_id 与 bridge_id 的值相同；

c. 当交换机收到另一个交换机发来的配置 BPDU 后，若发现收到的配置 BPDU 中 root_id 字段的值大于该交换机中 root_id 参数的值，则丢弃该帧，否则更新该交换机的 root_id、根路径花费 root_path_cost 等参数的值，该交换机将以新值继续广播发送配置 BPDU。

② 决定根端口。

一个交换机中根路径花费的值为最低的端口称为根端口。若有多个端口具有相同的最低根路径花费，则具有最高优先级的端口为根端口。若有两个或多个端口具有相同的最低根路径花费和最高优先级，则端口号最小的端口为默认的根端口。

③ 确定 LAN 的选取交换机。

a. 开始时，所有的交换机都认为自己是 LAN 的选取交换机。

b. 当交换机接收到具有更低根路径花费的(同一个 LAN 中)其他交换机发来的 BPDU，该交换机就不再宣称自己是选取交换机。如果在一个 LAN 中，有两个或多个交换机具有同样的根路径花费，具有最高优先级的交换机被先为选取交换机。在一个 LAN 中，只有选取交换机可以接收和转发帧，其他交换机的所有端口都被置为阻塞状态。

c. 如果选取交换机在某个时刻收到 LAN 上其他交换机因竞争选取交换机而发来的配置 BPDU，该选取交换机将发送一个回应的配置 BPDU，以重新确定选取交换机。

④ 决定选取端口。

LAN 的选取交换机中与该 LAN 相连的端口为选取端口。若选取交换机有两个或多个端口与该 LAN 相连，那么具有最低标识的端口为选取端口。

除了根端口和选取端口外，其他端口都将置为阻塞状态。这样，在决定了根交换机、交换机的根端口以及每个 LAN 的选取交换机和选取端口后，一个生成树的拓扑结构也就决定了。

(4) 拓扑变化

拓扑信息在网络上的传播有一个时间限制，这个时间信息包含在每个配置 BPDU 中，即为消息时限。每个交换机存储来自 LAN 选取端口的协议信息，并监视这些信息存储的时间。在正常稳定状态下，根交换机定期发送配置消息以保证拓扑信息不超时。如果根交换机失效了，其他交换机中的协议信息就会超时，新的拓扑结构很快在网络中传播。

当某个交换机检测到拓扑变化，它将向根交换机方向的选取交换机发送拓扑变化通知 BPDU，以拓扑变化通知计时器的时间间隔定期发送拓扑变化通知 BPDU，直到收到了选取交换机发来的确认拓扑变化信息(这个确认信号在配置 BPDU 中，即拓扑变化标志位置位)，同时选取交换机重复以上过程，继续向根交换机方向的交换机发送拓扑变化通知 BPDU。这样，拓扑变化的通知最终传到根交换机。根交换机收到了这样一个通知，或其自身改变了拓扑结构，它将发送一段时间的配置 BPDU，在配置 BPDU 中拓扑变化标志位被置位。所有的交换机将会收到一个或多个配置消息，并使用转发延迟参数的值来老化过滤数据库中的地址。所有的交换机将重新决定根交换机、交换机的根端口以及每个 LAN 的选取交换机和选取端口，这样生成树的拓扑结构也就重新决定了。

10.3.4. 工业以太网的网络安全

工业以太网的应用，不但可降低系统的建设和维护成本，还可实现工厂自上而下更紧密的集成，并有利于更大范围的信息共享和企业综合管理；但同时，也带来了网络安全方面的隐患。以太网和 TCP/IP 的优势在于其在商业网络的广泛应用以及良好的开放性，可是与传统的专用工业网络相比，也更容易受到自身技术缺点和人为的攻击。对于工业以太网，安全问题需考虑来自内部和外部两个方面，其安全功能需满足：

- 防范来自外部网络的恶意攻击；限制外部网络非信任终端对内部网络资源的访问；
- 防止来自内部网络的攻击以及对控制域资源的非授权访问；
- 提供工程人员和设备供应商远程故障诊断和技术支持的保障机制。

① 内网络的安全 工业以太网可实现管理层和控制层的无缝连接，上下网段使用相同的网络协议(Ethernet-TCP/IP)，具有互连性和可互操作性，但不同层次网段、不同功能单

元具有不同的功能和安全需求，因而必须制定安全策略防止本地用户对设备控制域系统的非法访问。

② 外网络安全　由于工业以太网提供了连接外部网络的通道，必须制定安全策略来防止外部非法用户访问内部网络上的资源和非法向外传递内部信息，保证企业内外通信的保密性、完成性和有效性。

根据这些需要，在工业以太网中可以采取的基本安全技术主要有三个方面。

10.3.4.1. 加密技术

对网络系统中的信息进行加密，是为了防止网络中传输的敏感或机密信息被非信任方截获；同时，加密技术也是其他网络安全技术实现的基础。一般的密码模型如图 10-14 所示，明文 X 用加密算法 E 和加密密匙 Ke 得到密文 Y。到了接收端，利用解密算法 D 和解密密匙 K_d，解出明文 X。

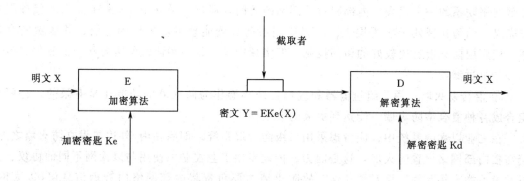

图 10-14　数据加密密码模型

目前使用的加密技术有：常规密匙密码体制，即加密密匙与解密密匙是相同的。在常规密匙体制中，有三种常用的密码，即代替密码、置换密码、乘积密码。其他还有公开密匙密码体制 RSA(可逆不对称加密)等。

10.3.4.2. 鉴别交换技术

鉴别通信双方身份是否合法，可通过交换信息的方式来确认。鉴别交换技术有口令、密码技术等。根据交换信息的方向，可分为单向鉴别和双向鉴别(双向验证)。单向鉴别的前提是请求用户对被请求用户是信任的。双向鉴别适用于许多情况，特别是对等实体间的鉴别，双向鉴别需要加密的支持。在网络层中通过 IP 地址的规定，可以确认接收者的身份，所有的 IP 地址应在网络物理设计时统一编码，除非以后系统重建；发送者身份的鉴别一般应附在报文的正文中，在应用层中实现。例如在报表生成、文字编辑的过程中加上表示身份的题头，在应用层中也可以标出接收者的身份；对报文的内容如果需要进一步的认证，可采用认证交换的形式。鉴别交换技术的更高一层次可采用数字加密、数字签名的方式实现。一些 SNMP 产品还在交换机的端口进行成组 IP 地址校核，并对合法的成组 IP 地址进行加密，能提高鉴别的安全度，这是一项经常被采用的技术。

10.3.4.3. 访问控制技术

访问控制技术是按事先确认的规则决定主体对客体访问是否合法。防止未授权访问是信息保护的最基本的技术。防火墙技术就是访问控制技术的一种具体体现。防火墙是保护可信网络阻止不可信网络入侵的一种机制，可保证内部网络与外界通信，同时保护内部资源免遭外界非法入侵，属于访问控制的范畴。

防火墙通常由网关和过滤器组成，过滤器起封锁某些类型通信量传输的作用，网关是借助代理去转发内部网和外部网之间服务的设备，网关驻留的中间地带称为隔离地带。

目前防火墙主要有三大类：分组过滤器、应用层防火墙、混合防火墙，可根据实际需要设置防火墙，以保证信息传输的路由和信息的安全可靠。

① 分组过滤器　这是基于 IP 的防火墙，实际上就是基于路由器的防火墙。它检查 IP 数据包头信息，决定 IP 数据包是否通过。系统内设置有访问控制表，系统数据控制表的过滤规则，检查数据流中的每个数据包的 IP 地址、端口号，来决定其是否应该通过。系统不检查数据包的内容部分，因而不知道传送的信息是什么。一个路由器便是简单的"传统"分组过滤器。分组过滤器简洁、快速、费用低，并且对用户透明。但是，它对网络的保护很有限，因为它只检查地址和端口，对网络更高协议层和信息理解无能为力。

② 应用层防火墙　应用层防火墙主要部件之一是 Bastion Host(堡垒主机)，是内部网与外部网相联系的一个代表。内部网对外部网的访问均通过安装在 Bastion Host 上的代理服务来完成。因为代理处于应用层上，所以应用层防火墙能理解应用层的协议，并能做安全检查。应用层防火墙有比较好的访问控制，但实现困难，每一种协议都需要相应的软件，效率不如分组过滤器。

③ 混合防火墙　用分组过滤器和应用层防火墙作为防火墙的功能还是有限的，将两者组合成各种复合型防火墙，能达到更大的安全性。

在工业以太网系统中，应考虑采用二级防火墙系统，即除在内/外边界设立防火墙之外，仍需在内部网络设置防火墙。这是因为，传统专用工业控制网使用与以太网不同的协议，上下网段不能直接互联，无互操作性。故防火墙主要负责将内部网络的管理信息层(以太网)与外部网络隔离，防止来自外部的非法访问。但工业以太网将控制层与管理层连接起来，上下网段、不同功能单元使用相同的网络协议 (Ethernet-TCP/IP)，具有互连性和可互操作性，而控制域网络的中断代价是极其高昂的，因而应在管理层与控制层网络之间设置二级防火墙，如图 10-15 所示。

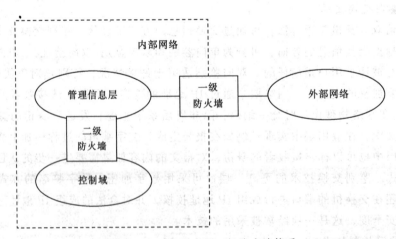

图 10-15　工业以太网二级防火墙体系

设置二级防火墙的必要性在于以下两点。ⓐ二级隔离控制域(现场控制单元和监控单元)。一级防火墙用于隔离内/外网络，一旦被攻破，整个工业以太网将暴露于外部网络中。恶意的攻击者可进一步侵入控制域系统，干扰正常的生产控制，甚至可引发重大事故。二级防火墙可以为控制域网络提供进一步防护。ⓑ屏蔽内部网的非授权访问。安全隐患不但来自

374

外部，也可能来自内部网络，包括非授权访问控制和恶意攻击。由于工业网络需要更高的安全要求，必须考虑进一步安全措施；二级防火墙可为管理信息层与控制域网络之间提供必要的隔离功能，保证二者通信的同时，防御对控制域的非授权访问。二级防火墙可以选用 Dual-homed host 结构，实体为三层交换机；采用简洁的防护方式的目的在于保护内部网络控制信息通信的实时性，过多的访问过滤规则将影响到数据包传输的实时性。

防火墙是隔离内/外网的主要手段，但需要指出的是，防火墙并不是独立的，它是整体网络安全策略的一部分。网络必须有足够的安全措施和策略，否则再好的防火墙只能是形同虚设。

10.3.5. 总线供电与安全防爆技术

10.3.5.1. 总线供电

所谓"总线供电"或"总线馈电"，是指连接到现场设备的线缆不仅传送数据信号，还能给现场设备提供工作电源。

采用总线供电可以减少网络线缆，降低安装复杂性与费用，提高网络和系统的易维护性。特别是在环境恶劣与危险场合，"总线供电"具有十分重要的意义。由于 Ethernet 以前主要用于商业计算机通信，一般的设备或工作站（如计算机）本身具备电源供电，没有总线供电的要求，因此传输媒体只用于传输信息。

对现场设备的"总线供电"可采用以下方法。ⓐ在目前 Ethernet 标准的基础上适当地修改物理层的技术规范，将以太网的曼彻斯特信号调制到一个直流或低频交流电源上，在现场设备端再将这两路信号分离出来。采用这种方法时必须注意：修改协议后的以太网应在物理层上与传统 Ethernet 兼容。ⓑ不改变目前 Ethernet 的物理层结构，即应用于工业现场的以太网仍然使用目前的物理层协议，而通过连接电缆中的空闲线缆为现场设备提供工作电源。

相比而言，第一种方法虽然实现了与传统 DCS 以及 FF，PORFIBUS 等现场总线所采用的"总线供电法"相一致，做到了"一线二用"，节省了现场布线。但由于这种方法与传统以太网在物理介质上传输的信号在形式上已不一致，因此基于这种修改后的以太网设备与传统以太网设备不再能够直接互连，而必须增加额外的转接设备才能实现与传统以太网设备（如计算机的以太网卡）的连接。

最近刚推出的 IEEE802.3af 标准也对总线供电进行了规范。

10.3.5.2. 本质安全与安全防爆技术

在生产过程中，很多工业现场不可避免地存在易燃、易爆与有毒等物质。对应用于这些工业现场的智能装备以及通信设备，都必须采取一定的防爆技术措施来保证工业现场的安全生产。

现场设备的防爆技术主要包括两类，即隔爆型(如增安、气密、浇封等)和本质安全型。与隔爆型技术相比，本质安全技术采取抑制点火源能量作为防爆手段，可以带来以下技术和经济上的优点：结构简单，体积小，重量轻，造价低；可在带电情况下进行维护和更换；安全可靠性高；适用范围广。实现本质安全的关键技术为低功耗技术和本安防爆技术。

以太网系统的本质安全包括几个方面：即工业现场以太网交换机、传输媒体以及基于以太网的变送器和执行机构等现场设备。由于目前以太网收发器本身的功耗都比较大，一般都在六七十毫安(5V 工作电源)，相对而言，基于以太网的低功耗现场设备和交换机设计比较困难。

在目前的技术条件下，对以太网系统采用隔爆防爆的措施比较可行。即通过对以太网现场设备（包括安装在现场的以太网交换机）采取增安、气密、浇封等隔爆措施，使设备本身故障产生的电火能量不会外泄，以保证系统使用的安全性。

另一方面，对于没有严格的本安要求的非危险场合，则可以不考虑复杂的防爆措施。

同时，还需进一步研究与发展本安理论，使之在理论与技术上有所突破，以适应当前形势下复杂设备的开发与应用，同时也可以使目前的以太网产品与元器件尽可能直接应用于过程工业。

10.3.6. 互可操作性和远距离传输

10.3.6.1. 互可操作性

互可操作性是指连接到同一网络上不同厂家的设备之间通过统一的应用层协议进行通信与互用，性能类似的设备可以实现互换。作为开放系统的特点之一，互可操作性向用户保证了来自不同厂商的设备可以相互通信，并且可以在多厂商产品的集成环境中共同工作。这一方面提高了系统的质量，另一方面为用户提供了更大的市场选择机会。互可操作性是决定某一通信技术能否被广大自动化设备制造商和用户接收，并进行大面积推广应用的关键。

由于以太网(IEEE802.3)只映射到 ISO/OSI 参考模型中的物理层和数据链路层，TCP/IP 映射到网络层和传输层，而对较高的层次如会话层、表示层、应用层等没有做技术规定。目前 RFC(Request for Comment)组织文件中的一些应用层协议，如 FTP、HTTP、Telnet、SNMP、SMTP 等，仅仅规定了用户应用程序该如何操作，而以太网设备生产厂家还必须根据这些文件定制专用的应用程序。这样不仅不同生产厂家的以太网设备之间不能互相操作，而且即使是同一厂家开发的不同的以太网设备之间也有可能不可互相操作。究其原因，就是以太网上没有统一的应用层协议，因此这些以太网设备中的应用程序是专有的，而不是开放的，不同应用程序之间的差异非常大，相互之间不能实现透明互访。

要解决基于以太网的工业现场设备之间的互可操作性问题，惟一而有效的方法就是在以太网 + TCP(UDP)/IP 协议的基础上，制订统一并适用于工业现场控制的应用层技术规范，同时可参 IEC 有关标准，在应用层上增加用户层，将工业控制中的功能块 FB(Function Block)进行标准化，通过规定它们各自的输入、输出、算法、事件、参数，并把它们组成为可在某个现场设备中执行的应用程序，便于实现不同制造商设备的混合组态与调用。

这样，不同自动化制造商的工控产品共同遵守标准化的应用层和用户层，这些产品再经过一致性和互操作性测试，就能实现它们之间的互可操作。

10.3.6.2. 远距离传输

由于通用 Ethernet 的传输速率比较高(如 10Mbps、100Mbps、1000Mbps)，考虑到信号沿总线传播时的衰减与失真等因素，Ethernet 协议(IEEE802.3 协议)中对传输系统的要求做了详细的规定，如每一段双绞线(10Base-T)的长度不得超过 100m；使用细同轴电缆(10Base-2)时每段的最大长度为 185m；而使用粗同轴电缆(10Base-5)时每段的最大长度也仅为 500m，对于距离较长的终端设备，可使用中继器(但不超过 4 个)或者光纤通信介质进行连接。

然而，在工业生产现场，由于生产装置一般都比较复杂，各种测量和控制仪表的空间分布有可能比较分散，彼此间的距离较远，有时设备与设备之间的距离长达数公里。对于这种情况，如遵照传输的方法设计以太网络，使用 10Base-T 双绞线就显得远远不够，而使用 10Base-2 或 10Base-5 同轴电缆则不能进行全双工通信，而且布线成本也比较高。同样，如果在现场都采用光纤传输介质，布线成本可能会比较高，但随着互联网和以太网技术的大范围应用，光纤成本肯定会大大降低。

此外，在设计应用于工业现场的以太网络时，将控制室与各个控制域之间用光纤连接成骨干网，这样不仅可以解决骨干网的远距离通信问题，而且由于光纤具有较好的电磁兼容性，因此可以大大提高骨干网的抗干扰能力和可靠性。通过光纤连接，骨干网具有较大的带宽，为将来网络的扩充、速度的提升留下了很大的空间。各控制域的主交换机到现场设备之间可采用屏蔽双绞线，而各控制域交换机的安装位置可选择在靠近现场设备的地方。

10.4. 工业以太网的应用

10.4.1. 典型工业以太网系统结构

目前，工业自动化领域的中上层通信正在逐步统一到工业以太网上，工业以太网今天所起的作用主要是解决工业自动化领域管理层和控制层之间的数据通信的任务，用以太网将企业中心和自动化岛屿连接在一起，真正的自动化任务是由下位的单元级与现场级中的现场总线来解决的。具有代表性的是基金会现场总线制定的作为主干网通信的快速以太网标准HSE，其传输速度为 100Mbps。作为 PROFIBUS 的主要厂商 SIEMENS 也有多种 TCP/IP Ethernet 接口设备，允许把 S7 PLC、M7 PLC、操作面板、IPC 等设备通过以太网连接起来，如图 10-16。现场级工业以太网的结构示意图如图 10-17 所示。

10.4.2. 关于 Ethernet "e" 网到底

由于 Internet 的快速发展，人们通过 Internet 访问控制系统，进行远程诊断、维护和服务的愿望越来越强烈。与此同时，还有两种趋势：一是现场有越来越多的信息需要往上送，随着各种智能化多功能现场设备的出现，除了一般的测控信号之外，大量的诊断、报警、操作等信息需要在现场设备间交互传输；二是计算机通信技术越来越向下延伸，至少 Ethernet 已经在越来越多的系统中作为主干总线来使用。因此，人们不禁要问：现代计算机通信技术是否会最终延伸到现场？Ethernet 能否 "e" 网到底而取代现场总线？

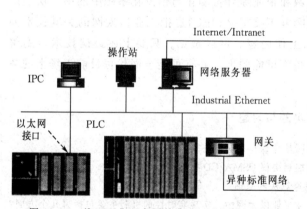

图 10-16　基于工业以太网的典型工业网络示意图

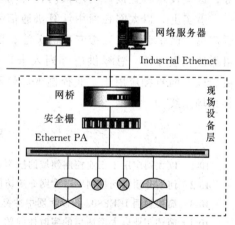

图 10-17　现场级工业以太网

与目前的现场总线相比，以太网具有以下优点。

① 应用广泛　以太网是目前应用最为广泛的计算机网络技术，受到广泛的技术支持。几乎所有的编程语言都支持 Ethernet 的应用开发，如 Java, Visual C ＋＋, Visual Basic 等。这些编程语言由于广泛使用，并受到软件开发商的高度重视，具有很好的发展前景。因此，如果采用以太网作为现场总线，可以保证多种开发工具、开发环境供选择。

② 成本低廉　由于以太网的应用最为广泛，因此受到硬件开发与生产厂商的高度重视与广泛支持，有多种硬件产品供用户选择。而且由于应用广泛，硬件价格也相对低廉。目前

以太网网卡的价格只有 PROFIBUS，FF 等现场总线的十分之一，而且随着集成电路技术的发展，其价格还会进一步下降。

同时，由于以太网已应用多年，人们对以太网的设计、应用等方面有很多的经验，对其技术也十分熟悉。大量的软件资源和设计经验可以显著降低系统的开发和培训费用，从而可以显著降低系统的整体成本，并大大加快系统的开发和推广速度。

③ 通信速率高　目前以太网的通信速率为 10M, 100M 的快速以太网也开始广泛应用，1000M 以太网技术也逐渐成熟。其速率比目前的现场总线快得多。以太网可以满足对带宽有更高要求的需要。

④ 可持续发展潜力大　由于以太网的广泛应用，使它的发展一直受到广泛的重视和大量的技术投入。并且，在这信息瞬息万变的时代，企业的生存与发展将很大程度上依赖于一个快速而有效的通信管理网络，信息技术与通信技术的发展将更加迅速，也更加成熟，由此保证了以太网技术不断地持续向前发展。

因此，如果工业控制领域采用以太网作为现场设备之间的通信网络平台，将保证技术上的可持续发展，并在技术升级方面无需单独的研究投入。最重要的是，如果采用以太网作为现场总线，可以避免现场总线技术游离于计算机网络技术的发展主流之外，使现场总线和计算机网络技术的主流技术很好地融合起来，从而使现场总线技术和一般网络技术互相促进，共同发展。同时机器人技术、智能技术的发展都要求通信网络有更高的带宽、更好的性能，通信协议有更高的灵活性。这些要求以太网都能很好地满足。

然而，将以太网技术应用于工业现场设备之间的通信，还有一些关键问题需要解决，如通信响应实时性、优先级技术、现场设备的总线供电、本质安全、远距离通信、可互操作性等，这些技术将直接影响以太网在现场设备中的应用。

事实上，以太网在商用计算机通信领域和企业综合自动化与信息化系统中的中上层的广泛应用，已引起广大工控专家的关注，国际电工委员会(IEC)也把工业以太网的关键技术如可靠性、生存性、总线供电等列入未来的工作内容。可以预见，只要上述关键技术得到解决，以太网直接应用于工业控制现场将不是不可能的事，并有可能全面代替目前市场上的各种现场总线。

思考题与习题

10-1　以太网应用于工业控制领域的根本原因是什么？它有哪些技术优势？

10-2　何谓介质访问控制？以太网介质访问控制协议 CSMA/CD 的基本原理是什么？

10-3　简要说明 IEEE802.3 以太网中冲突退避算法的原理。

10-4　简述工业以太网通信的实时性问题。在工业以太网中，实现实时性的机制主要包括哪几个方面？

10-5　以太网集线器和以太网交换机有什么不同？

10-6　虚拟局域网在工业以太网中可以起到哪些作用？

10-7　何谓网络生存性？它主要涉及哪些方面？

10-8　工业以太网是如何考虑网络安全问题的？

10-9　总线供电的作用是什么？以太网技术可以采用哪些方法来实现总线供电？

10-10　以太网系统的本质安全主要包括哪些方面？

10-11　如何实现工业以太网的远距离传输？

10-12　简述关于工业以太网的发展趋势。

附录 部分科学名词及其缩写

缩写	中文名称	英文名称
ACCO	活动控制连接对象	Active Control Connection Object
ACK	确认标志	Acknowledgement Number
ADC	模数转换器	Analog to Digital Converter
AI	模拟量输入	Analog Input
AO	模拟量输出	Analog Output
AUI	连接件单元	Attachment Unit Interface
BPDU	网桥协议数据单元	Bridge Protocal Data Unit
CCITT	电报电话国际咨询委员会	International Telegraph and Telephone Consultative Committee
CD	强制性数据	Compel Data
CPO	PROFIBUS 中国用户组织	Chinese PROFIBUS user Organization
CRL	通信关系表	Communication Relationship List
CSMA/CD	载波监听多路访问/冲突检测协议	Carrier Sense Multiple Access/Collision Detection
DARPA	美国国防部高级计划署	Defense Advanced Research Project Agency
DCA	美国国防通信署	Defense Communication Agency
DCE	数据电路连接设备	Data Circuit-terminating Equipment
DCS	集散控制系统	Distributed Control System
DD	设备描述	Device Description
DDC	直接数字控制	Direct Digital Control
DDLM	直接数据链路映像	Direct Data Link Mapper
DI	数字量输入	Digital Input
DNS	域名系统服务	Domain name service
DO	数字量输出	Digital Output
DTE	数据终端设备	Data Terminal Equipment
ES-Object	工程设计系统对象	Engineering System Object
FAS	总线访问子层	Fieldbus Access Sublayer
FB	功能块	Function Block
FBAP	功能块应用进程	Function Block Application Process
FCS	现场总线控制系统	Fieldbus Control System
FCU	现场控制单元	Field Control Unit
FDA	现场设备访问	Field Device Access
FDAA	现场设备访问代理	Field Device Access Agent
FDAS	现场设备访问会话	Field Device Access Session
FDL	现场总线数据链路	Fieldbus Data Link
FFB	柔性功能模块	Flexible Function Block

缩写	中文名称	英文名称
FMS	总线报文规范	Field bus Message Specification
FSK	频移键控技术	Frequency Shift Keying
FTP	文件传输协议	File Transfer Protocol
HMI	人机接口	Human Machine Interface
HSE	高速总线技术	High Speed Ethernet
HTTP	超文本传输协议	Hypertext Transfer Protocol
IMP	接口报文处理机	Interface Message Processor
IP	网间协议	Internet Protocol
IPng	下一代 IP 协议	Internet Protocol Next Generation
ISO	国际标准化组织	International Standard Organization
ISP	可操作系统协议	Interoperable System Protocol
LAD	梯形图	Ladder Diagram
LAN	局域网	Local Area Network
LAS	链路活动调度器	Link Active Scheduler
LDev	逻辑设备	Logical Device
LLI	低层接口	Lower Layer Interface
MAC	介质访问控制	Medium Access Control
MAN	城域网	Metropolitan Area Network
MAU	媒体连接件单元	Medium Attachment Unit
MMS	制造信息规范	Manufacturing Message Specification
MPI	多点接口	Multi _ Point Interface
MTBF	平均无故障工作时间	Mean Time Between the Failures
MTTR	平均故障修复时间	Mean Time to Repair
MTU	最大传输单元	Maximum Transmission Unit
NSF	美国国家科学基金会	National Science Foundation
OSI/RM	开放系统互联参考模型	Open System Interconnection/Reference Model
PCI	协议控制信息	Protocol Control Information
PDev	物理设备	Physical Device
PDU	协议数据单元	Protocol Data Unit
PLC	可编程逻辑控制器	Programmable Logical Controller
PLS	物理信令	PhysicaL Signaling
PMA	物理媒体连接件	Physical Medium Attachment
PT	传输令牌	Pass Token
RT-AUTO	运行期自动化对象	Runtime automation object
SMTP	电子邮件协议	Simple Message Transfer Protocol
STP	屏蔽双绞线	Shielded Twisted Pair
SYN	同步标志	Synchronize Sequence Number

缩写	中文名称	英文名称
TCP	传输控制协议	Transmission Control Protocol
UDP	用户数据报协议	User Datagram Protocol
URG	紧急标志	The urgent pointer
UTP	非屏蔽双绞	Unshielded Twisted Pair
VCR	虚拟通信关系	Virtual Communication Relationship
VFD	虚拟现场设备	Virtual Field Device
VLAN	虚拟局域网	Virtual Local Area Network
WAN	广域网	Wide Area Network
WDT	"看门狗"定时器、监视定时器	Watchdog Timer
WorldFIP	世界工厂仪表协议	WORLD Factory Instrumentation Protocol

参 考 文 献

1 曹涧生，黄祯地，周泽魁．过程控制仪表．浙江大学出版社，1987

2 周泽魁等．EK 系列过程控制仪表与 1751 电容式变送器．浙江大学出版社，1992

3 吴勤勤等．控制仪表及装置．化学工业出版社，1997

4 向婉成等．控制仪表与装置．机械工业出版社，1999

5 张永德．过程控制装置．化学工业出版社，2000

6 王家桢．调节器与执行器．清华大学出版社，2001

7 张宝芬等．自动检测技术及仪表控制系统．化学工业出版社，2000

8 吴国熙．调节阀使用与维修．化学工业出版社，1999

9 杨献勇．热工过程自动控制．清华大学出版社，2000

10 厉玉鸣．化工仪表及自动化．第三版．化学工业出版社，1999

11 王树青，赵鹏程．集散型计算机控制系统（DCS）．浙江大学出版社，1996

12 邱化元，郭殿杰．集散控制系统．机械工业出版社，1991

13 俞金寿，何衍庆．集散控制系统．化学工业出版社，1995

14 王利等．计算机网络．清华大学出版社，2001

15 郭宗仁等．可编程控制器及其通信网络技术．人民邮电出版社，1999

16 江秀汉等．可编程控制器原理及应用．西安电子科技大学出版社，2000

17 齐蓉．可编程控制器教程．西北工业大学出版社，2000

18 邱公伟．可编程控制器网络通信及应用．清华大学出版社，2000

19 吴秋峰．自动化系统计算机网络．机械工业出版社，2001

20 郑晟等．现代可编程控制器原理与应用．科学出版社，1999

21 郭永基．可靠性工程原理．清华大学出版社，2002

22 阳宪惠．现场总线技术及其应用．清华大学出版社，1999

23 王汉新．计算机通信网络实用技术．科学出版社，2000

24 于海生等．微型计算机控制技术．清华大学出版社，2000

25 王慧．计算机控制系统．化学工业出版社，2000

26 胡道元．计算机网络高级培训教程．清华大学出版社，2001

27 白英彩等．计算机集成制造系统——CIMS 概论．清华大学出版社，1997

28 徐世许．可编程序控制器原理、应用、网络．中国科学技术大学出版社，2000

29 SUPCON 技术手册

30 SIEMENS S7 PLC 技术手册

31 PROFIBUS 技术手册．1999

32 FF 总线系统结构技术手册．1999

33 缪学勤．现场总线技术的最新进展．自动化仪表．2000，21（6）

34 缪学勤．现场总线技术的最新进展（续）．自动化仪表．2000，21（7）

35 唐济扬．PROFIBUS 技术（上）．自动化博览．2001，18（4）

36 唐济扬．PROFIBUS 技术（下）．自动化博览．2001，18（5）

37 范铠．现场总线的发展趋势．自动化仪表．2000，21（2）

38 斯可克．高速以太网现场总线简介．世界仪表与自动化．2000，4（3）

39 王凯．FF 现场总线——专门为过程控制设计的现场总线（上）．世界仪表与自动化．2000，3（4）

40 王凯．FF 现场总线——专门为过程控制设计的现场总线（下）．世界仪表与自动化．2000，3（5）

41 阳宪惠等．基金会现场总线系列讲座．化工自动化及仪表．1998～1999

42 唐鸿儒．现场控制网络技术展望．测控技术．2000，19（12）

43 吴誉等．以太网与现场总线的互联方法．测控技术．2000，19（1）

44 徐皑冬等．基于以太网的工业控制网络．信息与控制．2000，29（2）

45 顾洪军等．控制系统的网络化发展．工业仪表与自动化装置．2000，（1）

46 郑文波．网络技术与控制系统的技术创新．测控技术．2000，（19）（6）

内　容　提　要

　　本书介绍构成控制系统所需的仪表与计算机控制装置。全书分为 10 章，内容包括：概论、控制器、变送器、其他常用的单元仪表、执行器、计算机控制系统的基础知识、可编程序控制器、集散控制系统、现场总线控制系统和工业以太网。其主要特点是将电动控制仪表、数字式控制仪表、气动控制仪表有机地结合在一起；将控制仪表和计算机控制装置有机地结合在一起。抓住控制仪表与计算机控制装置的共性技术，突出重点，力求少而精，并体现了自动化仪表发展的新水平和发展趋势。

　　本书作为高等院校自动化、测控技术与仪器等相关专业的本科生教材，亦可满足相关专业研究生和从事工业自动化科研、设计、应用工作的工程技术人员的需要。